PLC 原理與應用實務

宓哲民、王文義、陳文耀、陳文軒　著

全華圖書股份有限公司

版權聲明

　　本書中所引用之國內、外商標及產品名稱，均屬其合法註冊之各公司所擁有，書中部份引用之網站畫面或文字、圖形，其著作權亦分屬上述各公司所有，本書純屬介紹之用，並無任何侵權之意，特此聲明。

序言

十四版針對本書一些章節的新增及修訂，略述如下：

1. Ch2 FX3U 系列可程式控制器

   (1) 2-5 輸入迴路

   針對 NPN(Sink，集極)或 PNP(Source，源極)型式輸入電路中的接點回路及
   電流流向作了補充說明。

   (2) 2-8 PLC 軟體及硬體錯誤檢測

   說明面板上的外部輸出 LED 燈與內部輸出接點的關係，以便於內部輸出介
   面電路或外部輸出元件(負載)的錯誤檢測。

2. Ch4 PLC 編程軟體與連線監控

   (1) 4-4-3 程式編輯

   新增編輯小技巧：編輯視窗調整(放大/縮小)、迴路自動修正、接點並聯、
   快捷鍵、迴路複製、編輯視窗網格的顯示/隱藏、編程視窗顯示語言的切換
   或變更…等。

   (2) 4-4-7 PLC 通訊及連線測試

   補充說明使用 USB↔Ethernet Adaptor 連接 FX5U PLC 時，網際網路通訊協
   定內容中 PLC IP 位址的設定方式。

   (3) 4-4-13 FX5U_2 個以上程式區塊的創建

   在 Program\Scan 之下，如何新增 2 個以上的程式區塊，有利於 Ch7 SFC_GX
   Works3 編程的理解與操作。

   (4) 4-6-3 FBD/LD 語言編程_GX Works3

   就 FBD 編程操作步驟及方法做了一些修正，例如 OUT 線圈、SET&RST 線
   圈、接點並聯、基本指令或應用指令的簡易(或快速)輸入方式等，使 FBD
   編程更為簡易。

3. Ch5 基本指令解說及實習

   (1) 5-3 基本指令介紹

      新增 FX3U 和 FX5U 外部輸入及輸出接線端子配置圖，以方便實際 I/O 配線時瞭解兩者之間在端子台接點標示上之差異。

   (2) 5-6-1 直流負載起動停止控制

      在圖 5-69&圖 5-72 之 PLC 輸入/輸出接線圖中，新增了輸入繼電器的標示，方便讀者了解為何 OFF 按鈕、緊急停止按鈕(EMS)或積熱電驛…等，在 PLC 外部輸入接線時需採用 b 接點方式連接。

   (3) 5-6-2 三相感應電動機起動停止控制

      在階梯圖程式設計之外新增 ST 語法。

   (4) 5-6-4 三相感應電動機故障警報控制電路

      在階梯圖程式設計之外新增全域標籤(Global Label)變數宣告方式，外加其它編程方式：① LD+全域標籤、② ST 語法、③ ST 語法+全域標籤、④ FBD/LD+全域標籤。

4. Ch6 人機介面與圖形監控

   (1) 【實習 6-1】基本輸入及輸出元件

      Bit Lamp 元件在燈號 ON 時，可以選擇燈號 Blink(閃爍)的速度。

      畫面資料存檔時，將存檔類型變更為 Project Data(*.GTX)。

   (2) 新增章節_Soft GOT 操作

      ① 【實習 6-4】一般型與停電保持型計時器_FX3U+Soft GOT

      ② 【實習 6-5】一般型與停電保持型計時器_FX5U+Soft GOT

5. Ch7 順序功能流程圖及步進階梯圖_章節順序略有調整

   (1) 7-6-9 STL 指令以接點型式表示之步進階梯圖

      除圖 7-50 STL 指令以接點型式表示步進階梯圖之外，新增圖 7-51 STL 指令以接點[LD S0]型式表示步進階梯圖的另類程式寫法。

   (2) 新增 7-6-10 SFC_ST 編程

   (3) 新增 7-6-11 SFC_ Structured LD/FBD 編程

(4) 7-7-2 SFC 編程

SFC 編程時，在工具列或編程視窗內所出現之不同功能選項圖示。

(5) 7-8 SFC 應用範例

① 新增【例 7-3】小便斗沖水器控制_SFC 編程(GX3)

② 【例 7-5】單向十字路口紅綠燈控制_由 GX2 變更爲 GX3

③ 【例 7-9】並進式分歧及合流_由 GX2 變更爲 GX3

(6) 7-11 機械碼程式設計

新增【例 7-19】小便斗沖水器控制_機械碼_GX3

6. Ch9 應用指令解說及實習

(1) 將較不常用的應用指令移入書末光碟附錄 C

FNC17 XCH、FNC147 SWAP、FNC29 NEG、FNC33 RCL、FNC48 SQRT。

(2) 9-1-2 PLC 數值表示

新增人機介面圖形監控：帶號(+/−)及不帶號 PLC 數值得表示方式。

(3) 新增【例 9-23】單向紅綠燈倒數計時控制

DIV&SUB&MOV 指令應用及人機介面圖形監控

(4) 新增 FNC 38 SFWR 及 FNC 39 SFRD 之人機介面圖形監控

(5) 新增 FNC 69 SORT 之人機介面圖形監控

7. Ch10 PLC 應用實務及程式設計範例

將下列例題的階梯圖由 GX2 軟體編程更新爲 GX3

(1) 【例 10-3】單相感應電動機正逆轉控制『丙級室內配線第二題』

(2) 【例 10-4】沖床機自動計數直流煞車控制『乙級室內配線第二站第五題』

(3) 【例 10-5】三相感應電動機正反轉兼 Y-△啓動控制-1『乙級室內配線第二站第一題』

8. 書末光碟附錄

因篇幅關係，部份教材移至書末光碟的附錄中，但教材內容仍具教學及參考價值，故此次修訂將附錄章節內容於目錄詳細列出，方便教師教學或讀者自學時參考。

本書適合作為大專技職院校或勞動力發展署各分署相關之『PLC原理與應用實務』等"基礎"與"進階"課程教材，或生產自動化、『自動化概論』或『機電整合實習』之參考書籍，以及從事產業自動化或機電控制等相關技術人員的自學參考。因係利用閒暇時修訂而成，難免掛一漏萬，若有任何疏漏或謬誤之處，尚祈各位授課教師、專家、學者及讀者不吝指正。

宓哲民　謹誌

2024.05

編輯部序

PLC 原理與應用實務

　　「系統編輯」是我們的編輯方針，我們所提供給您的，絕不只是一本書，而是關於這門學問的所有知識，它們由淺入深，循序漸進。

　　本書由 PLC 概論到常用基本與應用指令皆有詳盡的解說，並附上實用程式解說與實習，對於人機介面和圖形監控等進階應用也有詳盡的介紹。本書以三菱 FX3U 及 FX5U 指令解說與實習為主，其編寫方式亦可作為其它 PLC 機種之參考，因程式設計理念一般而言並無多大差異。本書適用於科大電機、機械系「PLC 應用及實習」、「可程式控制實習」課程，以及從事產業自動化或機電控制等相關技術人員的自學參考。

　　同時，為了使您能有系統且循序漸進研習相關方面的叢書，我們以流程圖方式，列出各有關圖書的閱讀順序，以減少您研習此門學問的摸索時間，並能對這門學問有完整的知識。若您在這方面有任何問題，歡迎來函連繫，我們將竭誠為您服務。

相關叢書介紹

書號：04357
書名：可程式控制實習(FX3U)
編著：文羿

書號：06085
書名：可程式控制器PLC(含機電整合
實務)(附範例光碟)
編著：石文傑.林家名.江宗霖

書號：04F01
書名：可程式控制實習與應用－
OMRON NX1P2(附範例光碟)
編著：陳冠良

書號：06351
書名：可程式控制－含 PLC 與
機電整合丙級術科試題
(附範例光碟)
編著：蘇嘉祥.宓哲民

書號：10430
書名：歐姆龍 Sysmac NJ 基礎應用
－符合 IEC61131-3 語法編程
編著：台灣歐姆龍(股)公司

書號：06466
書名：可程式控制快速進階篇
(含乙級機電整合術科解析)
(附範例光碟)
編著：林懌

流程圖

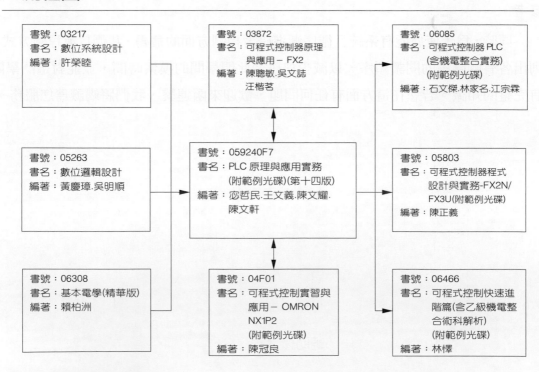

目錄

Chapter

05 基本指令解說及實習

Chapter

06 人機介面與圖形監控

順序功能流程圖及步進階梯圖

_{Chapter}
08　PLC 氣壓控制

_{Chapter}
09　應用指令解說及實習

Chapter 10　PLC 應用實務及程式設計範例

參考文獻

附　錄(註：請參閱光碟)

Integrated FA Software

GX Works 2&3

Programming and Maintenance tool

1 章

可程式控制器概論

1-1 PLC 架構及其特性

1.　PLC 架構

各廠牌 PLC 外觀或許有些差異，但其主要架構大致如圖 1-1 所示：

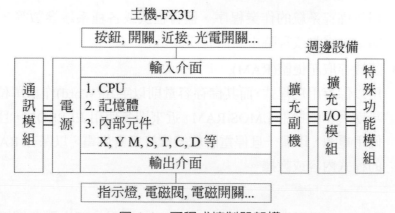

圖 1-1　可程式控制器架構

2. 組成單元

(1) 程式書寫器

用於設定主機的工作模式,一般而言可分為下列三種模式:

① 程式輸入及編輯(PROGRAM)

諸如:程式清除、指令輸入、刪除、插入、搜尋、程式語法核對等。

② 程式執行(RUN)

③ 程式監控(MONITOR)

在程式執行過程中可以觀看各指令執行之後,外部或內部接點的 ON/OFF 狀態,強制(FORCE)I/O 接點的 ON/OFF,計時器/計數器之現在值、設定值或資料暫存器中的相關數值。

(2) 輸入介面電路

用於偵測外接之各種輸入裝置,諸如:開關(SW)、按鈕(PB)、光電開關、近接開關、極限開關(LS)、數位式指撥開關(DSW)等接點的 ON/OFF 狀態,並驅動對應之發光二極體(LED)於 PLC 外部面板作同步顯示。輸入介面電路一般均使用光耦合晶體,以免除外部雜訊干擾。

(3) 主機

① 中央處理單元(CPU)

CPU 為 PLC 之核心元件,它以掃瞄(Scan)的方式偵測各種輸入裝置的接點狀態或數據,依程式書寫器所鍵入程式加以邏輯判斷或數學運算,之後經由輸出介面電路以驅動相關負載。

② 記憶體(Memory)

❶ 唯讀記憶體(ROM)

用以儲存系統的作業程序、監督程式或各種系統參數等,其內容並不會隨電源消失或暫時中斷而有所改變。

❷ 隨機存取記憶體(RAM)

用以儲存用戶程式,而其儲存容量則以字元(Word)作為單位。PLC 之 RAM 早期大多均採用 CMOS RAM,近來則多使用 EEPROM,且用鋰電池作為備用電源,以備一旦停電時繼續維持正常供電,以保存 RAM 在停電之前的程式內容或數據。

(4) 電源

大部分 PLC 電源均屬內藏式,少數 PLC 則需一獨立電源模組。PLC 電源一般均使用交流電源,其輸入電壓範圍介於 80-260V 之間,交流電源經整流、濾波及穩壓之後,供應主機所需之 DC 5V 及外接感測器(Sensor)所需之 DC 24V 電源。

(5) 輸出介面電路

用於驅動相對應之各種輸出裝置，諸如：指示燈(PL)、電磁閥(Sol)、電磁接觸器(MC)、電磁開關(MS)、電動機等各負載，同時亦能驅動相對應之 LED 於 PLC 外部面板作同步顯示。輸出介面電路一般也使用光耦合晶體，以免除雜訊干擾。

輸出介面電路依負載種類，可分為：

① 電晶體(T)輸出模組：用於驅動直流負載。

② 固態電驛(S)輸出模組：用於驅動交流負載。

③ 繼電器(R)輸出模組：可用於驅動直流或交流負載。

(6) 週邊設備

① 擴充副機、擴充 I/O 模組等，用於外部 I/O 點數之擴展。

② 特殊功能模組：

❶ 程式燒錄用之 EPROM 或 EEPROM 燒錄器。

❷ 資料通訊模組或網路連結(Link)模組。

❸ 信號轉換模組，例如：類比轉數位信號(A/D)模組、數位轉類比信號(D/A)模組或溫度模組。

❹ 與伺服系統搭配使用之定位控制模組。

❺ 程序控制用之比例、積分及微分(PID)控制模組。

1-2 PLC 優點

PLC 使用軟體程式以取代硬體配線，因此祇要改變其軟體程式即可改變其控制的順序，而輕易的達成控制上之不同需求。基於上述緣由，通用汽車公司最初的訴求-良好工業控制器所應具備的條件，遂成為 PLC 之主要優點。

1. 程式編寫容易

祇要具備基礎控制原理即可將傳統電機順序控制轉換成 PLC 階梯圖編程語言，易學易用，即學即用，毋需再學習其它程式語言或施以冗長的培訓。

2. 安裝與維修方便

外接之各種輸入/輸出裝置，諸如：開關、按鈕、指示燈、電磁開關等接點的 ON/OFF 狀態，可不必藉助三用電表而由主機面板上之 I/O 狀態 LED 直接顯示出來，有助於故障判斷及排除，以縮短生產線上之待機時間，爭取時效。

3. 可靠度高

PLC 使用微處理機為其核心元件，信號處理則使用光耦合晶體，故可以免除雜訊干擾，可靠度高於傳統之繼電器盤配線。

4. 體積小

　　PLC 內部電子元件大多爲 IC 所構成，且由於半導體科技之日新月異，故體積遠小於傳統之繼電器盤。

5. 可與 PC 或人機介面作系統監控

　　經由網路連接模組或 PLC 主機上之通信埠(RS-232C，RS-422，RS-485 等)，可將相關數據傳輸至 PC 或人機介面(HMI)上加以顯示或作進一步處理。

6. 成本低廉

　　由於生產線上員工薪資逐年上揚，而半導體科技卻不斷精進，加以工廠自動化之大力推展，故 PLC 製造成本逐漸下降，銷售量則逐年攀昇，早已凌駕於傳統繼電器盤配線。

7. 適用電壓範圍廣，輸出容量大

　　電壓變動範圍介於 AC80V-260V 之間，使用方便，輸出容量大，輸出模組可搭配各類型負載。

8. 擴充容易

　　輸入/輸出模組可彈性組合，記憶體容量亦可視實際需要加以擴充，且擴充時對系統而言，變動幅度不大。

1-3　PLC 國際標準及 PLCopen 組織

1. PLC 國際標準

　　雖然 PLC 具有上述許多優點，但是由於各廠牌、機種之 PLC 的定義、特性、功能、可靠度、相關編程語言及通訊協定等未能統一，以致於各製造廠商在硬體架構及軟體程式方面各行其是，不若 PC 一般有所謂相容性(Compatible)PLC 之存在，以致於形成使用和推廣上的一大致命傷。有鑑於此，IEC 的學者、專家們，歷經長期之研討，終於制定了 PLC 國際標準：IEC_1131，後經修正並更名爲 IEC_61131。

　　PLC 國際標準共分爲五大部分，分述如下：

(1) 一般資訊_61131-1
內含定義、詞彙及 PLC 功能性架構。

(2) 設備及測試需求_61131-2
設備測試項目包括：環境條件測試(溫度、溼度、灰塵、..等)、電氣性能(靜電干擾、瞬間沖擊電壓..等)、機構、交直流電源、輸入及輸出功能、微處理器功能、遠距離輸入及輸出功能、絕緣及接地、系統自我測試及診斷等。PLC 製造廠商必須提供設備測試時之相關條件及產品認證等相關文件、通過上述全部測試，合格之後才能取得 IEC_61131 標準認證。

(3) 編程語言_61131-3

61131-3 定義了下列五種不同的程式語言：

① 階梯圖(Ladder Diagram，LD)

階梯圖是目前使用最為廣泛的程式語言，基本上需熟悉機械的動作順序並先行畫出控制迴路後，再將繼電器控制電路中之 a 接點、b 接點、電路串並聯及線圈等予以符號化而成。一基本的馬達起動、停止控制電路如圖 1-2 所示，經轉換成階梯圖後則如圖 1-3 所示。由圖 1-3 中可知階梯圖結構與傳統的繼電器順序控制電路非常類似，一般而言除非 PLC 之程式書寫器本身可以階梯圖直接寫入，或經由 PC 支援 PLC 之連線作業軟體以階梯圖直接編程，否則須將階梯圖轉譯成相關指令後，再由程式書寫器鍵入並傳送至 PLC 記憶體中。

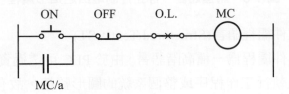

圖 1-2　基本的馬達起動、停止控制電路

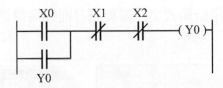

圖 1-3　馬達起動、停止控制電路之階梯圖

② 功能方塊(Function Block Diagram，FBD)

程式語言由一些已事先定義好的功能方塊所組成，並經由適當連接以構成一完整電路，它特別適合於說明控制元件中資料或數據的流程，功能方塊主要使用於歐洲各國，一典型的功能方塊編程如圖 1-4 所示。

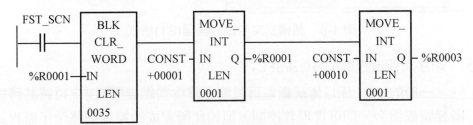

圖 1-4　功能方塊編程

③ 指令(Instruction List，IL 或 Statement List，SL)

指令爲一種低階語言，它是由布林代數式及基本邏輯加以演變而來，主要是由一些助憶符號(Memonics)所組成，包括及(AND)、與(OR)、反相(NOT)、計時器、計數器等基本指令，以及移位、比較、加、減、乘、除等數學運算，和一些便利的應用指令。對應於上圖 1-3 之馬達起動、停止控制電路指令編程如圖 1-5 所示。

LD	X0
OR	Y0
ANI	X1
ANI	X2
OUT	Y0

圖 1-5　馬達起動、停止控制電路之指令編程

④ 結構式文件編程語言(Structured Text，ST)

結構式文件編程爲一種高階語言，由於 PLC 可透過資料通訊網路與 PC 連線操作，以執行工作程序或整個系統的圖形監控，故有部分屬於高階之 PLC 在程式編輯上，已開始使用高階程式語言。例如：數學運算、數據傳輸、副程式、迴圈及一些具備條件式判斷的分支等，使用指令或階梯圖編程時甚爲不便，此時使用結構式文件編程語言則較爲簡易，其編程語言形式如圖 1-6 所示。

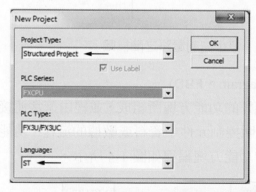
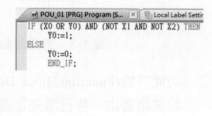

圖 1-6　結構式文件編程語言(ST)格式

⑤ 順序功能流程圖(Grafcet/SFC)

　　一般的 PLC 係以傳統繼電器控制迴路爲基礎發展而來，再將其轉換成一般階梯圖或指令，即可實現其控制。但如此所完成的控制迴路除了原程式設計者之外，一般使用者往往不容易理解其動作流程，亦即程式的可讀性較低，一種專門針對機械動作之流程而設計的編程語言_順序功能流程圖(Sequential Function Chart，SFC)也就因應而生。

順序功能流程圖是把機械動作或步驟一步步進行分解成順序功能流程圖的組成元素：(1)狀態，(2)動作，(3)轉移條件，然後再依其動作順序連接起來，以完成整體的機械動作。順序功能流程圖最初是由法國 Telemecanique 公司所研發而成，廣泛使用於歐洲各國，並成為 IEC 標準編程語言(IEC 848)。由於順序功能流程圖具有編程容易、系統模擬測試與故障維修方便、狀態編程極富彈性及圖表本身即為文件說明等優點，故 IEC 將其列為 PLC 的標準編程語言之一_IEC 61131-3，美國並將其訂為 NEMA 標準。

一基本的馬達起動、停止控制電路之順序功能流程圖如圖 1-7 所示：

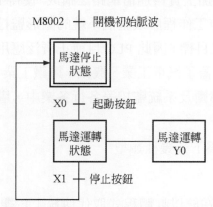

圖 1-7　馬達起動、停止控制電路之順序功能流程圖

上述五種程式語言中，其屬性為圖形式者，有階梯圖、功能方塊圖與順序功能流程圖；屬性為語文式者，有指令與結構式文件編程語言。

(4) 用戶指南_61131-4

對 PLC 使用者而言，透過使用指南可以幫助使用者正確的選購並在安全的環境下操控 PLC。

(5) 通訊_61131-5

此標準涉及 PLC 與其它終端元件、不同廠牌 PLC 之相互通訊及 PLC 與上位 PC 等設備間之通訊，或國際標準組織(ISO)所頒布通訊協定之遵循。

2. PLCopen 組織

PLCopen 是由 PLC 製造公會、控制系統協會以及願意遵行 PLC 標準編程語言之機構於 1992 年在荷蘭所成立的一個組織，其主要目的是促使 PLC 國際標準成為所有控制系統中之 PLC、工業級電腦(IPC)和分散式控制系統(DCS)的一種開放式標準，其成立的宗旨如下：

(1) 統整有關 PLC 標準疑義之解釋，促進 PLC 標準之實施。

(2) 促使使用者的軟體程式可在不同的系統中做交(轉)換。

(3) PLC 編程語言是否符合 IEC_61131-3 標準之認證。

(4) 擬定一開放式的標準介面，以作為程式編輯、測試和執行時之參考。

1-4 PLC 應用及發展

1-4-1 PLC 應用

PLC 在發展初期，由於其成本較傳統繼電器盤配線爲高，使其在應用上較不易爲一般用戶所接受。但近來由於半導體科技的日新月異，使得微處理機及其它 IC 等相關元件的價格日漸便宜，但功能則愈形增強，除了加、減、乘、除等算術演算、比較及資料處理等功能和其它便利的應用指令，加上資料通信網路之構成，使得 PLC 不但可與 PC 連線操作，此外人機介面之提供，更可作工作程序或整個系統的圖形監控，故除了單一機台之控制之外，更易於達成整廠自動化之目標，因此 PLC 目前正廣泛應用於工廠自動化(FA)及彈性製造系統(FMS)中，應用領域涵蓋了汽車工業、機械、鋼鐵工業、冶金、紡織、石油、化工、食品製造、自動倉儲、故障診斷及系統監控等各行各業中，堪稱爲機電整合之利器、產業自動化之先鋒。

PLC 在應用上大致可分爲下列幾種類型：

1. 順序控制

    PLC 之研發，主要在於以軟體程式取代傳統上以繼電器爲主的電機順序控制系統，故 PLC 在這一方面的應用目前依然最爲廣泛，且具有主導性地位。

2. 程序控制

    PLC 透過類比輸入/輸出模組，可以控制製造過程中之各種類比信號，諸如：溫度、壓力、流量、速度等參數，此外亦可搭配 PID 等控制模組作精確的閉迴路控制。

3. 位置控制

    由於目前之 PLC 大都具有一組以上之高速計數器(HSC)輸入端子，故能接收高速脈波或解碼器(Decoder)所產生的快速脈波輸入信號，若再配合一軸或多軸位置控制模組和馬達驅動器，則 PLC 亦可經由步進馬達或伺服馬達，作高精密度的定位控制。

1-4-2 PLC 發展趨勢

目前國內、外的產業結構，已由勞力密集轉移至技術密集型態，各業界爲了解決人力難求及工資不斷上漲之問題，一方面爲了提高產品附加價值及競爭力，低成本、省力化及自動化已成爲大家一致追求之目標。PLC 由於其性能優越、可靠度高、程式編寫容易，安裝與維修方便，且祇要改變其軟體程式即可改變其控制的順序，而輕易的達成控制上之不同需求，故自推出以來深受各行業喜愛，近來更大量的運用於電力系統訓練、故障偵測、配電自動化及電廠遙控、系統監控中。PLC 發展趨勢如下：

1. 國際標準編程語言制定

　　IEC_61131-3 標準在圖形式編程語言方面，採用階梯圖(LD)及功能方塊(FBD)，在語文式編程語言方面，則採用指令(IL)及結構式文件編程語言(ST)，此外順序功能流程圖(SFC)亦列爲標準編程語言，美國亦將 IEC_61131-3 訂爲 NEMA 標準。

2. 擴充具彈性

　　PLC 組成已由整體式結構趨向於模組式發展，用戶可根據不同需求加以組合，並可隨時選購所須特殊功能模組，或即時更新故障模組，故擴充時具相當彈性。

3. 數據傳輸、處理與通訊網路建立

　(1) 數據傳輸、處理與系統監控

　　　爲因應 FA 及 FMS 之需求，必須提升 PLC 與 PC 間之網路通訊速度及功能，目前已採用光纖作爲傳輸媒體，以滿足遠端(Remote) I/O 模組控制。PLC 經由通訊或連結模組，可使數據在 PLC、PC 或 CNC 之間互相傳輸並作進一步處理，以充分達成系統分散控制、線上即時(ON LINE，REAL TIME)之集中監控目的。

　(2) 通訊協定制定與通訊網路建立

　　　通訊協定通統一規範爲 IEC_61131-5，此外用於連結不同廠牌 PLC 以構成區域性網路(LAN)之 MAP 也逐漸受到製造廠商重視。

4. 功能增強、應用指令使用方便

　　由於半導體及微處理機科技的日新月異，使 PLC 的發展趨於兩極化，小型 PLC 朝輕、薄、短、小方向發展，並增添了許多應用指令。中、大 PLC 則逐漸使用 32 或 64 位元微處理機、多重 CPU 及大容量記憶體，使掃瞄速度更爲快速，數學運算、數據處理與網路通訊等功能大爲增強，應用指令在使用上更爲方便。

1-5　學習光碟

本書末頁附贈之學習光碟，內容如下：

1. 附錄

　(1) 附錄 A：PLC 學習補充資料。

　(2) 附錄 B：GX Developer 編程軟體的安裝及操作。

　(3) 附錄 C：未收錄於書中的應用指令說明。

　(4) 附錄 D：FX 及 Q 系列 PLC 應用指令、特殊內部繼電器及資料暫存器比較一覽表。

2. 學習範例

(1) 各章節範例主要為 GX Works2 檔案，部分範例為 GX Works3 檔案，可由檔案的圖示符號加以判別。

(2) 範例檔案依章節順序編排，採用圖號或例題題號方式命名，開啟檔案時請注意檔案標題名稱是否相符。

(3) 收錄於附錄中之範例檔案，其命名方式同(2)中所述。

習 題

1. 試簡述 PLC 之組成單元。
2. PLC 有哪些特殊功能模組？
3. 試簡述 PLC 優點。
4. IEC61131_ PLC 國際標準定義哪五種不同的程式語言？
5. PLC 在應用上大致可分為哪幾種類型？
6. PLC 發展趨勢為何？

Integrated FA Software

GX Works 2&3
Programming and Maintenance tool

2 章

FX3U 系列可程式控制器

2-1 前言

PLC 自問世以來，立刻受到自動化控制工業的廣泛使用，取代了一些繁雜的控制電路，更由於科技產業的日新月異，使得 PLC 本身的功能也愈來愈強，PLC 儼然成為工廠自動化控制不可或缺的控制設備。

開發 PLC 的最初目的是為了取代傳統工業配線的繁雜控制電路，此外由於 PLC 以軟體程式取代實際的配電線路，所以非專業的電機人員也能輕易操作與設計控制電路，更因電子工業的突飛猛進，使得 PLC 功能超越了預期目標，目前 PLC 可以說遠超過傳統工業配線的功能。

傳統的工業配線除了主電路(電源到負載間的電路)之外，還必須將控制電路中的開關、繼電器、計時器…的所有接點一條線一條線連接起來，而控制電路也是最繁雜的部分，最容易接錯線和漏接線，常常為了接錯一條線而使得整個控制功能錯誤，甚至發生短路。

PLC 為可程式化、可規劃性的控制器，其控制電路除了輸入接點(連接一些按鈕開關、切換開關、極限開關、感測開關)和輸出接點(連接一些指示燈、電磁接觸器、電磁閥)之外，並不需要其他多餘的電路，也就是說傳統控制電路上所需的一些輔助繼電器、計時器和計數器等元件，通通由 PLC 的軟體程式所取代，因此可以大幅降低配電盤的空間和複雜度，以及在配線上的安裝與檢修上所耗費的人力和時間。並且，只要適度修改程式，而無需更改電路連接，即可很容易改變整個生產線的動作功能。

　　FX 系列 PLC 除了提供一般順序控制用的基本指令外，爲了縮短使用者的程式設計時間，也提供了便利指令和複雜控制指令，便利指令包括矩陣輸入指令、10 進制及 16 進制數字鍵盤指令、指撥開關指令和 7 段顯示器...等。複雜控制指令包括開平方指令、小數點變換指令、資料尋找指令、資料排列指令和 PID 運算指令...等。

　　PLC 相關的的程式輸入及監視週邊裝置，如掌上型程式書寫器 FX-30P-E 可作爲程式輸入及監視，個人電腦以階梯圖編輯軟體 GX Develpoer 或 GX Works 2 作爲程式輸入及監視，外部設定器及觸控螢幕 FX-30DU/50DU，可作計時/計數器設定值變更設定之用。

　　傳統控制電路和 PLC 控制在控制程序上的差別必須注意，傳統控制電路是採並行處理，也就是說各相關元件或接點的動作是同時並進；而 PLC 由於是以 CPU 來執行程式，指令是一行一行的執行，所以 PLC 的控制是順序進行的，有先後次序，不是一次同時完成的。

2-2　三菱 PLC 型號辨識方法

　　三菱 PLC 除了主機，還包括 I/O 擴充機、I/O 擴充模組、特殊功能模組，根據各種控制需求，可由以上四種產品組合使用，或是單獨使用主機，當主機和擴充機、擴充模組或特殊功能模組合併使用時，I/O 控制點數總共可達 256 點。

　　FX3U 系列是三菱電機繼 FX1S、FX1N、FX2 及 FX2N 之後，爲適應用戶需求而開發出來的第三代最先進的小型可程式控制器。它不僅繼承了 FX 系列原有的輕巧與高品質，更進一步強化了其擴充性能及內藏機能，執行速度也更加快速。

　　主機、擴充機、擴充模組可從其名牌上的文數字及編號方式看出其所代表的意義，如圖 2-1 所示：

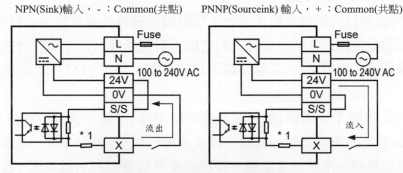

圖 2-1　三菱 PLC 型號辨識

1.　主機

　　　主機的內部結構包括 CPU、記憶體、輸入/輸出模組以及電源轉換器所組成，FX-3U 系列主機配備 16k Steps 的 RAM 記憶體(內附電池作停電記憶保持)，最大可擴充至 64k Steps，記憶體提供 RAM、EPROM 及 EEPROM 三種供使用者選擇，主機電源爲 AC 80~260V 或 DC24V。

PLC 主機外觀如圖 2-2 所示，有一個 8 pins_DIN 圓頭的程式書寫器插入口，可連接掌上型程式書寫器(Handy Programming Panel，HPP)或 PC，將所設計的程式鍵入以執行各種控制功能，在程式書寫器插入口的左方設有一個 RUN/STOP 切換開關，方便於程式的執行操作。

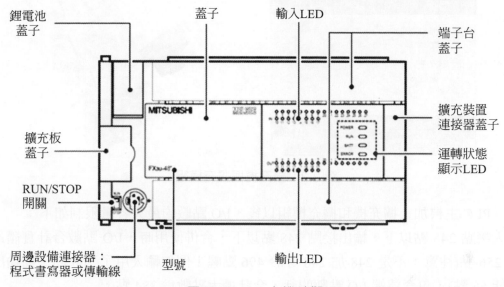

圖 2-2　PLC 主機外觀

FX 系列主機 I/O 點數有 16、32、48、64、80、128 數種，主機上的輸入與輸出點數相等，例如 FX3U-32MT 主機，表示它含有 16 個輸入接點和 16 個輸出接點。16 個輸入接點以 X0~X7、X10~X17 表示，編號採八進制，故沒有 X8 和 X9；16 個輸出接點以 Y0~Y7、Y10~Y17 表示，同樣是採八進制編號，若號碼編錯(8、9)，PLC 將不能辨認。

2. 擴充機和擴充模組

如果控制的機器設備相當複雜，以至於主機的 I/O 點數不敷使用時，可以連接擴充機和擴充模組來補足其輸入／輸出接點。擴充機和主機一樣，本身具有電源線，可以將 AC 電源轉換成 DC 電源以供內部 IC、電子電路和繼電器使用，擴充機上所標示 I/O 點數也是輸入和輸出各佔一半，I/O 合計點數有 32 點 48 點兩種。

至於擴充模組，本身並沒有電源轉換裝置，它所需的直流電源 DC24V 必須由主機或擴充機來提供，輸入擴充模組與輸出擴充模組是獨立存在的，所以說其名牌上所標示的 I/O 點數，不是全部輸入接點(X)就是全部輸出接點(Y)，有 8 點和 16 點兩種，例如輸入擴充模組 FX2N-16EX 具有 16 個輸入接點，輸出擴充模組 FX2N-16EYR 具有 16 個輸出接點，FX3U 系列的輸入輸出擴充模組可以沿用 FX2N 系列的模組。

　　I/O 接點的號碼排列方法是以主機開始算起，然後往右以擴充機或擴充模組的 I/O 接點連續下去，例如主機輸入端子是 X0~X17，則擴充機或輸入擴充模組的輸入點編號為 X20~X27、X30~X37 等。

圖 2-3　擴充機與擴充模組

　　PLC 主機加上擴充機和擴充模組以後，I/O 點數的最大容量限制如下：

輸入接點 248 點以下，輸出接點 248 點以下，合併使用時，I/O 點數合計實體最大點數 256 點(注意：不是 248 加 248 等於 496 點喔！例如輸入用了 200 點，則輸出最多只能 56 點)，包含遠端 I/O 點數的話，合計最大點數為 384 點。

3.　特殊功能模組

　　特殊功能模組本身沒有電源轉換裝置，它所需的直流電源 DC24V 必須由主機或擴充機來提供，特殊功能模組種類很多，如下所示：

特殊功能模組	型　號	特殊功能模組	型　號
類比輸入模組	FX2N-4AD	電子式凸輪模組	FX2N-1RM
類比輸出模組	FX2N-4DA	通信模組	FX2N-232IF
溫度檢測模組	FX2N-4AD-PT	RS232C 擴充板	FX2N-232-BD
單軸 NC 模組	FX2N-1PG	RS485 擴充板	FX2N-485-BD
高速計數模組	FX2N-1HC		

2-3　FX3U 內部各種元件介紹

　　PLC 中有各式各樣的元件，用來取代傳統配電盤中的元件，使用者可以將 PLC 想像成一個擺滿了控制電驛、延時繼電器、計數器...等各種元件的配電盤。表 2-1 所示為 FX3U 內部元件規格。以下就各種不同元件加以說明：

表 2-1　FX3U 系列內部各種元件

項　目		規　格
程式記憶體容量	最大記憶容量	64K 位址
	出廠記憶容量	16K 位址 RAM 附鋰電池作停電程式記憶之用，電池壽命約 5 年
	記憶卡匣(選配)	外接快閃記憶卡 ・FX3U-FLROM-64L: 64K(有程式傳輸功能) ・FX3U-FLROM-64: 64K(無程式傳輸功能) ・FX3U-FLROM-16: 16K(無程式傳輸功能)
指令種類	基本指令 應用指令	基本指令 29 個，步進階梯指令 2 個， 應用指令 209 種
運算速度	基本指令 應用指令	0.065μs 0.642μs～數百 μs
I/O 點數	最大輸入點數 最大輸出點數 合計最大點數 遠端 I/O 點數 以上合計最大點數	X000～X367　　248 點(8 進位) Y000～Y367　　248 點(8 進位) 256 點 224 點 384 點
內部輔助繼電器	一般用　　　　※1 停電保持用　※2 停電保持用　※3 特殊用	M000～M499　　共 500 個 M500～M1023　共 524 個 M1024～M7679　共 6656 個 M8000～M8511　共 512 個
計時器	時間單位 100ms 時間單位 10ms 時間單位 1ms 累計型 時間單位 100ms 累計型 時間單位 1ms	T0～T199　　　共 200 個(0.1～3276.7 秒) T200～T245　　共 46 個(0.01～327.67 秒) T246～T249　　共 4 個(0.001～32.767 秒) T250～T255　　共 6 個(0.1～3276.7 秒) T256～T511　　共 256 個(0.001～32.767 秒)
計數器	一般用 16 位元加算　　　※1 停電用 16 位元加算　　　※2 一般用 32 位元加減算　　※1 停電用 32 位元加減算　　※2 32 位元高速加減算　　　※2	C0～C99　　　　共 100 個(0～32767 次) C100～C199　　共 100 個(0～32767 次) C200～C219　　共 20 個 (−2147483648～+2147483647 次) C220～C234　　共 15 個 (−2147483648～+2147483647 次) C235～C255　　共 21 個 (硬體計數器：　[1 相]100kHz 6 點，　[2 相]50kHz 2 點)
狀態繼電器	程式開頭用　　※1 一般用　　　　※1 停電保持用　　※2 警報用　　　　※3 停電保持用　　※3	S0～S9　　　　共 10 個 S10～S499　　共 490 個 S500～S899　　共 400 個 S900～S999　　共 100 個 S1000～S4095　共 3096 個

表 2-1　FX3U 系列內部各種元件(續)

項　目		規　格
資料暫存器	16 位元一般用　　　※1 16 位元停電保持用　※2 16 位元停電保持用　※3 16 位元特殊用	D0～D199　　　共 200 個 D200～D511　　共 312 個 D512～D7999　 共 7488 個 (D1000 以後以 500 個為一個設定單位，設成檔案暫存器) D8000～D8511　共 512 個
索引暫存器	16 位元一般用	V0～V7，Z0～Z7 共 16 個
指標	CJ、CALL 指標用 外部中斷指標用 定時中斷指標用 計數器中斷指標用	P0～P4095　共 4096 個 I00□～I50□　　共 6 個 I6□□～I8□□　共 3 個 I010～I060　共 6 個
常數	10 進位(K) 16 進位(H) 文字字串(" ")	16 位元：−32768～+32767 32 位元：−2147483648～+2147483647 16 位元：0～FFFF 32 位元：0～FFFFFFFF " "中可寫入半形文字(例"ABC12")。文字串最多可寫入 23 個字
巢狀	MC、MCR 指令用	N0～N7　　　共 8 個

※1：可使用參數設定變更成停電保持用。

※2：可使用參數設定變更成一般用。

※3：停電保持專用，不可使用參數變更設定。

一、輸入接點(X)

輸入接點以 8 進位方式編號 X0~X7、X10~X17，FX-3U 系列最大範圍 X0~X367 共 248 點。輸入接點通常連接一些按鈕開關、切換開關、近接開關或各種感測器，將開關和感測器的 ON/OFF 狀態送到 PLC 內部。當外部開關斷路時，位於 PLC 面板上輸入接點旁的 LED 指示燈熄滅；外部開關通路時，LED 指示燈亮。

對主機而言，輸入端的編號從 X0 開始，編號的多寡跟主機的大小有關，對於擴充機及輸入擴充模組而言，其編號為延續主機編號後的連續號碼，例如主機為 FX3U-32MT，則其輸入接點編號為 X0~X17，那麼擴充機的編號就從 X20 開始。

每一個輸入接點都有 a 接點和 b 接點，這些接點於程式中的使用次數沒有限制，有時控制電路為了避免太多接點的串並聯而過於複雜，就可以多次的使用這些接點。

下圖所示為 FX3U-32M 主機的輸入接點與輸出接點排列，除了上述的輸入接點 X0~X17，以及輸出接點 Y0~Y17 之外，還有以下幾個接點：

(1)　「L」與「N」為 AC 電源輸入端 100~240V，如果主機選用直流電源 24V 者，則這二點標示為[+]與[−]。

(2) [⏚]為設備接地端。

(3) [0V]與[24V]是 L、N 電源進入 PLC 主機內部降壓整流後產生的,特別注意,不能由外部接入 24V。

(4) [S/S]為輸入接點 X 的內部共點,若輸入型式為 PNP 電晶體,則(S/S)接點必須與 0V 連接,若輸入型式為 NPN 電晶體,則(S/S)接點必須與 24V 連接(第 2-5 節有詳細說明)。

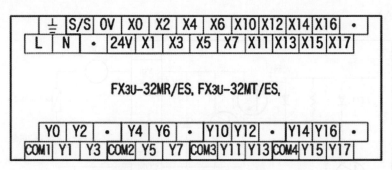

圖 2-4　PLC 主機 I/O 接點

二、輸出接點(Y)

輸出接點以 8 進位方式編號,FX-2N 系列最大範圍 Y0~Y267 共 184 點,FX-3U 系列最大範圍 Y0~Y367 共 248 點,連接外部的負載,PLC 執行程式演算後的結果藉由輸出接點來控制外部負載,例如電燈、電磁接觸器、電磁閥、步進馬達。使用時應依照負載為交流或直流而選用適當的輸出型式,必須注意,PLC 輸出接點有其額定電流容量,遇到電流較大之負載,不可直接把負載連接在 PLC 的輸出接點上,應配合電磁接觸器(MC)使用方可,也就是將 PLC 輸出接點與電磁接觸器的激磁線圈相連接,電磁接觸器的主接點再與負載相連接。當輸出接點動作時,位於 PLC 面板上輸出接點旁的 LED 指示燈點亮,以顯示其動作狀態。

對主機而言,輸出端的編號從 Y0 開始,編號的多寡跟主機的大小有關,對於擴充機及輸出擴充模組而言,其編號為延續主機編號後的連續號碼,例如主機為 FX3U-32MT,則其輸出接點編號為 Y0~Y17,擴充機的編號就從 Y20 開始。

輸出接點是以 4 點或 8 點共用一個 COM 端,負載驅動電源為 DC30V 或 AC220V 以下,負載電源必須外加;由於各 COM 端均獨立,因此同一台 PLC 可以使用不同的負載電壓。

FX3U 機種的輸出型式有電晶體(T)和繼電器(R)二種:

1.　電晶體(T)輸出─DC 負載專用

　　　　為了使 PLC 的內部電路不受外部負載電源的影響，其內部迴路與輸出電晶體 (Transister)間使用光耦合器作隔離，光耦合器被驅動時 LED 指示燈亮，輸出電晶體 ON。電晶體工作於截止區和飽和區，其功能如同開關一樣，能夠控制外部負載的動作，但是電晶體只適合控制直流負載，工作電壓在 DC5~30V 之間。輸出單一點的電流為 0.5A，4 點並聯使用時，由於考慮電流平衡問題，總電流請保持在 0.8A 以下(1 點平均 0.2A)。

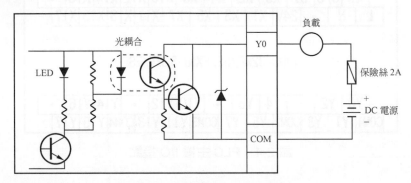

圖 2-5　電晶體輸出接點電路

2.　繼電器(R)輸出─DC/AC 負載均可

　　　　PLC 內部迴路與外部負載迴路透過繼電器(Relay)的線圈與接點間的空氣作隔離，繼電器線圈被驅動時 LED 指示燈亮，接點接通便能控制外部負載的動作，工作電壓應在 DC30V 或 AC250V 以下，接點最大電流容量 2A/ 1 點(電阻性)，感抗負載時 0.4A/ 1 點(或 80VA 以下)，連接燈泡負載時 100W/ 1 點以下。

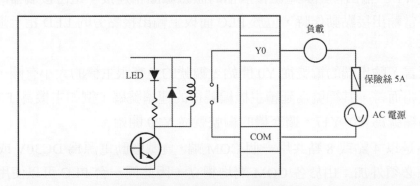

圖 2-6　繼電器輸出接點電路

　　以上二種輸出型式中，繼電器有一機械式接點，動作速度較慢，且接點跳開時可能會有火花產生，使用時不可不注意；電晶體為無接點元件，動作速度較快。

表 2-2　PLC 輸出型式

項　目		電晶體(T)	繼電器(R)
迴路組態			
外部電源		DC5~30V	AC250V、DC30V 以下
隔離方式		光耦合器	繼電器
動作指示		光耦合器被驅動時 LED 點亮	繼電器線圈激磁時 LED 點亮
最大負載	電阻性負載	0.5A/1 點 0.8A/4 點	2A/1 點 8A/4 點
	電感性負載	12W/DC24V	80VA
	電燈負載	1.5W/DC24V	100W
最小負載		0.1mA/DC30V	0.2mA/DC5V
漏電流			
反應時間	OFF→ON	0.2mS 以下	約 10mS
	ON→OFF	0.2mS 以下	約 10mS

三、內部輔助繼電器(M)

內部輔助繼電器的功能相當於傳統控制電路上的控制電驛 CR(Control Relay)，只是 PLC 的內部輔助繼電器並非實際元件，事實上它只是代表一種邏輯狀態的 High 或 Low，是動作或不動作而已，它不能驅動外部負載。輔助繼電器可分為一般用繼電器、停電保持用繼電器及特殊用途繼電器，如表 2-3 所示，輔助繼電器的編號是以十進制表示。

表 2-3　內部輔助繼電器編號

	一般用 ※1	停電保持用 ※2	停電保持專用 ※3	特殊用
輔助繼電器	M0~M499 共 500 個	M500~M1023　共 524 個 並列運轉時： 主→副 M800~M899 副→主 M900~M999	M1024~M7679 共 6656 個	M8000~M8511 共 512 個

※1：非停電保持區域，可使用參數設定變更成停電保持功能。
※2：停電保持區域，可使用參數設定變更成非停電保持功能。
※3：停電保持區域，不可變更。(可使用 RST、ZRST 指令來復歸)

　　FX 系列擁有爲數眾多的內部輔助繼電器，每一個輔助繼電器都有 a 接點和 b 接點，這些接點於程式中的使用次數沒有限制，有時控制電路爲了避免太多接點的串並聯而過於複雜，可以使用內部輔助繼電器做邏輯信號中繼之用。

　　一般用途之內部輔助繼電器於 PLC 運轉中斷電時會全部 OFF，再度復電時必須重新啓動開關才能再次動作。具停電保持用途之內部輔助繼電器於 PLC 運轉中斷電時，會自動將斷電前的 ON/OFF 狀態加以記憶，一旦復電後，仍然呈現斷電前的 ON/OFF 狀態，但是當鋰電池電壓不足時，停電保持功能會失效。

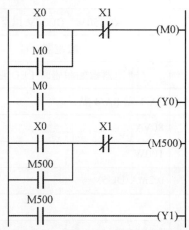

按下 X0 開關時 M0=ON、M500=ON，Y0 和 Y1 動作。電源斷電再復電時(或將 PLC 的 RUN 開關切至 STOP 再切至 RUN)，M0 和 Y0 爲 OFF，但是 M500 及 Y1 會自動繼續動作。

圖 2-7　停電保持與非停電保持繼電器的差別

　　特殊內部輔助繼電器可分爲兩種型式：

1.　只有接點沒有線圈，如：

　　M8000：PLC 開關切至 RUN 時，接點就一直保持 ON。

　　M8002：PLC 開關切至 RUN 時，接點會接通一個掃瞄週期的時間。

　　M8013：PLC 開關切至 RUN 時，會產生 1 秒的時鐘脈波。

2.　只有線圈沒有接點，如

　　M8030：當 M8030=ON 時，即使電池電力不足的情況下，「BATT.」指示燈也不會亮。

　　M8033：當 M8033=ON 時，PLC 由 RUN→STOP 時，T、C、D 的現在值全部被保持住。

　　M8034：當 M8034=ON 時，PLC 的外部輸出全部被禁止(OFF)。

四、狀態繼電器(S)

　　　狀態繼電器常使用於狀態流程圖 SFC 和步進階梯圖中，如果是使用於一般階梯圖，其功能用法和輔助繼電器(M)相同。

表 2-4　狀態繼電器編號

狀態繼電器	一般用 ※1	停電保持用 ※2	警報用	停電保持用 ※3
	S0~S499 共 500 個	S500~S899 共 400 個	S900~S999 共 100 個	S1000~S4095 共 3096 個
	初始點 S0~S9 原點復歸 S10 -S19			

※1：非停電保持區域，可使用參數設定變更成停電保持功能。

※2：停電保持區域，可使用參數設定變更成非停電保持功能。

※3：停電保持區域，不可變更。(可使用 RST、ZRST 指令來復歸)

　　FX 系列擁有很多的內部狀態繼電器，每一個狀態繼電器都有 a 接點和 b 接點，這些接點和輔助繼電器一樣於程式中的使用次數沒有限制。對於那些未使用於步進階梯圖中的狀態繼電器，可當成內部輔助繼電器使用。

　　一般用步進點於電源中斷時全部變成 OFF，再通電後仍然是 OFF，而停電保持用的步進點於電源中斷時會將 ON/OFF 狀態加以記憶，再通電時會恢復斷電前的狀態。

　　警報型狀態繼電器 S900~S999，可對外輸出當成外部故障診斷之用，只要驅動 M8049=ON，當 S900~S999 中有一個警報點 ON 時，其中最小的警報點號碼會被顯示於特殊暫存器 D8049 中。若不只一個警報點 ON 時，當最小的警報點號碼被解除後，D8049 會顯示次一個警報點號碼。

　　如果 M8049 未被驅動 ON 時，S900~S999 可被當成具停電保持功能的狀態繼電器使用於步進階梯圖中。

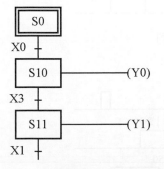

當 X0 由 OFF→ON 變化時，步進點 S10=ON 此時 Y0 動作。當 X3=ON 時，步進點 S11=ON 而 S10=OFF，此時 Y1 動作，而 Y0=OFF。

圖 2-8　狀態繼電器的一般用法

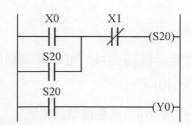

圖 2-9　狀態繼電器可當成內部輔助繼電器使用

五、計時器(T)

計時器的計時單位(Time base)有 1ms、10ms、100ms 三種，計時器通電時立即從 0 開始往上加算，到達設定值時其輸出接點動作，當計時器斷電時，一般用計時器的接點會自動復歸，計時值自動變成 0；停電保持型(或稱為累計型)計時器則必須利用 RST 指令加以復歸。

表 2-5　計時器編號

100ms 0.1~3276.7 秒	10ms 0.01~327.67 秒	1ms 停電保持型 0.001~32.767 秒	100ms 停電保持型 0.1~3276.7 秒	1ms 0.001~32.767 秒
T0~T199 共 200 個	T200~T245 共 46 個	T246~T249 共 4 個	T250~T255 共 6 個	T256~T511 共 256 個
副程式用 T192~T199				

計時器的時間設定可直接使用常數(K)，或資料暫存器(D)來間接設定，如圖 2-10 和圖 2-11 所示。

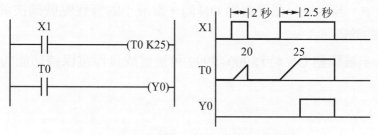

圖 2-10　計時器使用直接設定例

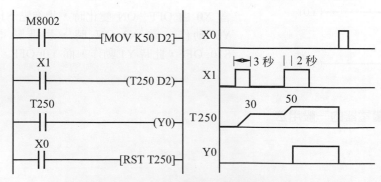

圖 2-11　計時器使用間接設定例

六、計數器(C)

表 2-6　計數器編號

16 位元上數計數器 1~32,767 次		32 位元上數/下數計數器 −2,147,483,648~+2,147,483,647 次		
一般用 ※1 C0~C99 共 100 個	停電保持用 ※2 C100~C199 共 100 個	一般用 ※1 C200~C219 共 20 個	停電保持用 ※2 C220~C234 共 15 個	高速計數器 ※2 C235~C255 共 21 個

註：未使用的計數器編號可當成一般資料暫存器使用。

　　一般用計數器在電源中斷時，其計數值會自動復歸，而停電保持型計數器當電源中斷時，其計數值仍被保留，復電後會繼續累計，欲將計數值歸零重新計數的話，可配合 RST 指令使用。計數器的設定值可直接使用常數(K)，或資料暫存器(D)來間接設定。例如：K8、D120…等，注意 K0 和 K1 其意義相同，即計數一次之後其接點即動作。

　　16 位元和 32 位元計數器的特點如下表所示：

表 2-7　16 位元和 32 位元計數器

項　　目	16 位元計數器	32 位元計數器
計數方向	上數	上數/下數
設定值	1~32767	−2147483648~+2147483647
設定值的指定	常數 K 或資料暫存器 D	同左，但資料暫存器一次用兩個
現在值的變化	計數到後就不接受計數	計數到仍然繼續計數
輸出接點	計數到接點動作並保持	上數計數到，接點動作並保持 下數計數到，接點復歸
復歸動作	RST 指令被執行時現在值歸零、接點復歸	
現在值暫存器	16 位元	32 位元

1.　16 位元計數器

　　16 位元計數器其計數是由 0 開始往上計數，當達到預設值時，計數器接點動作；接點動作以後，再輸入的計數就無意義了，接點會持續動作，除非重新歸零，所以在使用計數器的時候一定要有歸零的指令(RST)。

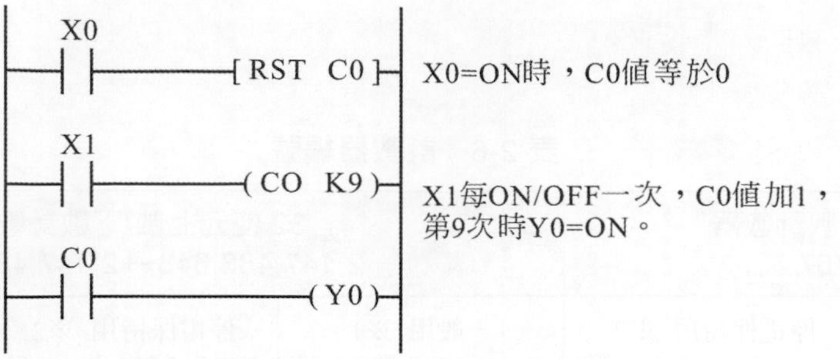

```
     X0
  ───┤├──────────────[ RST  C0 ]    X0=ON時，C0值等於0

     X1
  ───┤├──────────────( C0  K9 )     X1每ON/OFF一次，C0值加1，
                                     第9次時Y0=ON。
     C0
  ───┤├─────────────────( Y0 )
```

圖 2-12 16 位元計數器使用例

2. 32 位元計數器

　　32 位元上/下數計數器由 M8200~M8234 的 ON/OFF 來決定上數或下數，例如 M8205=OFF 時 C205 為上數，M8205=ON 時 C205 為下數。設定值可為常數 K 或資料暫存器 D，若使用資料暫存器，一個設定值會佔用 2 個連號的暫存器，例如指定 D0 的話，即表示由 D1 和 D0 所組成的 32 位元資料暫存器。上/下數計數器的設定值也可以設定為負數，例如計數器 C200 設定為上數並且設定值為–10 的話，則計數值由–11 →–10 時，C200 的輸出接點變成 ON，計數值由–10→–11 時，C200 的輸出接點變成 OFF，計數器的接點動作時，只要計數脈波繼續輸入，它也會繼續計數不停。

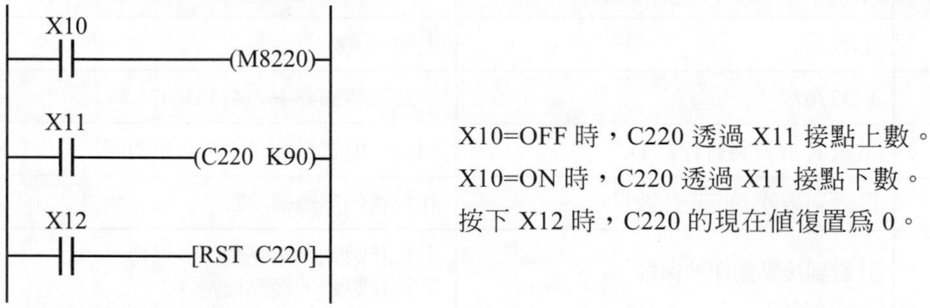

```
     X10
  ───┤├─────────────────(M8220)

     X11
  ───┤├────────────────(C220 K90)     X10=OFF 時，C220 透過 X11 接點上數。
                                        X10=ON 時，C220 透過 X11 接點下數。
     X12                                按下 X12 時，C220 的現在值復置為 0。
  ───┤├──────────────[RST C220]
```

(a)設定值直接指定

```
    M8002
  ───┤├───────────[DMOV K2340 D2]     32位元計數器指定資料暫存器時，一次佔用兩個
                                        資料暫存器，所以MOV要加D成為DMOV，在此
     X11                                為D3、D2。
  ───┤├─────────────(C210 D2)
```

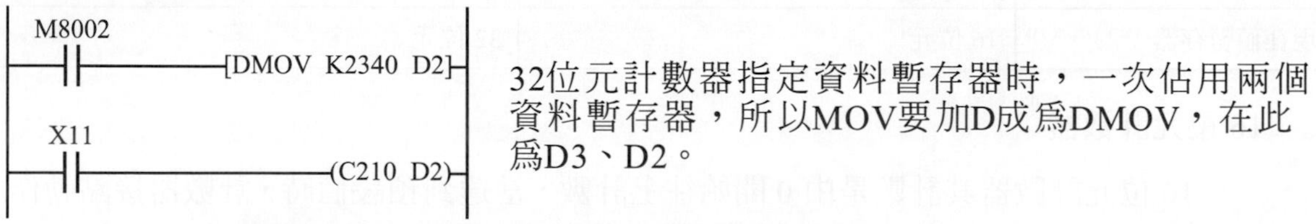

(b)設定值間接指定

圖 2-13 32 位元計數器使用例

3. 高速計數器

　　一般計數器的 ON 時間與 OFF 時間至少要比一次掃瞄時間長方為有效(約為 10Hz 以下)，至於高速計數器就與掃描時間無關，它是採取中斷插入的方式來接受快達數 kHz 以上的快速脈波。

　　FX 主機內建多個高速計數器，編號從 C235 到 C255 共 21 個，高速計數器又可分為 1 相 1 計數、1 相 2 計數和 2 相 2 計數三種，它們的脈波輸入端和復歸端分別由 X0~X7 輸入接點來控制，如表 2-8 所示。高速計數器全部具停電保持功能。

表 2-8　高速計數器的編號

輸入端	1相1計數											1相2計數					2相2計數				
	C235	C236	C237	C238	C239	C240	C241	C242	C243	C244	C245	C246	C247	C248	C249	C250	C251	C252	C253	C254	C255
X0	U/D						U/D			U/D		U	U		U		A	A		A	
X1		U/D					R			R		D	D		D		B	B		B	
X2			U/D					U/D		U/D			R		R			R		R	
X3				U/D				R		R				U		U			A		A
X4					U/D				U/D					D		D			B		B
X5						U/D			R					R		R			R		R
X6										S					S					S	
X7											S					S					S

　　U：上數計數　　D：下數計數　　R：復歸　　S：啟動　　A：A 相輸入　　B：B 相輸入

　　表 2-8 中 C235 是一個 1 相 1 輸入的高速計數器，它的脈波輸入端為 X0；C241 的脈波輸入端為 X0，並且 X1 輸入端可作硬體復歸(Reset)。另外，必須注意 X0~X7 不可重複使用，一旦使用了 C235 的話，C241、C244、C246、C247、C249、C251、C252、C254 就不能再使用。

　　高速計數器是一種 32 位元上／下數計數器，上數或下數的決定方法及監視元件如表 2-9 所示：

表 2-9　高速計數器上/下數方法

項　目	1相1計數	1相2計數	2相2計數
上/下數方法	M8235~M8245 =OFF 時相對應的計數器上數 =ON 時下數	M8246~M8250 上／下數監視之用 上數下數有各自的輸入端	M8251~M8255 上／下數監視之用 A 相輸入端為 High 情況下，B 相輸入端 OFF→ON 時上數，ON→OFF 時下數
上/下數監視		上數時 M8246~M8255 相對號碼 OFF 下數時 M8246~M8255 相對號碼 ON	
附　註	有些高速計數器具有硬體復歸端(R)及計數開始端(S)		

　　FX-3U 系列的高速計數器支援一相 100kHz、二相 50kHz 的高速脈衝輸入。

高速計數器的使用方法：

(1) 一相 1 計數輸入，無啓動/復置輸入端

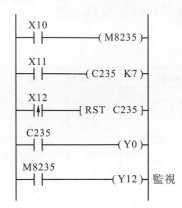

(1) X10=OFF 時上數：X11=ON 時，C235 透過 X0 接點計數。

(2) X10=ON 時下數：X11=ON 時，C235 透過 X0 接點計數。

(3) 按下 X12 時，C235 的現在值復置爲 0。

注意：X11 爲啓動開關，X0 爲計數脈波

圖 2-14　一相 1 計數無外部 S、R 計數器使用例

(2) 一相 1 計數輸入，有啓動/復置輸入端

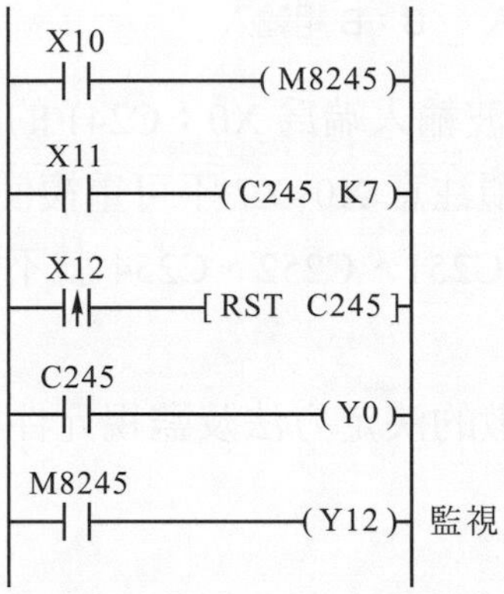

```
    X10
 ───┤ ├───────────( M8245 )
    X11
 ───┤ ├───────────( C245  K7 )
    X12
 ───┤↑├───────────[ RST  C245 ]
    C245
 ───┤ ├───────────( Y0 )
    M8245
 ───┤ ├───────────( Y12 )  監視
```

(1) X10=OFF 時上數：X11=ON 或 X7=ON 時，C245 透過 X2 接點計數。

(2) X10=ON 時下數：X11=ON 或 X7=ON 時，C245 透過 X2 接點計數。

(3) 按下 X12 時，或 X3=ON 時，C245 的現在值復置爲 0。

注意：X11 爲程式啓動開關，X7 爲外部啓動開關。
　　　X12 爲程式 RST 開關，X3 爲外部 RST 開關。
　　　X2　爲計數脈波。

圖 2-15　一相 1 計數有 S、R 計數器使用例

(3) 一相 2 計數輸入，無啓動/復置輸入端

所謂的 2 計數輸入是將上數和下數脈波分別由 2 個端子輸入，例如 C246 的上數脈波由 X0 輸入，下數脈波由 X1 輸入。相對應的特殊繼電器 M8246~M8250 作爲監視上／下數之用。

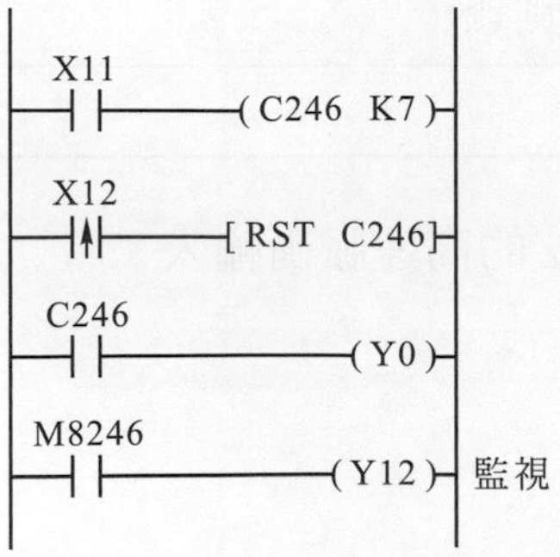

```
    X11
 ───┤ ├───────────( C246  K7 )
    X12
 ───┤↑├───────────[ RST  C246 ]
    C246
 ───┤ ├───────────( Y0 )
    M8246
 ───┤ ├───────────( Y12 )  監視
```

(1) X11=ON 時，C246 才會接受輸入脈波。
　　X0 端子爲上數脈波，此時 M8246=OFF。
　　X1 端子爲下數脈波，此時 M8246=ON。

(2) 按下 X12 時，C246 的現在值復置爲 0。

圖 2-16　一相 2 計數無 S、R 計數器使用例

(4) 一相 2 計數輸入，有啟動/復置輸入端

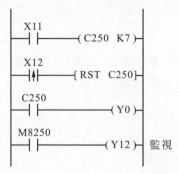

(1) X11=ON 或 X7=ON 時，C250 才會接受輸入脈波。
X3 端子為上數脈波，此時 M8250=OFF
X4 端子為下數脈波，此時 M8250=ON
(2) 按下 X12 或 X5=ON 時，C250 的現在值復置為 0。

圖 2-17　一相 2 計數有 S、R 計數器使用例

(5) 二相 2 計數輸入，無啟動/復置輸入端

　　伺服馬達常用轉動編碼器(Encoder)來做轉速與轉向的回授，其輸出端有 A 相和 B 相二個脈波信號，正轉時 A 相領先 B 相，反轉時 B 相領先 A 相，如此便可以做為轉向判斷，而轉速愈快時，其輸出脈波頻率愈高。

　　所謂的二相計數是兩脈波同時輸入，但兩脈波相差 90°，如圖 2-18 所示，當 A 相領先 B 相時為上數，B 相領先 A 相時為下數；也就是說，在 A 相脈波為 High 的情形下，遇到 B 相脈波上緣時計數器加 1，遇到 B 相脈波下緣時計數器減 1。相對應的特殊繼電器 M8251~M8255 作為監視上/下數之用。

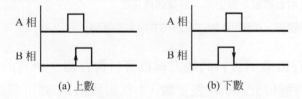

(a) 上數　　　　　　　　　(b) 下數

圖 2-18　二相 2 計數計數器上數與下數

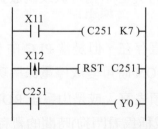

(1) X11=ON 時，C251 才會接受 X0 和 X1 的輸入脈波。
(2) X12=ON 時，C251 的現在值復置為 0。

圖 2-19　二相 2 計數無 S、R 計數器使用例

(6) 二相 2 計數輸入，有啓動/復置輸入端

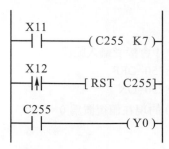

(1) X11=ON 或 X7=ON 時，C255 才會接受 X3 和 X4 的輸入脈波。
(2) X12=ON 或 X5=ON 時，C255 的現在值復置爲 0。

圖 2-20 二相 2 計數有 S、R 計數器使用例

七、資料暫存器(D)

表 2-10 資料暫存器編號

一般用 ※1	停電保持用 ※2	停電保持專用 ※3	特殊用
D0~D199 共 200 個	D200~D511 共 312 個 並列運轉時： 主→副 D490~D499 副→主 D500~D509	D512~D7999 共 7488 個 D1000 以後以 500 點爲一個單位設定成 檔案暫存器	D8000~D8511 共 512 個

※1：非停電保持區域，可使用參數設定變更成停電保持功能。

※2：停電保持區域，可使用參數設定變更成非停電保持功能。

※3：停電保持區域，不可變更。(可使用 RST、ZRST 指令來復歸)

　　PLC 中專門用來存放數值資料的地方稱爲資料暫存器，所有的資料暫存器皆爲 16 位元(最左位元 MSB 爲符號位元，0 代表正數，1 代表負數)。亦可將連續號碼的二個資料暫存器組合使用(較大號碼的是上 16 位元，較小號碼的是下 16 位元)，以便儲存 32 位元資料，例如指定 D0 之後，D0 就是下 16 位元，而 D1 爲上 16 位元，指定 D110 的話，D110 就是下 16 位元，而 D111 爲上 16 位元；指定時雖然沒有規定下 16 位元必須爲奇數或偶數號碼，但是通常都是指定偶數。

　　一般用資料暫存器一旦被寫入資料後，該筆資料就會一直存在，但是當 PLC 由 RUN 切換到 STOP 或斷電時，資料就會消失而變成 0。驅動 M8033=ON 時可變成停電保持功能。

　　每個特殊資料暫存器都有固定的特殊功能，它的內容需預先寫入或是由系統 ROM 於開機時傳送進來，例如 D8000 是設定 WDT(時間監控計時器或稱爲看門狗)時間的暫存器，一開始它的內容是從系統 ROM 傳送進來 200ms，程式設計者也可以使用 MOV 指令來變更它的值。

八、索引暫存器(V、Z)

索引暫存器常應用於間接指定用，索引暫存器 V0~V7 和 Z0~Z7，均為 16 位元暫存器。V 和 Z 可以合併使用作為 32 位元資料的演算之用，V 為上 16 位元，Z 為下 16 位元，V 和 Z 配對如下(V0、Z0)，(V1、Z1)，(V2、Z2)....(V7、Z7)。

索引暫存器的使用方法如下，如果 V0=8、Z2=7，則

K20Z2　代表 K(20+7)　即 K27

D5V0　代表 D(5+8)　即 D13

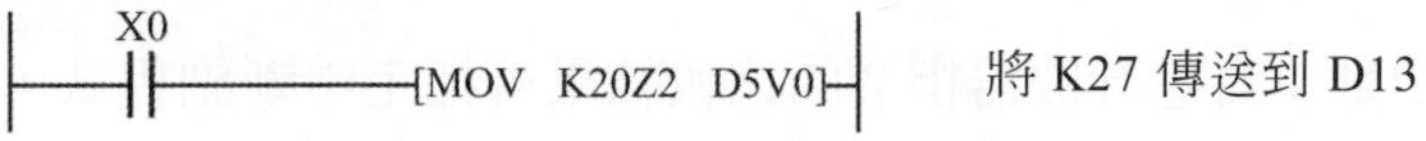

```
      X0
──────┤ ├──────────────[MOV  K20Z2  D5V0]──    將 K27 傳送到 D13
```

圖 2-21　索引暫存器使用例

九、指標(P、I)

表 2-11　指標編號

跳躍(CJ)及呼叫 (CALL)副程式用	外部中斷用	定時中斷用	高速計數器中斷用
FX3U：P0~P4095	I00□(X0) I10□(X1) I20□(X2) I30□(X3) I40□(X4) I50□(X5)	I6□□(X0) I7□□(X1) I8□□(X2)	I010 I020 I030 I040 I050 I060

跳躍和副程式用指標 P，當邏輯條件成立時(邏輯狀態=1)，程式便立刻跳至指標所指定的位址去執行副程式，一直到 SRET 指令(副程式結束返回)處再回到主程式原來的位置繼續往下執行。

中斷用指標 I，中斷動作需配合中斷許可 EI(FNC04)、中斷禁止 DI(FNC05)和中斷返回 IRET(FNC03)三個應用指令使用。在中斷許可的情況下，當邏輯條件成立時(邏輯狀態=1)，程式便立刻跳至指標所指定的位址去執行副程式，一直到 IRET 指令(中斷副程式結束返回)處再回到主程式原來的位置繼續往下執行。

一旦於程式中使用到中斷指標，其相對應的輸入端(X0~X5)不可再使用於高速計數或其他用途。中斷指標可分為下列三種：

(1) 外部中斷：相對應的輸入端信號於前緣或後緣觸發時，CPU 馬上跳至指定的中斷副程式指標 I00□~I50□ 處執行，I00□ 的最後一個字若為 1，表示前緣中斷，若為 0，表示後緣中斷。

(2) 定時中斷：CPU 每隔一段時間(10ms~99ms)會自動中斷目前執行中的程式，跳至指定的中斷副程式指標 I6□□~I8□□ 處執行，I6□□ 的後二字即代表中斷時間，單位為 ms。

(3) 高速計數器中斷：高速計數器指令的比較結果可指定中斷副程式，當高速計數器的現在值等於設定值時，CPU 便跳至指定的中斷副程式指標 I010~I060 處執行。

當某個中斷副程式正在執行時，其他的中斷插入動作是被禁止的，但是於 EI～DI 範圍內允許再次使用 EI～DI 指令，即可做兩層的中斷處理。另外，當 M805□=ON 時，相對應的中斷無效。

十、常數(K、H)

於程式中寫入常數的方法，可以 10 進位數(K)或 16 進位數(H)表示，例如 K10、K250，或 H22、H1A。十進位 K 值一般是用來當成計時器和計數器的設定值，或是用在應用指令的運算元中，十六進位 H 值一般是用在應用指令的運算元中。

2-4　電源迴路

PLC 輸入端子有 L、N、⏚、24+、COM、X0~X17...等接點：

1. 「L」與「N」為電源輸入端，額定電壓為 AC100V~240V，電壓容許範圍為 AC85V~264V。

2. ⏚表示接地線，此地線非電源地線，不可將 AC 電源接到此端，它是 PLC 設備本身非帶電金屬的接地(第三種接地工程，接地電阻 100Ω 以下)。

3. 24+是直流電源輸出端，專供外部感測元件使用，切勿將其他電源從此端接入；供給總電流有 250mA(I/O 點數 32 點以下)和 460mA(I/O 點數 48 點以上)兩種。

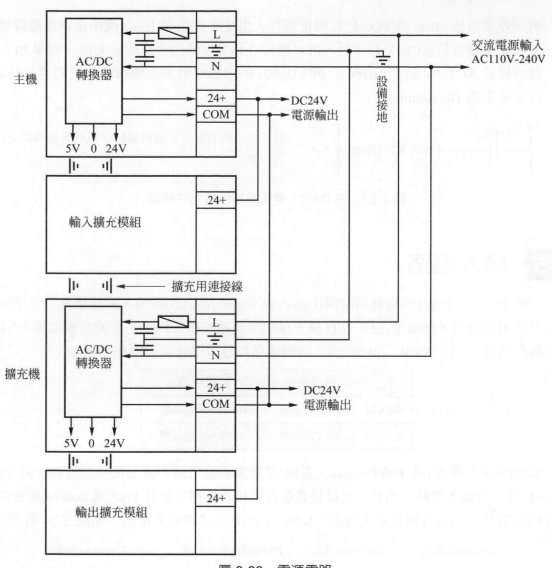

圖 2-22 電源電路

注意事項：

1. 主機和擴充機電源 AC110V 或 220V 均可連接至"L"和"N"端子。

2. 主機和擴充機電源應同時 ON 或 OFF。

3. 主機和擴充機座的 24+端子切勿自外部加入電源。

4. 主機和擴充機的 24+端子不可相連接。

5. 主機和擴充機的 COM 端子應相連接在一起。

6. 供應感測器的 24+端子輸出電流約為 0.25A(或 0.46A)以下，如果輸出電流過大則電壓會下降，使 PLC 動作不正常。

7. 電源線至少需為 2mm²(AWG14)以上。

8. 瞬間停電短於 10ms 時 PLC 仍能照常運作，但是停電超過 10ms 或不正常電壓降發生導致端電壓低於 AC85V 以下時，PLC 將停止運轉，輸出全部變成 OFF。如果 PLC 電源連接於 AC220V 時，可由程式中的 D8008 的內容變更來改變瞬時停電的容許時間，設定範圍為 10~100ms。

寫在程式的開頭，左圖將瞬時停電的容許時間更改為 20ms

圖 2-23   由 D8008 變更瞬時停電允許時間

2-5 輸入迴路

三菱 PLC 可分為日規機種與歐規(European Standards, ES)機種，歐規機種可從型號上很容易的辨識出來，無論是主機、I/O 擴充模組或是擴充機，只要是型號的末端加上"-ES"即為歐規機種，例如 FX3U-32MR-ES。歐規機種和日規機種的差別如下所示：

	日規機種	歐規機種
輸入端	NPN 電晶體	NPN/PNP 電晶體
輸出端	NPN 電晶體	NPN/PNP 電晶體

NPN(Sink，集極)或 PNP(Source，源極)是用來定義電路中直流電流的流向，採 NPN 或 Sink 型式的輸入或輸出電路，可以給負載提供接地路徑；至於 PNP 或 Source 型式的輸入或輸出電路，則為負載提供電壓源。NPN 或 PNP 型式的輸入電路，如圖 2-24 所示。

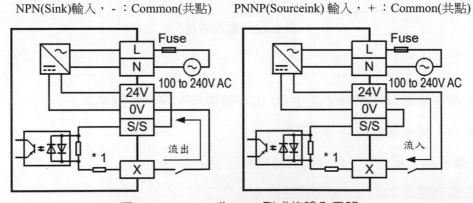

圖 2-24   NPN 或 PNP 型式的輸入電路

　　日規機種的輸入接點迴路均為 NPN 型式，如圖 2-25 所示，每一個輸入接點迴路的內部共點為 DC24V，直接在內部連接。

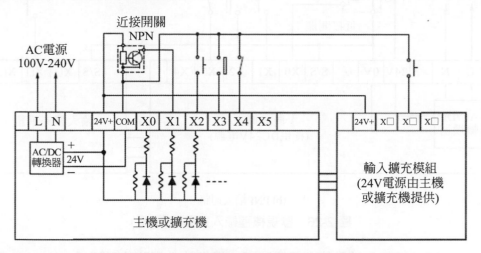

圖 2-25　日規機種 NPN 輸入接點迴路

　　歐規機種的輸入迴路有 NPN 型式和 PNP 型式二種，歐規機種將輸入迴路的共點(S/S)從電源分離出來，獨自形成一個接線端子 S/S，讓使用者可依外接感測器的類型是 NPN 或 PNP 來連接。如圖 2-26(a)所示，輸入為 NPN 電晶體型式的時候，其(S/S)接點與直流 24V 電源的正端連接；又如圖 2-26(b)所示，輸入為 PNP 電晶體型式的時候，其(S/S)接點與直流 24V 電源的負端連接。書中學習範例兼採日規與歐規二種標示方法，讀者在研讀及實際接線時宜特別留意。

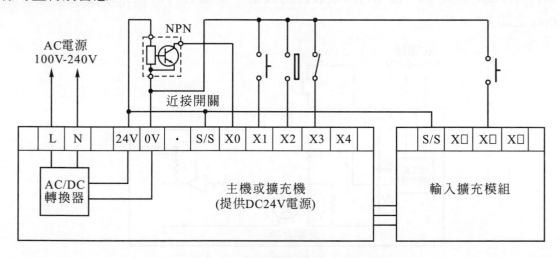

(a) NPN輸入迴路

圖 2-26　歐規機種輸入接點迴路

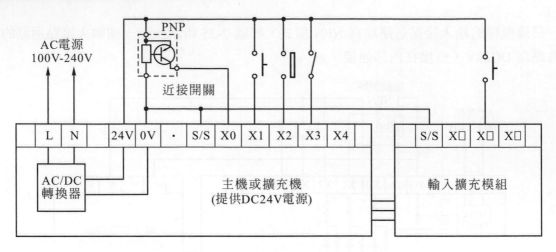

(b) PNP輸入迴路

圖 2-26　歐規機種輸入接點迴路(續)

　　如圖 2-27 所示為輸入接點的內部電路圖，提供輸入迴路的電壓為 DC24V，利用光耦合器作隔離，由於電路上串聯一個 3.3kΩ 電阻，所以此迴路只能提供 7mA (24V/3.3kΩ=7mA) 電流，X10 以後為 5mA(4.3kΩ)。當 X1 連接的外部按鈕接通時，24V 迴路導通，光隔離器內部的紅外線發光二極體發光照射到光電晶體導通，此時代表輸入接點 X1 的 LED 發亮。另外，光隔離器二次側電路有一組 R-C 濾波電路，以防止輸入接點跳動或輸入線上雜訊所引起之錯誤動作，但是也因此而導致外部開關 ON/OFF 切換時，在 PLC 內約有 10ms 之延遲，因此要特別注意輸入信號 ON/OFF 變化時間小於 10ms 時，PLC 將無法有效感知。X0~X17 (FX2N-16M 為 X0~X7)內藏數位濾波器，使用者可由程式來變更延遲時間在 0~60ms 之間。

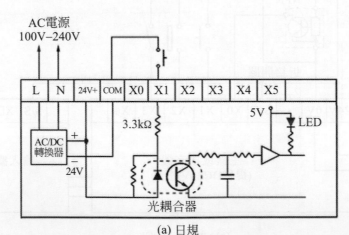

(a) 日規

圖 2-27　輸入迴路內部電路

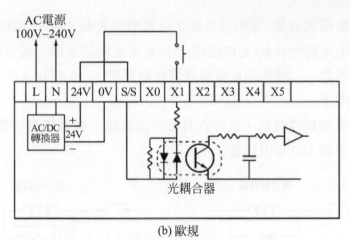

(b) 歐規

圖 2-27　輸入迴路內部電路(續)

2-6　輸出迴路

　　FX2N 機種的輸出型式有繼電器(R)、電晶體(T)和固態驛(S)三種，而 FX3U 機種的輸出型式有繼電器(R)和電晶體(T)二種。不論 PLC 的輸出型式是哪一種，它們的輸出端子外觀都是一樣的，每 4 或 8 個輸出接點共用一個共通點，分別稱爲 COM1、COM2...等，不同的 COM 點可使用不同的電壓(如 AC110V、AC220V、DC24V)來驅動負載。

　　輸出迴路內部並無設置保險絲，爲了防止外部負載短路而造成內部基板燒毀，請於COM 端加裝保險絲。

1.　繼電器輸出

　　繼電器輸出型式可控制交流負載或直流負載，接點無極性之分，如圖 2-28 所示。

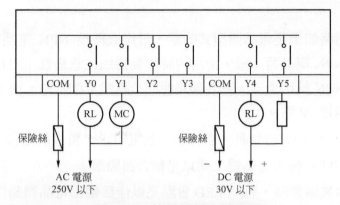

圖 2-28　繼電器輸出接線圖

(1)　繼電器利用本身的激磁線圈和接點作爲 PLC 內部電路和外部負載之隔離作用。

(2)　繼電器激磁時接點接通，並且有一 LED 點亮以作爲輸出接點動作識別之用。

(3)　繼電器激磁或消磁到接點眞正接通或切離的反應時間約爲 10 ms。

(4) 繼電器接點電流容量：電阻性負載 2A，電感性負載 80VA，電燈負載 100W 以下。

(5) 如果爲直流電感性負載(如電磁閥)，需在負載兩端連接一個飛輪二極體以延長繼電器接點壽命，二極體額定電壓應選負載電壓 5~10 倍以上的耐壓，電流則大於負載電流即可。

(6) 如果爲交流電感性負載，最好在負載兩端連接一個雜訊消除器(突破吸收器或以 0.1F 電容串聯 100 電阻代替)。

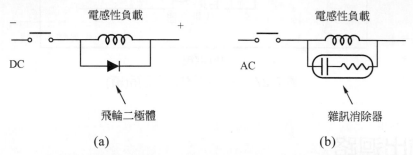

圖 2-29　電感性負載接線圖，(a)直流電感性負載，(b)交流電感性負載。

(7) 不可同時動作的負載，除了程式設計成不要同時 ON 之外，在 PLC 外部也必須要做互鎖配線。

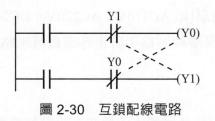

圖 2-30　互鎖配線電路

2. 電晶體輸出

輸出接點迴路如果是電晶體型式的話，日規機種爲 NPN 電晶體，而歐規機種有 PNP 電晶體和 NPN 電晶體二種，使用的時候要特別注意極性不可接錯，如圖 2-31 所示；必須注意 NPN 輸出型式，其外部電源的負端接 COM 點，而 PNP 輸出型式，其外部電源的正端接+V 點。

(1) 只能驅動 DC5~30V 的負載，需特別注意電源正、負端的連接。

(2) PLC 內部電路和輸出電晶體之間以光耦合器隔離。

(3) 當光耦合器被驅動時，有一 LED 會點亮以作爲輸出電晶體動作識別之用。

(4) 從光耦合器動作開始到輸出電晶體 ON/OFF 之反應時間小於 0.2msec。

(5) 輸出電晶體最大操作電流 0.5A，如果 4 點並聯使用的話，最大電流應在 0.8A 以下。

(6) 電晶體 OFF 時的洩漏電流小於 0.1mA。

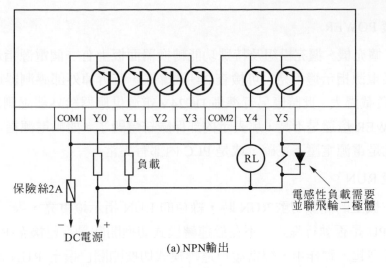

(a) NPN輸出

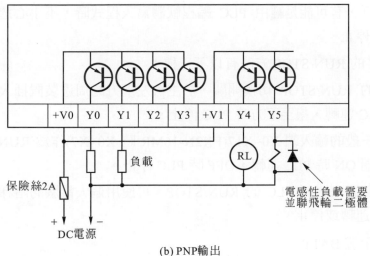

(b) PNP輸出

圖 2-31　電晶體輸出型式

2-7　面板指示燈

　　PLC 面板上除了有輸入端(X)指示燈和輸出端(Y)指示燈之外，還有下列四種指示燈，可從指示燈亮滅的情形來判斷 PLC 是否故障，或是外部元件的問題：

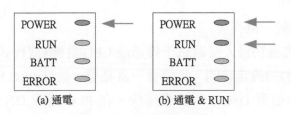

圖 2-32　面板指示燈

1. 電源指示燈 POWER

　　主機、擴充機、擴充模組及特殊功能轉換器面板上有一個電源指示燈，通電時此燈亮。如果電源指示燈不亮，可檢查 24+端導線，若拆掉外部感測器後燈會亮，表示 24+的 DC 負載過大，此時應另行準備 DC24V 電源供應器給外部感測器使用。若移開感測器 POWER 燈還是不亮，那表示內部保險絲燒毀了。如果電源指示燈呈現閃爍狀態，則可能是電源電壓不正確，或是 PLC 內部有異常。

2. 運轉指示燈 RUN

　　PLC 主機上的開關切至 RUN 時，綠色的 RUN 指示燈會亮，表示 CPU 是處於運轉模式。CPU 是否執行程式，不在於運轉模式切換開關是否已撥至 RUN 的位置，而是此燈是否亮起。實作中，經常發現運轉模式切換開關已撥至 RUN 的位置，但程式依然無法執行，有可能是經由 PLC 編程軟體寫入程式時，不小心透過編程軟體操作將 PLC 強制停止。

　　FX-PLC 的 RUN/STOP 方法有以下三種：

(1) 主機上的 RUN/STOP 切換開關，於主機左下方的周邊裝置插入口旁邊，撥至上方時 PLC 運轉，撥至下方時 PLC 停止。

(2) 可使用一般的輸入端 X0~X17(FX2N-16MR 時 X0~X7)作為 RUN/STOP 開關，該點輸入端 ON 時 PLC 運轉，OFF 時 PLC 停止。

(3) 由周邊裝置來強制 PLC 的 RUN/STOP，可使用個人電腦的階梯圖編輯軟體來強制 PLC 運轉或停止。

3. 電池電壓指示燈 BATT

　　FX-PLC 內部安裝有鋰電池，作為電源斷電時程式的記憶之用，以及內部停電保持型元件(如內部輔助繼電器、積算型計時器、計數器...)的記憶。鋰電池壽命大約 5 年，電池指示燈亮時表示電池蓄電量不足，從 BATT.V 指示燈亮起，約可再使用一個月(使用 RAM 者)，此時應儘快更換電池。電池沒電時，PLC 尚可正常動作，但 PLC 內部停電保持型元件將失去效用，必須注意。電池指示燈亮時，特殊輔助繼電器 M8006=ON，程式設計者可利用 M8006 來作為外部的警報輸出。

4. 錯誤指示燈 ERROR

(1) CPU 錯誤_燈號一直亮著
當 PLC 因外來異物侵入或雜訊干擾造成 CPU 當機，或程式執行時間超過 WDT(時間監控定時器)的設定時間，此燈會一直亮著，並且 PLC 停止運轉，如果是 WDT 的問題，可由變更 D8000 的值來解決。在 PLC 電源 ON 情況下，拔掉記憶體卡匣也會使此燈點亮，此時將電源關閉再開，則此項錯誤將會自動解除。

(2) 程式錯誤_燈號閃爍

　　PLC 上的開關切至 RUN 時，綠色的 RUN 指示燈會亮，但是當程式迴路不正確、計時器與計數器之設定常數未被輸入，或是因外來雜訊干擾導至程式內容產生變化時，此燈會閃爍，此時應重新檢查程式。

　　程式錯誤的原因，大多數為：

① 語法或參數錯誤

　　一般為指令、運算碼或運算元使用不當，諸如主機的 I/O 編號係採用 8 進位，因一時失察，使用了 8 或 9 的編號，其它如計時器(T)或計數器(C)中缺少了設定值等。

② 迴路設計不當

　　正確的迴路(或網路)指令一般始於 LD，而止於 OUT、T、C 或應用指令(FUN)。當錯誤發生時，請查詢使用手冊中相關章節(或附錄)之錯誤訊息一覽表(Error Code Table)，它會載明錯誤檢測元件(特殊暫存器、接點等)、錯誤編號、錯誤原因及解決之道。例如錯誤發生時，錯誤編號會出現在特殊暫存器 D8004 中，同時特殊接點 M8004 會導通(ON)。

　　將正確的程式重新書寫到 PLC 後，ERROR 指示燈便會熄滅。

2-8　PLC 軟體及硬體錯誤檢測

2-8-1　軟體錯誤檢測

　　PLC軟體本身即具備有除錯(Debug)功能，PC 連線編程軟體執行轉換(Convert、Compile 或直接押下功能鍵[F4])時，若程式有誤，則會出現階梯圖無法轉換的錯誤訊息視窗，提示使用者校正游標所在位置的錯誤。

2-8-2　硬體錯誤檢測

1. 輸入元件及輸入介面電路

　　如圖 2-33 所示為 PLC 外部輸入元件及內部輸入介面電路示意圖，故障偵測可藉由面板上之紅色 LED 輸入狀態指示燈是否正常亮燈，並配合三用電錶加以判斷。

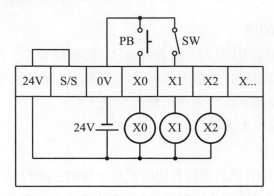

圖 2-33　PLC 輸入元件及輸入介面電路

(1) 外部輸入狀態 LED 指示燈

　　PB 未押下或 SW 未閉合時，LED 燈不亮；PB 押下或 SW 閉合時，LED 燈亮。若測試結果同上所述，表示輸入元件正常。

(2) 三用電錶 DCV 檔測試

　　① PB 未押下或 SW 未閉合

　　　紅棒接觸輸入端子台上 X0(或 X1)，黑棒接觸 0V，DCV = 24V。

　　② PB 已押下或 SW 已閉合

　　　DCV = 0V，同時對應之外部輸入狀態 LED 燈亮。

2. 輸出元件及輸出介面電路

　　如圖 2-34 所示為繼電器輸出型式之外部輸出元件及內部輸出介面電路，其中 COM1 端未接負載，COM2 端接交流負載，COM3 端則接直流負載。故障偵測可藉由面板上之紅色 LED 輸出狀態指示燈是否正常亮燈，並配合三用電錶加以判斷。

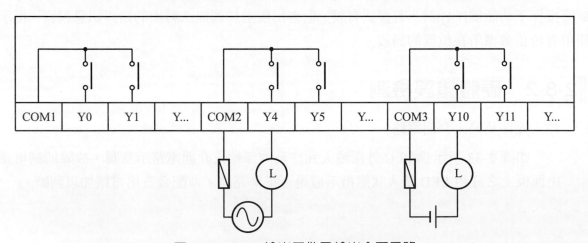

圖 2-34　PLC 輸出元件及輸出介面電路

(1) PLC 未接負載

　　如圖 2-34 所示電路，COM1-Y0 未接負載：

　　① 若 Y0 = OFF，此時用三用電錶之黑、紅二測試棒分別碰觸 PLC 輸出端子台上之 COM1 及 Y0，R = ∞。

　　② 若 Y0 = ON，則 R = 0Ω，且輸出狀態指示燈中之 Y0 紅色 LED 亮燈。

(2) PLC 已外接負載及 AC 電源

　　如圖 2-34 所示電路，其中 COM2-Y4 已外接負載及 AC 220V 電源：

　　① 若 Y4 = OFF，此時將三用電錶之黑、紅二測試棒分別接觸輸出端子台之 COM2 及 Y4，若 ACV = 220V，則為正確。

　　② 若 Y4 = ON，則 COM2-Y4 可視為短路，ACV = 0V，且輸出狀態指示燈中 Y4 之紅色 LED 燈亮。

(3) 若 COM3-Y10 已外接負載及 DC 電源

　　檢測方式同上，祇是三用電表範圍選擇開關要記得撥到 DCV 檔，並注意電源極性(+、−)。

(4) 面板上的外部輸出 LED 燈與內部輸出接點是獨立的，如圖 2-35 所示。面板上的 LED 燈亮，不代表 PLC 內部的輸出接點沒有短路或斷路。若 PLC 已外接負載及 AC/DC 電源，程式執行時負載不動作，但對應於輸出接點的 LED 燈亮，此時宜使用三用電表予以檢測和判斷 PLC 內部的輸出接點是否短路或斷路。

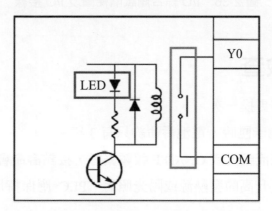

圖 2-35　面板上的外部輸出 LED 燈與內部輸出接點

(5) I/O 綜合測試

茲以 FX3U-32MR 主機為例，階梯圖及 I/O 接線如圖 2-36 所示，參照上述檢測方法逐點測試各個 I/O：X0 對應到 Y0、X1 → Y1、…、X17 → Y17。

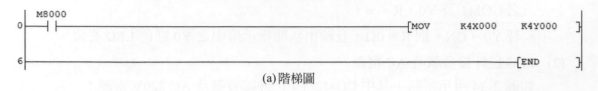

(a)階梯圖

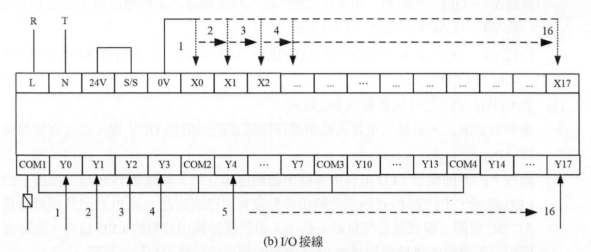

(b) I/O 接線

圖 2-36 I/O 綜合測試階梯圖及 I/O 接線

2-9 維護與檢查

● 鋰電池壽命約 5 年需更換一次。

● 使用 FX-RAM-8 記憶卡匣時，電池壽命約只有 3 年。

● 輸出繼電器的接點電流較大或 ON/OFF 較頻繁者，接點壽命會顯著減短。

● 是否有導致盤內溫度升高的發熱源或陽光照射，PLC 應保持周邊溫度(0~55℃)和溼度(35~85%)。

● 是否有粉塵或異物侵入盤內。

● 鋰電池電壓太低時，面板上的 BATT.V 燈會亮，此時須儘快更換電池。更換電池的步驟為：(1)關閉 PLC 電源，(2)取下塑膠蓋，(3)將電池拔起，(4)於 20 秒內插上新電池，(5)將塑膠蓋蓋上。

2-10 常用特殊內部輔助繼電器及特殊資料暫存器

一、PLC 運轉狀態

編　號	功　能
M8000 常閉接點	PLC 開關切到 RUN 時 M8000=ON
M8001 常開接點	PLC 開關切到 RUN 時 M8001=OFF
M8002 初始脈波 a 接點	PLC 開關切到 RUN 時 M8002 輸出一個掃瞄週期的正脈波
M8003 初始脈波 b 接點	PLC 開關切到 RUN 時 M8003 輸出一個掃瞄週期的負脈波
M8004 錯誤發生	M8060~M8067 錯誤旗標中任何一個為 ON 時 M8004=ON
M8005 電池電力不足	電池電壓太低時 ON
M8006 電池電力不足信號保持	電池電壓太低時 ON，並且信號被保持住
M8007 瞬時停電檢出	瞬時停電發生時 M8007 輸出一個掃瞄週期脈波(允許瞬時停電時間可由 D8008 變更設定)
M8008 停電檢出	PLC 電源斷電時 M8008 輸出脈波約 10ms，當 M8008 從 ON→OFF 時 M8000 也變成 OFF
M8009 DC24V 電壓過低	主機或是擴充機的 DC24V 電源供應端電壓太低時 M8009=ON

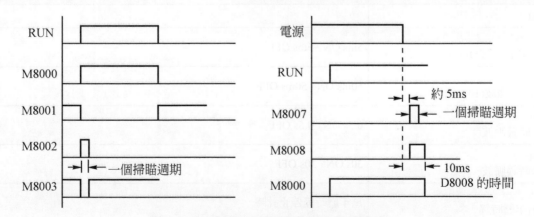

圖 2-37　運轉狀態特殊繼電器動作情形

編　號	功　能
D8000　(Watch Dog Timer) 監控計時器	初始值為 200ms，可變更設定
D8001 PLC 的機種及版本顯示	24100 ┌┴─ 版本 V1.00 └── FX2N，FX3U 系列
D8002 記憶體容量	0002：2k 位址　　0008：8k 位址 0004：4k 位址　　(16k 時顯示於 D8102)
D8003 記憶體種類	00H：FX-RAM-8 01H：FX-EPROM-8 02H：FX-EEPROM(保護開關 OFF) 0AH：FX-EEPROM(保護開關 ON) 10H：內建的 8k RAM
D8004 錯誤編號	顯示 D8060~D8068 (M8004=ON 時)
D8005 電池電壓顯示	電池電壓現在值(單位 0.1V) 例：00036 ←代表 3.6V
D8006 電池電壓檢知準位	初始值 3.0V(單位 0.1V)，可變更設定
D8007 瞬時停電次數	統計 M8007 的 ON/OFF 次數，PLC 斷電時 M8007 的內容被復歸為 0
D8008 停電檢出時間	初始值 10ms，可變更設定
D8009 DC24V 電壓過低的模組編號	DC24V 電壓過低的模組最小編號

二、時鐘脈波

編　號	功　能
M8010	
M8011 0.01 秒時鐘脈波(10ms)	5ms ON / 5ms OFF
M8012 0.1 秒時鐘脈波(100ms)	50ms ON / 50ms OFF
M8013 1 秒鍾時鐘脈波	0.5s ON / 0.5s OFF
M8014 1 分鐘時鐘脈波	30s ON / 30s OFF
M8015 內建萬年曆時鐘	萬年曆時鐘停止計時
M8016 內建萬年曆時鐘	停止顯示萬年曆時鐘的讀出值
M8017 內建萬年曆時鐘	±30 秒修正

編　號	功　能
M8018 內建萬年曆時鐘	萬年曆卡匣安裝有無檢知
M8019 內建萬年曆時鐘	萬年曆異常發生
D8010 掃瞄時間現在值	從位址 0 到 END 指令的累計執行時間 (單位 0.1ms)
D8011 最小掃瞄時間	掃瞄時間的最小值(單位 0.1ms)
D8012 最大掃瞄時間	掃瞄時間的最大值(單位 0.1ms)
D8013 萬年曆時鐘的　秒	0~59 秒
D8014 萬年曆時鐘的　分	0~59 分
D8015 萬年曆時鐘的　時	0~23 時
D8016 萬年曆時鐘的　日	1~31 日
D8017 萬年曆時鐘的　月	1~12 月
D8018 萬年曆時鐘的　年	西元 4 位數(1980~2079)
D8019 萬年曆時鐘的　星期	0(日)~6(六)

註：D8013~D8019 具有停電保持功能

三、旗標

編　號	功　能
M8020 零旗標信號	加減算結果為 0 時 M8020=ON
M8021 負數旗標信號	減算結果為負數時 M8021=ON
M8022 進位旗標信號	加算結果有進位時 M8022=ON
M8028	FROM/TO 指令執行中允許中斷插入動作
M8029 指令執行完畢	DSW...等指令執行完畢時 ON
D8020 輸入反應時間	用來變更輸入端 X0~X17 的反應時間 0~60ms (FX2N-16MR 只有 X0~X7)
D8028	Z0 暫存器的內容
D8029	V0 暫存器的內容

註：Z1~Z7、V1~V7 內容存放在 D8182~D8195 中。

CH 2

四、模態設定

編　號	功　能
M8030 電池電力不足指示燈熄滅	當 M8030=ON 時，即使電池電力不足，指示燈也不亮。
M8031 非保持區域全部清除	當此暫存器=ON 時，Y、M、S、T、C 的輸出線圈全部變成 OFF，T、C、 D 的內容變成 0。但是特殊功能 M 及 D 的 ON/OFF 狀態及內容不變。
M8032 保持區域全部清除	
M8033 非運轉中記憶保持	當 M8033=ON 時，PLC 由 RUN→STOP 時 T、C、D 的現在值全部被保持 住。
M8034 輸出全部禁止	當 M8034=ON 時，PLC 的外部輸出 Y 全部變成 OFF。
M8035 強制 RUN 模態	強制外部輸入點 RUN/STOP 模態
M8036 強制 RUN 指令	由外部輸入點強制 RUN
M8037 強制 STOP 指令	由外部輸入點強制 STOP
M8038	
M8039 固定掃瞄時間	當 M8039=ON 時，CPU 會依據 D8039 的設定值作為掃描時間
D8039 掃瞄時間設定	變更設定 PLC 的掃瞄時間

五、步進狀態

編　號	功　能
M8040 步進禁止	當 M8040=ON 時，步進點的移動被禁止。
M8041 步進開始	自動運轉模態下，M8041=ON 時，初始步進點開始往下移。
M8042 啟動脈波	啟動鈕按下時送出一次脈波
M8043 原點復歸完畢	原點復歸完成時 M8043=ON
M8044 原點條件	原點條件成立時應使 M8044=ON
M8045 全部輸出禁止復歸	M8045=ON 時，輸出接點不會全部被復歸成 OFF
M8046 STL 步進點動作中	當 M8047=ON 時，S0~S899 中有任一點 ON 時 M8046=ON

編 號	功 能
M8047 STL 監視有效	M8047=ON 時步進點動態監視才有效
M8048 警報點動作中	當 M8049=ON 時，S900~S999 中有任一點 ON 時 M8048=ON
M8049 警報點有效	當 M8049=ON 時，警報點編號顯示暫存器 D8049 才有效
D8040　ON 步進點最小號碼	步進點 S0~S899 動作中的最小號碼被存放於 D8040 中，下一個步進點號碼被存放在 D8041 中，以此類推。號碼從小到大依序存放於 D8040~D8047 中，最多可容納 8 點。
D8041	
D8042	
D8043	
D8044	
D8045	
D8046	
D8047	
D8048	
D8049　ON 步進點最小號碼	存放 S900~S999 動作中的最小警報點號碼

六、中斷禁止

編 號	功 能
M8050 I00□ 禁止(外部中斷)	程式中寫入 EI 指令時，CPU 可以接受中斷功能，但是當左列的繼電器=ON 時，其相對應的中斷功能被禁止執行。例如，M8055=ON 時，I50□的中斷動作被禁止。
M8051 I10□ 禁止(外部中斷)	
M8052 I20□ 禁止(外部中斷)	
M8053 I30□ 禁止(外部中斷)	
M8054 I40□ 禁止(外部中斷)	
M8055 I50□ 禁止(外部中斷)	
M8056 I60□ 禁止(定時中斷)	
M8057 I70□ 禁止(定時中斷)	
M8058 I80□ 禁止(定時中斷)	
M8059 計數器中斷禁止	I010~I060 中斷功能被禁止

七、錯誤訊息

編　號	PROG-E 指示燈	PLC 狀態
M8060 I/O 組合錯誤	OFF	RUN
M8061 PLC 硬體故障	閃爍	STOP
M8062 PLC/HPP 傳輸異常	OFF	RUN
M8063 並列運轉異常	OFF	RUN
M8064 參數錯誤	閃爍	STOP
M8065 文法錯誤	閃爍	STOP
M8066 迴路錯誤	閃爍	STOP
M8067 運算錯誤	OFF	RUN
M8068 運算錯誤鎖定	OFF	RUN
M8069 I/O Bus 檢查		
M8109 輸出再生錯誤	OFF	RUN

註： (1) M8060~M8067 中任一點 ON 時，最小的號碼被存放在 D8004 中，同時 M8004=ON。

(2) M8069=ON 時，PLC 執行 I/O Bas 檢查動作，若是有錯誤發生，錯誤號碼 6103 被存放在 D8061 中，同時 M8061=ON。

編　號	功　能
D8060	無此開頭號碼的 I/O
D8061	PLC 硬體故障的錯誤號碼
D8062	PLC/HPP 傳輸錯誤的編號
D8063	並列運轉、RS232C 通信異常的錯誤編號
D8064	參數錯誤的編號
D8065	文法錯誤的編號
D8066	迴路錯誤的編號
D8067	運算錯誤的編號
D8068	運算錯誤鎖定的位址編號
D8069	M8065~7 的錯誤發生位址號碼
D8109	輸出再生錯誤的 Y 號碼

習 題

1.　某一 PLC 型號爲 FX3U -32MR，這些數字及編號方式所代表的意義爲何？
　　(1)FX3U，(2) 32，(3) M，(4) R

2.　(1)X0~X27 共有＿＿＿個外部輸入接點？
　　(2)M0~M27 共有＿＿＿個內部補助接點？

3.　(1)可程式控制器的輸出接點可分爲哪三種形式？
　　(2)AC 負載應選用何種形式？
　　(3)DC 負載應選用何種形式？

4.　請問二種不同輸出形式的接點其所控制的外部負載電壓範圍？

5.　電晶體輸出形式的內部迴路與與外部負載迴路之間採用何種隔離方式？

6.　電晶體輸出形式的每一接點電流容量爲 0.5A，四點並聯使用時爲何電流容量只有 0.8A？

7.　內部輔助繼電器可分爲哪幾種類型？

8.　計時器可分爲哪幾種類型？

9.　計數器可分爲哪幾種類型？

10.　M10 與 M510 除了編號不同之外，其特性有何不同？

11.　試比較 T0 與 T250 各適用於何種場合？

12.　PLC 面板上的指示燈，共有哪幾種？

13.　(1)PLC 面板上之 ERROR 的 LED 指示燈閃爍時，代表何意義？
　　(2)如何消除此一現象？

14.　請寫下你實習 PLC：(1)型號，(2)右側的序號，(3)製造年月，(4)生產批號。

Integrated FA Software

GX Works 2&3
Programming and Maintenance tool

3 章

FX5U PLC 概論

2015 年問世的 iQ-F 或 FX5U 系列 PLC 是 FX3U 的升級產品，速度提升了 150 倍，主機內建的通訊埠取消了原本 FX 傳統的 RS422 通訊埠，改為 RS-485 及乙太網路(Ethernet)等 2 個通訊埠。至於 PLC 的連線編程軟體，也升級為 GX-Works3，不能使用原先之 GX Developer 或 GX Works2。

3-1 FX5U 系統架構

FX5U 系統架構如圖 3-1 所示：

(1) 主機左側可外接類比(Analog)訊號模組或通訊(Communication)模組。

(2) 主機右側可外接 I/O 模組、智慧功能(Intelligent function)模組，此外串接 FX5-CNV-BUS 匯流排轉換模組(conversion module)之後，可外接 FX3U 系列的智慧功能模組、類比訊號模組、網路(Network)模組、定位(Positioning)、高速計數器(High-speed counters) 或電源模組等。

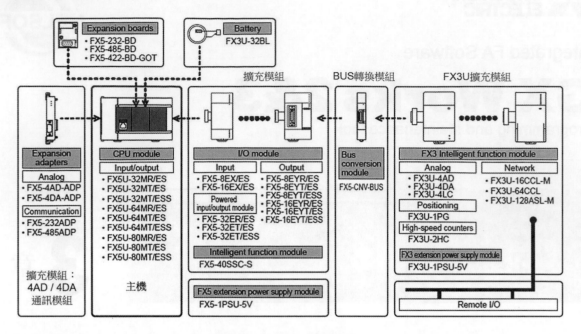

圖 3-1　FX5U 系統架構

FX5U 系統架構與 FX3U 有些類似，以下僅就其不同處作一簡介。

3-1-1　FX5U 型號辨識

FX5U 型號辨識：主機、外接電源及輸入/輸出型式，如圖 3-2 所示：

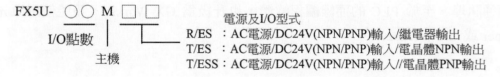

圖 3-2　FX5U 型號辨識

3-1-2　FX5U 主機

FX5U 主機外觀如圖 3-3 所示，部分保護蓋子已打開的主機外觀則如圖 3-4 所示。

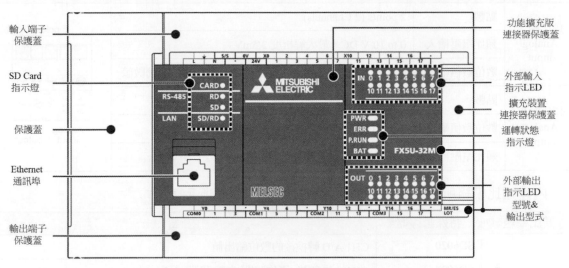

圖 3-3　FX5U 主機外觀

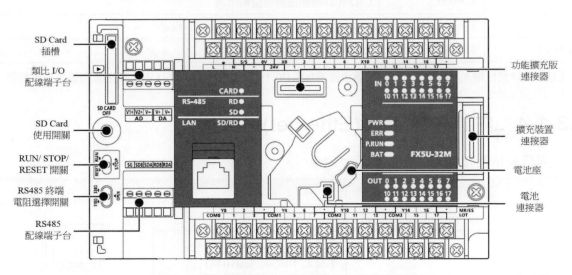

圖 3-4　部分保護蓋子已打開的 FX5U 主機外觀

3-1-3 內建類比輸入/輸出(Analog I/O)

內建類比輸入/輸出，不佔用 PLC 的 I/O 點數。

類　別		規　格	I/O 接線
類比輸入 Analog input	點數	2 points (2 Channels)	
	類比電壓輸入	0 to 10 V DC，最大解析度 2.5mV	
	數位數值輸出	0-4000，12-bit，不帶+/-號(Unsigned binary)二進制數值	
類比輸出 Analog output	點數	1points (1 Channel)	
	數位數值輸入	0-4000，12-bit，不帶+/-號二進制數值	
	類比電壓輸出	0 to 10 V DC，最大解析度 2.5mV	

內建類比模組所對應的特殊暫存器及其內容，如下所示：

類比模組	特殊暫存器	內　容
2 AD	SD6020	CH1 A/D 轉換後的數位輸出值
	SD6024	CH1 A/D 轉換 平均時間/次數/移動 設定
	SD6060	CH2 A/D 轉換後的數位輸出值
	SD6064	CH2 A/D 轉換 平均時間/次數/移動 設定
1 DA	SD6180	D/A 轉換前的數位輸入值

※注意：內建類比輸入及輸出程式範例，請參閱第九章 P9-150【例 9-75】FX5U 內建類比輸入/輸出程式範例。

3-1-4 內建乙太網路(Ethernet)通訊埠

通訊規格及接線方式如下所示：

項　目	規　格	Ethernet_RJ45 接線
資料傳送速度	100/10 Mbps	
設備通訊模式	全雙工 Full-duplex(FDX) 半雙工 Half-duplex(HDX)	
通訊介面	RJ45 接頭(connector)	
傳送方式	基頻(Base band)	
最大 segment 長度： 集線器(hub)與節點(node)間長度	100 m	
通訊協定(Protocol)	1. MELSOFT 連接 2. SLMP (3E frame) 3. Socket 通訊 4. 支援(預先定義)的通訊協定	

Ethernet_RJ45 接線 Pin 信號：

Pin	Signal name
1	TD+
2	TD-
3	RD+
4	Not used
5	Not used
6	RD-
7	Not used
8	Not used

3-1-5 內建 RS485 通訊埠

通訊規格及接線方式如下所示：

項　目	規　格	RS-485 接線
傳送標準	RS-485/RS-422 規格	
資料傳送速度	最大 115.2 kbps	
設備通訊模式	全雙工 Full-duplex(FDX) 半雙工 Half-duplex(HDX)	5 poles
最大傳輸距離	50 m	
通訊協定	1. MELSOFT 連接 2. 無協議或自由通訊 3. MELSEC 通訊協定 (3C/4C frames) 4. MODBUS RTU 5. 支援(預先定義)的通訊協定 6. 變頻器通訊 7. N：N network(PLC 區域小網路)	SG (GND) SDB (TXD-) SDA (TXD+) RDB (RXD-) RDA (RXD+)

3-1-6 RUN/STOP/RESET 開關：CPU 運轉狀態操作開關

外觀	開關位置	功　能
RESET RUN STOP	RUN(上方)	執行程式
	STOP(中間)	停止執行程式
	RESET(下方)	不需要關閉電源，即可重置 PLC 的 CPU 模組 1. 將 SW 往下撥至 RESET 位置約 1 秒 2. 面板上的 ERR 指示燈閃爍數次後會熄滅 3. 將 SW 撥回 STOP 位置

3-1-7 SD 卡及通訊埠使用狀態

外觀	通訊埠	燈號	功　能
CARD ○ RS485　RD ○ SD ○ LAN SD/RD ○		ARD	1. 燈亮：SD 卡使用中，不可取出 2. 閃爍：SD 卡準備中 3. 燈熄：SD 卡未使用，或可以取出
	RS485	RD	燈亮：接收資料
		SD	燈亮：傳送資料
	LAN	SD/RD	燈亮：Ethernet 傳送或接收資料

3-1-8　面板指示燈

PLC 面板上除了有外部輸入(X)和外部輸出(Y)接點指示燈之外，還有下列四種指示燈，可從指示燈亮或熄滅的情形來判斷 PLC 是否異常、故障、程式錯誤，或是外部元件的問題。

PWR	CPU 通電狀態指示燈	燈亮：通電中
		燈熄：停電或硬體異常
ERR	程式錯誤指示燈	燈亮：程式錯誤或硬體故障
		閃爍：程式錯誤、硬體故障或 CPU 重置(RESET)中
		燈熄：正常
P.RUN	運轉狀態指示燈	燈亮：程式運轉(RUN)或執行中
		閃爍：程式暫停(PAUSE)
		燈熄：程式停止(STOP)或有錯誤發生
BAT	電池電壓指示燈	燈亮：電池電壓不足
		燈熄：正常

3-1-9　鋰電池

CPU 模組出售時並未內附鋰電池，需要另行購買，加裝鋰電池可以使元件記憶體及萬年曆時鐘具有停電保持功能。鋰電池型號：FX3U-32BL，電壓：3.0V，壽命約 5 年。電池電壓低於正常值時，BAT 燈亮，內部特殊繼電器 SM51(SM8005)/ON，此時可查看表示鋰電池電壓的內部特殊暫存器 SD8005 數值。BAT 燈亮之後，停電保持的記憶資料還可以支撐 1 個月，需儘快更換新的鋰電池。

3-1-10　製造日期

PLC 主機或其他周邊裝置製造日期,如圖 3-5 所示:

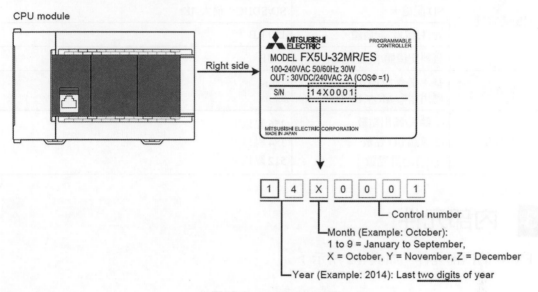

圖 3-5　PLC 主機製造日期

3-2　功能規格

FX5U 主要的功能規格,如表 3-1 所示:

表 3-1　FX5U 主要的功能規格

項　目		規　格
程　式	編程語言	1. 階梯圖(Ladder Diagram, LD) 2. 結構式文件或文本語言(Structured Text, ST) 3. 功能區塊圖(Function Block Diagram, FBD) /階梯圖(LD)
	程式擴充功能	1. 功能區塊(Function block, FB) 2. 結構式階梯圖(Structured Ladder) 3. 標籤(Label):區域[Local] 標籤或全域[Global] 標籤
	執行方式	1. 待機(Standby) 2. 開機後執行一次(Initial execution) 3. 固定周期執行(Scan execution) 4. 特殊事件觸發(Event execution)
	中斷方式	1. 內部計時器中斷 2. 外部輸入信號中斷 3. 高速計數器數值比較中斷

表 3-1 FX5U 主要的功能規格(續)

項 目		規 格
記憶體容量	記憶容量	64 K
	SD 記憶卡	SD/SDHC：最大 4K
	元件/標籤 記憶體	120 KB
	資料記憶體/內建 ROM	5 MB
運算速度	基本指令 LD X0 應用指令 MOV D0 D1	34 ns 34 ns
I/O 點數	①輸入/輸出點數 ②遠端 I/O 點數 ①+②合計點數	256 點以下 384 點以下 512 點以下

3-3 內部元件

FX5U 的內部元件，如表 3-2 所示：

表 3-2 FX5U 內部元件

內 部 元 件 名 稱		規 格	備 註
使用者元件	外部輸入接點(X)	X0~X177	1. X&Y 編號採 8 進制
	外部輸出接點(Y)	Y0~Y177	2. X&Y 合計 256 點以下
	內部輔助繼電器(M)	M0~M32767	一般用
	栓鎖繼電器(L)	L0~L32767	停電保持用
	網路繼電器(B)	B0~B7FFF	16 進制
	特殊網路繼電器(SB)	SB0~SB7FFF	16 進制
	網路暫存器(W)	W0~W7FFF	16 進制
	特殊網路暫存器(SW)	SW0~SW7FFF	16 進制
	警報繼電器(F)	F0~F32767	
	狀態繼電器或步進點(S)	S0~S4095	
	計時器 一般型(T)	T0~T1023	
	計時器 積算型(ST)	ST0~ST1023	
	計數器 16bit 上數(C)	C0~C1023	一般用及停電保持用
	計數器 32bit 上數(LC)	LC0~LC1023	一般用及停電保持用
	資料暫存器(D)	D0~D7999	一般用及停電保持用

表 3-2　FX5U 內部元件(續)

內 部 元 件 名 稱		規 格	備 註
系統元件	特殊繼電器(SM)	SM0~SM8511	
	特殊資料暫存器(SD)	SD0~SD8511	
模組存取元件	智慧功能模組元件	0~65535	使用 U□\G□指定
索引暫存器	16bit 索引暫存器(Z)	Z0~Z23	
	32bit 索引暫存器(LZ)	LZ0~LZ11	
檔案暫存器	檔案暫存器(R)	R0~R32767	
擴充檔案暫存器	擴充檔案暫存器	ER0~ER32767	配合 SD 卡使用
巢狀指標	巢狀指標(N)	N0~N14	配合 MC/MCR 指令
一般指標	一般指標(P)	P0~P4095	
中斷指標	輸入中斷(延遲中斷)	I0~I15	
	計時器中斷	I28~I31	
	計數器中斷	I16~I21	
其它	常數　10 進制	k-32768~k32767	16 位元
		k-2147483648~k2147483647	32 位元
	16 進制	H0~HFFFF	16 位元
		H0~HFFFFFFFF	32 位元
	實數	$-1.0 \times 2^{128} \sim -1.0 \times 2^{-126}$、0、$1.0 \times 2^{-126} \sim 1.0 \times 2^{128}$	
	字串常數 ($''\,''$)	可寫入半形文字，字串長度最多 255 個字	

3-4　編程語言及編程軟體

　　FX5U 只能使用 GX Work3 編程軟體，如圖 3-6 所示，它支援的編程語言有：(1)階梯圖(Ladder)、(2)結構式文件或文本語言(Structured Text, ST)、(3)順序功能流程圖(SFC)、(4)結構化階梯圖和功能區塊圖(Structured Ladder/FBD)、(5)未指定(Do not Specify)等 5 種。

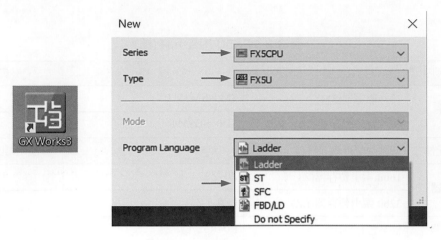

圖 3-6　FX5U_GX Work3

在功能表列中點選【Project】\『Open Other Format File』，可開啟或讀取其他格式專案，如圖 3-7 所示：

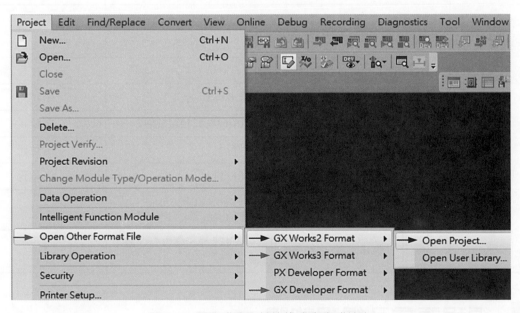

圖 3-7　開啟或讀取其他格式專案或檔案

3-5　常用的 CPU 模組指令

　　FX3U 及先前 FX2N 的 PLC 將指令分為二種：基本指令與應用指令。iQ-F 或 FX5U 的指令大量植入了大型 Q 或 iQ-R PLC 的指令，方便二者之間的接軌。FX5U 基本指令變動不大，至於應用指令則捨棄了原先的指令編號，但其中大部分應用指令還是相容的，只是歸類到不同的指令群組。以下僅就常用的 CPU 模組指令作一簡介，若想更進一步瞭解詳細的指令內容，請參考下列資料。

"MELSEC iQ-F FX5 Programming Manual (Instructions, Standard Functions/Function Blocks)", Mitsubishi Electric Corporation.

表 3-3　Sequential Instruction_順序控制指令

類　別	功　能	相　關　指　令 (範例)
Contact 接點	母線接點、接點串聯/並聯	LD, AND, OR, …
	接點上緣/下緣檢出	LDP, LDF, ANDP, ANDF, ORP, ORF, …
Association 接點結合	區塊串聯/並聯	ANB, ORB
	分岐回路_開始/中繼/結束	MPS, MRD, MPP
	反相輸出	INV
	運算結果上緣/下緣微分輸出	MEP, MEF
Output 輸出	線圈輸出	OUT
	計時器	OUT T, OUTH T, OUT ST, …
	計數器	OUT C, OUT LC, …
	警報點輸出	OUT F, SET F, RST F
	動作保持/解除	SET, RST, ANS, ANR
	上緣/下緣微分輸出	PLS, PLF
	交互式 ON/OFF	FF, ALT(P)
Shift 移位	位元位移	SFT, BSFR, BSFL, SFTR, SFTL, …
	字元位移	SFR, SFL, DSFR, DSFL, WSFR, WSFL, …
Master Control 主控點	主控點(母線)轉移及復歸	MC, MCR
Termination 程式結束	主程式結束	FEND
	順序控制程式結束	END
Stop 程式停止	順序控制程式停止	STOP

表 3-4　Basic Instruction_基本指令

類　別	功　能	相　關　指　令 (範例)
Comparison Operation 比較運算	母線開始接點之資料比較	LD(D)=, LD(D)<>, ….
	串聯接點之資料比較	AND(D)=, AND(D)<>, ….
	並聯接點之資料比較	OR(D)=, OR(D)<>, ….
	資料比較	(D)CMP
	資料區域比較	(D)ZCMP
	區塊資料比較	(D)BKCMP=, (D)BKCMP<>, …

表 3-4　Basic Instruction_基本指令(續)

類　別	功　能	相　關　指　令 (範例)
Arithmetic Operation 算數或四則運算	BIN 加法	ADD, +, DADD, D+, ADDP, +P, ...
	BIN 減法	SUB, -, DSUB, D-, SUBP, -P, ...
	BIN 乘法	MUL, *, DMUL, D*, MULP, *P, ...
	BIN 除法	DIV, /, DDIV, D/, DIVP, /P, ...
	BCD 加法/減法/乘法/除法	B+, B-, B*, B/, ...
	遞增或+1	INC, DINC, INCP, DINC, ...
	遞減或-1	DEC, DDEC, DECP, DDEC, ...
Logical Operation 邏輯運算指令	字元及字元區塊 AND	WAND, DAND, BKAND, ...
	字元及字元區塊 OR	WOR, DOR, BKOR, ...
	字元及字元區塊 XOR	WXOR, DXOR, BKXOR, ...
	字元及字元區塊 XNR	WXNR, DXNR, BKXNR, ...
Bit Processing 位元處理	字元中之位元強制為 ON/OFF	BSET, BRST
	位元測試	TEST, DTEST
	位元批次復歸	BKRST
	資料批次復歸	ZRST
Data Conversion 資料格式轉換	BIN↔BCD	BIN, BCD, ...
	單精度實數↔(不)帶+/-資料	FLT2INt, FLTD2INT, ...
	.....	.....
	七段顯示器解碼及栓鎖	SEGD, SEGL
	數位或指撥開關	DSW
Data Transfer 資料傳送	位元或字元資料傳送	MOVB, MOV, DMOV
	位元或字元資料反相傳送	CMLB, CML, DCML, ...
	位數傳送	SMOV
	資料區塊傳送	BMOV
	單一數值多點傳送	FMOV, DFMOV
	資料交換	XCH, SWAP
	.....	.....

表 3-5 Applied Instruction_應用指令

類　別	功　能	相　關　指　令 (範例)
Rotation 旋轉	右旋轉(含)進位旗標	ROR, RCR, DROR, DRCR
	左旋轉(含)進位旗標	ROL, RCL, DROL, DRCL
Program Branch 程式分歧	條件式跳躍	CJ
	跳躍至 END	GOEND
Program Execution Control 程式執行控制	禁止/允許中斷插入 中斷副程式返回	DI, EI, IRET
	看門狗計時器再生	WDT
Structuring 結構化	計次迴圈開始、結束及強制終止	FOR, NEXT, BREAK
	副程式呼叫、返回	CALL, SRET, XCALL
Data Table Operation 資料表單操作	暫存器讀取、寫入、插入、刪除	SFRD, POP, FINS, FDEL
	…..	…..
Character String Operation 字串處理	字串比較、結合	LD$=, AND$=, OR$=, $+, …
	字串傳送	$MOV
	…..	…..
Real Number 實數	單精度實數比較	LDE=, ANDE=, ORE, …
	單精度實數加法	EADD, E+, DEADD, DE+, …
	單精度實數減法	ESUB, E-, DESUB, DE-, …
	單精度實數乘法	EMUL, E*, DEMUL, DE*, …
	單精度實數除法	EDIV, E/, DEDIV, DE/, …
	…..	…..
Random Number 亂數	亂數產生器 0 to 32767	RND
Special Timer 特殊計時器	教導式計時器	TTMR
	特殊計時器	STMR
	…..	…..
Special Counter 特殊計數器	32 位元加/減算計數器	UDCNTF
Rotary table control 圓盤控制	圓盤控制	ROTC
Ramp signal 斜坡信號	斜坡信號	RAMPF

表 3-5　Applied Instruction_應用指令(續)

類　別	功　能	相　關　指　令 (範例)
Pulse Related 脈波相關	速度檢測	SPD, DSPD
	脈波輸出	PLSY, DPLSY
	脈波寬度調變	PWM, DPWM
Initial State SFC 初始狀態設定	SFC 手動/自動運轉模式設定	IST
Drum Sequence 凸輪順序控制	絕對式凸輪順序控制	ABSD, DABSD
	相對式凸輪順序控制	INCD
Data Operation 資料處理	ON 位元位數和	SUM, DSUM
	指定位元狀態檢查	BON, DBON
	…..	…..
	CRC 計算	CRC
Clock 萬年曆時鐘	萬年曆時間資料讀出	TRD
	萬年曆時間寫入	TWR
	萬年曆時間資料加算/減算	TADD, TSUB
	萬年曆時間資料的轉換 時分秒↔秒	HTOS, DHTOS STOH, DSTOH
	年月日比較	LDDT=, ANDDT=, ORDT=, …
	時分秒比較	LDDM=, ANDDM=, ORDM=, …
	萬年曆時間比較	TCMP
	萬年曆時間區域比較	TZCP
Timing Check 時序檢查	時鐘脈波產生器	DUTY
	計時碼表	HOURM, DHOURM
Module Access 模組讀寫	I/O 信號再生	REF, RFS
	特殊模組 BFM 資料讀出	FROM, DFROM, FROMD, DFROMD
	特殊模組 BFM 資料寫入	TO, DTO, TOD, DTOD

表 3-6　Step Ladder_步進階梯指令

類　別	功　能	相　關　指　令 (範例)
Start Step Ladder	步進階梯圖開始	STL
End Step Ladder	步進階梯圖結束	RETSTL

表 3-7　PID Control Instruction_PID 控制指令

類　別	功　能	相　關　指　令 (範例)
PID Control Loop	PID 控制迴路	PID

3-6　常用的內部元件

1.　計時器_T

項　目	FX2N/FX3U		FX5U	
100 ms	OUT	T0～T191	OUT	T0～T191
100 ms 副程式用	OUT	T192～T199	OUT	T192～T199
10 ms	OUT	T200～T245	OUTH	T200～T245
1 ms 停電保持型	OUT	T246～T249	OUT	ST0～ST3
100 ms 停電保持型	OUT	T250～T255	OUT	ST4～ST9
1 ms	OUT	T256～T511	OUTHS	T256～T511
接點	TS0～TS245、TS256～TS511		TS0～TS245、TS256～TS511	
	TS246～TS255		ST0～ST9	
線圈	TC0～TC245、TC256～TC511		TC0～TC245、TC256～TC511	
	TC246～TC255		STC0～STC9	
現在值	TN0～TN245、TN256～TN511		TN0～TN245、TN256～TN511	
	TN246～TN255		STN0～STN9	

2.　計數器_C

項　目	FX2N/FX3U	FX5U
一般用 16 位元上數計數器	C0～C99	C0～C99
停電保持型 16 位元上數計數器	C100～C199	C100～C199
一般用 32 位元上/下數計數器	C200～C219	LC0～LC19
停電保持型 32 位元上/下數計數器	C220～C234	LC20～LC34
接點	CS0～CS199	CS0～CS199
	CS200～CS234	LCS0～LCS34
線圈	CC0～CC199	CC0～CC199
	CC200～CC234	LCC0～LCC34
現在值	CN0～CN199	CN0～CN199
	CN200～CN234	LCN0～LCN34

3. 常用特殊內部繼電器

功 能	FX 2N/3U	FX5U	
STOP→RUN，常閉接點	M8000	SM8000	SM400
開機初始脈波	M8002	SM8002	SM402
0.1 sec Clock	M8012	SM8012	SM410
1 sec Clock	M8013	SM8013	SM412
指令執行完成	M8029	SM8029	

4. 特殊資料暫存器

項 目	FX 2N/3U	FX5U
特殊用	D8000～D8511	SD0～SD8511

5. 萬年曆時鐘

項目	數 值	FX 2N/3U	FX5U	
年	1980～2079(4 位數)	D8018	SD8018	SD210
月	1～12	D8017	SD8017	SD211
日	1～31	D8016	SD8016	SD212
時	0～23	D8015	SD8015	SD213
分	0～59	D8014	SD8014	SD214
秒	0～59	D8013	SD8013	SD215
星期	0(日)～6(六)	D8019	SD8019	SD216

習 題

1. FX5U 內建的類比輸入有幾點？其類比電壓輸入及數位輸出數值範圍各為何？

2. FX5U 內建的類比輸出有幾點？其數位輸入數值及類比電壓輸出範圍各為何？

3. FX5U 的 RESET 開關，其功能為何？

4. FX5U 程式執行方式有哪 4 種？

5. FX5U 程式中斷方式有哪 3 種？

6. FX5U 記憶體容量為多少？

7. FX5U 的編程軟體名稱為何？它支援的編程語言形式有哪 5 種？

Integrated FA Software

GX Works 2&3

Programming and Maintenance tool

4章

PLC 編程軟體與連線監控

大多數 PLC 的程式編寫方式有下列五種：(1)指令碼_IL，(2)階梯圖_LD，(3)順序功能流程圖(SFC，或稱為步進階梯圖_STL)，(4)結構式文件編程語言(ST)，(5)功能方塊圖(FBD)。程式的書寫工具，則有掌上型程式書寫器(HPP)和個人電腦(PC)連線編程軟體二種，前者僅適用於指令碼輸入，後者則對於五種程式編寫方式都相當方便。由於 PC 及筆電(NB)日漸普及，加以 PLC 便利之應用指令不斷的推陳出新，隨時更新程式書寫器的硬體或韌體，對廠商及使用者而言是一筆額外的負擔，因此大多數的 PLC 製造廠商已捨棄了使用程式書寫器作為程式的輸入工具。取而代之的是編程軟體，因為在 PLC 的應用指令功能擴充或 PC 的作業系統更新時，只要將編程軟體版本升級(Version Up)即可。

4-1 三菱 PLC 編程軟體

常用的三菱 PLC 編程軟體，大致上如表 4-1 所示：

表 4-1　常用的三菱 PLC 編程軟體

軟體名稱	型號	功能及說明
GX Developer	SW□D5C-GPPW-E (V)	PLC 編輯軟體 參數設定、程式的讀/寫、監控
GX Simulator	SW□D5C-LLT-E (V)	PLC 模擬軟體 不需要實體的 PLC，即可模擬 PLC 之 CPU。執行階梯圖程式的邏輯測試(Ladder Logic Test，LLT)
GX Explorer	SW□D5C-EXP-E	PLC 維護工具軟體 經由網路執行多台 PLC 之讀/寫與監控
GX Works (套裝軟體)	SW□D5C-GPPLLT-E	= GX Developer + GX Simulator + 　GX Explorer
GX Configurator-XXX	SW□D5C-XXX-E	智慧型功能模組(Intelligent Function Module)之參數設定與監控
MX Component	SW□D5C-ACT-E	通訊協定軟體：內含 Active X Library，支援 VB.Net、VC++.Net 等程式語言
MX Sheet	SW□D5C-SHEET-E	通訊工具軟體 可經由 Excel，監控 PLC 元件狀態或相關資料的彙整和處理
MX Works (套裝軟體)	SW□D5C-SHEETSET-E	= MX Component + MX Sheet

※[註]：編程軟體中後面標示字母為語言版本，-E：英文版，V：昇級版。

　　指令碼、階梯圖及順序功能流程圖等三種程式語言在 PC 編程軟體_GX Developer 中可以互相轉換，只要輸入其中一種程式語言，就可以轉換並顯示出其他兩種程式語言，如圖 4-1 所示。

(a) GX Developer　　　　　　　　(b) GX Works 2

圖 4-1　程式語言在編程軟體中的轉換

　　三菱 PLC 編程軟體，有適用於大型(Q 系列)、中型(A 系列，已停產)及小型(FX 系列)的 GX(原稱為 GPPW)。業界較常使用的是 GX Works 2(三合一套裝軟體)，它在網路執行多台 PLC 讀/寫與監控時的參數設定較為簡易，不需要再外掛額外的軟體，且電腦連線監控時的通訊速率也較快速。

※註：PLC 編輯軟體_GX Developer 與模擬軟體_LLT 之安裝及操作，請參閱書末所附光碟-附錄 B。

4-2 GX Works 2 各功能選項及子選項

4-2-1 Project_專案(或工程)

| Project | Edit | Find/Replace | Compile | View | Online | Debug | Diagnostics | Tool | Window | Help |

子選項 1	子選項 2	功能和說明&快捷鍵
New…		開新專案(Ctrl+N)
Open…		開啟舊專案(Ctrl+O)
Close		關閉專案
Save		儲存專案(Ctrl+S)
Save as…		另存新專案
Change PLC type		變更 PLC 型號
Change Project type		變更專案類型
Intelligent Function Module 智慧功能模組	\New Module …	\新增模組 …等設定
Open Other Data 開啟其它格式資料	\Open Other Project	\開啟其它格式專案
Export to GX Developer Format File…		將專案存成 GX Developer 格式
Security 安全設置	\Change Password…	\密碼設定、存取權限等資料保護
Print…		列印設定(Ctrl+P)
最近使用過的 4 個專案		顯示最近使用過的 4 個專案
Start GX Developer		經由 GX Works2 開啟 GX Developer
Exit		退出 GX Works2 操作

4-2-2　Edit_編輯

| Project | Edit | Find/Replace | Compile | View | Online | Debug | Diagnostics | Tool | Window | Help |

子選項 1	子選項 2	功能和說明&快捷鍵
Undo		復原前一個動作(Ctrl+Z)
Redo		取消復原(Ctrl+Y)
Cut		剪下(Ctrl+X)
Copy		複製(Ctrl+C)
Paste		貼上(Ctrl+V)
Continuous Copy		連續複製：向右或向下(Ctrl+Alt+V)
Delete		刪除(Del)
Insert Row		插入一列(Shift+Ins)
Delete Row		刪除一列(Shift+Del)
Insert Column		插入一欄位(Ctrl+Ins)
Delete Column		刪除一欄位(Ctrl+Del)
Edit line		向右下方拖曳一分岐線(F10)
Delete line		刪除右下方的分岐線(Alt+F9)
Change T/C setting		更改 T/C 設定值
Ladder Edit Mode 階梯圖編輯模式	Read Mode	讀取模式(Shift+F2)
	Write Mode	寫入模式(F2)
Ladder Symbol 階梯圖符號輸入 功能鍵 Fn 輸入或點選工具列圖示	F5：Open Contact	a 接點
	…	…
	F7：Coil	輸出或線圈
	F8：Applied Instruction	應用指令
	…	…
Inline Structured Text		插入內嵌 ST 方塊
Documentation 編輯註解	Device Comment	元件註解
	Statement	迴路註解
	Note	輸出或線圈註解

4-2-3　Find/Replace_搜尋/取代

Project	Edit	**Find/Replace**	Compile	View	Online	Debug	Diagnostics	Tool	Window	Help

子選項 1	功能和說明&快捷鍵
Cross Reference	交互參照資訊(Ctrl+E)
Device List	元件使用清單(Ctrl+D)
Find Device	搜尋元件/標籤(Ctrl+F)
Find Instruction	搜尋指令
Find Contact or Coil	搜尋接點或線圈(Ctrl+Alt+F7)
Find String	搜尋字串(Ctrl+Shift+F)
Replace Device	取代元件/標籤(Ctrl+H)
Replace Instruction	取代指令
Replace String	取代字串(Ctrl+Shift+H)
Change Open/Close Contact	變更 a/b 接點
Device Batch Replace	批(大)量變更某一範圍內的元件/標籤
Change Module I/O No...	變更模組的起始 I/O 號碼
Line Statement List	迴路註解列表

4-2-4　Compile_編譯或轉換

Project	Edit	Find/Replace	**Compile**	View	Online	Debug	Diagnostics	Tool	Window	Help

子選項	功能和說明&快捷鍵
Build	程式編譯(F4)
Online Program Change	線上修改&編譯程式後寫入 PLC(Shift+F4)
Rebuild All	編譯專案內的所有程式(Shift+Alt+F4)

4-2-5 View_顯示

| Project | Edit | Find/Replace | Compile | View | Online | Debug | Diagnostics | Tool | Window | Help |

子選項	子選項 2	功能和說明&快捷鍵
Toolbar		顯示或隱藏工具列圖示
Statusbar		顯示或隱藏狀態列
Color and Font…		色彩和字型
Docking Window 顯示或隱藏對應的銜接視窗	\Navigation	\導航視窗
	\Element Selection	\組件選擇視窗
	…	…
Comment		元件註解(Ctrl+F5)
Statement		迴路註解(Ctrl+F7)
Note		輸出或線圈註解(Ctrl+F8)
Display Format for Device Comment…		元件註解格式設定
Zoom…		編輯視窗放大或縮小
Text Size		編輯視窗文字大小設定
Open Instruction Help…		開啟指令列表求助視窗(Ctrl+F1)

4-2-6 Online_線上或連線 PLC

| Project | Edit | Find/Replace | Compile | View | Online | Debug | Diagnostics | Tool | Window | Help |

子選項 1	子選項 2	功能和說明&快捷鍵
Read from PLC…		PLC 程式讀出
Write to PLC…		PLC 程式寫入
Remote operation…		經由軟體遠端操控 PLC 的運轉/停止
Password/Keyword 密碼或關鍵字的設定及變更	\New	\設定密碼或關鍵字
	\Delete	\取消密碼或關鍵字
	\Disable	\密碼或關鍵字暫時解除

子選項 1	子選項 2	功能和說明&快捷鍵
PLC Memory Operation	\Format PLC Memory	\PLC 內部記憶體格式化
	\Clear PLC Memory	\PLC 內部記憶體清除
	\Arrange PLC Memory	\PLC 內部記憶體整理
Set Clock		PLC 萬年曆讀取及設定
Monitor 程式監視	\Monitor Mode	\監視模式
	\Monitor(Write Mode)	\監視(寫入模式)
	\Start Monitoring (All Windows)	\開始監視(所有視窗)
	\Stop Monitoring (All Windows)	\停止監視(所有視窗)
	\ Start Monitoring	\開始監視(單一視窗)
	\ Stop Monitoring	\停止監視(單一視窗)
	…	…
	\Device/Buffer Memory Batch	\元件/緩衝記憶體批(大)量監視
	…	…
Watch	\Start Watching	\開始監看
	\Stop Watching	\停止監看
	…	…
	\Display Format of Bit Device	\位元元件的顯示格式
	\Register to Watch	\登錄至監看視窗

4-2-7 Debug_程式除錯

| Project | Edit | Find/Replace | Compile | View | Online | Debug | Diagnostics | Tool | Window | Help |

子選項 1	功能和說明&快捷鍵
Start/Stop Simulation	開始/停止模擬
Modify Value	變更當前值
…	…
Sampling Trace	取樣追蹤
Step Execution	步序執行
Breaking Setting	中斷點設定
…	…

4-2-8　Diagnostics_診斷

| Project | Edit | Find/Replace | Compile | View | Online | Debug | Diagnostics | Tool | Window | Help |

子選項 1	功能和說明&快捷鍵
PLC Diagnostics…	診斷 PLC CPU 的動作狀態
Ethernet Diagnostics	乙太網路連線狀態診斷
CC-Link Diagnostics	CC-Link 網路連線狀態診斷
…	…
System monitor	PLC 的系統監視
Online module change	線上或 PLC 執行(RUN)中更換模組

4-2-9　Tool_工具

| Project | Edit | Find/Replace | Compile | View | Online | Debug | Diagnostics | Tool | Window | Help |

子選項 1	功能和說明&快捷鍵
IC Memory Card	IC 記憶卡的讀取(Read)與寫入(Write)
Check Program…	程式檢查
Check Parameter…	參數檢查
…	…
Language Selection	多國語言選擇 (英文,繁中,簡中,韓文等)
…	…
Options…	各種選項設定

4-2-10　Windows_視窗

| Project | Edit | Find/Replace | Compile | View | Online | Debug | Diagnostics | Tool | Window | Help |

子選項 1	功能和說明&快捷鍵
Cascade	視窗重疊顯示
Title vertically	視窗依垂直並排方式排列
Title horizontally	視窗依水平並排方式排列
…	…
Close All	關閉顯示中的全部視窗
…	…

4-2-11 Help_求助

Project　Edit　Find/Replace　Compile　View　Online　Debug　Diagnostics　Tool　Window　Help

子選項 1	功能和說明&快捷鍵
GX Works2 Help	開啓與 GX Works2 操作相關的項目及說明
Operational Manual	開啓簡單專案或結構式專案的操作手冊
Connection to Mitsubishi Electric FA Global Web	連線到三菱電機 FA 全球網頁 URL
About	軟體產品(版本，Version)資訊

4-3 GX Works 2 編程及連線監控

業界較常使用的是 GX Works 2(三合一套裝軟體)，它在網路執行多台 PLC 讀/寫與監控時參數設定較爲簡易，不需要再外掛額外的軟體，且電腦連線監控時的通訊速率也較快速。

點選【開始】\『所有程式』\[MELSOFT Application]\[GX Works2]\ GX Works2，如圖 4-2 所示，即可啓動 GX Works 2。

圖 4-2　GX Works 2 啓動及其圖示

※[註]：階梯圖編程章節內文用語，因版本不同略有差異，請讀者留意。

4-3-1 新增專案

1. 在功能表列中點選【Project】\『New』，或點選 🗋 圖示。

2. 在『New Project』視窗中，[Project type]、[PLC Series]、[PLC type]及[Language]選項設定，如圖 4-3 所示。

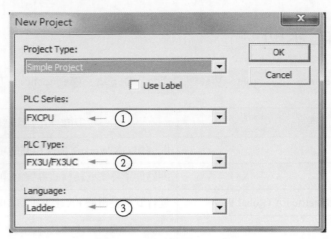

圖 4-3　新增專案設定視窗

3. GX Works2 工作視窗，可概略分為 Navigation Windows-導航視窗及程式編輯視窗，如圖 4-4 所示。

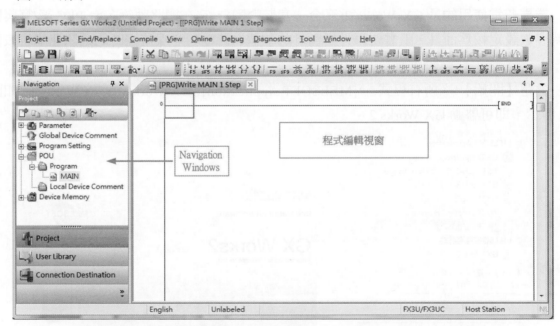

圖 4-4　GX Works2 工作視窗

4. 導航視窗

功能表列中點選【View】\『Docking Windows』\ [Navigation Windows]，即可[顯示]或[隱藏]導航視窗，如圖 4-5 所示。

圖 4-5　導航視窗

4-3-2　開啟或讀取其他格式專案或檔案

功能表列中點選【Project】\『Open Other Data』\ [Open Other project...]，即可開啟或讀取其他格式專案或檔案。

圖 4-6　開啟或讀取其他格式專案或檔案

4-3-3　程式編輯

元件圖示符號，如圖 4-7 所示。

圖 4-7　GX Works2 元件圖示符號

在 GX Works2 中，程式結束指令 END 在開新專案時即會自動產生，如上圖 4-4 所示，無須再行輸入 END 指令。

1. 指令

(1) 方法 1-由鍵盤直接輸入

在程式編輯區由鍵盤輸入 LD 時，會出現與 LD 有關的指令選項，包含母線開始的 LD 接點或接點直接比較指令可供點選，如圖 4-8-(a)所示。亦可直接輸入完整的指令名稱及運算元或元件編號，大小寫均可，如圖 4-8-(b)~(f)所示，然後按下 OK 或鍵盤 Enter 鍵。

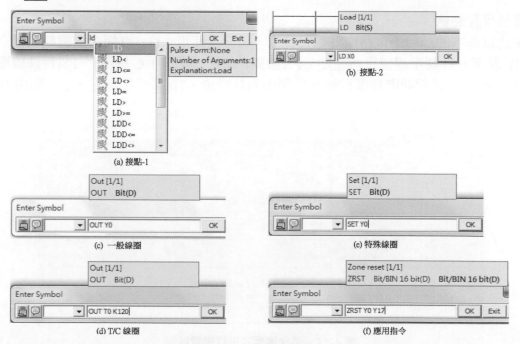

圖 4-8　由鍵盤直接輸入

(2) 方法 2-點取元件圖示或功能鍵

① 接點、一般線圈及 T/C 線圈

在鍵盤上直接點取元件圖示所對應的功能鍵：F5(接點)、F7(一般或 T/C 線圈)，之後僅輸入元件編號即可，如圖 4-9 所示，然後按下 OK 或鍵盤 Enter 鍵。

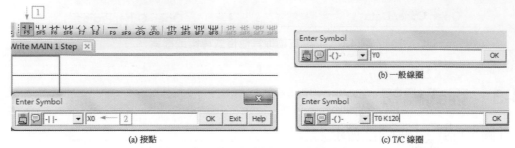

圖 4-9　由元件圖示或功能鍵輸入

(a) 接點　　(b) 一般線圈　　(c) T/C 線圈

※『注意』：一般線圈及 T/C 線圈，指令與各運算元間，要留一個空格。

② 特殊線圈或應用指令

在鍵盤上點取特殊線圈或應用指令的元件圖示或對應的功能鍵：F8，之後必須要輸入完整的指令名稱及元件編號，如圖 4-10 所示，然後按下 OK 或鍵盤 Enter 鍵。

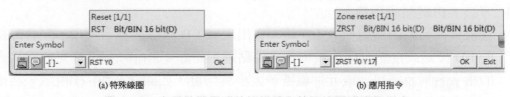

(a) 特殊線圈　　(b) 應用指令

圖 4-10　由元件圖示或功能鍵輸入特殊線圈或應用指令

2. 簡易學習範例

在此以基本的計時器電路作為學習範例，可交互使用：(1) 直接由鍵盤輸入指令，或 (2) 點選元件圖示或使用功能鍵：F5(接點)、F7(一般或 T/C 線圈)、F8(特殊線圈或應用指令)的方式編輯階梯圖程式。此例中的計時值，T0 採直接指定，T20 則由 D20 間接指定，如圖 4-11 所示。

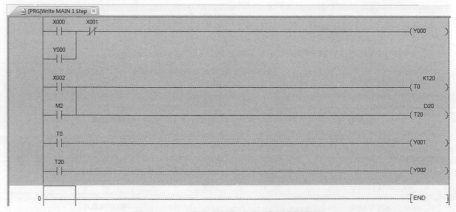

圖 4-11　階梯圖程式編輯學習範例

程式解說如下：

1. 迴路 1：自保持電路，外部輸入按鈕 X0/ON，Y0/ON 且自保；X1/ON，Y0/OFF。

2. 迴路 2：外部輸入開關 X2/ON，或內部輔助繼電器接點 M2/ON，則計時器 T0、T20 開始通電計時，T0 設定值採直接指定=K120，T20 則由 D20 間接指定。

3. 迴路 3~迴路 4：當 T0&T20 的現在值先後達到設定值時，Y1/ON、Y2/ON。

4. 迴路 2 中的 X2/OFF 或 M2/OFF，T0&T20 斷電，其現在值被復歸為 0，迴路 3~迴路 4 中的 Y1/OFF、Y2/OFF。

4-3-4　程式編譯

階梯圖程式編輯後，在功能表列中點選【Compile】\『Build F4』，如圖 4-12 所示，以便將程式編譯或轉換成類似組合語言的指令或機械碼，之後寫入到 PLC 的 RAM 中。

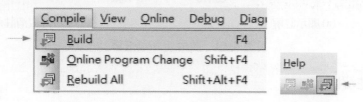

圖 4-12　程式編譯

經過程式編譯後的階梯圖，如圖 4-13 所示，其母線左側會標示出各指令儲存在記憶體中的步序號碼(Step No.)。

圖 4-13　程式編譯後的階梯圖

CH 4

4-3-5 程式註解

階梯圖程式註解分為：(1) Device Comment-元件註解，(2) Statement-迴路註解，(3) Note-輸出註解等三種。

1. 顯示或取消註解

功能表列[View]中，視實際需要分別點選/取消勾選☑Comment、☑Statement 或 ☑Note 選項，即可顯示/取消註解，如圖 4-14 所示。

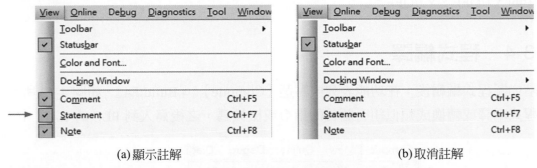

(a)顯示註解　　　　　　　　　　　　　　(b)取消註解

圖 4-14　顯示 / 取消註解

2. 工具列中的註解圖示

工具列中的註解圖示如圖 4-15 所示。

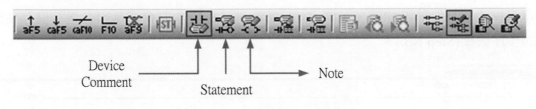

圖 4-15　工具列中的註解圖示

3. 功能表列中的註解選項

在功能表列[Edit] \ [Documentation]中，視實際需要分別點選 Device Comment、Statement 或 Note 選項。

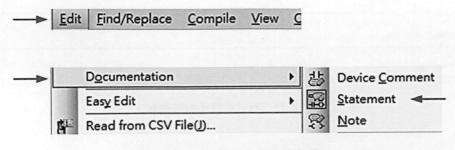

圖 4-16　功能表列中的註解選項

4.　Comment_元件註解

(1)　工具列中點選 Comment　💾　圖示，雙擊 X0 接點進行元件的個別註解：PB/ON，如圖 4-17 所示。

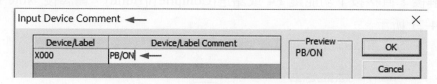

圖 4-17　Comment 元件個別註解輸入

(2)　點選 OK 鈕，元件註解立即顯示於階梯圖程式視窗，註解預設文字為綠色，如圖 4-18 所示。

```
        X000     X001                                                    (Y000  )
    0    ┤├      ┤／├                                                            
        PB/ON                                                                   

        Y000
         ┤├
```

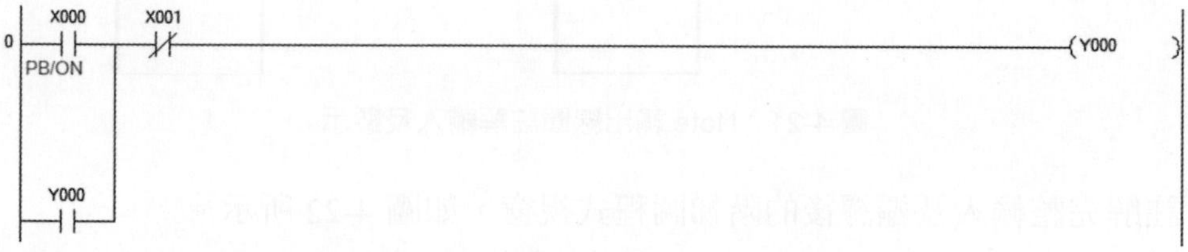

圖 4-18　Comment 元件個別註解顯示

(3)　陸續 keyin 元件註解：X1_PB/OFF、X2_SW；Y0_PL1、Y1_PL2、Y2_PL3。

5.　Statement_區域或迴路註解

(1)　工具列中點選 Statement　📖　圖示，將滑鼠游標移到第一個迴路中的 X0 接點上，之後快按二下滑鼠左鍵，在 Enter Line Statement 視窗中，輸入**迴路**註解 "Self-holding ckt"，如圖 4-19 所示。

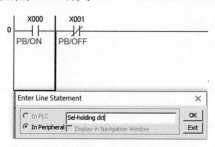

圖 4-19　Statement 迴路註解輸入

(2)　輸入 Statement 後，程式編輯視窗是灰色的區塊，此時可直接按下鍵盤上方功能鍵 F4 或點選[Compile]\[Build]，編譯後 Statement **迴路註解**如圖 4-20 所示。

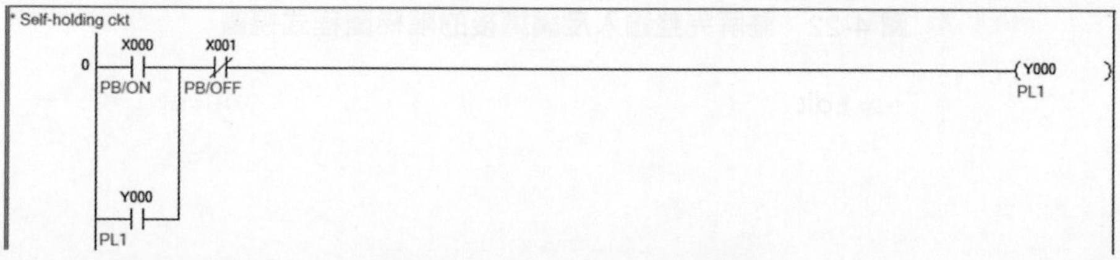

```
* Self-holding ckt
        X000     X001                                                    (Y000  )
    0    ┤├      ┤／├                                                      PL1    
        PB/ON    PB/OFF                                                          

        Y000
         ┤├
         PL1
```

圖 4-20　Statement 註解顯示

CH 4

6. Note_輸出註解

(1) 工具列中點選 Note 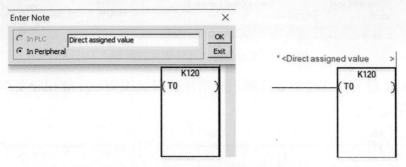 圖示,將滑鼠游標移到 T0 K20 線圈位置上快按二下滑鼠左鍵,在 Note 註解視窗中輸入"Direct assigned value"(直接指定常數)。輸入 Note 註解後,直接按下功能鍵 F4 或點選[Compile]\[Build],編譯後 Note **輸出註解**如圖 4-21 所示。

圖 4-21　Note 輸出線圈註解輸入及顯示

註解完整輸入及編譯後的階梯圖程式視窗,如圖 4-22 所示。

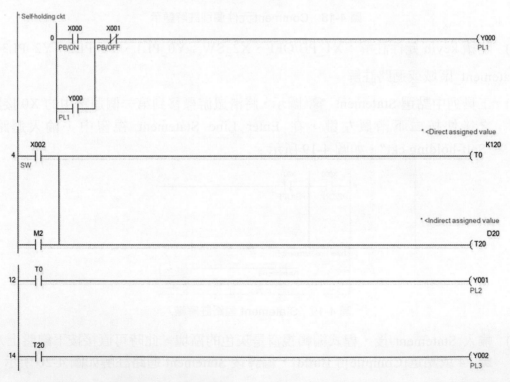

圖 4-22　註解完整輸入及編譯後的階梯圖程式視窗

7. 註解傳輸至 PLC

(1) 在導航視窗的[Parameter]選項中，設定程式的註解容量，如圖 4-23 所示。

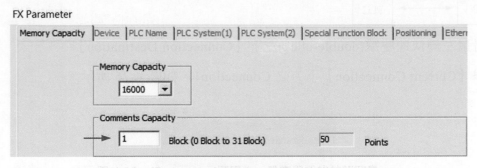

圖 4-23 [Parameter]選項中，設定程式的註解容量

(2) [Online]\[Write to PLC]選項中，除了點選[Program + Parameter]之外，也要勾選
☑Comment 選項，如圖 4-24 所示。

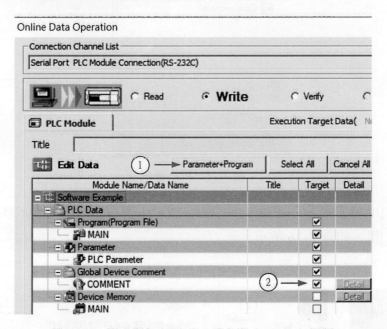

圖 4-24 程式寫入 PLC 時，要勾選 Comment 選項

4-3-6 專案儲存

1. 功能表列中點選【Project】\『Save』，或【Project】\『Save As...』。

2. 儲存為 GX Developer 格式檔案
   功能表列中點選【Project】\『Export to GX Developer Format File』

4-3-7　PLC 通訊和傳輸設定及連線測試

1. 連接 PC↔PLC 通訊或傳輸線。

2. 以滑鼠左鍵快速雙擊(double-click)左下【Connection Destination】。

3. 雙擊【Current Connection】下方之 Connection1，如圖 4-25 所示。

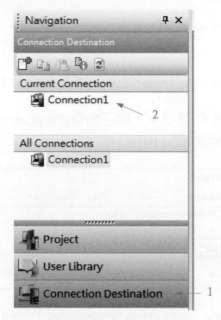

圖 4-25　PLC 通訊

4. PC Side 之 I/F 參數設定：雙擊 Serial USB 圖示，選擇正確的 COM 埠、傳輸速度，之後按下 OK 鈕，如圖 4-26 所示。

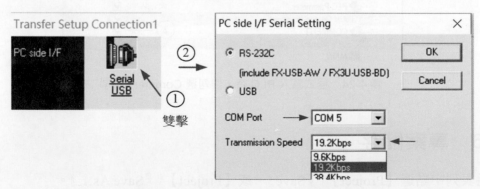

圖 4-26　電腦側 I/F 串列通訊參數設定

5.　PLC Side 之 I/F 參數設定：雙擊 PLC 側 I/F 圖示，選擇合適的 CPU 模式後按下確定鈕，如圖 4-27 所示。

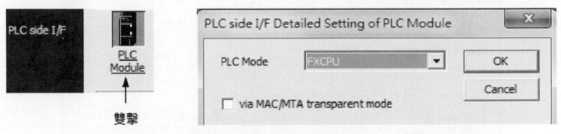

圖 4-27　PLC 側 I/F 參數設定

6.　通訊參數設定完成後，執行通訊測試 Connection Test，如圖 4-28 所示。成功與 PLC 連接後，別忘了按下右下方的 OK 鈕，儲存已設定完成的通訊參數。

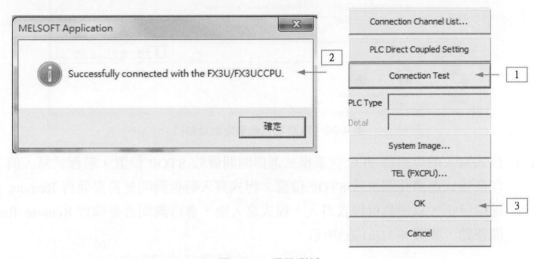

圖 4-28　通訊測試

4-3-8　PLC 寫入及讀取

1.　PLC 寫入

　　(1)　在功能表列中點選【Online】\『Write to PLC』或寫入圖示，如圖 4-29 所示。

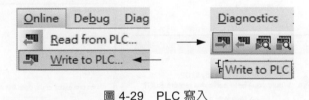

圖 4-29　PLC 寫入

(2) 在線上作業資料視窗中點選：Parameter+Program，之後按下 Execute 鈕，即可執行 PLC 寫入，如圖 4-30 所示。

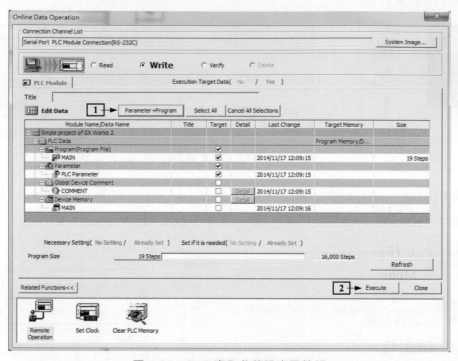

圖 4-30　PLC 寫入參數設定及執行

(3) 程式寫入前毋須將 PLC 作業模式選擇開關置於 STOP 位置，若程式寫入前 PLC 作業模式選擇開關位於 STOP 位置，程式寫入時會詢問是否要執行 Remote Stop 遠端停止，以便執行程式寫入。程式寫入後，會再詢問否要執行 Remote Run 遠端啟動，如圖 4-31(a)~(c)所示。

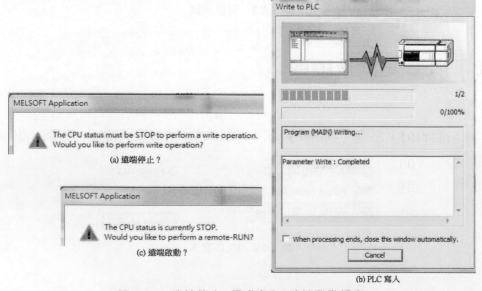

圖 4-31　遠端停止&程式寫入&遠端啟動視窗

2. PLC 讀取

(1) 功能表列中點選【Online】\『Read from PLC』，如圖 4-32 所示。

圖 4-32　PLC 讀取

(2) 在線上作業資料視窗中點選：Parameter+Program，之後按下 Execute 鈕，即可讀取 PLC 程式。

4-3-9　PLC 連線監視及監看

　　首先確認 PLC 作業模式選擇開關置於 RUN 位置，同時觀察面板上的 RUN 指示燈是否已亮燈。連線 Monitor-監視及 Watch-監看狀態下，在 PLC 的每一個掃描周期，均會週而復始的執行：(1)讀取外部輸入接點 Xn 的 ON/OFF 狀態、(2)程式的執行與判斷、(3)將程式執行結果送到外部輸出接點 Yn。

　　在此以前述的計時器電路作為學習範例，說明 PLC 連線監控下的階梯圖監視&監看視窗。

1. 階梯圖監視元件標示
　　階梯圖監視視窗中，接點 ON/OFF 及 T/C 設定值&現在值的標示如圖 4-33 所示。

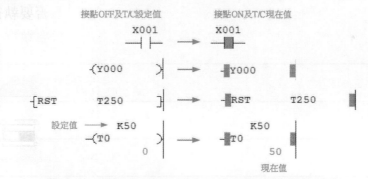

圖 4-33　接點 ON/OFF 及 T/C 設定值&現在值的標示

(1) 功能表列中點選【Online】\『Monitor』\『Monitor mode』

(2) X0/ON，Y0/ON 且自保，導通中的自保持接點 Y0 及動作中的輸出線圈 Y0 兩端，均會標示出藍色的區塊，如圖 4-34 所示。

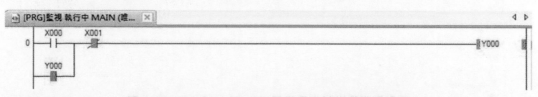

圖 4-34　X0/ON，Y0/ON 且自保之階梯圖監視視窗

(3) D20 為非停電保持型資料暫存器，其初始值為 0。字元元件變更當前值有二種方
法：①功能表列中點選【Debug 偵錯】\『Modify Value-變更當前值』，或②左手
按住 Shift 鍵，右手將滑鼠游標雙擊 D20 元件，執行 D20 設定值變更，如圖 4-35
所示。

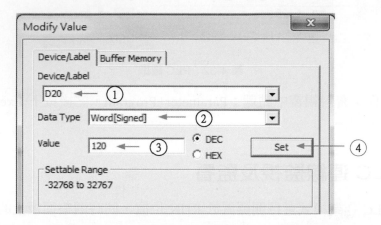

圖 4-35 D20 值設定

(4) X2/ON

外部輸入開關接點 X2/ON 後，T0&T20 開始通電計時，通電中之線圈兩端會標示
出藍色的區塊。計時中及計時完成的階梯圖監視視窗，如圖 4-36～圖 4-37 所示。

```
        X000    X001                                                    Y000
 0      ─┤├──────┤ ├────────────────────────────────────────────────( Y000 )
        Y000
        ─┤ ├─
        X002                                                    K120
 4      ─┤ ├──────────────────────────────────────────────────────┤ T0
                                                                    66
        M2                                                      D20
        ─┤├──────────────────────────────────────────────────────┤ T20
                                                                    66
        T0
12      ─┤ ├────────────────────────────────────────────────────( Y001 )
        T20
14      ─┤ ├────────────────────────────────────────────────────( Y002 )

16      ────────────────────────────────────────────────────────[ END ]
```

圖 4-36 T0&T20 計時中階梯圖監視視窗

圖 4-37　T0&T20 計時完成階梯圖監視視窗

(5)　內部接點 M2/ON

　　①　功能表列中點選【Debug】\『Modify Value』，或直接點選圖示 亦可。

※[註]：在 PLC 連線監控狀態下，執行變更當前值時，被 FORCE ON 的外部輸入接點 Xn，僅導通一個掃瞄周期。

　　　　但是被 FORCE ON 的內部輔助繼電器接點 Mn 接點會一直 ON，直到此接點被復歸(FORCE OFF)為止。

　　②　在 Device 下方輸入 M2，之後點選 Force ON，M2 會保持在 ON 狀態。若要
　　　　解除 M2/ON 狀態，需要再次點選 OFF 或 Switch ON/OFF 鈕(第一次：FORCE
　　　　ON，第二次：FORCE OFF)，將其強制為 OFF，如圖 4-38 所示。

　　　　※註：強制某一個接點 ON 或 OFF 的其它二種方法：

　　　　方法 1：先選取某一個接點，然後同時按下 Shift + Enter 鍵。

　　　　方法 2：左手按住 Shift 鍵，右手將滑鼠游標雙擊某一個位元元件，此例為 M2 接點。

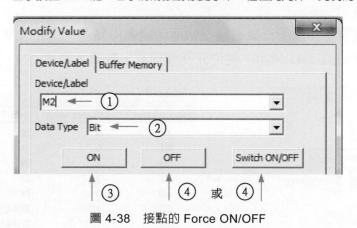

圖 4-38　接點的 Force ON/OFF

2. 元件監看

(1) 功能表列中點選【Online】\『Watch-監看』\『Register to Watch-登錄至監看視窗』

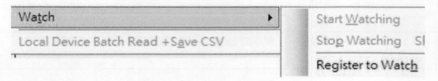

圖 4-39 登錄至監看視窗功能選項

(2) 元件登錄

將滑鼠游標移至[Device 元件/Label 標籤]下方空格中,快按二下(Db-Click)滑鼠左鍵,依序輸入擬監看的元件:X0、X1、Y0、X2 、M2、D20、T0、Y1、T20、Y2…等,如圖 4-40 所示。

Watch 1		
Device/Label	Current Value	Data Type
X0		

→

Watch 1		
Device/Label	Current Value	Data Type
X0	--	Bit
X1	--	Bit
Y0	--	Bit
X2	--	Bit
M2	--	Bit
D20	--	Word[Signed]
T0	--	Word[Signed]
Y1	--	Bit
T20	--	Word[Signed]
Y2	--	Bit

圖 4-40 監看元件登錄

(3) 開始監看

在監看視窗中,按下滑鼠右鍵在快顯功能表中點選:『Start Watch-開始監看』,監看視窗如圖 4-41 所示,就位元元件而言,數值 1 表示 ON,數值 0 表示 OFF。

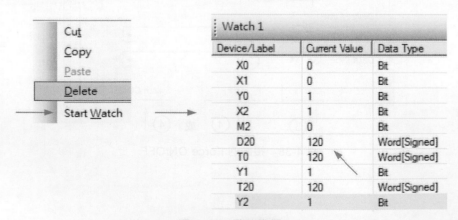

Watch 1		
Device/Label	Current Value	Data Type
X0	0	Bit
X1	0	Bit
Y0	1	Bit
X2	1	Bit
M2	0	Bit
D20	120	Word[Signed]
T0	120	Word[Signed]
Y1	1	Bit
T20	120	Word[Signed]
Y2	1	Bit

圖 4-41 開始監看

(4) 直接變更當前值

在『監看』視窗中，將滑鼠游標移至 Current Value 欄位，輸入數值後按下 Enter 鍵，即可變更當前數值，如圖 4-42 所示。

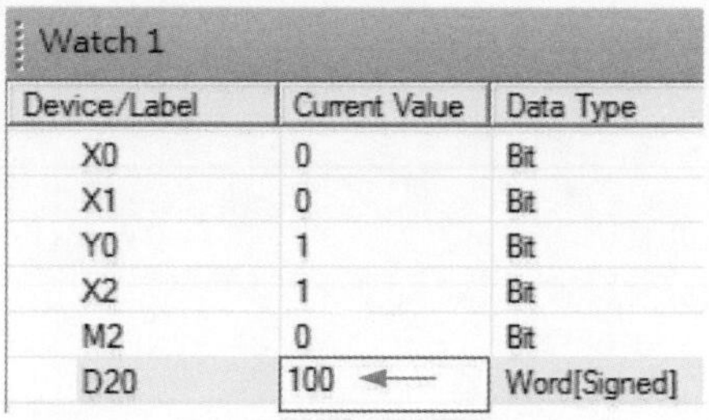

Watch 1		
Device/Label	Current Value	Data Type
X0	0	Bit
X1	0	Bit
Y0	1	Bit
X2	1	Bit
M2	0	Bit
D20	100 ←	Word[Signed]

圖 4-42　監看視窗中直接變更當前值

(5) 停止監視

功能表列中點選【Online】\『Watch』\ [Stop Watch]。

4-3-10　離線模擬

1.　功能表列中點選【Debug-偵錯】\『Start/Stop Simulation-開始模擬』，PLC 寫入視窗如圖 4-43 所示，階梯圖模擬監視視窗如圖 4-44 所示。

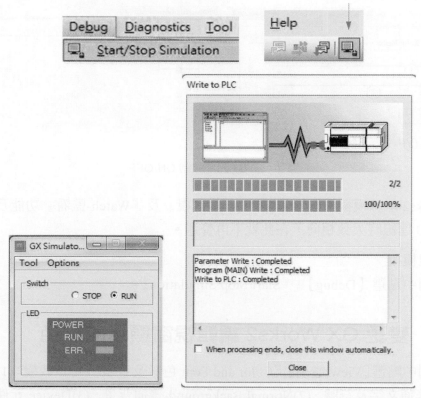

圖 4-43　PLC 模擬寫入視窗

```
[PRG]Monitor Executing ...  ×

      X000    X001                                                              (Y000  )
 0    ─┤├──────┤▌├─────────────────────────────────────────────────────────────

      Y000
     ─┤├─

      X002                                                                      K120
 4    ─┤├───────────────────────────────────────────────────────────────────── (T0   )
                                                                                  0
      M2                                                                        D20
     ─┤├───────────────────────────────────────────────────────────────────── (T20  )
                                                                                  0

      T0
12    ─┤├─────────────────────────────────────────────────────────────────────(Y001  )

      T20
14    ─┤├─────────────────────────────────────────────────────────────────────(Y002  )

16    ─────────────────────────────────────────────────────────────────────────[END  ]
```

圖 4-44　階梯圖模擬監視視窗

2. 離線模擬因為沒有實際連接 PLC，外部輸入元件 Xn 在執行變更當前值下將 X0 強制為 ON 後，Xn 狀態會保持住，亦即 X0 會持續 ON。若要解除 ON 的狀態，需要再次點選 OFF 或 Switch ON/OFF 鈕(第一次：FORCE ON，第二次：FORCE OFF)，將其強制為 OFF，如圖 4-45 所示；當然也可以採用 P4-27 下方提及之強制某一個位元元件或接點 ON 或 OFF 的另外二種方法。

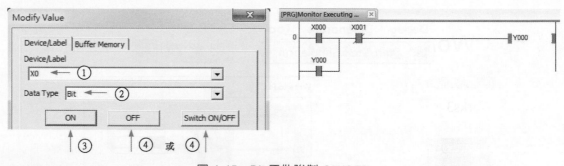

圖 4-45　Bit 元件強制 ON/OFF

3. GX Works2 離線模擬情況下的『Monitor-監視』及『Watch-監看』功能及視窗，與實際與 PLC 連線時大致相同，在此就不再贅述。

4. 停止離線模擬
   功能表列中點選【Debug】\『Start/Stop Simulation』。

4-3-11　變更 GX Works2 編輯視窗顯示的顏色

功能表列中點選【View 檢視】\『Color and Font 色彩及字型』，可以改變：(1)Normal Text and Symbol-普通文字及符號、(2)Normal Background-普通背景、(3)Device 元件、…(n)Back to Default-恢復為預設值…等，如圖 4-46 所示。

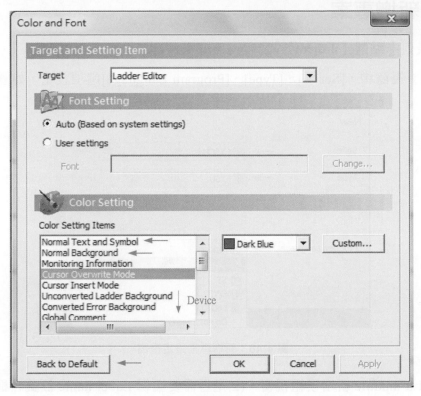

圖 4-46　變更色彩及字型

4-4　GX Works3 編程及連線監控

　　FX5U 的編程軟體是 GX Works3，點選【開始】\『所有程式』\[MELSOFT]\[GX Works3]，即可啟動 GX Works3。

圖 4-47　GX Works3 啟動及其圖示

※[註] 請讀者留意：

(1)　　GX Works3 捷徑圖示，因安裝時軟體放置的資料夾不同略有差異。

(2)　　階梯圖編程內文用語，與 GX Developer 或 GX Works2，因版本不同略有差異。

4-4-1 新增專案

1. 在功能表列中點選【Project】\『New』，或點選 □ 圖示。

2. 在『New』視窗中，[Series]、[Type]、[Program Language]選項設定，如圖 4-48 所示。

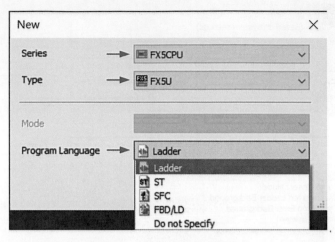

圖 4-48　新增專案設定視窗

3　在(1)Add a module 新增模組視窗、(2)是否需要編輯 Label name 標籤名稱視窗中，均
點選[OK]鍵。

4　GX Works3 工作視窗，可概略分為 Navigation Windows 導航視窗及程式編輯視窗，如
圖 4-49 所示。

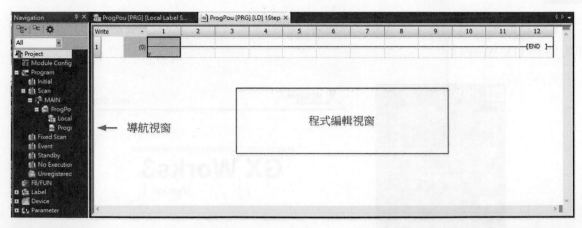

圖 4-49　GX Works3 工作視窗

5　導航視窗與連線視窗

功能表列中點選【View】\『Docking Windows』，即可顯示或隱藏 Navigation 視窗與 Connection Destination 連線或通信目標視窗，如圖 4-50 及圖 4-51 所示。

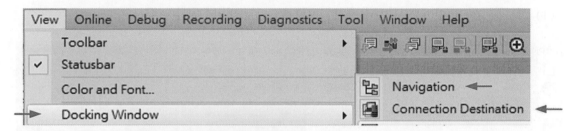

圖 4-50　功能表列中的導航視窗與連線視窗功能選項

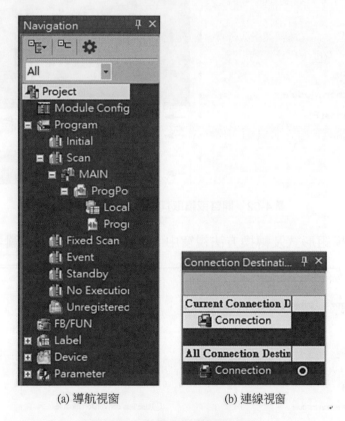

(a) 導航視窗　　　　(b) 連線視窗

圖 4-51　導航視窗與連線視窗

4-4-2　開啟或讀取其他格式專案

功能表列中點選【Project】\『Open Other Format File』,即可開啟或讀取其他格式專案,在此以 GX Works2 為例說明如下:

(1)　點選 [Open File],找到擬開啟或讀取的其他格式專案。

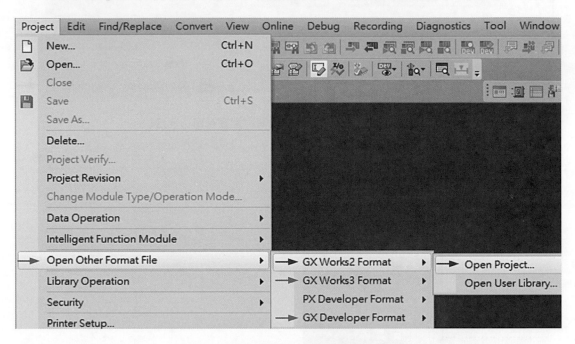

圖 4-52　開啟或讀取其他格式專案或檔案

(2)　在選擇新模組形式及轉換方法視窗中,點選 [Execute],如圖 4-53 所示。

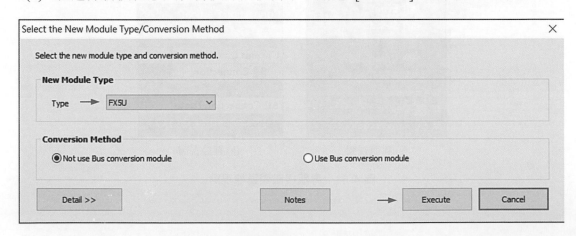

圖 4-53　選擇新模組形式及轉換方式視窗

(3)　先後會顯示程式轉換的百分比,以及 GX Works2 專案轉換成 FX5U 的訊息視窗,之後點選 [確定],如圖 4-54 所示。

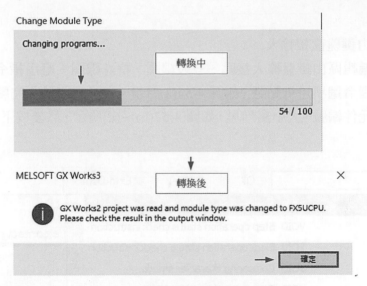

圖 4-54　轉換中及轉換後訊息視窗

(4)　導航視窗中點選【Program】\『Scan』\[Main]\ [Main]\ [Program]，滑鼠左鍵雙擊 (Db-Click) Program，即可開啟或讀取已轉換成 FX5U 的專案，如圖 4-55 所示。

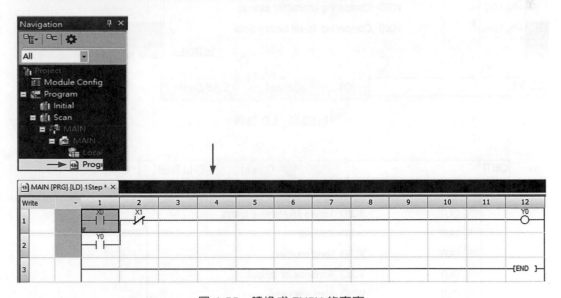

圖 4-55　轉換成 FX5U 的專案

4-4-3　程式編輯

GX Works3 中的元件圖示與 GX Works2 類似，如圖 4-56 所示，程式結束指令 END 在開新專案時即會自動產生，無須再行輸入 END 指令。

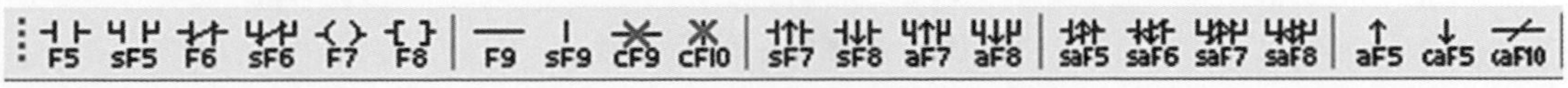

圖 4-56　GX Works3 元件圖示

1.　指令

(1)　方法 1-由鍵盤直接輸入

在程式編輯區由鍵盤輸入接點、一般線圈、特殊線圈、應用指令時，會出現與其有關的指令選項可供點選，如圖 4-57(a)所示。亦可直接輸入完整的指令名稱及運算元或元件編號，大小寫均可，如圖 4-57(b)～(d)所示，然後按下 OK 或鍵盤 Enter 鍵。

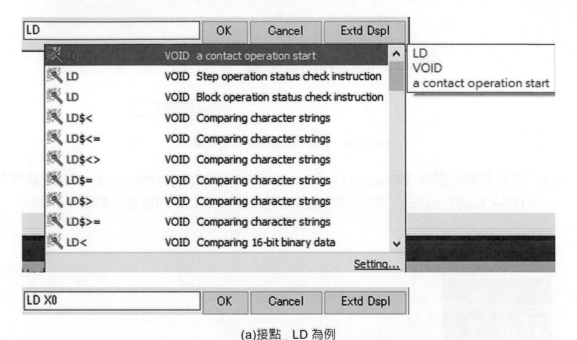

(a)接點_ LD 為例

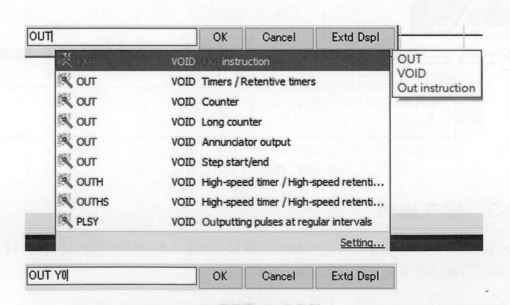

(b)一般線圈_ OUT 為例

圖 4-57　由鍵盤直接輸入

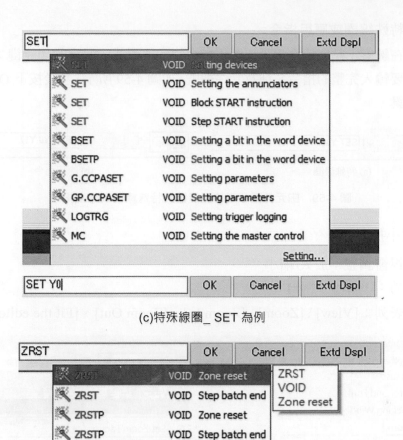

(c)特殊線圈_ SET 為例

(d)應用指令_ZRST 為例

圖 4-57　由鍵盤直接輸入(續)

(2)　方法 2-點取元件圖示或功能鍵

①　接點、一般線圈及 T/C 線圈

直接點取圖 4-56 元件圖示，或在鍵盤上直接點取元件圖式所對應的功能鍵：F5(接點)、F7(一般或 T/C 線圈)，之後僅輸入元件編號即可，如圖 4-58 所示，然後按下 OK 或鍵盤 Enter 鍵。

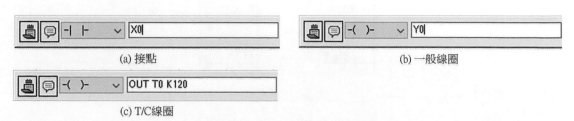

(a) 接點　　　　　　　　　　　　　　　　　(b) 一般線圈

(c) T/C線圈

圖 4-58　由元件圖示或功能鍵輸入

※『注意』：一般線圈及 T/C 線圈，指令與各運算元間，要留一個空格。

② 特殊線圈或應用指令

在鍵盤上點取特殊線圈或應用指令的元件圖式或對應的功能鍵：F8，之後必須
要輸入完整的指令名稱及元件編號，如圖 4-59 所示，然後按下 OK 或鍵盤 Enter
鍵。

(a) 特殊線圈　　　　　　　　　　　　　　　　(b) 應用指令

圖 4-59　由元件圖示或功能鍵輸入特殊線圈或應用指令

2. GX3 編輯小技巧

(1) 編輯視窗調整：放大/縮小

工具列：

功能表列：[View] \ [Zoom] \ [Zoom In]、[Zoom Out]、[Fit the editor width…]

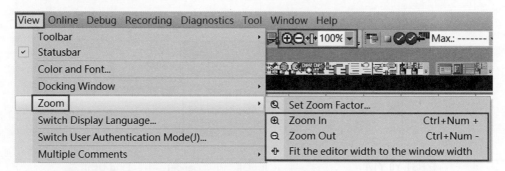

圖 4-60　編輯視窗放大/縮小

(2) 迴路自動修正

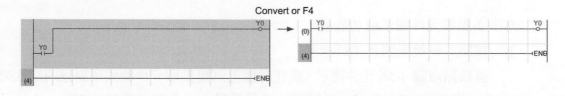

(3) 接點並聯:移動滑鼠游標由#1 網格定位點 ↔ #2 網格定位點，直接畫線連接即可。

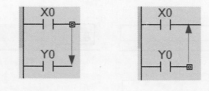

(4) 快捷鍵

表 4-2　GX3 快捷鍵

No.	項目 快捷鍵	操 作 過 程 及 結 果
1	a / b 接點反相 /	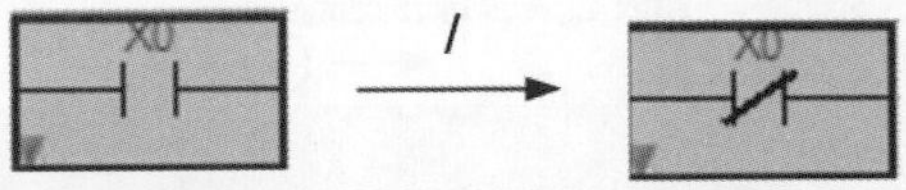
2	接點 上/下微分 Alt + /	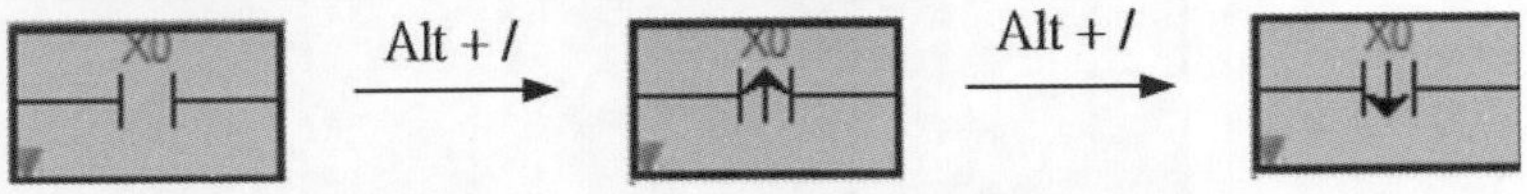
3	指令反相 Alt + /	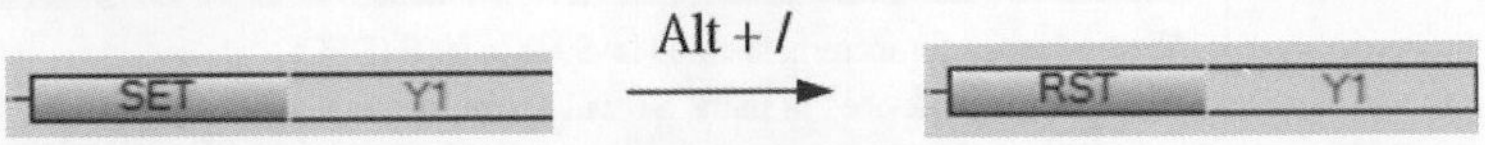
4	接點編號 遞增 Alt +↑ 遞減 Alt +↓	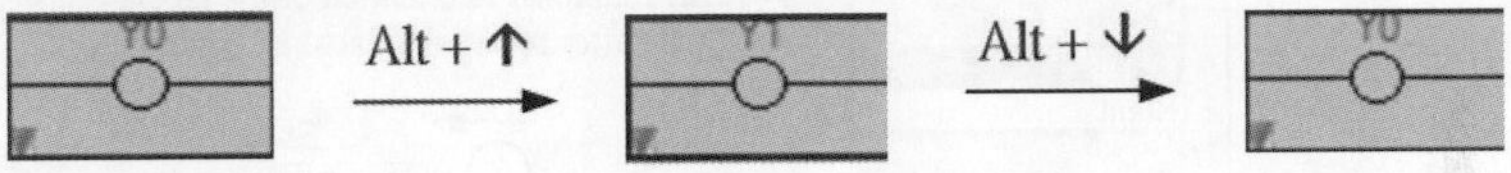
5	元件編號變更 F2	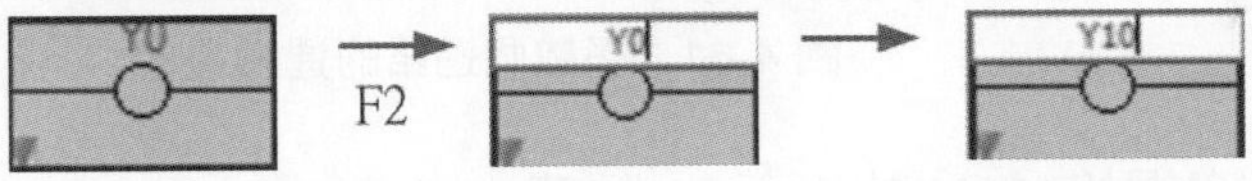
6	在欄位上/下方 劃一條垂直線 往上 Ctrl +↑ 往下 Ctrl +↓	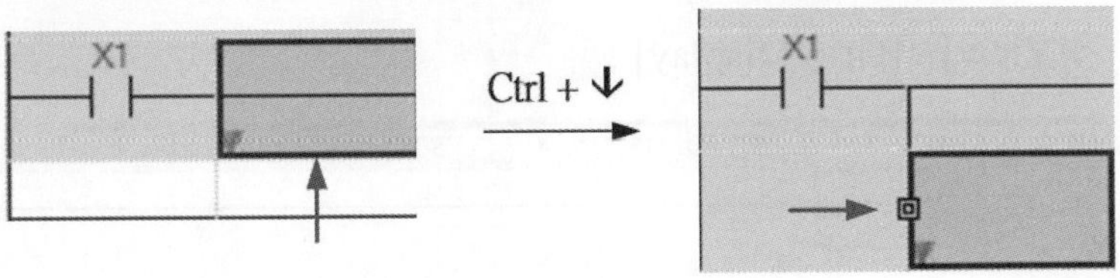

(5) 迴路複製

單一迴路的複製：

①選取迴路、② Ctrl + C、③滑鼠定位點移到下一列、④ Ctrl + V

多數個迴路的連續複製：

①選取迴路、② Ctrl + C、③滑鼠定位點移到下一列、④ Ctrl + Alt + V

接續在圖 4-61 所示的視窗中步驟如下：

⑤選取擬連續複製的迴路個數 (Number)

⑥元件編號遞增的數值(Increment Value)

⑦複製方向：向下(Down)

⑧ Execute(執行)

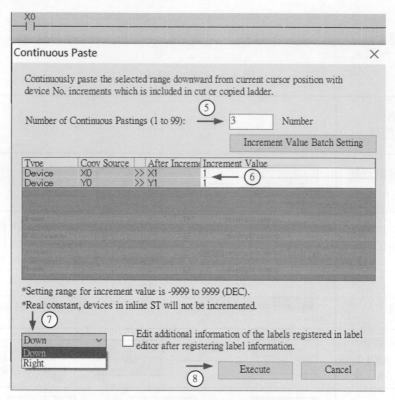

圖 4-61　多數個迴路的連續複製

(6)　編輯視窗網格(Grid)的顯示 / 隱藏

[View] \ [Grid Display]

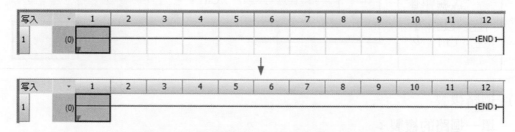

圖 4-62　編輯視窗網格(Grid)的顯示 / 隱藏

(7)　編程視窗顯示語言(Display Language)的切換或變更

①　[View] \ [Switch Display Language]

②　點選擬顯示之語言：英文/日文/簡體中文

③　編程視窗顯示語言在下一次軟體啟動時才會切換或變更

It will be valid from next start.

3. 簡易學習範例

　　在此以基本的自保持及計時器電路作為學習範例,範例中的 T0 計時值採直接指定,T20 則由 D20 間接指定,如圖 4-63 所示,程式解說請參閱:『4-3-3 程式編輯』中說明。

※『注意』:GX Works 3 中,10 進制常數前面的標示 K 可以省略,亦即 K120 = 120。

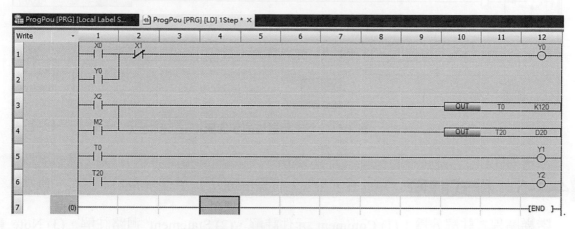

圖 4-63　階梯圖程式編輯學習範例

4-4-4　程式編譯

　　階梯圖程式編輯後,在功能表列中點選【Convert】\『Convert』或『Rebuild All』,如圖 4-64 所示,以便將程式編譯或轉換成類似組合語言的指令或機械碼,之後寫入到 PLC 的 RAM 中。

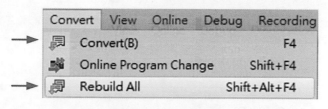

圖 4-64　程式編譯

　　經過程式編譯後的階梯圖,如圖 4-65 所示,其母線左側會標示出各指令儲存在記憶體中的步序號碼(Step No.)。

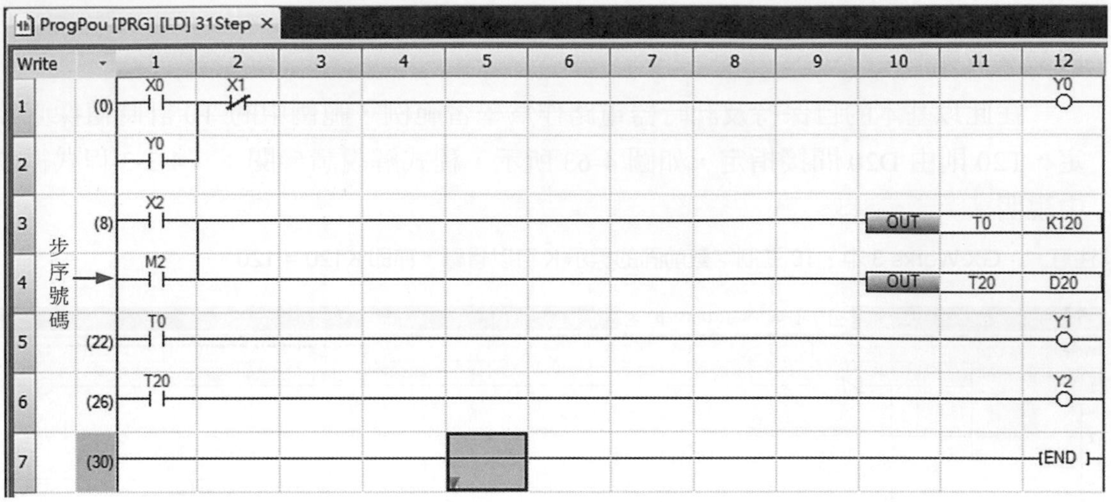

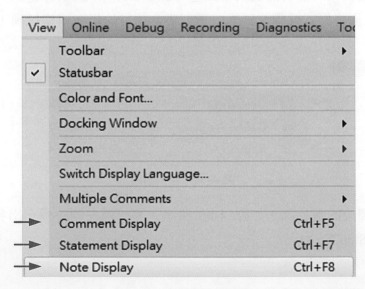

圖 4-65　程式編譯後的階梯圖

4-4-5　程式註解

階梯圖程式註解分為：(1) Comment_元件註解，(2) Statement_迴路註解，(3) Note_輸出註解等三種。

1. 顯示或取消註解

功能表列[View]中，視實際需要分別點選/取消勾選☑Comment、☑Statement 或☑Note 選項，即可顯示/取消相關註解，如圖 4-66 所示。

圖 4-66　顯示/取消註解

2. 功能表列中的註解選項或工具列的註解圖示

(1) 在功能表列 [Edit] \ [Documentation] 中，視實際需要分別點選 Device/Label Comment、Statement、Note 或 Statement/Note Batch Edit 選項，如圖 4-67(a)所示。

(2) 工具列中的註解圖示，如圖 4-67(b)所示。

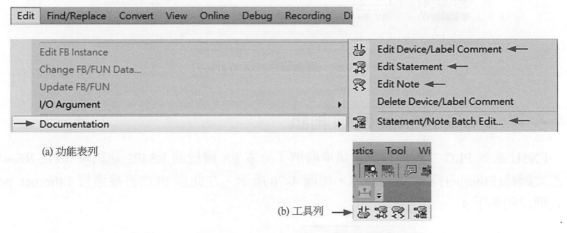

(a) 功能表列

(b) 工具列

圖 4-67　功能表列中的註解選項及工具列中的註解圖示

3. 註解輸入

註解輸入，請參閱單元[4-3-5 程式註解]，在此不再贅述。

4. 註解編譯

註解輸入之後，點選功能表列[Convert] \ [Convert]或按下鍵盤上方功能鍵_F4 執行程式的編譯，註解編譯後的視窗如圖 4-68 所示，圖中為 Statement 及 Note 註解。

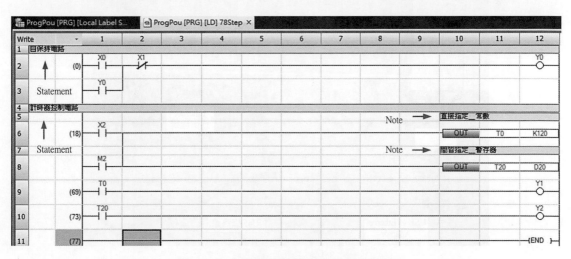

圖 4-68　註解編譯後的階梯圖程式視窗

4-4-6　專案儲存

1. 功能表列中點選【Project】\『Save』，或【Project】\『Save As…』。

2. GX Works3 格式檔案，檔名為 *.gx3，如圖 4-69 所示。

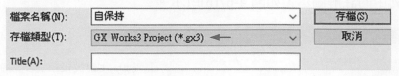

圖 4-69　專案儲存_GX Works3

4-4-7　PLC 通訊及連線測試

　　FX5U 系列 PLC 主機內建的通訊埠取消了原本 FX 傳統的 RS422 通訊埠，改為 RS-485 及乙太網路(Ethernet)等 2 個通訊埠，如圖 4-70 所示。在此以 PLC 直接連接 Ethernet port 方式例說明如下：

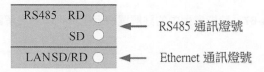

圖 4-70　FX5U 通訊模式及燈號

1. 準備 1 個 USB to Ethernet Adaptor 及 1 條 RJ45 網路線，連接到未內建 Ethernet 的 NB 主機或桌電 PC，之後再連接到 PLC 的 Ethernet port，如圖 4-71 所示。

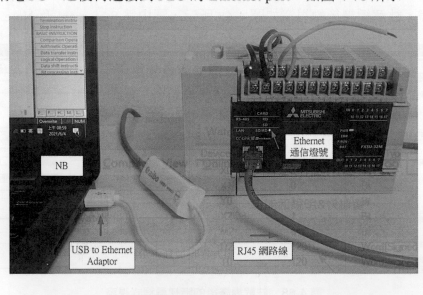

圖 4-71　桌電或筆電與 PLC 的 Ethernet 通訊

2. 開啟 GX Works3

   執行[Project] \ [New…]，新增專案

3. 點選 Windows 視窗右下方[網際網路存取 圖示]，之後雙擊[網路和網際網路設定] 項目。

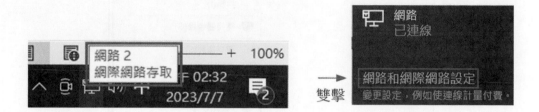

(1) 點選[變更介面卡選項]。

進階網路設定

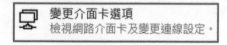

(2) 顯示目前網路連線情形，視實際網路連線情況而異。

(3) 插入 USB↔Ethernet Adaptor 後網路連線情形，如下所示，已新增乙太網路 4。

(4) 點選[乙太網路 4]，按下滑鼠右鍵，點選[內容]，如下所示。

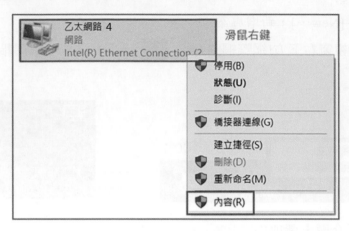

(5) 出現[乙太網路內容]，在[網路功能]選項中點選[網際網路通訊協定第四版 (TCP/Pv4)]，之後再點選[內容]，如下所示。

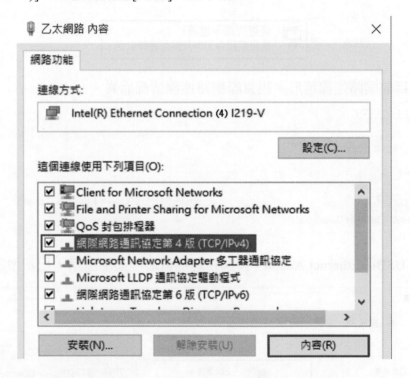

(6) 任意輸入一個 IP Address

FX5U 預設的 IP 位址：192.168.3.250，連線的 Adaptor 其 IP 位址要跟 FX5U 設為同一個網域[192.168.3.x]。

點選◉使用下列的 IP 位址，輸入 192.168.3.2，如下所示。

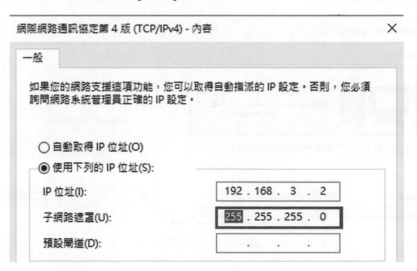

(7) 滑鼠游標點選子網路遮罩(U)右方的空格欄位時，會自動填入子網路遮罩位址 255.255.255.0，之後按下[確定]鈕，如下所示。

(8) 設定完成後，按下[關閉]鈕。

4. 回到 GX Works3

5. 點選[連接目標(Connection Destination)]＼[當前連接目標(Current Connection Destination)]，先後設定如下：(1)點選◉直接連接裝置(Direct Coupled Setting)；(2)點選◉乙太網路(Ethernet)；(3)雙擊配接器(Adaptor)，點選適當的配接器，之後按下[確定]鈕，如圖 4-72 所示。

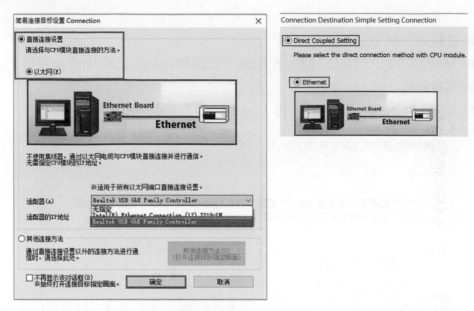

圖 4-72　簡易連接目標設置

6. 執行通訊測試(Communication Test)

　　通訊測試成功會出現：已成功與 FX5UCPU 連接(Successfully connected with the FX5UCPU)的訊息，之後按下[確定]鈕，如圖 4-73 所示。

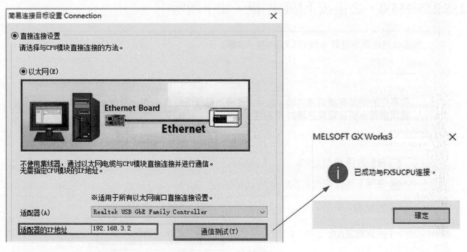

圖 4-73　通訊測試

＊『注意』連線測試不成功，請檢查：

(1) USB to Ethernet Adaptor 是否故障?若 Adaptor 異常，可以更換已連線成功的 Adaptor 試看看。

(2) 查看 PLC 主機左側面板上 LAN SD/RD 指示燈是否正常亮燈，以判斷 RJ45 網路線是否斷線?

『註』：使用乙太網路通訊埠(Ethernet port)連接 FX5U PLC 時，PLC IP 位址設定：

　　　請參閱：『雙象貿易，三菱可程式控制器 FX5U 中文使用手冊，文笙書局，第一版，106 年 10 月，
2-19~ 2-20 頁』。

4-4-8　PLC 寫入及讀取

1.　PLC 寫入

(1)　在功能表列中點選【Online】\『Write to PLC』。

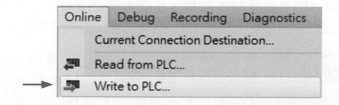

(2)　在 Online Data Operation 線上資料操作視窗中點選：① [Parameter + Program]，
之後點選右下方的 ② [Execute] 鈕，再點選 ③ [Yes to all] 選項，即可執行 PLC
寫入，如圖 4-74 所示。

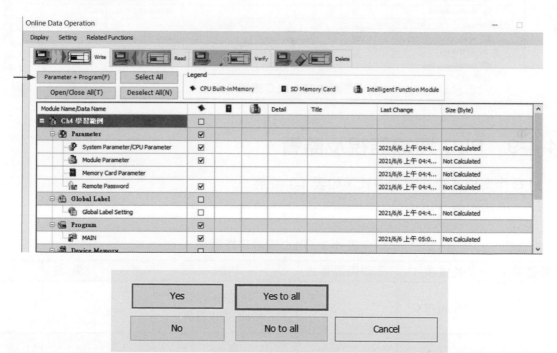

圖 4-74　PLC 寫入項目

(3)　若程式寫入前 PLC 作業模式選擇開關位於 RUN 位置，程式寫入時會詢問是否要
執行 Remote Stop 遠端停止，以便執行程式寫入。程式寫入後，可再執行 Remote
Run 遠端啟動。

2. PLC 讀取

(1) 功能表列中點選【Online】\『Read from PLC』。

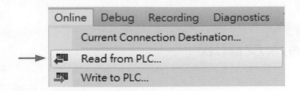

(2) 在 Online Data Operation 視窗中點選：[Parameter + Program]，之後點選右下方的 [Execute] 鈕，即可執行 PLC 讀取，如圖 4-75 所示。

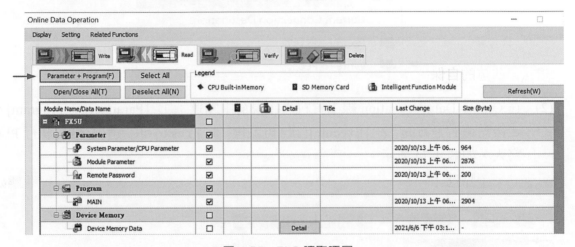

圖 4-75 PLC 讀取項目

4-4-9 PLC 連線監視及監看

PLC 作業模式及其變更方式，如表 4-3 所示：

(1) 由功能選項變更

表 4-3 PLC 連線功能選項

功能選項	子功能選項-1	子功能選項-2	功能	備 註
Online	Read from PLC		讀取 = Read (監視視窗)	
	Write to PLC		寫入 = Write (監視視窗)	
	Monitor	Monitor Mode	監視 = Read Mntr (監視視窗)	可以強制 bit 元件的 ON/OFF
		Monitor (Write Mode)	監視(允許 RUN 中寫入) = Write Mntr (監視視窗)	1. 可以強制 bit 元件的 ON/OFF 2. 可以變更 word 元件的數值

(2) 由監視視窗選項變更

　　　Write→Read→Write Mntr→ Read Mntr

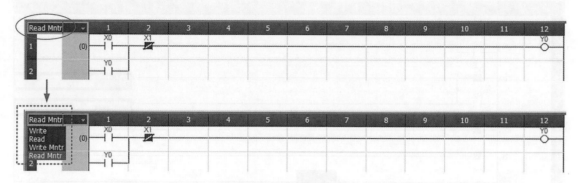

圖 4-76　由監視視窗選項變更 PLC 作業模式

　　在此以前述的自保持及計時器控制電路為例，說明 PLC 連線監控下的階梯圖監視&監看視窗。

1. 首先確認 PLC 作業模式選擇開關置於 RUN 位置，同時觀察面板上的 P.RUN 指示燈是否已亮燈。

2. 功能表列中點選【Online】\『Monitor』\[Monitor mode]，進入監視模式，初始狀態如圖 4-77 所示。

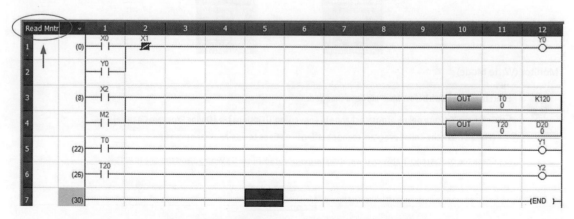

圖 4-77　階梯圖監視(Monitor)模式_初始狀態

3. X0(PB/ON 按鈕)先押下後釋放，Y0/ON 且自保。

圖 4-78　X0 先先押下後釋放，Y0/ON 且自保之監視視窗(Monitor 模式)

4. X1(PB/OFF 按鈕)先押下後釋放，Y0/OFF。

5. X2(Toogle switch 搖頭開關)ON，T0、T20 開始通電計時，D20 初始值為 0，故 Y2 立即 ON。T0 計時到時 Y1/ON，如圖 4-79 所示。

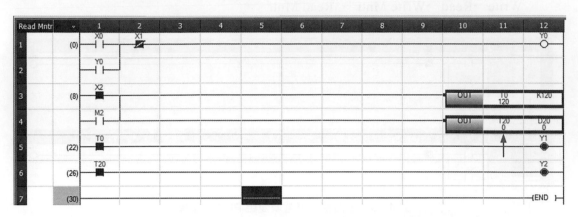

圖 4-79　X2/ON 且 T0 計時到監視視窗(Monitor 模式)

6. X2/OFF，T0、T20 斷電，Y1/OFF、Y2/OFF。

7. 經由監視視窗選項，將監視模式由 Read Mntr→Write Mntr，之後會出現一個 Monitor(Write Mode)確認視窗，如圖 4-80 所示，點選 OK 鈕後，監視視窗變更為允許 RUN 中寫入，如圖 4-81 所示。

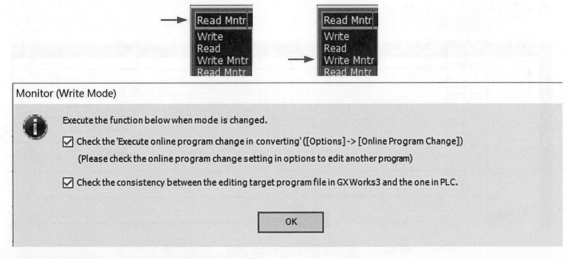

圖 4-80　Monitor (Write Mode)確認視窗

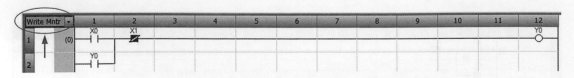

圖 4-81　監視視窗已變更為 Write Mntr 視窗(Monitor 模式)

8. 功能表列中點選【Online】\『Watch』\[Start Watching]，在 Watch 監看視窗中執行資料暫存器
    之 Modify Value 數值變更，Name 元件：D20，Current Value：0→120，如圖 4-82 所示。

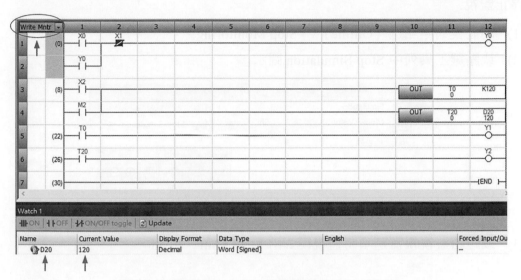

圖 4-82　監看視窗中 D20 數值變更(Monitor 模式)

9. 使用[Shift+Enter]快捷鍵將內部接點 M2 強制為 ON，T0、T20 開始通電計時，如圖 4-83
    所示。T0、T20 計時到，Y1/ON、Y2/ON，如圖 4-84 所示。

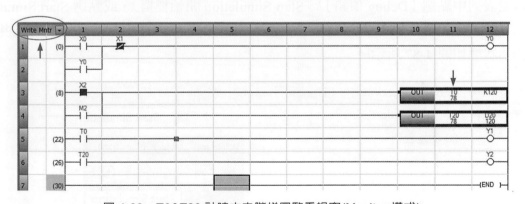

圖 4-83　T0&T20 計時中之階梯圖監看視窗(Monitor 模式)

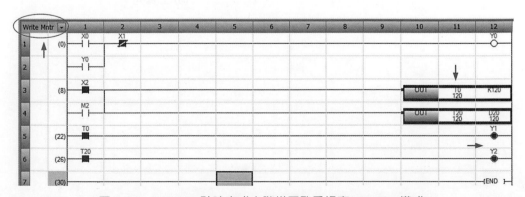

圖 4-84　T0&T20 計時完成之階梯圖監看視窗(Monitor 模式)

10. 使用[Shift+Enter]快捷鍵將內部接點 M2 強制為 OFF，T0、T20 斷電，Y1/OFF、Y2/OFF，系統回到初始狀態，如前面圖 4-77 所示。

11. 停止監視

   (1) 功能表列中點選【Online】\『Stop Monitoring』

   (2) 或點選工具列中 Stop Simulation 圖示。

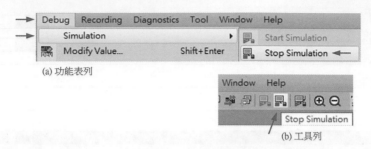

    (a) 功能表列
    (b) 工具列

   (3) 或經由監視視窗選項將監視模式由 Read Mntr→Read。

4-4-10 離線模擬

離線模擬同樣以自保持及計時器控制電路為例，說明如下：

1. 功能表列中點選【Debug 偵錯】\『Start Simulation 開始模擬』，或點選 Start Simulation 工具圖示，如圖 4-85 所示。PLC 模擬寫入視窗如圖 4-86 所示，階梯圖模擬監視視窗初始狀態如圖 4-87 所示。

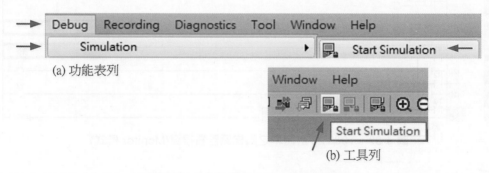

    (a) 功能表列
    (b) 工具列

圖 4-85 Start Simulation 開始模擬

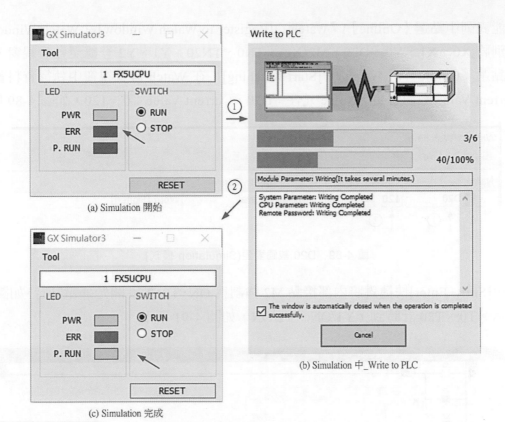

(a) Simulation 開始

(b) Simulation 中_Write to PLC

(c) Simulation 完成

圖 4-86　PLC 模擬寫入視窗

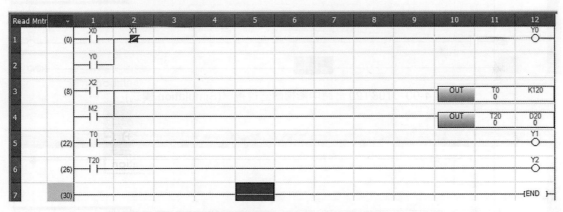

圖 4-87　階梯圖模擬監視(Simulation 模式)視窗_初始狀態

2. 將滑鼠游標移至 X0 欄位(Grid)，同時按下[**Shift + Enter**]快捷鍵，將 X0/ON→Y0/ON，之後再將 X0 強制為 OFF，Y0/ON 且自保持，如圖 4-88 所示。

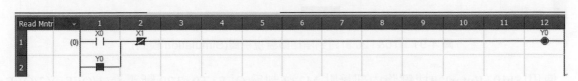

圖 4-88　X0 元件強制 ON/OFF，Y0/ON 且自保持(Simulation 模式)

3. 功能表列中點選【Online】\『Watch』\[Register to Watch Window]\ [Watch Window1]，分別將 X0、X1、Y0、D20、M2(X2)、TN0、TN20、Y1、Y2 登錄至監看視窗。之後再點選『Online』\「Watch」\ [Start Watching]，在 Watch 監看視窗中執行資料暫存器 Current Value 數值變更，Name 元件：D20，Current Value：0→120，如圖 4-89 所示。

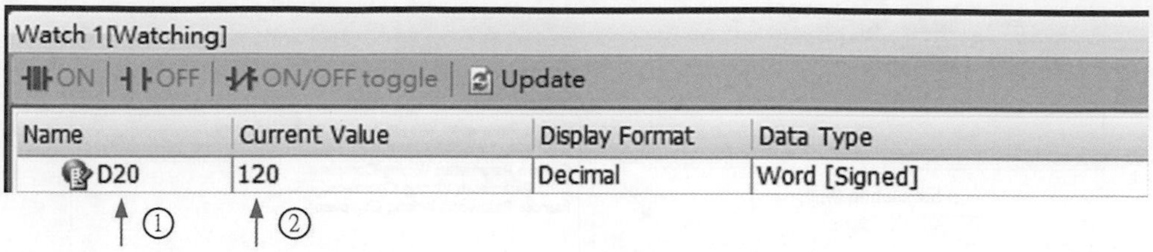

Watch 1[Watching]
ON
OFF
ON/OFF toggle
Update
Name
Current Value
Display Format
Data Type
D20
120
Decimal
Word [Signed]
①
②

圖 4-89　D20 數值變更(Simulation 模式)

4. 使用[Shift+Enter]快捷鍵將內部接點 M2 強制為 ON，T0、T20 開始通電計時，如圖 4-90 所示。T0、T20 計時到，Y1/ON、Y2/ON，如圖 4-91 所示。

Read Mntr
X0
X1
Y0
Y0
X2
M2
OUT
T0
65
K120
OUT
T20
65
D20
120
T0
Y1
T20
Y2
END

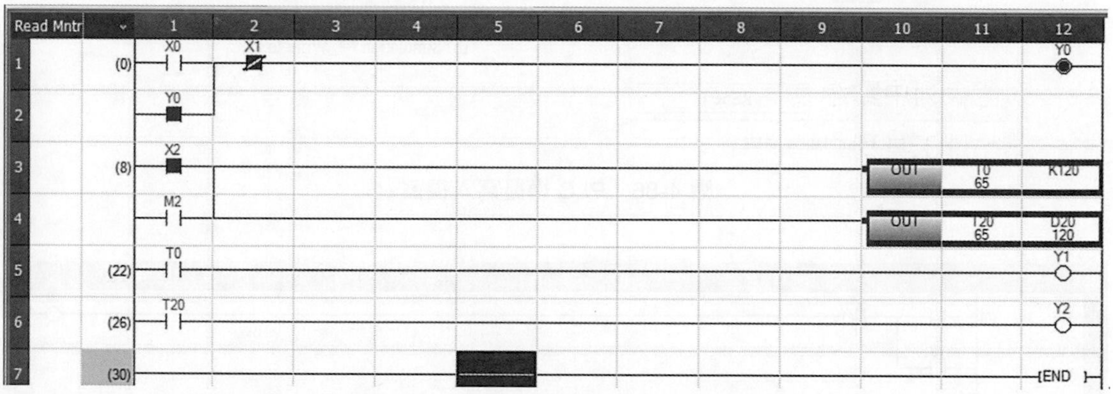

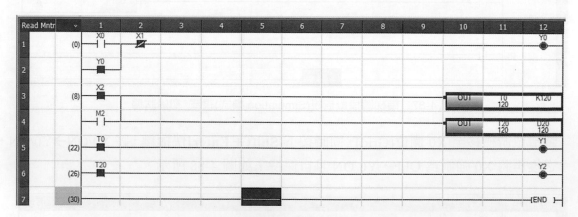

圖 4-90　T0&T20 計時中階梯圖監視視窗(Simulation 模式)

Read Mntr
X0
X1
Y0
Y0
X2
M2
OUT
T0
120
K120
OUT
T20
120
D20
120
T0
Y1
T20
Y2
END

圖 4-91　T0&T20 計時到階梯圖監視視窗(Simulation 模式)

5. 使用[Shift+Enter]快捷鍵將內部接點 M2 強制為 OFF，T0、T20 斷電，Y1/OFF、Y2/OFF，系統回到初始狀態，如圖 4-87 所示。

6. 在 GX Works3 模擬情況下,若已處於 Start Watching 開始監看模式:

(1) 將接點強制為 ON:可以在 X0 右側 Current Value 欄位中直接輸入 1 或 TRUE 後,按下 Enter 鍵,如下圖(a)中之①;或先點選 Name 下方 X0,之後直接點選(Force)ON 圖示,如下圖(a)中之②所示。

(2) 變更資料暫存器的數值:在 D20 右側欄位直接輸入新設定值後,按下 Enter 鍵,如下圖(a)中之③所示。

接點或資料暫存器 Current Value 變更前/後的情形,如下圖所示:

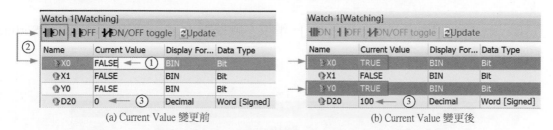

(a) Current Value 變更前　　　　　　　(b) Current Value 變更後

7. 停止離線模擬

(1) 功能表列中點選【Debug】\『Stop Simulation』

(2) 或點選工具列中 Stop Simulation 圖示。

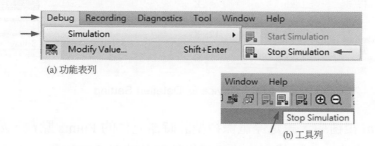

(a) 功能表列

(b) 工具列

(3) 或經由監視視窗選項將監視模式由 Read Mntr→Read。

4-4-11 FX5U 停電保持型計時器元件的設置

1. 在 Navigation window 視窗中,點選 [Parameter 參數]-[FX5UCPU]-[CPU Parameter]–[Memory/Device Setting]-[Device/Label Memory Area Setting],①滑鼠左鍵雙擊 [Device/Label Memory Area Detailed Setting],出現圖右之 Setting Item,之後滑鼠左鍵再度雙擊②Device/Label Memory Area Setting 右邊的<Detailed Setting>,如圖 4-92 所示。

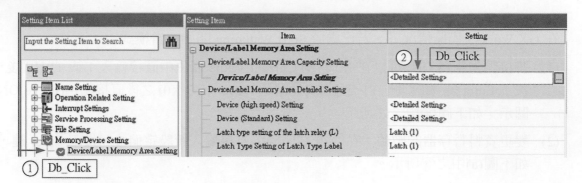

圖 4-92　Device/Label Memory Area Setting 視窗

2.　在[Device/Label Memory Area Setting]，滑鼠左鍵雙擊 Device 下方的 Detailed Setting，如圖 4-93 所示。

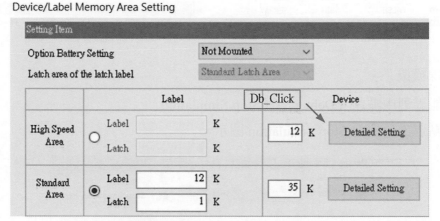

圖 4-93　Device 的 Detailed Setting

3.　在 Setting Item 視窗中，設定停電保持型計時器元件的 Points 點數，如圖 4-94 所示，之後點選右下方之 Apply 鈕，完成停電保持型計時器元件的設置。

Item	Symbol	Device		Latch (1)
		Points	Range	
Input	X	1024	0 to 1777	
Output	Y	1024	0 to 1777	
Internal Relay	M	7680	0 to 7679	500 to 7679
Link Relay	B	256	0 to FF	No Setting
Link Special Rela	SB	512	0 to 1FF	
Annunciator	F	128	0 to 127	No Setting
Step Relay	S	4096	0 to 4095	500 to 4095
Timer	T	512	0 to 511	No Setting
Retentive Timer	ST	16	0 to 15	0 to 15

圖 4-94　停電保持型計時器元件的設置

4. 回到 ProgPou 程式本體，即可輸入停電保持型計時器元件，如圖 4-95 所示。

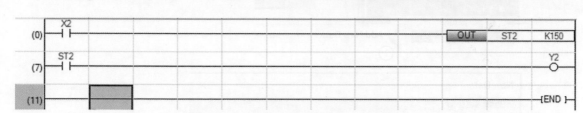

圖 4-95　停電保持型計時器元件的輸入

4-4-12　FX5U 多個不同語言型態的程式設定和編程

雖然 FX5U CPU 記憶體可以儲存 32 個不同語言型態的程式，但程式掃描時只能擇一執行。在下例中將新增二支不同語言型態的程式，一支為階梯圖，如圖 4-96 所示。編程完畢後將開新專案時預設的 ProgPou 程式本體名稱重新命名為 Y0_ONOFF，如圖 4-97 所示。另外一支程式在 Add New Data 新增資料時即設定程式本體名稱為 Timer 及語言形式為 ST，如圖 4-98 所示。

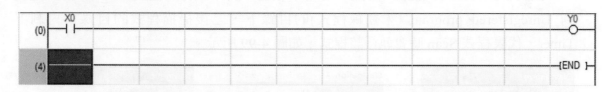

圖 4-96　單點 ON/OFF 階梯圖

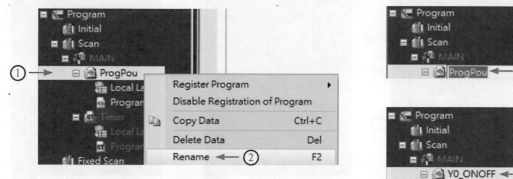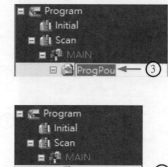

圖 4-97　單點 ON/OFF ProgPou 重新命名為 Y0_ONOFF

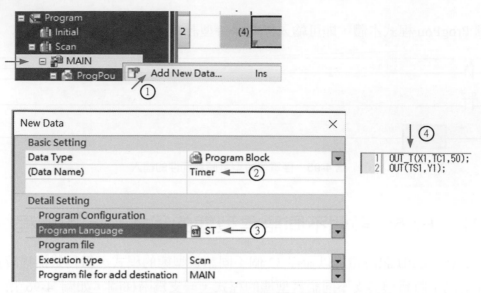

圖 4-98 Timer 程式本體名稱及語言形式設定和 ST 編程

1. Scan 掃描程式與 Unregistered program 未登錄程式

因為程式掃描時只能擇一執行，在導航視窗中將不執行的程式 Y0_ONOFF 拖曳到 Unregistered program (未登錄程式)的目錄下，之後掃描程式的目錄下只剩下 Timer，代表程式 Scan 時會執行該程式，如圖 4-99 所示。

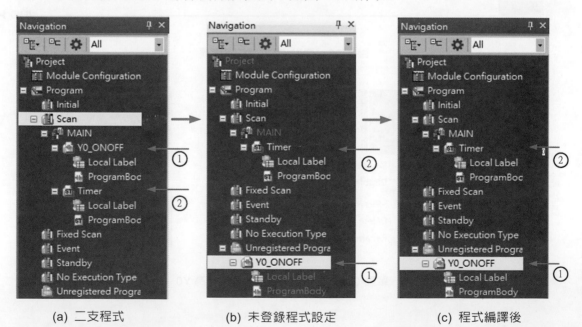

(a) 二支程式   (b) 未登錄程式設定   (c) 程式編譯後

圖 4-99 Scan 與 Unregistered program 程式的設定

2. 程式的模擬

(1) 點選[Debug]\[Simulation]\[Start Simulation]，Timer_ST 程式模擬結果如圖 4-100 所示。

(a) X1 強制為 ON　　　　　　(b) T1 計時時間到

圖 4-100　Timer_ST 程式模擬結果

(2) Y0_ONOFF 屬於未登錄程式，故即使接點 X0 強制為 ON，Y0 依然 OFF，階梯圖程式模擬結果如圖 4-101 所示。

圖 4-101　Y0_ONOFF 階梯圖程式模擬結果

4-4-13　FX5U_2 個以上程式區塊的創建

在此暫且以 4-4-12 章節內所提及之範例為例加以解說，在 Scan 執行型式之下創建 2 個程式區塊，一為 Y0_ONOFF 程式區塊，另外一個為 Timer 程式區塊。

1. 開新專案時預設程式語言為 LD，輸入單點 Y0_ON&OFF 程式後，將 ProgPou 程式本體名稱重新命名為 Y0_ONOFF，如圖 4-102 所示。

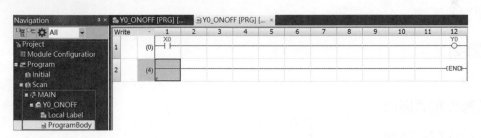

圖 4-102　Y0_ON&OFF 程式區塊

2. 點選 Program 下方的 Scan，按下滑鼠右鍵在快選功能表中點選[Add New Data...]，在 New Data 視窗中將(Data Name)重新命名為 Timer，Program Language 更改為 ST，並輸入 ST 語言如圖 4-103 所示。

CH 4

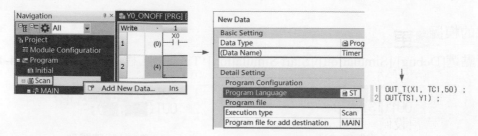

圖 4-103　Timer 程式區塊

3. 程式編譯：[Convert] \ [Rebuild All]。

4. 離線模擬：[Debug] \ [Start Simulation]。

監看視窗元件設定及執行結果如圖 4-104 所示：

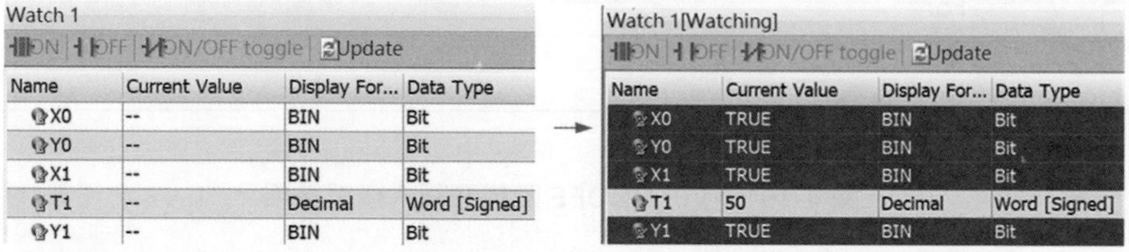

圖 4-104　Y0_ON&OFF 及 Timer 等二個程式區塊的監看

[自行練習-1]

手動與自動控制

1. 手動/自動模式選擇程式區塊

2. 手動程式區塊

3. 自動程式區塊

[自行練習-2]

泡茶機

1. 供茶動作程式區塊

2. 補水動作程式區塊

3. 警報顯示動作(更換茶葉)程式區塊

4-4-14　變更 GX Works3 編輯視窗顯示的顏色

　　功能表列中點選【View 檢視】\『Color and Font 色彩及字型』，可以改變：(1)Normal Text and Symbol 普通文字及符號、(2)Normal Background 正常背景、(3)Device 元件、…(n)Back to Default-恢復爲預設値…等。

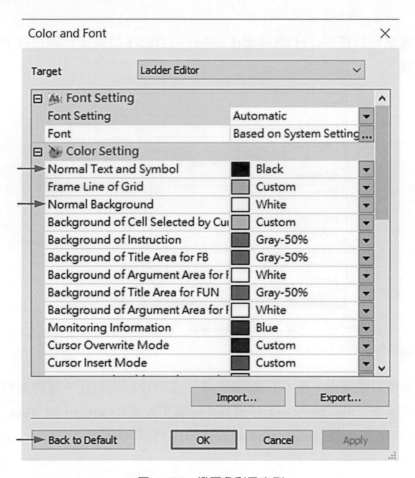

圖 4-105　變更色彩及字型

4-5 ST 編程

GX Work2 編程軟體中，將專案分為：(1)簡單專案(Simple Project)、(2)結構化專案(Structured Project)二種，使用者可以在同一專案內同時處理不同形式的程式語言，包含元件(Device)和標籤(Label)。

1. 簡單專案

簡單專案可以使用：(1)階梯圖(Ladder)、(2)順序功能流程圖(SFC)等二種程式語言進行編程。

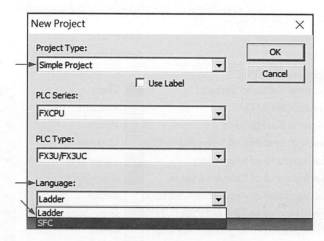

圖 4-106　簡單專案_GX Work2

2. 結構化專案

將專案控制細分化，程式的通用(或共用)部分予以模組化，以提高程式的可讀性。在結構化專案中，可以使用：(1)結構式文件或文本語言(Structured Text, ST)、(2)結構化階梯圖和功能區塊圖(Structured Ladder/FBD)、(3)未指定(Not Specify)等程式語言進行編程。

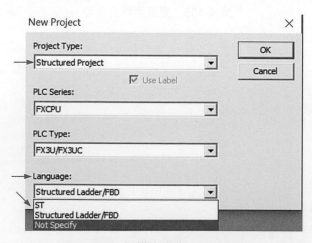

圖 4-107　結構化專案_GX Work2

　　ST 或文本語言的語法結構類似於 C 或 VB 語言，適用於對某些無法使用梯形圖描述的複雜處理程序進行編程，例如：複雜的算術運算或比較運算。ST 語言支持控制語法、運算表達式、功能區塊(Function Blocks, FBs)和函數(Functions, FUNs)。

4-5-1　ST 架構

1.　ST 的構成要素

　　ST 語言是由運算子與語句(Statement)組成，ST 的構成要素如表 4-4 所示，附資料類型指定符號的元件，如表 4-5 所示。

表 4-4　ST 的構成要素

項目	表示	備註
段落符號	, (逗號)	變數間之區隔
	: (冒號)	元件型態指定
	; (分號)	語句的終端
運算符號	+ , - , * , /	算術運算
	< , > , <= , >= , = , <>	數值比較
	AND = &, &, XOR, OR, NOT, MOD	邏輯運算
語句	IF, IF...ELSE, IF...ELSIF, CASE	選擇語句
	FOR, WHILE, REPEAT, EXIT	重複語句
註解	(* *)	多行或跨行

表 4-5　附資料類型指定符號的元件

元件	資料類型	範例
	不帶資料類型	D0
:U	16 bit, 不帶+/-號	D0:U
:D	32 bit, 帶+/-號	D0:D
:UD	32 bit, 不帶+/-號	D0:UD
:E	單精度實數	D0:E

2.　位元、數值及接點的表示方式

(1)　位元的表示方式，可以數值或 TRUE(真)/FALSE(假)表示之，如表 4-6 所示。

表 4-6　位元的表示方式

位元狀態	數值	TRUE(真)/FALSE(假)
ON	X0:=1;	X0:= TRUE;
OFF	X0:=0;	X0:= FALSE;

(2) 數值的表示方式，如表 4-7 所示。

表 4-7　數值的表示方式

進制	表示方式	範例
2 進制	2#	D0 :=2#1010;
8 進制	8#	D0 :=8#32;
10 進制	直接表示，或 K	D0 :=20;　或　D0:=K20;
16 進制	16#，或 H	D0 :=16#1A;　或　D0:=H1A;

(3) a/b 接點的表示方式，如圖 4-108 所示。

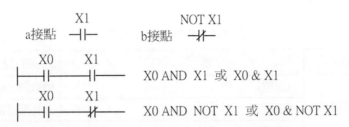

圖 4-108　a/b 接點表示方式及其串/並聯

3. 代入語句或賦值

　　<變數> := <表達式或運算式>

　　將右邊表達式或運算式執行的結果代入到左邊的變數、元件或標籤中，要特別留意的是左邊與右邊的資料類型要相同。

(1) 位元的指定或賦予(Assign)方式

　　位元:=位元數值或運算式結果;

　　例：Y0:=X0; 表示將右方的 X0 位元數值(0/1，或 True/False)，指定或賦予左方的位元 Y0。

(2) 數值的指定或賦予方式

　　變數:=數值;

　　例：D0:=5; 表示將右方的常數 5，指定或賦予左方的變數 D0。

4. 常用的選擇語句

(1) If THEN：選擇結構

　　選擇結構是在程式執行中，依據條件值或關係運算式的結果，來變更程式的執行順序。當條件滿足時，就執行某一敘述，反之則執行另一敘述。

　　① 語法 1：單一選擇

　　　IF　條件表示式(Conditional expression) THEN

　　　　　敘述(Execution Statement);

　　　END_IF;

② 語法 2：雙向選擇

IF 條件表示式 THEN

　　敘述 1;

ELSE

　　敘述 2;

END_IF;

③ 語法 3：多向或巢狀選擇

IF 條件表示式 1 THEN

　　敘述 1;

ELSIF 條件表示式 2 THEN

　　敘述 2;

ELSIF

　　敘述 3;

END_IF ;

(2) Case-----End_Case：多重選擇

多重選擇敘述，它會根據變數的值執行所屬(或對應)的敘述。

CASE 整數變數(Variable) OF

數值 1：敘述 1；

數值 2, 數值 3, 數值 4：敘述 2；

數值 5..n：敘述 3；

ELSIF

敘述 4 ；

END_CASE ；

5. 標籤(Label)

ST 語言中的標籤，類似於大部分程式語言(VB 或 C)的變數，用於儲存資料或數值。變數在程式執行中會改變數值，故使用變數除了正確的變數名稱之外，還要宣告它的資料型態、變數的作用範圍，例如：區域(Local) 標籤或全域(Global) 標籤，如圖 4-109 所示。標籤內容及表示方式，如表 4-8 所示。

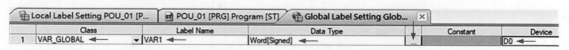

圖 4-109　標籤設置

表 4-8 標籤內容及表示方式

專 案	內 容	範 例	備註
Class	類別	**Class** VAR_GLOBAL / VAR_GLOBAL / VAR_GLOBAL_CONSTANT	區域變數 全域變數 全域常數
Label Name	標籤名稱	**Label Name** VAR1	
Data Type	資料類型	**Data Type** Bit / Word[Signed] / Double Word[Signed] / Word[Unsigned]/Bit String[16-bit] / Double Word[Unsigned]/Bit String[32-bit] / FLOAT (Single Precision) / String(32) / Time	位元 字元(Signed 或 Unsigned) 浮點數或小數 字串 時間格式
Device	元件	**Device** D0	設為區域標籤時，元件無法設定
Address	位址	**Address** %MW0.0	設為全域標籤時，會自動配置位址

4-5-2 ST 編程_GX Works2

GX Works2 的 ST 編程功能較不完整，因為 FX3U 性能良好，距離教育或訓練設備更新尚有一段時日，故在此以 GX Works2 的 ST 編程為例說明如下。

啟動 GX Works2 後開新專案(New Project)，專案型式(Project Type)點選結構化專案 Structured Project，程式語言(Language)點選 ST，之後點選 OK 鈕，即可建立 ST 專案，如圖 4-110 所示。

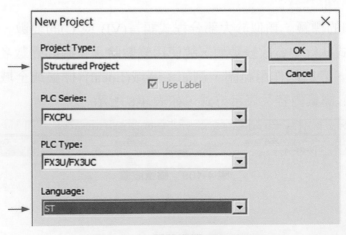

圖 4-110 開新專案_ST_GX2

【例 4-1】單點 ON/OFF_ST

單點 ON/OFF，階梯圖如下所示：

1. 開新專案

『Project』\「New」，Project Type、Language 選項如圖 4-110 所示，之後按下 OK 鈕。

2. ST 編程

ST 程式可擇一採用：①選擇語句、②代入語句、③ OUT 指令，如圖 4-111 所示。

選擇語句	代入語句	OUT指令

IF X0 THEN
    Y0:=1;
    ELSE
    Y0:=0;
END_IF;
	Y0:=X0;	OUT(X0,Y0);

圖 4-111　單點 ON/OFF_ST 程式

3. 程式編譯

『Compile』\「Rebuild All」。

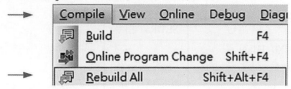

4. 離線模擬(Simulation)：不接 PLC

『Debug』\「Start/Stop Simulation」

5. 監看

(1) 登錄至監看視窗：『Online』\「Watch」\ [Register to Watch]。

(2) 開始監看：『Online』\「Watch」\ [Start Watching]。

① 初始狀態：X0/OFF、Y0/OFF。

監看視窗

Watch 1(Monitor Executing)

Device/Label	Current Value	Data Type
X0	0	Bit
Y0	0	Bit

↑

選擇語句	代入語句	OUT指令

IF X0 THEN
　　Y0:=1;
ELSE
　　Y0:=0;
END_IF;
	Y0:=X0;
	↑　↑
	OFF狀態顯示
		OUT(X0,Y0);

② 強制接點 X0/ON，Y0/ON。

監看視窗

Watch 1(Monitor Executing)

Device/Label	Current Value	Data Type
X0	1	Bit
Y0	1	Bit

↑

選擇語句	代入語句	OUT指令

IF X0 THEN
　　Y0:=1;
ELSE
　　Y0:=0;
END_IF;
	Y0:=X0;
	↑　↑
	ON狀態顯示
		OUT(X0,Y0);

③ 強制接點 X0/OFF→Y0/OFF，回到初始狀態。

【自行練習】SET&RST 電路

1. SET

選擇語句	SET/RST 指令
IF X0 THEN 　　Y0:=1; END_IF;	SET(X0,Y0);

2. SET&RST

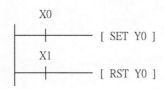

選擇語句	SET/RST 指令
IF X0 THEN 　　Y0:=1; ELSIF X1 THEN 　　Y0:=0; END_IF;	SET(X0,Y0); RST(X1,Y0);

【例 4-2】自保持電路_ST

自保持電路，階梯圖如下所示。

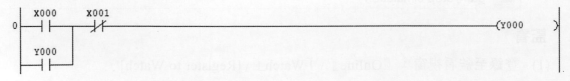

1. **開新專案**

2. **ST 編程**

選擇語句	代入語句	OUT指令

IF (X0 OR Y0) AND NOT X1 THEN
　　Y0:=1;
　　ELSE
　　Y0:=0;
END_IF;
	Y0:=(X0 OR Y0) AND NOT X1 ;	OUT((X0 OR Y0) AND NOT X1,Y0);

圖 4-112　自保持電路_ST 程式

3. **程式編譯**：『Compile』\「Rebuild All」。

4. **離線模擬**：『Debug』\「Start/Stop Simulation」。

　　以代入語句為例，說明如下：

　　(1)　初始狀態：Y0/OFF。

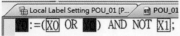

　　(2)　強制接點 X0/ON→Y0/ON。

　　(3)　強制接點 X0/OFF→Y0 自保持。

　　(4)　強制接點 X1/ON→Y0/OFF。

　　(5)　強制接點 X1/OFF→回到初始狀態。

5. **連線監控**

　　(1)　連接 PC ↔ PLC 通訊或傳輸線，以滑鼠左鍵快速雙擊 Connection Destination，執行通訊參數設定及通訊測試(Connection Test)。成功與 PLC 連接後，按右下方的 OK 鈕，儲存已設定完成的通訊參數。

　　(2)　功能表列中點選【Online】\『Write to PLC』，執行 ST 程式寫入。

　　(3)　功能表列中點選【Online】\『Monitor』\『Monitor mode』，進入 ST 監視視窗。

　　(4)　連線監控操作步驟及監控情形，同上述 4.離線模擬中所述，不再贅述。

【例 4-3】計時器控制電路_ST

計時器控制電路,階梯圖如下所示:

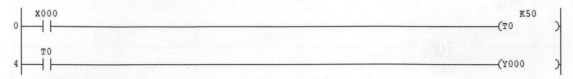

『註』:計時器指令,請參閱 CH5_P5-59_5-7 計時器及其應用

計時器指令格式 OUT_T(EN, TCoil, TValue),其 LD 與 ST 語法對應關係如下:

	指令	條件接點 EN	T 線圈 TCoil	T 接點	T 設定值 TValue	T 現在值
LD	OUT T0 K50	X0	T0	T0	K50	
ST	OUT_T(X0, TC0, K50)	X0	TC0	TS0	K50	TN0

『註』:ST 語法中,常數 K50 等同於 50。

計時器控制電路的其他型式如下所示:

一般計時器,計時值採用間接指定方式	停電保持計時器
OUT_T(X1, TC20, D20); OUT(TS20, Y1);	OUT_T(X2, TC250, K50); OUT(TS250, Y2); RST(X3, T250);

1.　開新專案

2.　程式編輯

使用一般計時器 T0,計時值採直接指定數值方式。

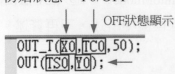

圖 4-113　計時器控制電路_ST

3.　程式編譯:『Compile』\「Rebuild All」。

4.　離線模擬:『Debug』\「Start/Stop Simulation」。

(1)　初始狀態:Y0/OFF。

(2) 強制接點 X0/ON，TC0 線圈通電計時，現在值 TN0=設定值時，TC0 接點 TS0/ON，Y0/ON。

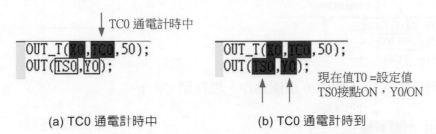

(a) TC0 通電計時中　　　　　　(b) TC0 通電計時到

圖 4-114　計時器通電中與計時時間到之狀態顯示

(3) 強制接點 X0/OFF，TC0 線圈斷電，現在值 TN0=0 值，計時器 TC0 接點 TS0/OFF，Y0/OFF，回到初始狀態。

【例 4-4】計數器控制電路_ST

計數器控制電路，階梯圖如下所示。

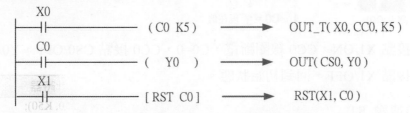

『註』：計數器指令，請參閱 CH5_5-8 計數器及其應用

計數器指令格式 OUT_C(EN, CCoil, CValue)，其 LD 與 ST 語法對應關係如下：

	指令	條件接點 EN	CCoil	C 接點	C 設定值 CValue	C 現在值
LD 編程	OUT C0 K5	X0	C0	C0	K5	
ST 編程	OUT_C (X0, CC0, 5)	X0	CC0	CS0	K5	CN0

1. 開新專案

2. 程式編輯

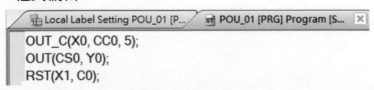

圖 4-115　計數器控制電路_ST

3. 程式編譯：『Compile』\「Rebuild All」

4.　離線模擬：『Debug』\「Start/Stop Simulation」

(1)　初始狀態

(2)　強制接點 X0/ON，CC0 線圈動作，現在值 C0=1。

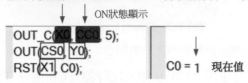

(3)　將 X0/OFF 後再度 ON，CC0 線圈再度動作，C0=2；直到 X0 先後 ON、OFF 五次時，CC0 接點 CS0/ON，Y0/ON。

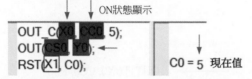

(4)　強制接點 X1/ON，CC0 線圈斷電，C0=0，CC0 接點 CS0/OFF，Y0/OFF。

(5)　強制接點 X1/OFF，回到初始狀態。

【例 4-5】資料傳送_ST

資料傳送電路，階梯圖如下所示：

```
       X0
0     ─┤├─                    ─[ MOVP  K50  D0 ]─
       X1
6     ─┤├─                    ─[ MOVP  K0   D0 ]─

12    ──────────────────────────────[ END ]─
```

『註』：MOV[P]應用指令，請參閱 CH9_FNC12_資料傳送。

1.　**開新專案**

2.　**ST 編程**

(1)　程式編輯

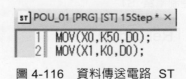

圖 4-116　資料傳送電路_ST

(2) 程式編譯：『Compile』\「Rebuild All」。

(3) 離線模擬：『Debug』\「Start/Stop Simulation」。

① 初始狀態

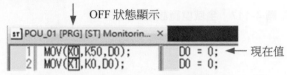

② 強制接點 X0/ON，(D0)=K50。

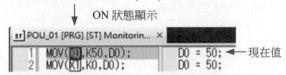

③ 強制接點 X0/OFF，(D0)=K50。

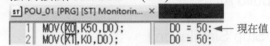

④ 強制接點 X1/ON，(D0)=K0。

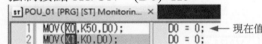

⑤ 強制接點 X0/OFF，(D0)=K0，回到初始狀態。

【例 4-6】全域標籤_資料傳送 ST

使用全域標籤執行資料傳送，階梯圖如下所示：

```
     X000
0    ┤├                                    ─[MOVP    K0     D0    ]
     X001
6    ┤├                                    ─[MOVP    K10    D0    ]
     X002
12   ┤├                                    ─[MOVP    K20    D0    ]
```

1. 開新專案

2. 程式編輯

(1) 全域標籤選項及設定

① 全域標籤選項

② 全域標籤設定

圖 4-117   全域標籤設定

(2)   全域標籤_ST 編程

```
MOVP(X0, 0, VAR1);
MOVP(X1,10, VAR1);
MOVP(X2, 20, VAR1);
```

圖 4-118   全域標籤_資料傳送_ST

3.   程式編譯：『Compile』\「Rebuild All」。

4.   離線模擬：『Debug』\「Start/Stop Simulation」。

(1)   初始狀態

① ST_監看

```
MOVP(X0, 0, VAR1);     VAR1 = 0
MOVP(X1, 10, VAR1);    VAR1 = 0
MOVP(X2, 20, VAR1);    VAR1 = 0
```

② [Device\Buffer Memory Batch]監視_D0 內容值= 0

『Online』\「Monitor」\[Device\Buffer Memory Batch]，元件名稱：D0，內容值如下：

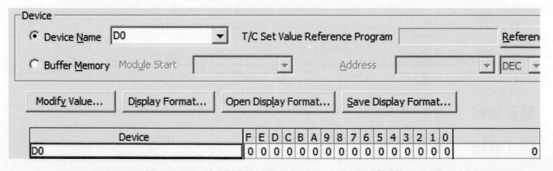

圖 4-119   全域標籤_資料傳送_D0 內容值監視

③ GT Simulator3 人機介面圖形監控軟體監看

(2) 強制接點 X1/ON，將 K10 傳送至全域標籤 VAR1(D0)=10，之後強制接點 X1/OFF。

   ① ST_監看

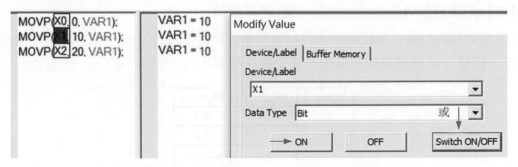

圖 4-120　強制接點 X1/ON_全域標籤_資料傳送

   ② [Device\Buffer Memory Batch]監看_D0 內容值= 10

Device	F	E	D	C	B	A	9	8	7	6	5	4	3	2	1	0	
D0	0	0	0	0	0	0	0	0	0	0	0	0	1	0	1	0	10

   ③ GT Simulator3 人機介面圖形監控軟體監看

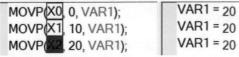

(3) 強制接點 X2/ON，將 K20 傳送至全域標籤 VAR1(D0)=20，之後強制接點 X2/OFF。

   ① ST_監看

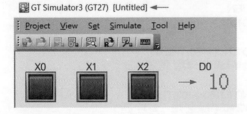

   ② [Device\Buffer Memory Batch]監看_D0 內容值= 20

Device	F	E	D	C	B	A	9	8	7	6	5	4	3	2	1	0	
D0	0	0	0	0	0	0	0	0	0	0	0	1	0	1	0	0	20

   ③ GT Simulator3 人機介面圖形監控軟體監看

(4) 強制接點 X0/ON&OFF，將 K0 傳送至全域標籤 VAR1(D0)=0，之後強制接點 X0/OFF，回到初始狀態。

【例 4-7】三部電動機起動停止控制電路_選擇語句

三部電動機(Motor1~3)起動停止控制電路動作時序圖如下所示，若 X0 為啓動按鈕、X1 為停止按鈕，試以選擇語句編程方式來設計程式。

Motor 1	Motor 2	Motor 3
Y0	Y1	Y2
5 s	5 s	5 s

K0　　　K50　　　K100　　K150

『註』：INC[P]應用指令，請參閱 CH9_p9-49_FNC24_加一

1. 開新專案

2. 程式編輯_選擇語句

```
M0:=(X0 OR M0)AND NOT X1;
IF M0=TRUE THEN
  INCP(M8012,D100);
END_IF;
IF (D100>0) AND (D100<=50)THEN
    Y0:=1; Y1:=0; Y2:=0; (*綠燈亮*)
END_IF;
IF (D100>50) AND (D100<=100)THEN
  Y0:=0; Y1:=1; Y2:=0; (*綠燈熄、黃燈亮*)
END_IF;
IF (D100>100) AND (D100<=150)THEN
  Y0:=0; Y1:=0; Y2:=1; (*黃燈熄、紅燈亮*)
END_IF;
IF D100>150 THEN
  Y2:=0; (*紅燈熄*)
  D100:=0; (*D100秒數歸零，重新計時*)
END_IF;
IF M0=FALSE THEN
  D100:=0;
Y0:=0; Y1:=0; Y2:=0; (*Y0~Y3熄*)
END_IF;
```

圖 4-121 三部電動機起動停止控制電路_選擇語句

3. 程式編譯：『Compile』\「Rebuild All」。

4. 離線模擬：『Debug』\「Start/Stop Simulation」。

(1) 初始狀態如下所示：

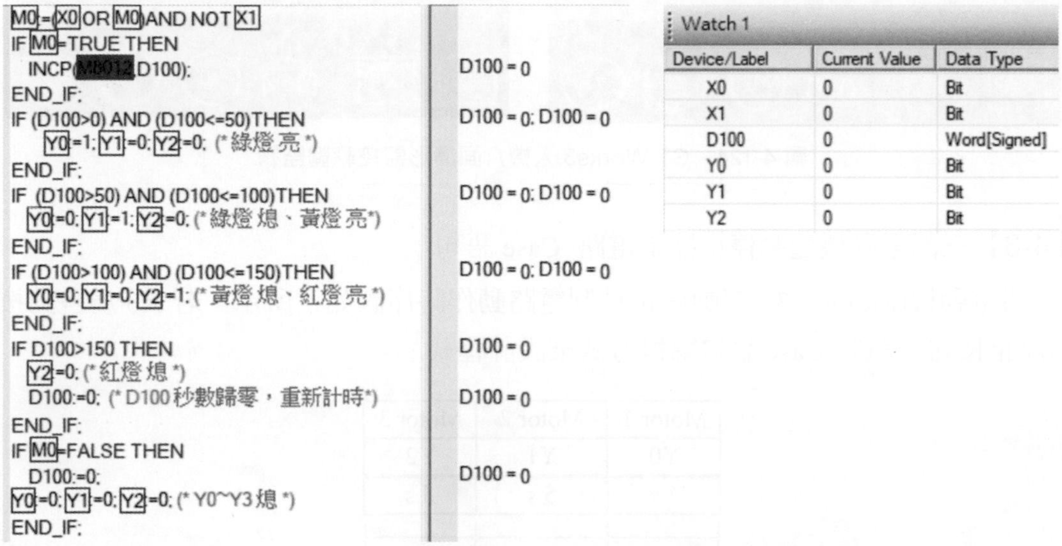

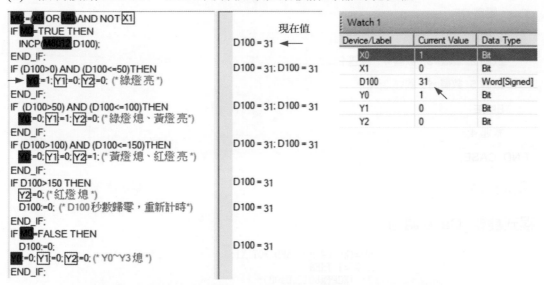

圖 4-122　三部電動機起動停止控制電路_選擇語句_初始狀態

(2) 強制接點 M0/ON，D100 內容值等於累積計時器的現在值。

圖 4-123　強制接點 X0/ON_三部電動機起動停止控制電路_選擇語句

(3) D100 內容值先後與 K50、K100、K150 數值比較，並驅動對應的輸出 Y0、Y1、Y2。

(4) D100 內容值>K150，D100 數值歸零，重新計時。

(5)　GT Simulator3 人機介面圖形監控軟體監看。

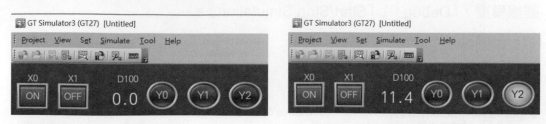

圖 4-124　GT Works3 人機介面圖形監控軟體監看

【例 4-8】三部電動機起動停止控制電路_Case 語句

　　三部電動機(Motor1~3) 起動停止控制電路動作時序圖如下所示，若 X0 為啟動按鈕、X1 為停止按鈕，試以 Case 語句編程方式來設計程式。

Motor 1	Motor 2	Motor 3
Y0	Y1	Y2
5 s	5 s	5 s

K0　　　K50　　　K100　　K150

『註』：Case 語句

　　Case 變數 OF

　　　　數值 1：敘述 1;

　　　　數值 2, 數值 3, 數值 4：敘述 2;

　　　　數值 5..數值 n：敘述 3;

　　　　ELSE

　　　　敘述 4;

　　END_CASE;

1.　**開新專案**

2.　**程式編輯_Case 語句**

```
M0:=(X0 OR M0) AND NOT X1;
IF M0=1 THEN
    INCP(M8012,D100);
ELSE
    D100:=0; Y0:=0; Y1:=0; Y2:=0;
END_IF;
CASE D100 OF
    1..50:   Y2:=0; Y0:=1;
    51..100: Y0:=0; Y1:=1;
    101..150: Y1:=0; Y2:=1;
    ELSE
        D100:=0; Y0:=0; Y1:=0; Y2:=0;
END_CASE;
```

圖 4-125　三部電動機起動停止控制電路_Case 語句

3. 程式編譯：『Compile』\「Rebuild All」。

4. 離線模擬：『Debug』\「Start/Stop Simulation」。

(1) 初始狀態如下所示：

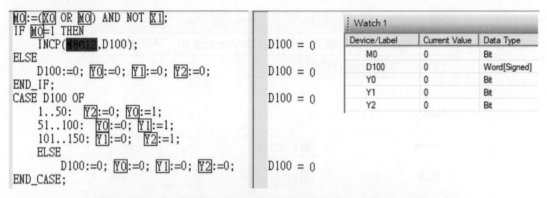

圖 4-126 三部電動機起動停止控制電路_ Case 語句_初始狀態

(2) 強制接點 M0/ON，D100 內容值等於累積計時器的現在值。

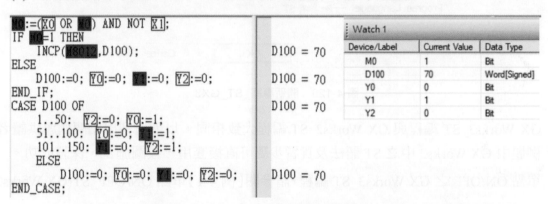

圖 4-127 強制接點 X0/ON_三部電動機起動停止控制電路_Case 語句

(3) D100 內容值先後與 1-50、51-100、101-150 數值比較，並驅動對應的輸出 Y0、Y1、Y2。

(4) D100 內容值>K150，D100 數值歸零，重新計時。

(5) GT Simulator3 人機介面圖形監控軟體監看。

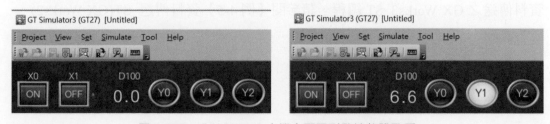

圖 4-128 GT Works3 人機介面圖形監控軟體監看

4-5-3　ST 編程_GX Works3

因為篇幅關係，ST 架構請參閱『4-5-1　ST 架構』，要特別留意的是，GX Works3 中註解的標示符號，如下表所示，開新專案，如圖 4-129 所示。

標示符號		單行或跨行	備　　註
//	//	單行	GX Works2 中，不可使用
(*	*)	多行或跨行	

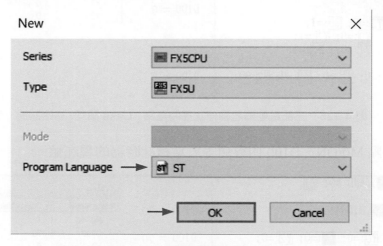

圖 4-129　開新專案_ST_GX3

GX Works3_ST 編程與 GX Works2_ST 編程大致相同，以下僅列出相關例題供讀者參考，例題中 GX Works2 中之 ST 語法及實習步驟可直接套用，按圖施工，保證成功。

1. 單點 ON/OFF 之 GX Works3_ST 編程，請參閱【例 4-1】單點 ON/OFF_ST(GX Works2)。

2. 自保持電路之 GX Works3_ST 編程，請參閱【例 4-2】自保持電路_ST(GX Works2)。

3. 計時器控制電路之 GX Works3_ST 編程，請參閱【例 4-3】計時器控制電路_ST (GX Works2)。

4. 計數器控制電路之 GX Works3_ST 編程，請參閱【例 4-4】計數器控制電路_ST (GX Works2)。

5. 資料傳送之 GX Works3_ST 編程，請參閱【例 4-5】資料傳送_ST(GX Works2)。

【例 4-9】全域標籤_資料傳送_ST

使用全域標籤執行資料傳送，階梯圖如下所示：

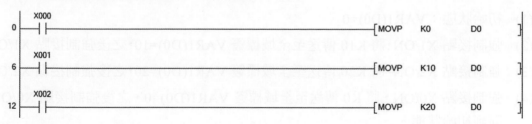

1. 開新專案

2. 程式編輯

(1) 全域標籤選項及設定

① 全域標籤

圖 4-130　全域標籤選項

② 全域標籤設定

圖 4-131　全域標籤 VAR1 設定

(2) 全域標籤_ST 編程

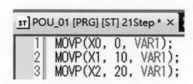

圖 4-132　全域標籤_ST

CH 4

3. 程式編譯：『Compile』\「Rebuild All」。

4. 離線模擬：『Debug』\「Start/Stop Simulation」。

    (1)　初始狀態：VAR1(D0)=0。

    (2)　強制接點 X1/ON，將 K10 傳送至全域標籤 VAR1(D0)=10，之後強制接點 X1/OFF。

    (3)　強制接點 X2/ON，將 K20 傳送至全域標籤 VAR1(D0)=20，之後強制接點 X2/OFF。

    (4)　強制接點 X0/ON，將 K0 傳送至全域標籤 VAR1(D0)=0，之後強制接點 X0/OFF，
回到初始狀態。

【自行練習】

    參考【例 4-7】三部馬達起動停止控制_選擇語句，使用 GX Works3 軟體編程，加入開
關 X1 執行單一或連續運轉控制模式，X1 開路時為單一運轉模式，X1 閉合時為連續運轉模
式。

【自行練習】

    參考【例 4-8】三部馬達起動停止控制_Case 語句，使用 GX Works3 軟體編程，加入開
關 X1 執行單一或連續運轉控制模式，X1 開路時為單一運轉模式，X1 閉合時為連續運轉模
式。

4-6　結構化階梯圖與功能區塊圖

    結構化階梯圖(Structured Ladder) /功能區塊(Function Blocks, FBD)，與傳統繼電器電
路設計類似，由於編程語言容易理解，通常用於順序控制程序中。結構化階梯圖由接點、
線圈、功能區塊(Function Block, FB)和功能或函數(Function, FUN)組成，能將具有特定功
能的函數、功能區塊、變數及常數等，沿著資料和信號的流動方向進行連接，故可以建構
出較為複雜的階梯圖程式。

4-6-1　Structured Ladder/FBD 架構

    結構化階梯圖/功能區塊在 GX Works2 中的 Language 表示方式為 Structured Ladder/
FBD，其組成要素如表 4-9 所示：

表 4-9　Structured Ladder/FBD 組成要素_GX Works2

組成要素	表示符號	說明
變數	D0	儲存數值，變數中會事先定義數值的類型
	bLabel1	可在變數中指定標籤(Label)或元件(Device)
常數	100	
功能或函數 (Function)	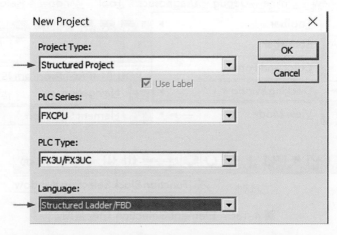	
功能區塊 (Function Block, FB)		

Structured Ladder/FBD 中的變數，亦可使用標籤表示，其內容及標示方式諸如：資料型態、變數作用範圍等，請參考『4-5-1 ST 架構』，在此不再贅述。

4-6-2　Structured Ladder/FBD 編程_GX Works2

啟動 GX Works2 後開新專案，程式語言點選 Structured Ladder/FBD，之後點選 OK 鈕，即可建立 Structured Ladder/FBD 專案，如圖 4-133 所示。FBD 的程式編輯視窗如圖 4-134 所示，在編輯過程中可視實際需要，加大個別控制迴路的寬度。

圖 4-133　開新專案_Structured Ladder/FBD

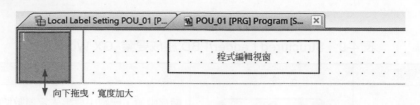

圖 4-134 Structured Ladder/FBD 程式編輯視窗

【例 4-10】單點 ON/OFF_Structured Ladder/FBD

單點 ON/OFF，階梯圖如下所示：

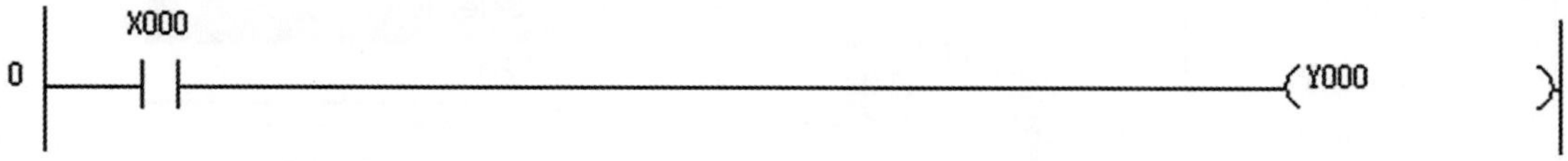

1. 開新專案

『Project』\「New」，Project Type 點選 Structured Project、Language 點選 Structured Ladder/ FBD，之後點選 OK 鈕。

2. FBD 編程

(1) 程式編輯

① 滑鼠在工具列中點選 a 接點，置於 FBD 編輯區，之後點選 ?，輸入 X0。

圖 4-135 X0 接點輸入

② 在功能表列或工具列中，點選 Element Selection 功能選項。

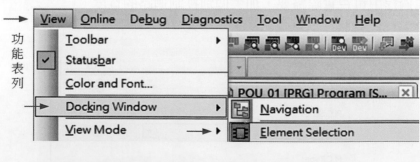

圖 4-136 Element Selection 功能選項

③ 在 Element Selection 視窗中先後點選[Basic Instruction]\[Function]\[Output]，之後將 Output 指令選項拖曳至 FBD 編輯區內。

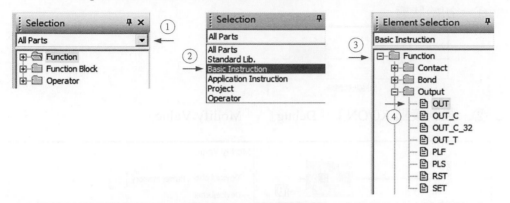

圖 4-137 OUT 指令選項

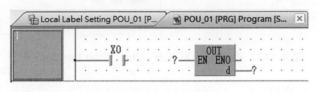

圖 4-138 OUT 指令輸入

④ 在功能表列或工具列中，點選自動連接模式 Interconnect Mode。

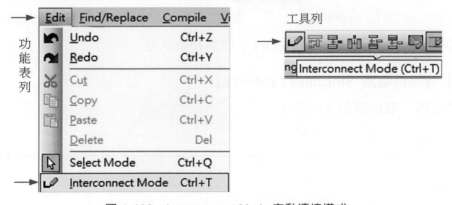

圖 4-139 Interconnect Mode 自動連接模式

⑤ 在自動連接模式的情況下，滑鼠游標將從 ✏ 變為 ✂ 狀態。滑鼠先點擊自動連線的始點，再點擊連線的終點，已存在的輸入變數將自動被劃線覆蓋。之後鍵入輸出變數 Y0，完成 FBD 編程。

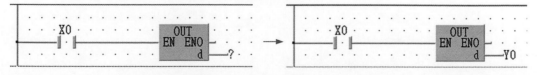

圖 4-140 單點 ON/OFF_Structured Ladder/FBD

(2) 程式編譯：『Compile』\「Rebuild All」。

(3) 離線模擬：『Debug』\「Start/Stop Simulation」。

① 初始狀態

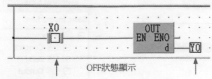

OFF狀態顯示

② 強制接點 X0/ON：『Debug』\「Modify Value」

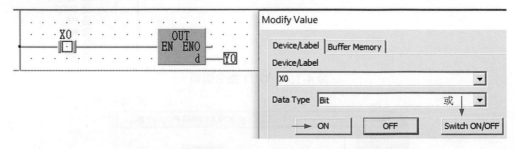

圖 4-141   強制接點 X0/ON_ Structured Ladder/FBD

③ X0/ON→Y0/ON。

ON狀態顯示

④ 強制接點 X0/OFF→Y0/OFF，回到初始狀態。

【例 4-11】自保持電路_Structured Ladder/FBD

自保持電路，階梯圖如下所示：

```
        X000      X001                                                      (Y000  )
   0  ──┤ ├──────┤/├──────────────────────────────────────────────────────
        Y000
      ──┤ ├──
```

因為部分的編程、操作及離線模擬等步驟均類似，故在此將扼要敘述。

1.   開新專案

2. 程式編輯

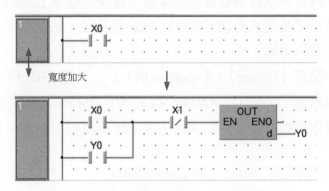

寬度加大

圖 4-142　自保持電路_Structured Ladder/FBD

3. 程式編譯：『Compile』\「Rebuild All」。

4. 離線模擬：『Debug』\「Start/Stop Simulation」。

(1) 初始狀態，Y0/OFF。

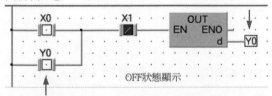

OFF狀態顯示

(2) 強制接點 X0/ON→Y0/ON。

ON狀態顯示

(3) 強制接點 X0/OFF → Y0/ON 且自保持。

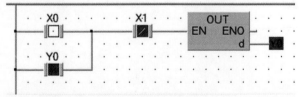

(4) 強制接點 X1/ON→Y0/OFF。

(5) 強制接點 X1/OFF→回到初始狀態。

5.　**連線監控**

(1)　連接 PC ↔ PLC 通訊或傳輸線,以滑鼠左鍵快速雙擊 Connection Destination,執行通訊參數設定及通訊測試。成功與 PLC 連接後,點選右下方的 OK 鈕,儲存已設定完成的通訊參數。

(2)　功能表列中點選【Online】\『Write to PLC』,執行 FBD 程式寫入。

(3)　功能表列中點選【Online】\『Monitor』\『Monitor mode』,進入 FBD 監視視窗。

(4)　連線監控操作步驟及監控情形,同上述 4.離線模擬中所述,在此不再贅述。

【例 4-12】計時器控制電路_ Structured Ladder/FBD

計時器控制電路,階梯圖如下所示:

```
       X000                                                          K50
0 ─────┤ ├──────────────────────────────────────────────────────( T0   )

       T0
4 ─────┤ ├──────────────────────────────────────────────────────( Y000 )
```

1.　**開新專案**

2.　**程式編輯**

(1)　在工具列中點選 a 接點,置於 FBD 編輯區,之後點選 ?,輸入 X0。

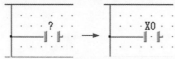

(2)　在功能表列或工具列中,點選[Element Selection]選項,在[Element Selection]視窗中先後點選[Basic Instruction]\ [Function]\ [Output],之後將 OUT_T 選項拖曳至 FBD 編輯區內。

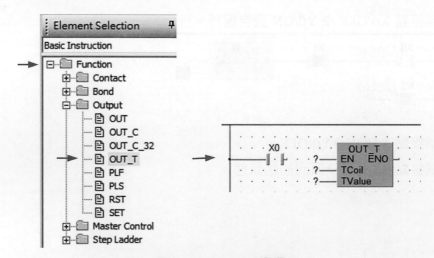

圖 4-143　OUT_T 選項

『註1』：若拖曳至 FBD 編輯區內的 OUT_T 選項左方未出現如圖 4-143 所示的三個輸入變數?，則可依序執行：(1)功能表列中選取[Edit]\[Ladder Symbol]\[Input Label]，或在程式編輯區內按下滑鼠右鍵，在快選功能表中選取[Edit]\[Input Label]，(2)將滑鼠游標點選一EN、一TCoil、一TValue 左方短線位置，即可新增對應的輸入標籤(Label)或變數方框?，(3)之後分別連線 EN、keyin 元件編號或設定值即可。

『註2』：亦可依序執行：(1)功能表列中選取[Tool]\[Option]\[Program Editor]\ [Structured Ladder/FBD]\[FB/FUN]，(2)在 Operational Setting 下方選項中勾選☑Automatic input/output labels。

(3) 在功能表列或工具列中，點選[Interconnect Mode]，在自動連線模式的情況下，滑鼠游標將從🖉變為🖉狀態。滑鼠先點擊連線的始點，再點擊連線的終點，已存在的輸入變數將自動被劃線覆蓋。之後鍵入輸入計時器線圈編號 TC0 及設定值 50，完成 FBD 編程。

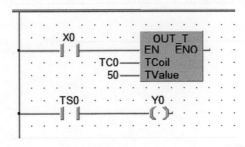

圖 4-144　OUT_T 指令輸入

(4) FBD 第 1 個迴路的編輯區寬度往下拉大，之後鍵入計時器接點 TS0 及計時到達後的輸出接點 Y0。

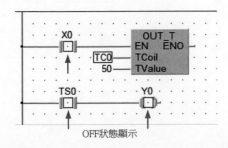

圖 4-145　計時器控制電路_ Structured Ladder/FBD

3. **程式編譯**：『Compile』\「Rebuild All」。

4. **離線模擬**：『Debug』\「Start/Stop Simulation」。

(1) 初始狀態，Y0/OFF。

[圖]
OFF狀態顯示

(2) 強制接點 X0/ON，TC0 線圈通電計時，現在值 TN0=設定值，TC0 接點 TS0/ON，
Y0/ON。

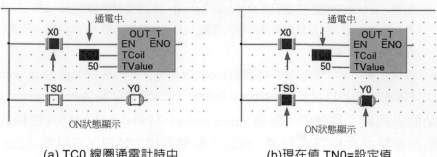

(a) TC0 線圈通電計時中　　　　　　　(b)現在值 TN0=設定值

圖 4-146　計時器控制電路監視

(3) 強制接點 X0/OFF，TC0 線圈斷電，現在值 TN0=0 值，TC0 接點 TS0/OFF，Y0/OFF，
回到初始狀態。

【例 4-13】計數器控制電路_ Structured Ladder/FBD

計數器控制電路，階梯圖如下所示：

```
       X000                                                    K5
  0 ───┤├──────────────────────────────────────────────────(C0    )

       C0
  4 ───┤├──────────────────────────────────────────────────(Y000  )

       X001
  6 ───┤├────────────────────────────────────────[RST    C0      ]
```

1.　開新專案

2.　程式編輯

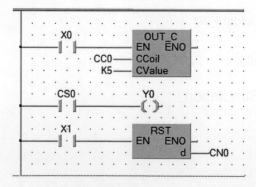

圖 4-147　計數器控制電路_ Structured Ladder/FBD

3.　程式編譯：『Compile』\「Rebuild All」。

4. 離線模擬：『Debug』\「Start Simulation」。

(1) 初始狀態

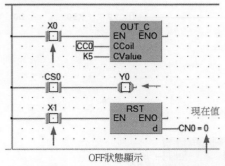

(2) 強制接點 X0/ON，CC0 線圈動作，現在值 CN0=1。

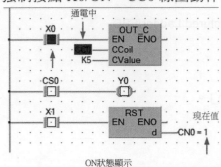

(3) 將 X0/OFF 後再度 ON，CC0 線圈再度動作，CN0=2；直到 X0 先後 ON、OFF 五次時，CS0 接點導通，Y0/ON。

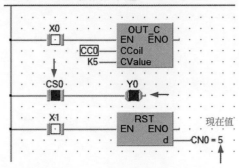

(4) 強制接點 X1 /ON，CC0 線圈斷電，CN0=0，CC0 接點 CS0/OFF，Y0/OFF。

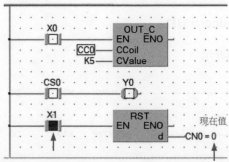

(5) 強制接點 X1 /OFF，回到初始狀態。

【例 4-14】資料傳送_ Structured Ladder/FBD

資料傳送電路，階梯圖如下所示：

1. 開新專案

2. 程式編輯

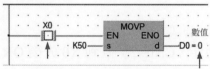

圖 4-148 資料傳送_ Structured Ladder/FBD

3. 程式編譯：『Compile』\「Rebuild All」。

4. 離線模擬：『Debug』\「Start Simulation」。

　　(1) 初始狀態

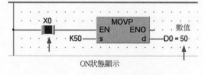

　　(2) 強制接點 X0/ON，(D0)=K50。

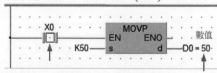

　　(3) 強制接點 X0/OFF，(D0)=K50。

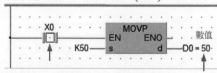

【例 4-15】全域標籤_資料傳送_Structured Ladder/FBD

使用全域標籤執行資料傳送，階梯圖如下所示：

```
      X000
0 ─┤├────────────────────────────────────[MOVP   K0    D0 ]

      X001
6 ─┤├────────────────────────────────────[MOVP   K10   D0 ]

      X002
12 ─┤├───────────────────────────────────[MOVP   K20   D0 ]
```

1. 開新專案

2. 程式編輯

(1) 在 Navigation 視窗中，點選『Global Label』\[Global]，雙擊 Global1 選項。

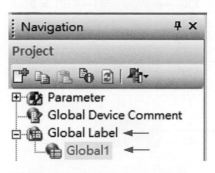

圖 4-149　Global Label 選項

(2) 在 Global Label 視窗中，進行 VAR1 變數設定，如圖 4-150 所示。

圖 4-150　Global Label_VAR1 變數設定

(3) 在 Structured Ladder/FBD 編輯視窗中，完成 VAR1 變數設定，如圖 4-151 所示。

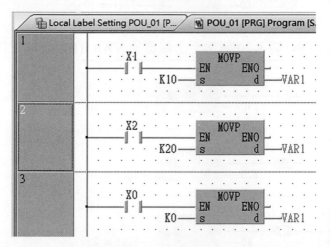

圖 4-151　全域標籤變數 VAR1 迴路_Structured Ladder/FBD

3. 程式編譯：『Compile』\ 「Rebuild All」。

4. 離線模擬：『Debug』\「Start Simulation」。

(1) 初始狀態

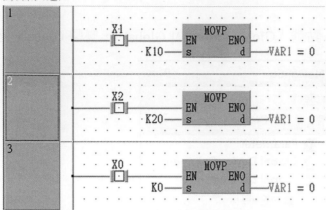

(2) 強制接點 X1/ON，將 K10 傳送至全域標籤 VAR1(D0)=10，之後強制接點 X1/OFF。

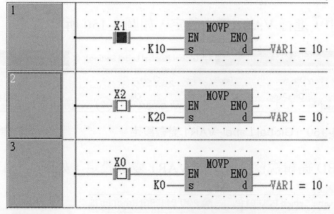

(3) 強制接點 X2/ON，將 K20 傳送至全域標籤 VAR1(D0)=20，之後強制接點 X2/OFF。

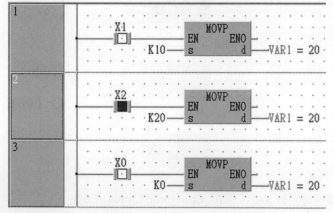

(4) 強制接點 X0/ON&OFF，將 K0 傳送至全域標籤 VAR1(D0)=0，之後強制接點 X0/OFF，回到初始狀態。

4-6-3　FBD/LD 語言編程_GX Works3

結構化階梯圖/功能區塊在 GX Works3 專案中的 Language 表示方式，已變更為FBD/LD。

1. FBD/LD 組成要素

FBD/LD 組成要素，如表 4-10 所示：

表 4-10　FBD/LD 的組成要素_ GX Works3

組成要素	表示符號	說明
變數	D0	儲存數值，變數中會事先定義數值的類型
	bLabel1	可在變數中指定標籤(Label)或元件(Device)
常數	100	
功能或函數(FUN)指令		
功能區塊(FB)輸入→輸出(結果)		

2. FBD/LD 中之 LD 元件符號

FBD/LD 中之 LD 元件符號,如表 4-11 所示:

表 4-11　FBD/LD 中之 LD 元件符號

元件	符號	備　註
母線或階梯圖起始接點		
常開或 a 接點		
常閉或 b 接點		
接點上緣檢出		條件接點 OFF→ON 瞬間,接點導通
接點下緣檢出		條件接點 ON→OFF 瞬間,接點導通
非上緣檢出接點		條件接點 ON、OFF、ON→OFF 瞬間,接點導通
非下緣檢出接點		條件接點 ON、OFF、OFF→ON 瞬間,接點導通
輸出線圈		
反相輸出線圈		
動作保持指令		
動作解除指令		

3.　FBD/LD 元件的連接點

　　FBD/LD 中元件的連接點，左側的點表示輸入側，右側的點表示輸出側，如表 4-12 所示。

表 4-12　FBD/LD 元件的連接點

元件	輸入側連接點	輸出側連接點
接點	bLabel1	bLabel1
線圈	bLabel1	bLabel1
變數	bLabel1	bLabel1
常數		100
函數(FUN)	ADD_E EN ENO IN1 IN2	ADD_E EN ENO IN1 IN2
功能區塊(FB)	CTD CD Q LD CV PV	CTD CD Q LD CV PV

　　FBD/LD 中的變數，亦可使用標籤表示，其內容及標示方式諸如：資料型態、變數作用範圍等，請參考『4-5-1 ST 架構　表 4-8 標籤內容及表示方式』，在此不再贅述。

4.　FBD/LD 編程_ GX Works3

　　啟動 GX Works3 後開新專案，Language 點選[FBD/LD]，之後點選 OK 鈕，Add a Module 視窗中直接點選 OK 鈕 即可建立 FBD/LD 專案，如圖 4-152 所示。FBD/LD 的程式編輯視窗如圖 4-153 所示。

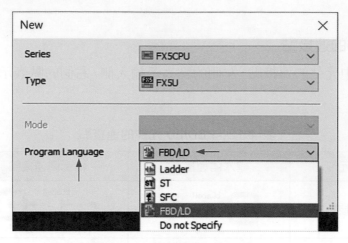

圖 4-152　開新專案_ FBD/LD

圖 4-153　FBD/LD 程式編輯視窗

【例 4-16】單點 ON/OFF_FBD /LD

單點 ON/OFF，階梯圖如下所示：

```
      X0                                              Y0
(0) ──┤ ├──────────────────────────────────────────○──

      X1                                              Y1
(4) ──┤ ├──────────────────────────────────────────○──
```

1. 開新專案

『Project』\「New」，「Language」點選[FBD/LD]，之後點選 OK 鈕。

2. FBD 編程

(1) 開啓 FBD 後會出現預設的滑鼠游標 Cursor 位置(淺藍色方框)，此爲程式編輯區的起始位置，點選工具列上的母線圖示，如圖 4-154 所示。

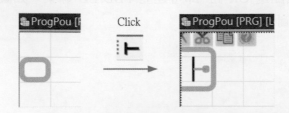

圖 4-154　FBD/LD 程式編輯區的起始位置及其母線

(2) Cursor 定位於母線右方的連接點(小圓點)上，然後點選 a 接點圖示，選取的 a 接點會自動連接於母線右方，之後在 ??? 提示位置上輸入元件的編號 X0，如圖 4-155 所示。

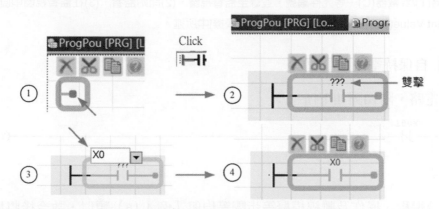

圖 4-155　輸入 X0/a 接點

(3) 滑鼠游標點選 X0/a 接點右側的連接點，之後再點選工具列中的輸出線圈 Coil(F7) 圖示 ，雙擊輸出線圈上方???提示區，並輸入元件的編號 Y0，如圖 4-156 所示。

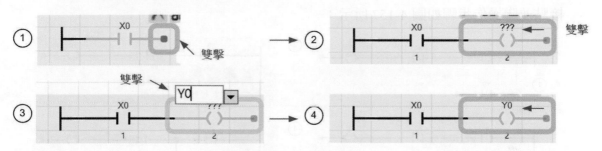

圖 4-156　OUT Y0 指令輸入

3. **程式編譯**：『Convert』\「Convert B F4」或「Rebuild All」。

4. **離線模擬**：『Debug』\「Start Simulation」。

(1) 初始狀態：Y0/OFF。

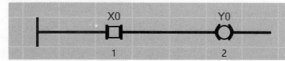

(2) X0/ON→Y0/ON。

左手按住 Shift 鍵，滑鼠雙擊 X0 接點，X0/ON→Y0/ON。

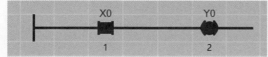

(3)　強制接點 X0/OFF→Y0/OFF。

　　　左手按住 Shift 鍵，滑鼠雙擊 X0 接點，X0/OFF→Y0/OFF，回到初始狀態。

『註』：GX Works3 離線模擬後，亦可啟動 Watch(監看)模式，依序執行：(1)將擬監看之接點、資料暫存器 D、
　　　計時器(T)/計數器(C)…等元件編號，登錄至監看視窗，(2)開始監看，(3)在監看視窗中直接變更元件的
　　　Current Value(當前值)，如章節[4-4-10 離線模擬]中所述。

【例 4-17】自保持電路_ FBD/LD

自保持電路，階梯圖如下所示：

```
     X000    X001                                              (Y000   )
0 ───┤ ├────┤/├─────────────────────────────────────────────────
     Y000
   ──┤ ├──
```

因為部分編程、操作及離線模擬等步驟等均與【例 4-16】類似，故今後將扼要敘述。

1.　開新專案

2.　FBD 編程

接點並聯操作步驟如圖 4-157 所示：

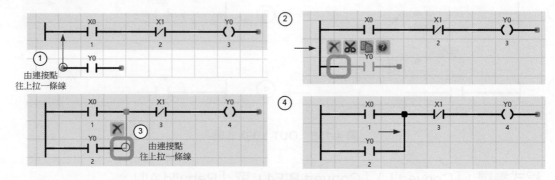

圖 4-157　自保持電路_FBD/LD

3.　程式編譯：『Convert』\「Convert B F4」或「Rebuild All」。

4.　離線模擬：『Debug』\「Start Simulation」。

(1)　初始狀態

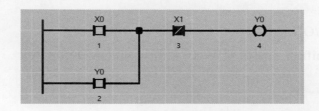

(2) 強制接點 X0/ON→Y0/ON，強制接點 X0/OFF→ Y0/ON 且自保持。

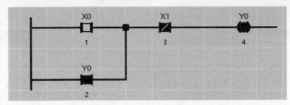

(3) 強制接點 X1/ON→Y0/OFF，再次強制接點 X1，回到初始狀態。

5. 連線監控

(1) 連接 PC ↔ PLC 通訊或傳輸線，以滑鼠左鍵快速雙擊 Connection Destination，執行通訊參數設定及通訊測試；成功與 PLC 連接後，按右下方的 OK 鈕。

(2) 功能表列中點選『Compile』\「Rebuild All」，執行程式編譯。

(3) 功能表列中點選【Online】\『Write to PLC』，執行 FBD/LD 程式寫入。

(4) 功能表列中點選【Online】\『Monitor』\『Monitor mode(F3)』，進入 FBD/LD 監視視窗。

(5) 連線監控操作步驟及監控情形，同上述 4.離線模擬中所述，在此不再贅述。

【例 4-18】SET&RST 電路_ FBD/LD

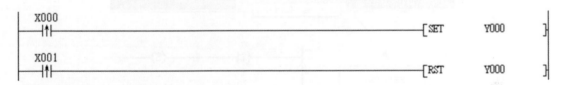

1. 開新專案

2. FBD 編程

(1) OUT 線圈 → SET&RST 線圈
滑鼠游標先行定位於輸出線圈 Y0 位置，之後在工具列圖示中第一次點選 ![icon] 時，即可將 OUT Y0 → SET Y0。第二次點選 ![icon] 時，SET Y0 → RST Y0。

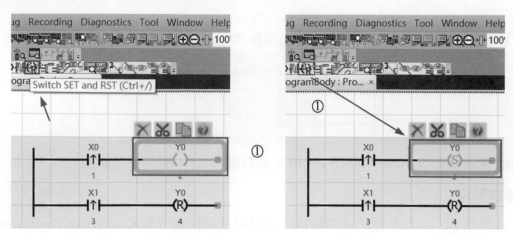

圖 4-158　OUT 線圈 → SET&RST 線圈

(2)　迴路註解

事先將迴路區塊先行往右移動，預留適當的空白區域，之後選取工具列中的註解圖示 ，之後將預設的[Comment]文字更改為擬標示的註解文字，如圖 4-159 所示。

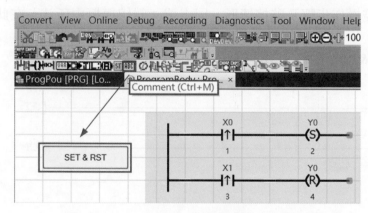

圖 4-159　SET&RST 電路+註解(Comment)

3.　**程式編譯**：『Convert』\「Convert B F4」或「Rebuild All」。

4.　**離線模擬**：『Debug』\「Start Simulation」。

(1)　初始狀態

Watch 1[Watching]			
⚙ON ⚙OFF ⚙ON/OFF toggle ⚙Update			
Name	Current Value	Display For...	Data Type
X0	FALSE	BIN	Bit
X1	FALSE	BIN	Bit
Y0	FALSE	BIN	Bit

(2)　強制接點 X0/ON→Y0/ON，之後再強制接點 X0/OFF→Y0/ON 且自保持。

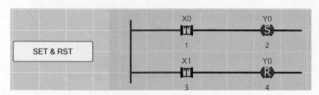

(3)　強制接點 X1/ON→Y0/OFF，再次強制接點 X1/OFF，回到初始狀態。

【例 4-19】計時器控制電路_FBD/LD

計時器控制電路，階梯圖如下所示：

```
        X000                                                           K50
    0 ───┤├─────────────────────────────────────────────────────────(T0  )┤

        T0
    4 ───┤├─────────────────────────────────────────────────────────(Y000 )┤
```

1.　開新專案

2.　FBD 編程

(1)　先行完成階梯圖母線及 X0 接點編輯。

(2)　在 [Element Selection] 視窗中先後點選 [Sequential Instruction]\ [Output Instruction]，之後將 OUT_T 選項拖曳至 FBD/LD 編輯區內，如圖 4-160 所示。

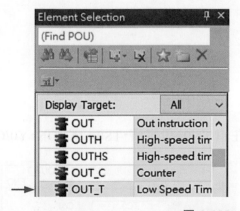
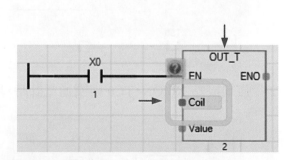

圖 4-160　OUT_T 指令_FBD/LD

(3)　滑鼠先後點選 OUT_T 指令左側 Coil 及 Value 小圓點，之後點選???，鍵入計時器線圈編號 TC0 及設定值 50，完成 OUT_T 編程。

(4)　之後再加上 TC0 計時到後 Y0 接點輸出的迴路。

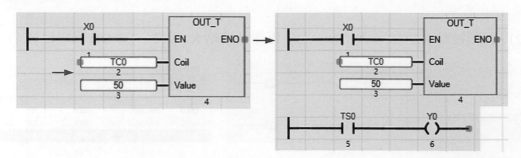

圖 4-161　計時器控制電路_FBD/LD

『註』：基本指令或應用指令之簡易(或快速)輸入方式如下：

在元件輸出端的連接點直接 key in 基本或應用指令，之後在指令輸入或輸出的連接點上 key in 所需的元件編號或參數數值即可。

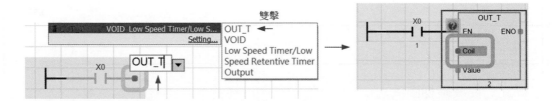

3. **程式編譯**：『Convert』\「Convert B F4」或「Rebuild All」。

4. **離線模擬**：『Debug』\「Start Simulation」。

(1) 初始狀態

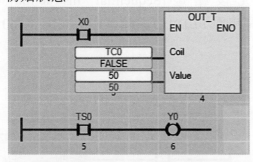

(2) 強制接點 X0/ON，TC0 線圈通電計時，現在值 TN0=設定值，TS0 接點 ON，Y0/ON。

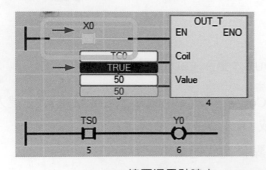 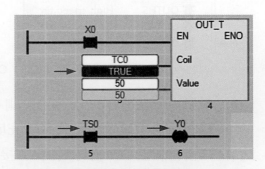

(a) TC0 線圈通電計時中　　　　　(b)現在值 TN0=設定值

圖 4-162　計時器控制電路監視_FBD/LD

(3) 強制接點 X0/OFF，TC0 線圈斷電，現在值 TN0=0 值，TS0 接點 OFF，Y0/OFF，回到初始狀態。

【例 4-20】計數器控制電路_ FBD/LD

計數器控制電路，階梯圖如下所示：

```
0    X000                                                    K5
     ─┤├────────────────────────────────────────────────(C0    )─

4    C0                                                         
     ─┤├────────────────────────────────────────────────(Y000  )─

6    X001                                                        
     ─┤├──────────────────────────────────────────────[RST  C0  ]─
```

1. 開新專案

2. 程式編輯

(1) 先行完成階梯圖母線及 X0 接點編輯。

(2) 在 [Element Selection] 視窗中先後點選 [Sequential Instruction]\ [Output Instruction]，之後點選 OUT_C 選項，如圖 4-163 所示。

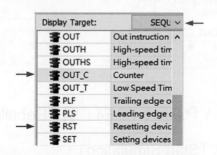

圖 4-163　OUT_C 指令選項_FBD/LD

(3) OUT_C 選項拖曳至 FBD/LD 編輯區內，滑鼠先後點選 OUT_C 指令左側 Coil 及 Value 小圓點，之後點選???，鍵入計數器線圈編號 CC0 及設定值 5，完成 OUT_C 編程。

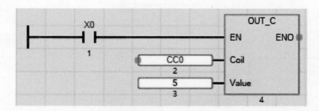

圖 4-164　OUT_C 指令_FBD/LD

(4) 加上 CC0 計時到後 Y0 接點輸出，以及使計數器現在值清除為零的 X1 接點和 RST 指令迴路，如圖 4-165 所示。

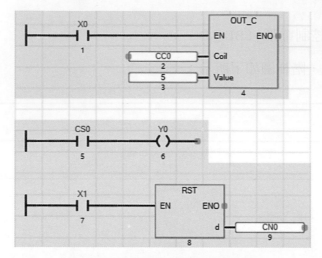

圖 4-165　計數器控制電路_FBD/LD

『註』：亦可比照之前 Timer 指令程式編輯乙節中所述之基本指令簡易(或快速)輸入方式，在元件輸出端的連接點上直接 key in 基本用指令 OUT_C，之後在指令的輸入或輸出連接點上 key in 所需的元件編號或數值。

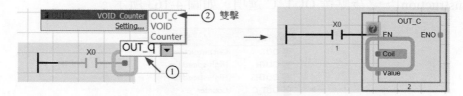

3. **程式編譯**：『Convert』\「Convert B F4」或「Rebuild All」。

4. **離線模擬**：『Debug』\「Start Simulation」。

(1) 初始狀態

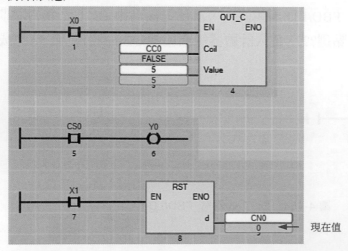

(2) 強制接點 X0/ON，CC0 線圈動作，現在值 CN0=1。

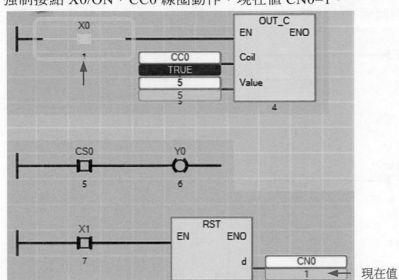

(3) 將 X0/OFF 後再度 ON，CC0 線圈再度動作，CN0=2；直到 X0 先後 ON、OFF 五次時，CS0 接點導通，Y0/ON。

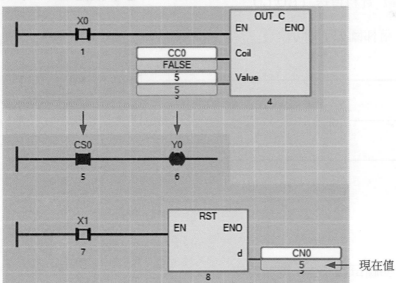

(4) 強制接點 X1/ON，CC0 線圈斷電，CN0=0，CS0 接點 OFF，Y0/OFF。強制接點 X1 /OFF，則回到初始狀態。

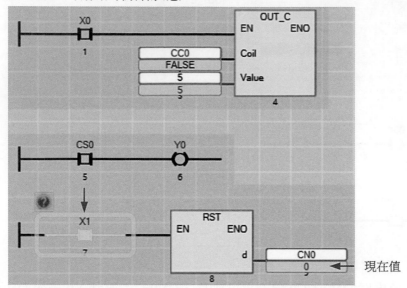

【例 4-21】全域標籤_資料傳送_FBD/LD

資料傳送電路，階梯圖如下所示：

```
0   X000 ─┤├─────────────────────[MOVP  K50  D0 ]
6   X001 ─┤├─────────────────────[MOVP  K0   D0 ]
12  └────────────────────────────────────[END ]
```

1. 開新專案

2. 程式編輯

(1) 先行完成階梯圖母線及 X0 接點編輯。

(2) 在[Element Selection]視窗中先後點選[Basic Instructions]\ [Data transfer instruction (資料傳送)]，之後點選 MOVP 選項，如圖 4-166 所示。

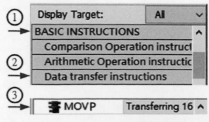

圖 4-166 MOVP 指令選項_FBD/LD

(3) MOVP 指令選項拖曳至 FBD/LD 編輯區內，滑鼠先後點選 MOVP 指令左側 s(來源)小圓點及右側 d(目的地)小圓點，之後點選???，分別鍵入 K50 及 D0。之後再加上 X1 接點及 MOVP K0 D0 的迴路，如圖 4-167 所示。

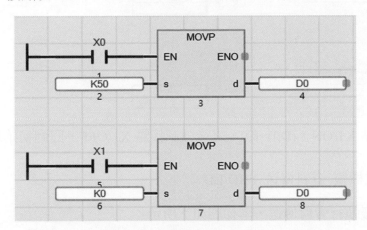

圖 4-167　資料傳送_FBD/LD

『註』：亦可比照之前所述之基本指令簡易(或快速)輸入方式，在元件輸出端的連接點上直接 key in 應用用指令 MOVP，之後在指令的輸入或輸出連接點上 key in 所需的元件編號或數值。

3. 程式編譯：『Convert』\「Convert B F4」或「Rebuild All」。

4. 離線模擬：『Debug』\「Start Simulation」。

(1) 初始狀態

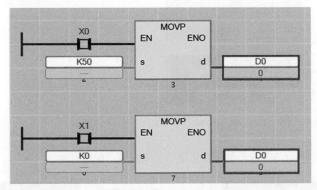

(2) 強制接點 X0/ON，(D0)=K50，之後強制接點 X0/OFF。

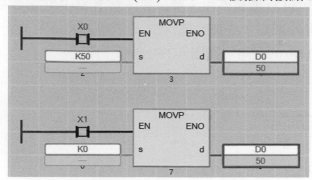

(3) 強制接點 X1/ON，(D0)=K0，之後強制接點 X1/OFF，回到初始狀態。

【例 4-22】全域標籤_資料傳送_FBD/LD

使用全域標籤執行資料傳送，階梯圖如下所示：

```
0  X000 ──────────────────────────────[ MOVP  K0   D0 ]
6  X001 ──────────────────────────────[ MOVP  K10  D0 ]
12 X002 ──────────────────────────────[ MOVP  K20  D0 ]
```

1. 開新專案

2. FBD 編程

(1) 在 Navigation 視窗中，點選『Label』\[Global Label]，雙擊 Global 選項。

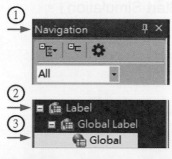

圖 4-168 Global Label 設定

(2) 在 Global Label 視窗中，進行 VAR1 變數設定，如圖 4-169 所示。

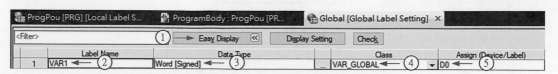

圖 4-169 VAR1 變數設定

(3) 在 FBD/LD 編輯視窗中，完成 VAR1 變數設定，如圖 4-170 所示。

圖 4-170　VAR1 全域標籤變數 VAR1 迴路_FBD/LD

3. **程式編譯**：『Compile』\「Rebuild All」。

4. **離線模擬**：『Debug』\「Start Simulation」。

(1) 初始狀態

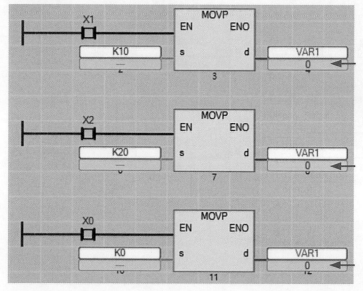

(2) 強制接點 X1/ON,將 K10 傳送至全域標籤 VAR1(D0)=10,之後強制接點 X1/OFF。

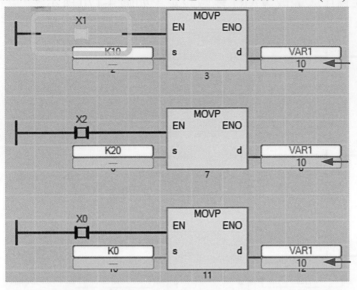

(3) 強制接點 X2/ON,將 K20 傳送至全域標籤 VAR1(D0)=20,之後強制接點 X2/OFF。

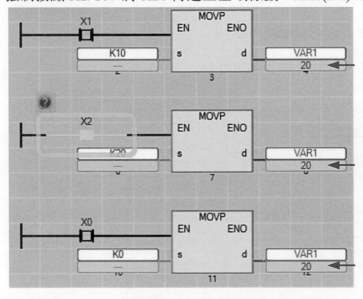

(4) 強制接點 X0/ON，將 K0 傳送至全域標籤 VAR1(D0)=0，之後強制接點 X0/OFF，回到初始狀態。

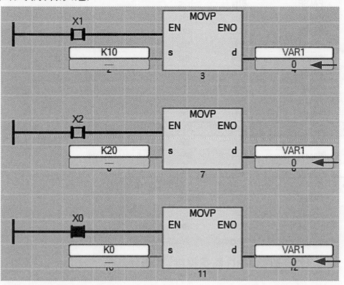

[自行練習]

整合例題 4-16～4-21，FBD/LD 及監看視窗如下所示。

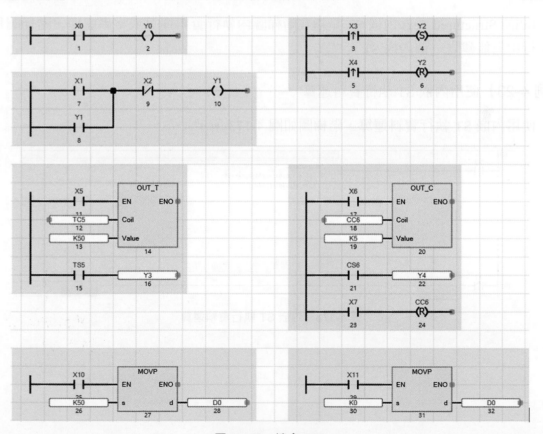

圖 4-171　綜合 FBD

Watch 1

Name	Current Value	Display For...	Data Type
X0	FALSE	BIN	Bit
Y0	FALSE	BIN	Bit
X1	FALSE	BIN	Bit
X2	FALSE	BIN	Bit
Y1	FALSE	BIN	Bit
X3	FALSE	BIN	Bit
X4	FALSE	BIN	Bit
Y2	FALSE	BIN	Bit
X5	FALSE	BIN	Bit
TN5	0	Decimal	Word [Signed]
Y3	FALSE	BIN	Bit
X6	FALSE	BIN	Bit
X7	FALSE	BIN	Bit
CN6	0	Decimal	Word [Signed]
Y4	FALSE	BIN	Bit
X10	FALSE	BIN	Bit
X11	FALSE	BIN	Bit
D0	0	Decimal	Word [Signed]

圖 4-172　綜合 FBD 監看視窗_監看 1

4-7　內嵌 ST 語言編程_GX Works3

Inline Structured Text 內嵌 ST 是指在階梯圖內執行資料運算或字串處理，階梯圖程式的 1 行中只能建立一個內嵌 ST。

【例 4-23】使用內嵌 ST 執行資料運算

使用內嵌 ST 執行資料運算，階梯圖如圖 4-173 所示：

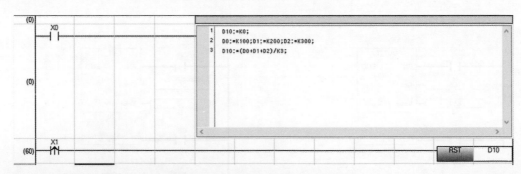

```
1  D10:=K0;
2  D0:=K100;D1:=K200;D2:=K300;
3  D10:=(D0+D1+D2)/K3;
```

圖 4-173　內嵌 ST 執行資料運算

1. 開新專案

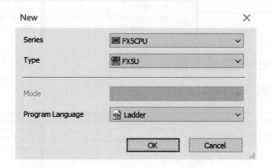

2. 內嵌 ST 編程

(1) 在階梯圖內輸入一個 X0 接點

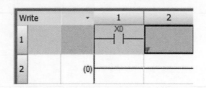

(2) 功能選項中執行[Edit]\ [Inline Structured Text]\ [Insert Inline Structured Text Box]，在內嵌 ST 中輸入：

D10:=K0;

D0:=K100;D1:=K200;D2:=K300;

D10:=(D0+D1+D2)/K3;

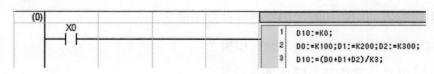

圖 4-174　內嵌 ST 語言編程

3. 程式編譯：『Compile』\「Rebuild All」。

4. 離線模擬：『Debug』\「Start Simulation」。

(1) 初始狀態

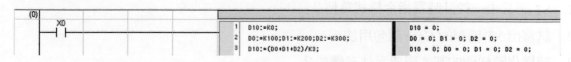

(2) 將 X0 接點強制為 ON，D10=(0+D1+D2)/3=(K100+K200+K300)/3=K200。

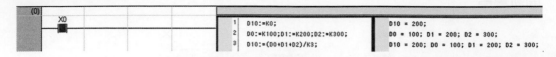

(3) 強制接點 X0/OFF，數值不變。

(4) 強制接點 X1/ON，D10=K0。

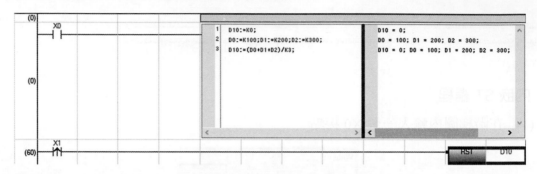

習 題

1. IEC61131_ PLC 國際標準定義哪五種不同的程式語言？

2. 程式編輯視窗若呈現有灰色區塊，表示為何？

3. 階梯圖程式註解，有哪幾種？

4. 如何經由功能表列中的功能選項變更元件當前值？

5. 如何經由功能表列中的功能選項執行模擬？

6. FX5U 系列 PLC 主機內建有哪些通訊埠？

7. PLC 的 Ethernet 通訊架構為何？

8. GX Work2 編程軟體中，將專案分為哪二種？

9. 代入語句或賦值的語法為何？

10. ST 語言中的標籤(Label)其性質及功能為何？

11. ST 語言中一般計時器指令格式為何？

12. 試寫出 ST 編程的 Case 語句用法。

13. 結構化階梯圖的基本組成元件有哪些？

Integrated FA Software

GX Works 2&3
Programming and Maintenance tool

5章

基本指令解說及實習

PLC 的功能和傳統的工業配線比較起來,除了具有和傳統控制電路相同的功能之外,它最大的優點是大幅省略了控制電路的複雜配線,並且可以很容易的改變控制功能,因此非常適合現代化工業多變性及彈性控制。PLC 具有如此強而有力的功能,說穿了它就是以軟體程式來取代大部分的配電線路,只需改變程式設計,就能夠完全改變整個控制功能。

5-1　程式編寫方式

PLC 的功能一直在進步中,PLC 製造廠商也不斷地在推陳出新,但是要如何使 PLC 發揮出各種不同的控制功能,就必須依賴程式的設計了。大多數 PLC 的程式編寫方式有下列五種:(1)指令碼_IL,(2)階梯圖_LD,(3)順序功能圖_SFC,(4)結構式文件編程語言(ST),(5)功能方塊圖(FBD)。程式設計者可依其使用的周邊裝置來選擇適當的程式編寫方式,程式的書寫工具,有掌上型程式書寫器(HPP)和個人電腦兩種,前者僅適用於指令碼輸入,後者則對於五種程式語言的編寫方式都相當方便。

一、指令碼(IL)

指令碼編寫方式是最基本的編寫方法,依據事先設計好的階梯圖,轉成指令碼之後以指令型態輸入程式,指令的編寫順序是依所設計的階梯圖,由左而右、由上至下依次編寫。此種方式於程式查看和修改時較不易全盤看出整個控制電路功能為其最大缺點。

【例 5-1】 X0 接點 ON 時，Y0 動作，X1 接點 ON 時，Y0 停止動作。

	指令	元件編號
0	LD	X0
1	OR	Y0
2	ANI	X1
3	OUT	Y0
4	END	

二、階梯圖(LD)

　　階梯圖和傳統的控制電路極為相似，包括一些開關、接點、輸出元件、延時電驛、計數器...等。事實上，上例指令碼中的每一行指令，就是根據階梯圖所編寫而成，編寫順序是依照階梯圖中各元件由左到右，由上而下編寫。

　　階梯圖編寫法乃是直接在電腦螢幕上以圖號方式輸入，所以在畫面上可以完整的看到控制電路的連接情形，有利於將來對程式的查對和修改，並且可以由畫面上的階梯圖來監視 PLC 的動作情形。

【例 5-2】 例 5-1 階梯圖。

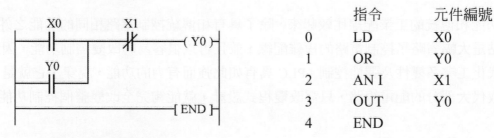

	指令	元件編號
0	LD	X0
1	OR	Y0
2	ANI	X1
3	OUT	Y0
4	END	

圖 5-1　階梯圖書寫例

三、順序功能流程圖(SFC)

　　在自動化控制中，操作自動化機械的人員往往不是電機工程人員，那麼要求機械工程師瞭解及設計複雜的階梯圖，無疑是一件困難的工作，因此除了階梯圖之外，必須尋求其他更容易學習的設計方法。

　　順序功能流程圖(Sequential Function Chart)或稱為狀態流程圖(State Flow Chart)，此種圖形是以一個狀態一個狀態順序連接起來，每一個狀態以一個方塊來表示，而每一個狀態方塊中可包含各式各樣的控制功能。SFC 的設計理念使得機械的動作容易被理解，第三者也可以很容易了解全部動作功能，並輕易地作運轉調整、偵錯及維護保養的工作。

【例 5-3】

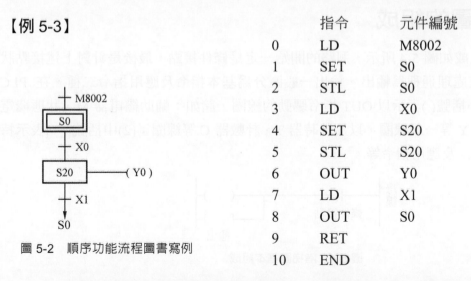

	指令	元件編號
0	LD	M8002
1	SET	S0
2	STL	S0
3	LD	X0
4	SET	S20
5	STL	S20
6	OUT	Y0
7	LD	X1
8	OUT	S0
9	RET	
10	END	

圖 5-2　順序功能流程圖書寫例

　　以 SFC 編寫程式，轉換成階梯圖時稱為步進階梯圖，步進階梯圖的架構和狀態流程圖一樣，也是一個狀態一個狀態由上而下連接而成，但是圖形的樣子又和階梯圖一樣，因此稱為步進階梯圖，上例轉換成步進階梯圖時如圖 5-3 所示。

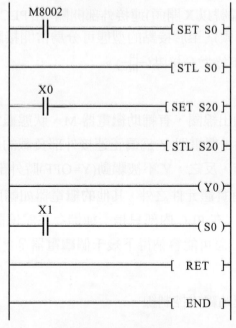

圖 5-3　步進階梯圖

四、結構式文件編程語言(ST)

　　請參閱『4-5　ST 編程』。

五、結構式階梯圖/功能區塊(FBD/LD)

　　請參閱『4-6　結構化階梯圖與功能區塊圖』。

5-2 階梯圖的組成

階梯圖基本組成如圖 5-4 所示，迴路的開始一定是條件接點，最後是針對上述接點狀態所採取的動作或處理通稱為輸出。輸出一般區分為基本指令及應用指令二種，在 PLC 編程軟體中：(1)小括號( )表示以 OUT 指令驅動的線圈，諸如：輔助繼電器 M、狀態繼電器 S、輸出繼電器 Y 等一般線圈，以及計時器 T、計數器 C 等線圈；(2)中括號[　]表示特殊線圈 SET、RST…及應用指令等。

圖 5-4　階梯圖基本組成

一般階梯圖當然不會像圖 5-4 所示那麼簡單，典型的階梯圖如圖 5-5 所示，茲就階梯圖上的相關術語說明如下：

1. 接點

   接點有輸入接點(編號以 X 開頭)連接外部開關，和 PLC 內部繼電器附屬之接點(編號以 M、S、T、C、Y 開頭)，至於接點的型態可分為常開接點(─┤├─)、常閉接點(─┤╱├─)、上緣微分接點(─┤↑├─)和下緣微分接點(─┤↓├─)。

2. 輸出元件

   輸出元件或稱為輸出線圈，有輔助繼電器 M、狀態繼電器 S、計時器 T、計數器 C 和輸出繼電器 Y。輸出繼電器 Y 為真正連接外部負載的元件，當 Y 被驅動(Y=ON)時外部負載便立刻動作，反之，Y 不被驅動(Y=OFF)時外部負載便停止動作。

   除了輸出接點 Y 有實體元件之外，其他的繼電器如輔助繼電器 M、狀態繼電器 S 和計時器 T、計數器 C，在 PLC 內部只是一種儲存在記憶體的邏輯狀態，並不是真正的硬體裝置，否則 PLC 怎可能容納得下幾千個繼電器？

3. 母線

   階梯圖最左側之起始線或控制線。

4. 節點

   任何兩個元件或兩個以上元件相連接之點。

5. 區塊

兩個元件以上的組合即稱爲區塊，可分爲串聯區塊和並聯區塊兩種，甚至是由串、並聯區塊組成的更複雜的區塊。

6. 分歧

在一個迴路中某一節點同時有兩個以上的輸出元件，並且分別有不同的條件接點時即稱爲分歧。

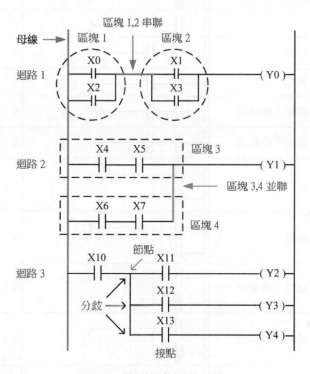

圖 5-5　階梯圖各部分名稱

5-3　基本指令介紹

FX 系列可程式控制器，提供了所謂的基本指令、步進階梯圖指令和應用指令，本章主要介紹基本指令的用法，基本指令格式如下所示，基本指令如表 5-1 所示：

基本指令格式=指令+運算元

```
例： 指令        運算元
     LD          X0
     OUT         Y0
```

表 5-1 基本指令

指令名稱	功　能	迴路表示	指定對象
LD	母線開始 a 接點	⊢｜｜——( )	X、Y、M、S、T、C
LDI	母線開始 b 接點	⊢╫——( )	X、Y、M、S、T、C
LDP	母線開始 a 接點之上緣檢出	⊢↑↑——( )	X、Y、M、S、T、C
LDF	母線開始 a 接點之下緣檢出	⊢↓↓——( )	X、Y、M、S、T、C
OUT	輸出線圈	⊢｜｜——( )	Y、M、S、T、C
AND	串聯連接的 a 接點	⊢｜｜－｜｜－( )	X、Y、M、S、T、C
ANI	串聯連接的 b 接點	⊢｜｜－╫－( )	X、Y、M、S、T、C
ANDP	串聯連接的 a 接點上緣檢出	⊢｜｜－↑↑－( )	X、Y、M、S、T、C
ANDF	串聯連接的 a 接點下緣檢出	⊢｜｜－↓↓－( )	X、Y、M、S、T、C
OR	並聯連接的 a 接點	並聯 a 接點 ( )	X、Y、M、S、T、C
ORI	並聯連接的 b 接點	並聯 b 接點 ( )	X、Y、M、S、T、C
ORP	並聯連接的 a 接點上緣檢出	並聯 a 接點上緣 ( )	X、Y、M、S、T、C
ORF	並聯連接的 a 接點下緣檢出	並聯 a 接點下緣 ( )	X、Y、M、S、T、C
ORB	區塊並聯	區塊並聯 ( )	無
ANB	區塊串聯	區塊串聯 ( )	無
PLS	上緣微分輸出	⊢｜｜——[PLS Y0]	Y、M(一般用)
PLF	下緣微分輸出	⊢｜｜——[PLF Y0]	Y、M(一般用)
SET	動作保持指令	⊢｜｜——[SET Y0]	Y、M、S
RST	動作解除指令	⊢｜｜——[RST Y0]	Y、M、S、T、C、D、V、Z
MPS	分歧開始	MPS ⊢｜｜·｜｜( )	無
MRD	分歧中繼	MRD·｜｜( )	無
MPP	分歧結束	MPP·｜｜( )	無

表 5-1　基本指令(續)

指令名稱	功　能	迴路表示	指定對象
MC	母線轉移或主控迴路接點開始	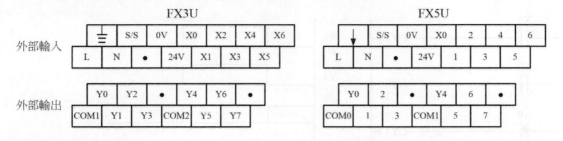	Y、M
MCR	母線復歸或主控迴路接點解除		無
NOP	不執行運算		無
INV	反相輸出	──────/────( )	無
END	程式結束，回到位址 0	──────[END]	無
STL	步進階梯圖起始指令	──────[STL　S0]	S
RET	步進階梯圖返回指令	──────[RET]	無

『註』：FX3U 和 FX5U 外部輸入及輸出接線端子配置如下所示，輸入與輸出元件及 COM 點的編號標示不同，
　　　　實際接線時宜特別注意。本章節內的圖形，原則上以 FX3U 標示為主。

FX3U

| 外部輸入 | ⏚ | S/S | 0V | X0 | X2 | X4 | X6 |
| | L | N | ● | 24V | X1 | X3 | X5 |

| 外部輸出 | Y0 | Y2 | ● | Y4 | Y6 | |
| | COM1 | Y1 | Y3 | COM2 | Y5 | Y7 |

FX5U

| 外部輸入 | ↓ | S/S | 0V | X0 | 2 | 4 | 6 |
| | L | N | ● | 24V | 1 | 3 | 5 |

| 外部輸出 | Y0 | 2 | ● | Y4 | 6 | ● |
| | COM0 | 1 | 3 | COM1 | 5 | 7 |

一、載入指令 LD、LDI、LDP、LDF

(1) LD(Load)指令用於母線開始連接的 a 接點(常開 NO 接點)，位於迴路的最左邊，
等於是將接點狀態載入(load)CPU 中。LD 也可用於區塊(block)、MC、STL 指令之
後，因為這三種指令相當於把母線移動，故也需用 LD、LDI 等指令做載入。

【例 5-4】LD　X0

圖 5-6　LD

(2) LDI(Load inverse)指令用於母線開始連接的 b 接點(常閉 NC 接點)。

【例 5-5】LDI　X5

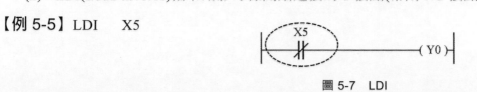

圖 5-7　LDI

(3) LDP(Load pulse)指令用於母線開始連接的 a 接點之上緣(前緣)檢出動作,也就是當接點由 OFF→ON 時,其驅動的輸出元件會動作一個掃瞄週期的時間。

【例 5-6】LDP　　X0
　　　　　OUT　　Y0

圖 5-8　LDP

(4) LDF(Load falling pulse)指令用於母線開始連接的 a 接點之下緣(尾緣)檢出動作,也就是當接點由 ON→OFF 時,其驅動的輸出元件會動作一個掃瞄週期的時間。

【例 5-7】LDF　　X0
　　　　　OUT　　Y0

圖 5-9　LDF

【例 5-8】LD、LDI、LDP、LDF 的比較

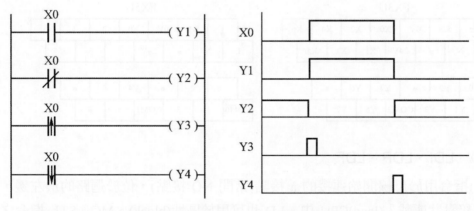

圖 5-10　LD、LDI、LDP、LDF 的比較

二、輸出指令 OUT

OUT(Out)用於一個迴路的輸出,位於迴路的最右端,輸出元件可為 Y、M、S、T、C,輸出元件為 T 或 C 時,後面必須再打入設定值常數 K 或資料暫存器 D 作間接指定均可。多個輸出元件時,可以直接並聯,只要步序容量夠,並聯的輸出個數不受限制,但若使用列表機列印階梯圖時卻有其限制,故並聯列數不應超過 24 列。

【例 5-9】

0	LD	X0
1	OUT	T2	K50
2	LD	X1
3	OUT	Y1
4	OUT	Y4
5	OUT	Y5

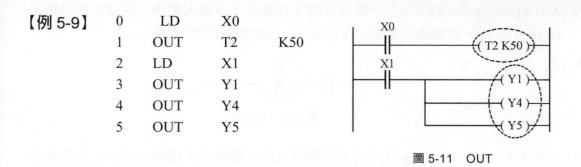

圖 5-11　OUT

【例 5-10】OUT 指令之後，可以串聯接點再接另外一個 OUT。

0	LD	X0
1	OUT	Y0
2	AND	X1
3	OUT	Y1

圖 5-12　串聯接點再 OUT

※ 注意：如果是下圖，指令寫成如下所示是錯誤的，此時必須使用後述的 MPS 指令。

0	LD	X0
1	AND	X1
2	OUT	Y1
3	OUT	Y0

圖 5-13　錯誤的寫法

三、接點串聯指令 AND、ANI、ANDP、ANDF

(1) AND(And)指令用於串聯連接的 a 接點，只要步序容量夠，串聯接點的個數不受限制，但若使用列表機列印階梯圖時卻有其限制，故串聯接點不應超過 10 個接點。

【例 5-11】AND　X2

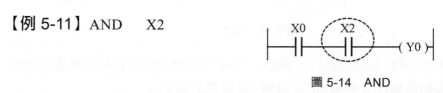

圖 5-14　AND

(2) ANI(And inverse)指令用於串聯連接的 b 接點，串聯接點的個數不受限制。

【例 5-12】ANI　X2

圖 5-15　ANI

CH 5

(3) ANDP(And pulse)指令用於串聯連接的 a 接點之上緣檢出動作，也就是當接點由 OFF→ON 時，其驅動的輸出元件會動作一個掃瞄週期的時間。

【例 5-13】ANDP　X3

圖 5-16　ANDP

(4) ANDF(And falling pulse)指令用於串聯連接的 a 接點之下緣檢出動作，也就是當接點由 ON→OFF 時，其驅動的輸出元件會動作一個掃瞄週期的時間。

【例 5-14】ANDF　X3

圖 5-17　ANDF

四、接點並聯指令 OR、ORI、ORP、ORF

(1) OR(Or)指令用於並聯連接的 a 接點，並聯接點的個數不受限制，但最好不要超過 24 列。

【例 5-15】OR　Y0

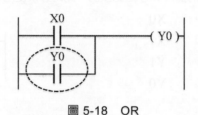

圖 5-18　OR

(2) ORI(Or inverse)指令用於並聯連接的 b 接點，並聯接點的個數不受限制。

【例 5-16】ORI　X4

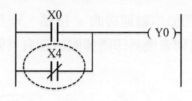

圖 5-19　ORI

(3) ORP(Or pulse)指令用於並聯連接的 a 接點之上緣檢出動作，也就是當接點由 OFF→ON 時，其驅動的輸出元件會動作一個掃瞄週期的時間。

【例 5-17】ORP　X4

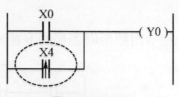

圖 5-20　ORP

(4) ORF(Or falling pulse)指令用於並聯連接的 a 接點之下緣檢出動作，也就是當接點由 ON→OFF 時，其驅動的輸出元件會動作一個掃瞄週期的時間。

【例 5-18】ORF X4

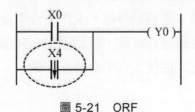

圖 5-21 ORF

【例 5-19】控制電路上，分別使用起動按鈕(Start)與停止按鈕(Stop)來控制負載的動作與停止，並且在起動按鈕處並聯一個輸出元件的 a 接點，一般稱為自保持電路。

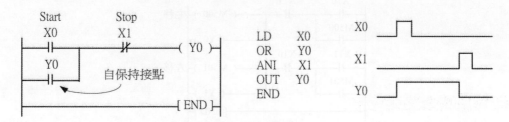

圖 5-22 自保持電路

【例 5-20】停電保持型內部繼電器

如下圖 5-23 所示控制電路中，X0 為 Start 按鈕，X1 為 Stop 按鈕。押下 X0 時，內部繼電器 M0 及 M500 線圈激磁動作，Y0 與 Y1 動作且自保持。若此時遇到斷電或將 PLC 主機 RUN/STOP 開關由 RUN 切換到 STOP，則 Y0 與 Y1 停止動作。再度復電或將開關由 STOP 切換到 RUN，因為 M500 為停電保持型內部繼電器，故 Y1 動作，但是 Y0 不動作。

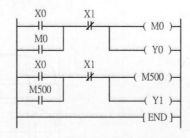

圖 5-23 停電保持型內部繼電器

【例 5-21】工作平台往復運動

　　如圖 5-24 所示控制電路中，X10 = ON 時，M500 和 Y0 動作，工作平台往右移動。若遇到停電，工作平台中途停止。復電時因為 M500 為 ON，故工作平台持續往右移動，直到碰到右極限開關 X11 為止。之後因為 X11 之 a/b 接點變化，促使工作平台往左移動。

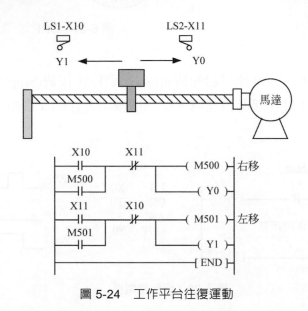

圖 5-24　工作平台往復運動

五、區塊並聯指令 ORB

　　當控制電路比較複雜，有兩個以上的接點先串聯後再並聯時，需使用此區塊並聯指令 ORB(Or block)。也就是說單一接點並聯時用 OR 指令，多接點並聯時用 ORB 指令。

【例 5-22】

0	LD	X0
1	LD	X1
2	AND	X2
3	ORB	
4	OUT	Y0

圖 5-25

【例 5-23】

0	LD	X0
1	AND	X2
2	LD	X1
3	ANI	X3
4	ORB	
5	OR	X4
6	OUT	Y0

圖 5-26

此例也可以寫成如下所示，但是 ORB 連續使用的次數不能超過 8 次。

0	LD	X0		4	LD	X4
1	AND	X2		5	ORB	
2	LD	X1		6	ORB	
3	ANI	X3		7	OUT	Y0

六、區塊串聯指令 ANB

當控制電路比較複雜，有兩個以上的接點先並聯後再串聯時，需使用此區塊串聯指令 ANB(And block)。也就是說單一接點串聯時用 AND 指令，多接點串聯時用 ANB 指令。

【例 5-24】

0	LD	X0
1	LD	X1
2	OR	X2
3	ANB	
4	OUT	Y0

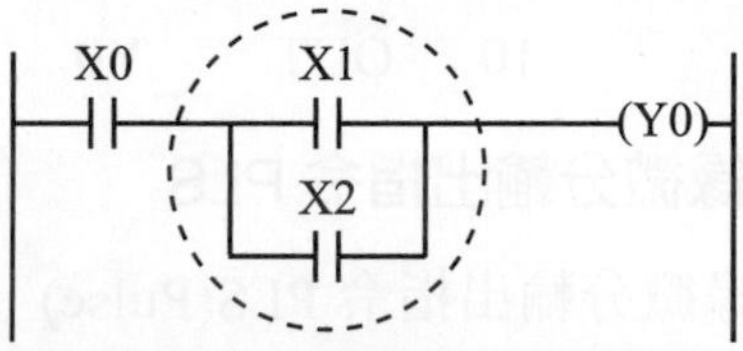

圖 5-27

【例 5-25】

0	LD	X0
1	OUT	Y0
2	LD	X1
3	OR	X2
4	ANB	
5	OUT	Y1

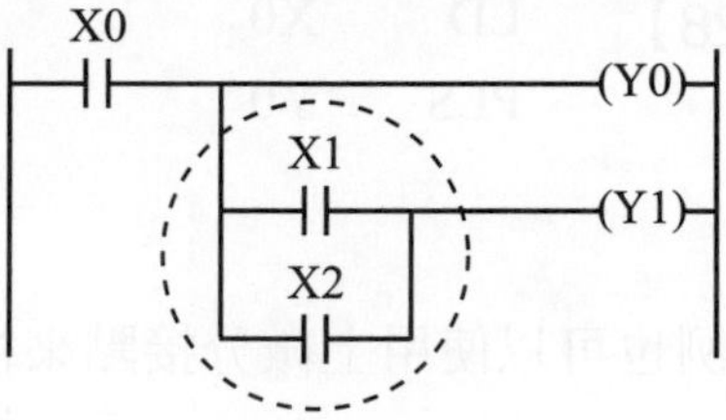

圖 5-28

【例 5-26】

0	LD	X0
1	OR	X1
2	AND	X2
3	LDI	X3
4	OR	X4
5	ORI	X5
6	ANB	
7	OUT	Y0

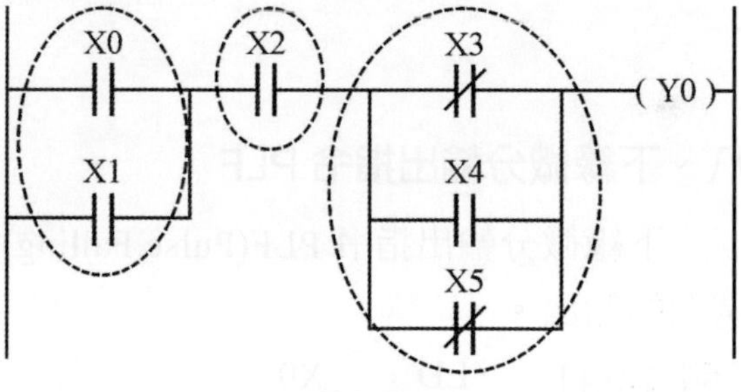

圖 5-29

此例也可以寫成如下所示，第一個 ANB 是把後面兩個區塊串聯起來，第二個 ANB 是把剛剛完成的區塊再和第一區塊串聯起來，但是要注意 ANB 連續使用的次數不能超過 8 次。

0	LD	X0		5	ORI	X5
1	OR	X1		6	ANB	
2	LD	X2		7	ANB	
3	LDI	X3		8	OUT	Y0
4	OR	X4				

【例 5-27】　0　　LD　　　X0　　←第 1 區塊
　　　　　　　1　　OR　　　X2
　　　　　　　2　　LDI　　　X3　　←第 2 區塊
　　　　　　　3　　AND　　　X1
　　　　　　　4　　LD　　　X4　　←第 3 區塊
　　　　　　　5　　AND　　　X5
　　　　　　　6　　ORB
　　　　　　　7　　OR　　　X6
　　　　　　　8　　ANB
　　　　　　　9　　OR　　　X3
　　　　　　　10　OUT　　　Y0

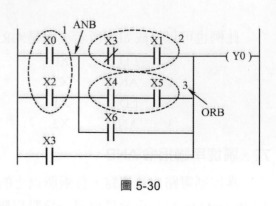

圖 5-30

七、上緣微分輸出指令 PLS

上緣微分輸出指令 PLS(Pulse)，在接點由斷路變成通路時，元件產生一個掃瞄週期的輸出。

【例 5-28】　LD　　　X0
　　　　　　PLS　　　Y0

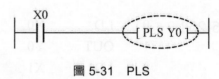

圖 5-31　PLS

此例也可以使用上微分接點來控制，兩者的功能完全一樣的。

　　　　　　LDP　　　X0
　　　　　　OUT　　　Y0

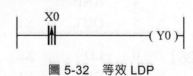

圖 5-32　等效 LDP

八、下緣微分輸出指令 PLF

下緣微分輸出指令 PLF(Pulse Falling)，在接點由通路變成斷路時，元件產生一個掃瞄週期的輸出。

【例 5-29】　LD　　　X0
　　　　　　PLF　　　Y0

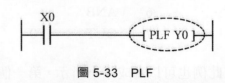

圖 5-33　PLF

此例也可以使用下微分接點來控制，兩者的功能完全一樣的。

　　　　　　LDF　　　X0
　　　　　　OUT　　　Y0

圖 5-34　等效 LDF

【例 5-30】PLS 和 PLF 的比較

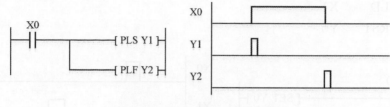

圖 5-35 PLS 和 PLF 的比較

九、動作保持指令 SET

SET 指令會使輸出元件保持為 ON 狀態的功能，若要解除動作，則必須用 RST 指令才可解除。

【例 5-31】

LD	X0
OUT	Y0
SET	Y1

SET 指令與 OUT 指令的差別在於條件接點 X0 由 ON →OFF 時，OUT 輸出的線圈也跟著 OFF，但是 SET 輸出的線圈卻仍然保持 ON。

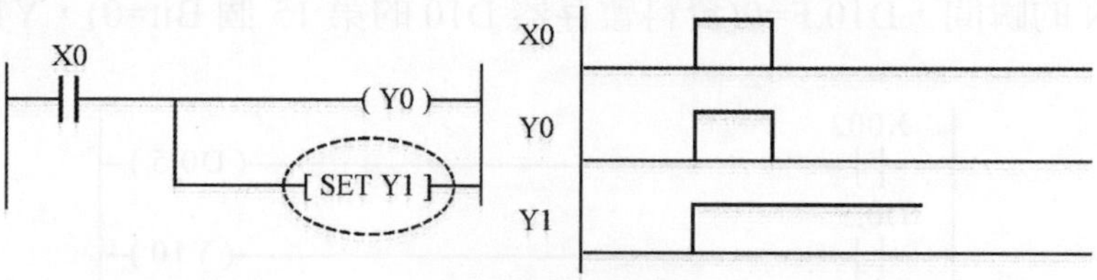

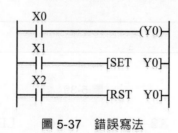

圖 5-36 SET

※ 註：在程式中針對同一編號的輸出線圈，不得同時使用 OUT 及 SET/RST 指令。

圖 5-37 錯誤寫法

十、動作解除指令 RST

RST(Reset)指令為解除 SET 指令之動作，使輸出元件復歸。RST 指令也可以用來將 C、D、V、Z 的內容清除為零(如 RST D12)，與使用 MOV 指令將 K0 傳送至 C、D、V、Z 一樣(如 MOV K0 D12)。此外，累計型計時器 T246～T255 現在值的復歸，也必須使用 RST 指令(如 RST T250)。

【例 5-32】　　LD　　　X0
　　　　　　　　SET　　Y0
　　　　　　　　LD　　　X1
　　　　　　　　RST　　Y0

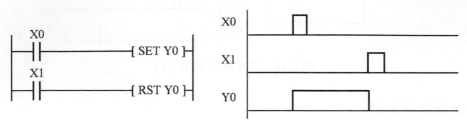

圖 5-38　SET/RST

FX-3U 新增 Word 元件的 Bit 指定：以(Word 元件編號．Bit 編號)表示之，如例 5-33：

(1)　X2=ON 時，D0.5=1(資料暫存器 D0 的第 5 個 Bit=1)，Y10=ON。

(2)　X3=ON 的瞬間，D10.F=1(資料暫存器 D10 的第 15 個 Bit=1)，Y11=ON。

(3)　X4=ON 的瞬間，D10.F=0(資料暫存器 D10 的第 15 個 Bit=0)，Y11=OFF。

【例 5-33】

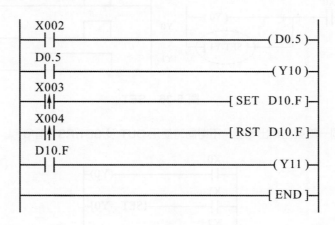

圖 5-39

0	LD	X2	6	LDP	X4
1	OUT	D0.5	7	RST	D10.F
2	LD	D0.5	8	LD	D10.F
3	OUT	Y10	9	OUT	Y11
4	LDP	X3	10	END	
5	SET	D10.F			

十一、分歧指令 MPS、MRD、MPP

　　一個迴路上若某一節點有許多個輸出元件，並且分別有各自不同的條件接點時，應使用分歧指令。

(1) MPS (Multi-point push)分歧開始：將先前接點串並聯演算結果推入堆疊記憶體，一個程式中 MPS 最多可以使用 11 個。

(2) MRD (Multi-point read)分歧中繼：讀取堆疊記憶體中的資料。

(3) MPP (Multi-point pop)分歧結束：將堆疊記憶體中的資料取(彈)出。使用幾個 MPS，就一定要使用幾個 MPP，它是採用先入後出(First In Last Out, FILO)的儲存概念。

【例 5-34】

0	LD	X0
1	MPS	
2	AND	X1
3	OUT	Y1
4	MPP	
5	AND	X2
6	OUT	Y2

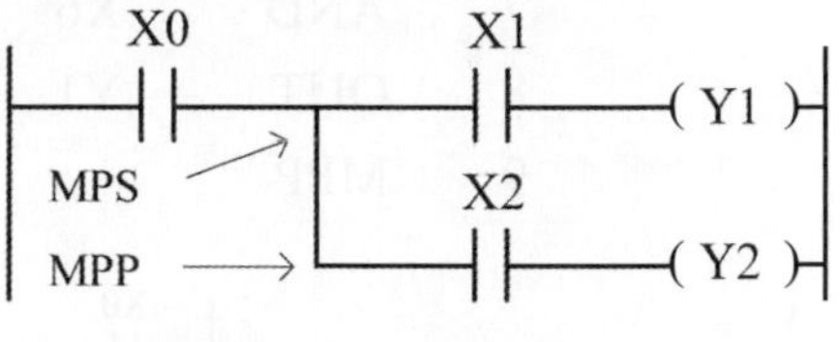

圖 5-40　二個分歧

【例 5-35】

0	LD	X0
1	MPS	
2	AND	X1
3	OUT	Y1
4	MRD	
5	AND	X2
6	OUT	Y2
7	MRD	
8	AND	X3
9	OUT	Y3
10	MPP	
11	AND	X4
12	OUT	Y4

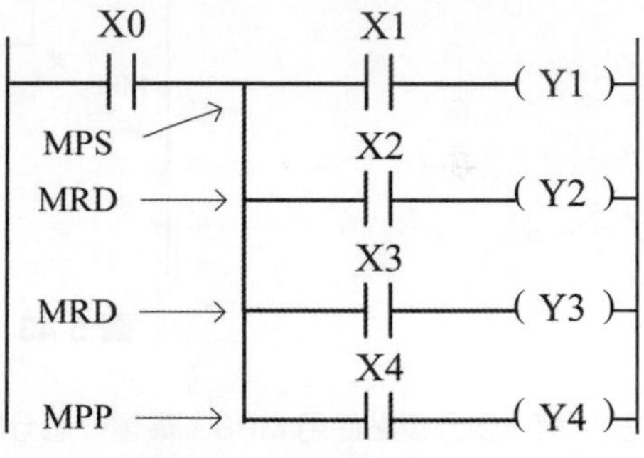

圖 5-41　四個分歧

【例 5-36】

0	LD	X0
1	OUT	Y0
2	MPS	
3	AND	X1
4	OUT	Y1
5	MRD	
6	AND	X2
7	ANI	X3
8	OUT	Y2
9	MPP	
10	AND	X4
11	OUT	Y3

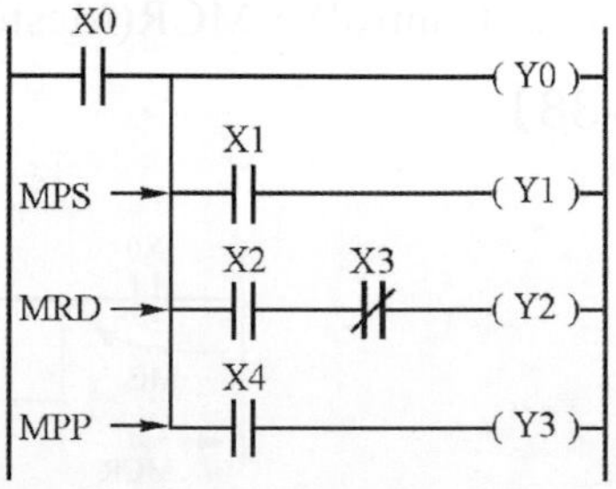

圖 5-42　MPS、MRD、MPP 應用-1

【例 5-37】

0	LD	X0		10	AND	X4
1	MPS			11	MPS	
2	AND	X1		12	AND	X3
3	MPS			13	OUT	Y2
4	AND	X2		14	MRD	
5	OUT	Y0		15	AND	X6
6	MPP			16	OUT	Y3
7	AND	X6		17	MPP	
8	OUT	Y1		18	AND	X2
9	MPP			19	OUT	Y4

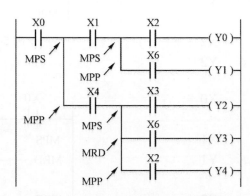

圖 5-43　MPS、MRD、MPP 應用-2

※ 註：第一個分歧點使用 MPS，最後一個分歧點使用 MPP，其他中間的分歧點通通使用 MRD 使用次數不限。
遇有多重分歧時，在連續的分歧迴路中 MPS 指令的個數與 MPP 指令的個數不得超過 11 個，但是於分歧
迴路結束時兩者使用的個數必須相同。

十二、母線轉移或主控迴路接點指令 MC/MCR

前述使用分歧指令完成的動作，也可以利用母線轉移或主控迴路接點開始和復歸指令
MC(Master Control)、MCR(Master Control Reset)完成該程式功能，以圖 5-44 為例。

【例 5-38】

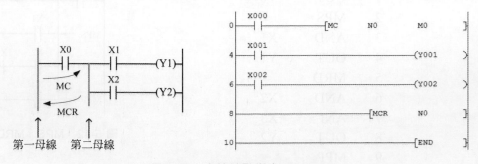

圖 5-44　主控接點指令 MC/MCR

當 X0=ON 時，MC～MCR 指令間的迴路被執行，執行 MC 指令後，表示將主控權交給下一層母線，等到執行 MCR 指令時，將主控權交還給上一層母線。M C 和 MCR 必須配對使用，主控點迴路內允許再設主控點迴路，最多成巢狀 8 層，編號為 N0～N7，最外一層為 N0，依次為 N1---N7 不可跳號。如果不是成巢狀，而是另一個獨立的主控點迴路的話，仍然是使用 N0 開始。

圖 5-44 中主要母線與第二母線間有一個 N0 接點，這是在編輯軟體切換到讀取模式時才會出現，在編寫時不需要特意去編寫此接點，也無法編寫，只要像圖 5-44 右方那樣子輸入就可以。

【例 5-39】

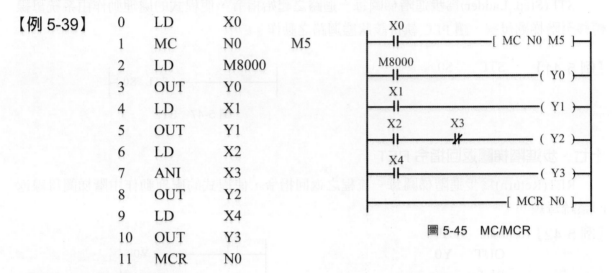

0	LD	X0	
1	MC	N0	M5
2	LD	M8000	
3	OUT	Y0	
4	LD	X1	
5	OUT	Y1	
6	LD	X2	
7	ANI	X3	
8	OUT	Y2	
9	LD	X4	
10	OUT	Y3	
11	MCR	N0	

圖 5-45　MC/MCR

十三、不執行指令 NOP

NOP(No operation)為空白指令，當程式全部被清除時，每個位址全部顯示 NOP，CPU 碰到 NOP 指令時不會執行任何運算。已設計完成的程式可以插入 NOP 指令來區隔各程式段落，讓程式更容易查看。

十四、反相指令 INV

INV(Inverse)指令的功能是將迴路的 ON/OFF 結果加以反相輸出，所以它並不需指定對象元件。

【例 5-40】

```
LD    X1
INV
OUT   Y0
```

圖 5-46　INV

十五、結束指令 END

當程式執行到 END 指令時，立刻返回到位址 0 處從頭開始。若程式很長，於程式功能測試時，可將 END 指令插入各段落，依次作程式的局部檢查執行，待前面迴路動作正確後，再依次刪除 END 指令。

PLC 於 RUN 的第一次掃瞄是從 END 指令執行起，當 END 指令被執行時，WDT 時間(用來檢查 PLC 的掃瞄時間是否過長)會被復歸為 0 重新計時。

十六、步進階梯圖迴路開始指令 STL

STL(Step Ladder)為步進階梯圖每一迴路之起始指令，使程式的處理動作由系統母線轉移至階梯圖母線，讓 PLC 執行該狀態迴路之動作。

【例 5-41】　　STL　　S0

圖 5-47　STL

十七、步進階梯圖返回指令 RET

RET(Return)為步進階梯圖每一流程之返回指令，使程式的處理動作由階梯圖母線返回系統母線。

【例 5-42】　　LD　　X0
　　　　　　　　OUT　　Y0
　　　　　　　　RET

圖 5-48　RET

5-4　掃瞄週期時間

傳統控制電路所能夠完成的工作，可以完全由 PLC 來取代，實際上主導 PLC 動作的最主要元件就是中央處理單元(CPU)，它好比人類的頭腦，首先去查看所有輸入元件的狀態，再依階梯圖的邏輯加以演算，最後再將結果送到輸出元件，然後又重新讀取輸入狀態、演算、輸出，如此週而復始地重複執行上述動作。

PLC 掃瞄方式是依階梯圖程式，由左至右，由上而下的方式執行使用者程式，如圖 5-49 所示，PLC 一次掃瞄動作流程則如圖 5-50 所示。

3. ...（段落文字略被裁切）...

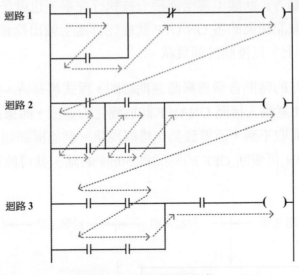

圖 5-49　PLC 掃瞄方式

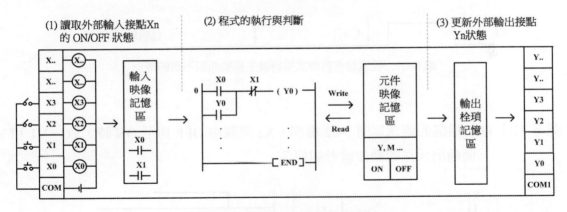

(1) 讀取外部輸入接點Xn 的 ON/OFF 狀態　　(2) 程式的執行與判斷　　(3) 更新外部輸出接點 Yn狀態

圖 5-50　PLC 一次掃瞄動作流程

1. 讀取外部輸入接點 Xn 的 ON/OFF 狀態：PLC 在執行程式之前，先將輸入信號(也就是連接於輸入埠 X 的各個開關之狀態，接點斷路的為邏輯 0，接點通路的為邏輯 1)一次讀入，並儲存在輸入信號映像記憶區內。在程式執行中縱使輸入信號有所變化，在映像記憶區內的狀態並不會改變，一直要等到下一次掃瞄才會讀入新的狀態，此外，必須注意由於 PLC 輸入迴路有 RC 濾波電路，所以外部開關有 ON→OFF 或 OFF→ON 變化時，一直到 PLC 認定輸入狀態的改變約有 10ms 的延遲。

2. 程式的執行與判斷：PLC 讀取輸入信號映像記憶區內的狀態後，依所設計的程式內容，從位址 0 開始執行演算，直到最後一個指令 END 為止。在執行過程中，輸出元件若是內部輔助繼電器則直接動作，但若是輸出線圈 Y，則會先將 ON/OFF 狀態存入記憶區，直到最後一個指令 END 才全部一起輸出。

CH 5

3. 更新外部輸出接點 Yn 狀態：當全部指令被執行完畢，也就是執行到 END 指令時，會將輸出元件映像記憶區的各 ON/OFF 狀態先行送至輸出栓鎖記憶區內，之後再送出到輸出埠(Y)元件上，以控制外部負載。

上述三個步驟所花的時間合稱為掃瞄週期時間，程式越長時，掃瞄週期所花的時間也變的越長，此時必須注意輸入接點 ON/OFF 狀態變化的速度，如果比掃瞄週期時間還短的話，就可能發生信號抓取不到，而導致動作錯誤現象。例如掃瞄週期時間為 100ms，而輸入接點由 OFF 變成 ON 再變回 OFF 的時間為 50ms 的話，就可能發生訊號抓取不到的情形，如下圖所示。

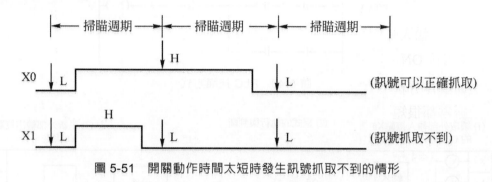

圖 5-51　開關動作時間太短時發生訊號抓取不到的情形

【例 5-43】PLC 掃瞄的觀念以圖 5-52 為例，X1 開關由 OFF 切至 ON 時，Y0、Y1 和 Y2 三個輸出元件的動作情形如何？

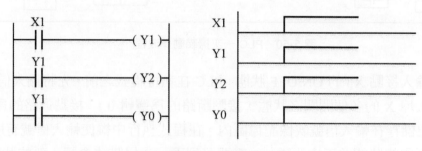

圖 5-52　掃瞄動作例

解：

1. X1 未按下時，輸入映像記憶體的 X1 是 OFF，因此輸出線圈 Y0、Y1 和 Y2 都是 OFF。

2. X1 按下後，輸入映像記憶體的 X1 是 ON，因此第一個迴路的 Y1 為 ON，第二個迴路的 Y2 也為 ON，第三個迴路的 Y0 也為 ON。

【例 5-44】上例階梯圖中，將第三個迴路移到最上面，並且 X1 開關由 OFF 切至 ON 時，Y0、Y1 和 Y2 三個輸出元件的動作情形如何？

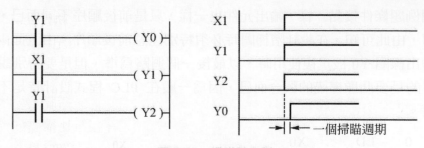

圖 5-53　掃瞄動作例

解：

1. X1 未按下時，輸入映像記憶體的 X1 是 OFF，因此輸出線圈 Y0、Y1 和 Y2 都是 OFF。

2. X1 按下後，輸入映像記憶體的 X1 是 ON，因此第二個迴路的 Y1 為 ON，第三個迴路的 Y2 也為 ON。接著下一次掃瞄時，由於 Y1=ON，故 Y0 也會 ON。

　　由以上的動作分析，Y0 輸出線圈比 Y1 和 Y2 線圈慢了一個掃瞄週期才 ON，但因掃瞄週期時間通常都很短，故在 X1 開關按下時，Y0、Y1 和 Y2 感覺上好像都是一起動作。

【例 5-45】 圖 5-54 中，如果 X0=ON、X1=OFF，輸出線圈動作如何？

解：

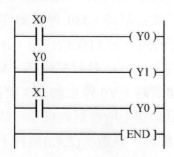

　　首先輸入點更新，將 X0 和 X1 的狀態讀入映像記憶體，接著執行程式：

1. 執行第 1 個迴路時，Y0=ON

2. 執行第 2 個迴路時，Y1=ON

3. 執行第 3 個迴路時，Y0=OFF

　　所以最後輸出點更新時，Y0=OFF、Y1=ON。

圖 5-54　掃瞄動作例

【例 5-46】 如果將上例中的第 3 個迴路調到最前面，並且仍維持著 X0=ON、X1=OFF。

解：

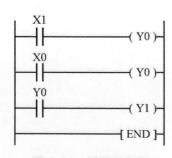

　　首先輸入點更新，接著執行程式：

1. 執行第 1 個迴路時，Y0=OFF

2. 執行第 2 個迴路時，Y0=ON

3. 執行第 3 個迴路時，Y1=ON

　　所以最後輸出點更新時，Y0=ON、Y1=ON。

圖 5-55　掃瞄動作例

　　以上兩個例題條件接點一樣，輸出元件也一樣，只是前後順序不同而已，但是輸出結果卻迴然不同，由此可知，在設計階梯圖時必須特別注意前後順序。由上面兩個例題，也可看出一個輸出線圈 Y0 被重複使用時，以最後一個迴路為準，但是要特別說明，上面兩個例題主要目的是要凸顯掃瞄的觀念而已，因為一般在 PLC 程式設計時是不允許輸出元件被重複使用。

【例 5-47】

0	LD	X0
1	PLS	M0
2	LD	M0
3	ANI	Y0
4	LDI	M0
5	AND	Y0
6	ORB	
7	OUT	Y0

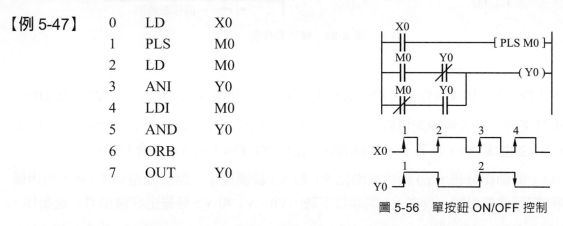

圖 5-56　單按鈕 ON/OFF 控制

　　本例僅使用 1 個按鈕即可控制負載達成交互式的 ON/OFF 動作功能，當押下 X0 按鈕，PLC 執行第一次掃瞄時 M0 動作，所以執行程式後輸出接點更新時，Y0 動作；接著第二次掃瞄時，M0 停止動作，M0 的接點恢復原狀，此時第二迴路的 M0/b 接點與 Y0/a 接點剛好形成自保持作用，所以輸出接點更新時，Y0 持續動作。接下來當 X0 按鈕第二次押下，PLC 執行掃瞄時，M0 動作，此時自保持迴路中的 M0/b 接點斷開，所以輸出接點更新時，Y0 停止動作；緊接著下一次掃描時，M0 停止動作，M0 的接點恢復原狀，就是目前圖上所看到的樣子，故 Y0 仍為停止動作。結論是，X0 按鈕奇數次(1,3..)被押下時 Y0 動作，偶數次(2,4..)被押下時 Y0 停止動作。

　　第九章介紹應用指令時，會使用到 ALT(Alternate State)指令，它就具有交互式 ON/OFF 功能，如圖 5-57 所示，X0 接點每 ON 一次，輔助繼電器 M0 就會改變狀態一次。

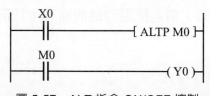

圖 5-57　ALT 指令 ON/OFF 控制

5-5　設計階梯圖注意事項

一、常閉接點與常開接點的差別

　　圖 5-58 所示控制電路中，ON 為常開接點(a 接點)按鈕開關，OFF 為常閉接點(b 接點)按鈕開關，按下 ON 按鈕時，電磁接觸器 MC 激磁動作，並且由於 MC 的 a 接點已經閉合，所以當 ON 按鈕放開時，MC 仍會繼續保持激磁動作，圖中與 ON 按鈕並聯的 MC 接點稱為"自保持接點"。

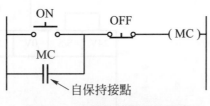

圖 5-58　自保持接點連接電路

　　如果將圖 5-58 轉換成圖 5-59 所示的階梯圖，並且將連接在 X0 的按鈕當作 ON 使用，連接在 X1 的按鈕當作 OFF 使用，以 PLC 來控制時，必須特別注意這些按鈕到底是接常閉接點或常開接點。

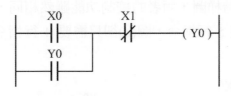

圖 5-59　階梯圖

(1)　如果 PLC 輸入端所連接的按鈕，仍然 X0 為 a 接點，X1 為 b 接點，則圖 5-59 之指令應寫成

0	LD	X0
1	OR	Y0
2	AND	X1
3	OUT	Y0

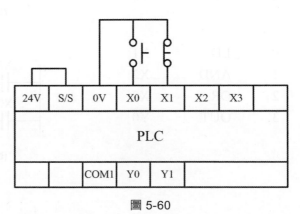

圖 5-60

(2)　如果 PLC 輸入端所連接的開關均為 a 接點如下圖所示，則其指令應寫成如下所示。
其中由於 X1 實際上所接的接點型式(a 接點)與電路圖相反，所以在程式上的第三行指
令必須反向(inverse)一次(由於硬體電路的邏輯狀態相反，所以軟體程式再反向一次回
來，所謂的負負得正)。坊間書本所用的接點型式均為 a 接點，所以只要看到階梯圖
上為 b 接點的元件，其對應之指令一律有 Inverse，如 ANI、ORI，LDI 等。但是這種
做法事實上是有缺失的，容第 5-6 節再詳細說明。

0	LD	X0
1	OR	Y0
2	ANI	X1
3	OUT	Y0

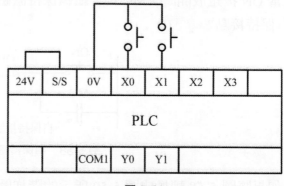

圖 5-61

二、元件較多的區塊放在上面

圖 5-62(a)和(b)所示的階梯圖，兩者的控制功能雖然相同，但是編寫方法卻不一樣，
以程式指令來看，圖(a)需要 5 行指令，圖(b)卻只需要 4 行指令，由此可知，並聯單一接
點時，放在下方較佳。

0	LD	X0
1	LD	X1
2	AND	X2
3	ORB	
4	OUT	Y0

(a)複雜區塊在下方，不佳

0	LD	X1
1	AND	X2
2	OR	X0
3	OUT	Y0

(b)複雜區塊在上方，較佳

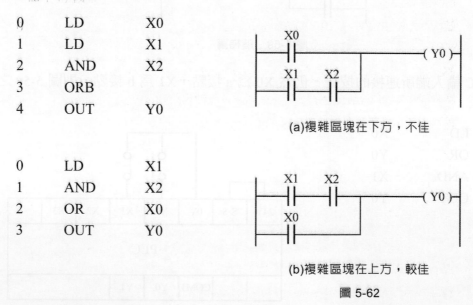

圖 5-62

三、元件較多的區塊放左邊

　　圖 5-63(a)和(b)所示的階梯圖具有相同的控制功能，但是圖(a)需要 6 行指令，圖(b)卻只需要 5 行指令。由此可知，串聯單一接點時，放在後方較佳。

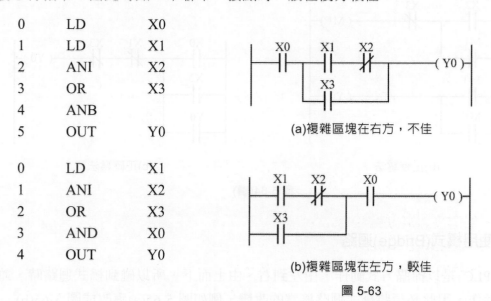

```
0    LD    X0
1    LD    X1
2    ANI   X2
3    OR    X3
4    ANB
5    OUT   Y0
```

(a)複雜區塊在右方，不佳

```
0    LD    X1
1    ANI   X2
2    OR    X3
3    AND   X0
4    OUT   Y0
```

(b)複雜區塊在左方，較佳

圖 5-63

四、一個輸出元件不可有兩個以上的控制迴路

　　圖 5-64(a)中 Y0 重複使用，若開關 X0 為 ON，但是 X2 和 X3 均為 OFF，則當執行第一個迴路時 Y0 會動作，但是執行到第二個迴路時 Y0 變成不動作，也就是說 Y0 是依最後的迴路來決定動作或不動作。解決方法有二：(1)先將輸出結果暫時儲存在某一個內部繼電器 Mn 中，再將內部繼電器接點予以並聯後對外輸出，如圖(b)所示；(2)或將 a 接點並聯、b 接點串聯，如圖(c)所示。如此一來，X0 和 X2 或 X3 開關均可以使 Y0 動作，X1 和 X4 開關均可以使 Y0 停止動作。

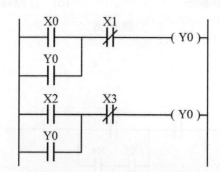

(a)錯誤寫法，應改成圖(b)或(c)所示

圖 5-64

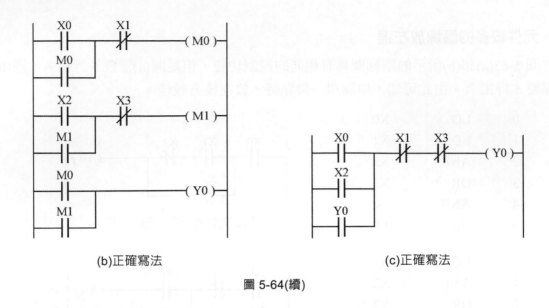

(b)正確寫法　　　　(c)正確寫法

圖 5-64(續)

五、不可使用橋式(Bridge)迴路

由於 PLC 是以掃瞄方式動作，由左到右、由上而下，所以碰到橋式迴路時，並不能交叉掃瞄動作，因此必須將橋式迴路適當的改變，例如圖 5-65(a)應改成圖 5-65(b)所示。

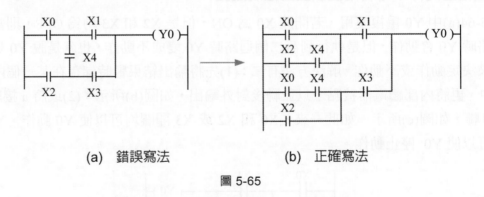

(a)　錯誤寫法　　　(b)　正確寫法

圖 5-65

例：

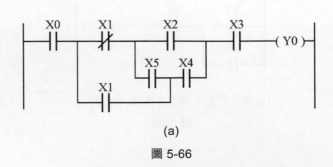

(a)

圖 5-66

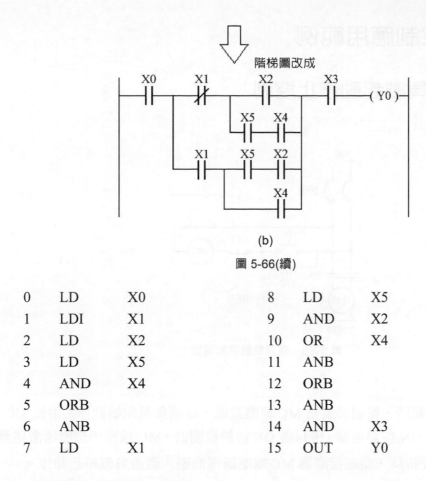

階梯圖改成

(b)

圖 5-66(續)

0	LD	X0	8	LD	X5
1	LDI	X1	9	AND	X2
2	LD	X2	10	OR	X4
3	LD	X5	11	ANB	
4	AND	X4	12	ORB	
5	ORB		13	ANB	
6	ANB		14	AND	X3
7	LD	X1	15	OUT	Y0

六、輸出線圈的後方不可有接點

在階梯圖中輸出線圈的後方不可有接點，圖 5-67(a)應改成圖 5-67(b)所示。

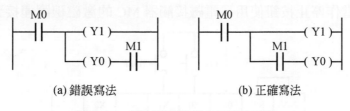

(a) 錯誤寫法　　　　　　　　　(b) 正確寫法

圖 5-67　輸出線圈的後方不可有接點

5-6 工業控制應用範例

5-6-1 直流負載起動停止控制

1. 傳統電工圖

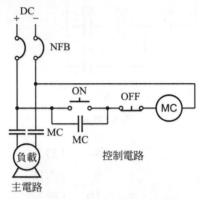

圖 5-68 直流負載控制電路

2. 動作說明

   (1) 按下 ON 按鈕時，電磁接觸器 MC 線圈激磁，直流負載開始動作。由於 MC 有一個 a 接點和 ON 按鈕並聯，所以當 ON 按鈕放開時，MC 線圈仍然繼續激磁動作。

   (2) 按下 OFF 按鈕時，電磁接觸器 MC 線圈斷電消磁，直流負載停止動作。

3. PLC 輸入/輸出接點規劃及外部接線圖

   以 PLC 來控制時，必須先規劃輸入接點與輸出接點，並決定輸入元件是採用 a 接點或 b 接點。如圖 5-69 所示，如果以 a 接點按鈕連接到 X0 當作啟動按鈕使用，同樣以 a 接點按鈕連接到 X1 當作停止按鈕使用，電磁接觸器 MC 的激磁線圈連接到 Y0。

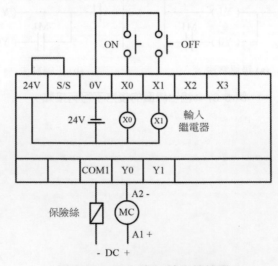

圖 5-69 PLC 輸入/輸出接線圖

4. 階梯圖及指令

0	LD	X0
1	OR	Y0
2	ANI	X1
3	OUT	Y0
4	END	

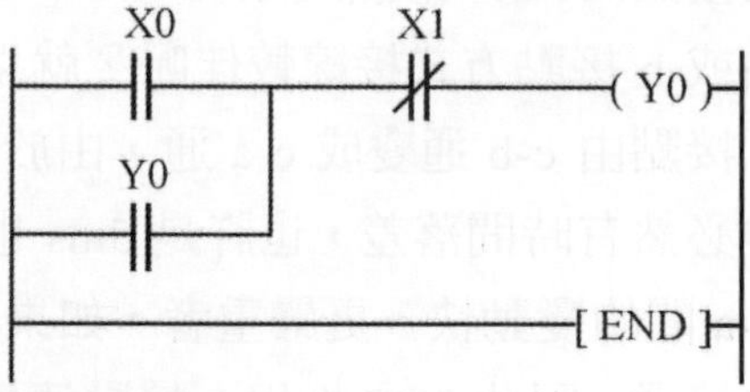

圖 5-70　階梯圖

5. 注意事項

(1) 以 PLC 來控制時，控制電路應接成圖 5-69 所示，千萬不要再照 5-68 所示的傳統控制電路連接。

(2) 在 PLC 的輸入/輸出接線圖中，按鈕開關可連接於任意輸入端點 X0、X1 或 X2 等等，電磁接觸器 MC 亦同樣可接於任意輸出端點 Y0、Y1 或 Y2 等等。

(3) 直流負載可以選用輸出型式為電晶體或繼電器的 PLC 或擴充模組。若直流負載電流較大時，不能將直流負載直接連接在 PLC 上，應如圖 5-68 所示，以 PLC 控制電磁接觸器的線圈，再以電磁接觸器的主接點去驅動負載。

(4) 再次提醒，輸入接點的共點，歐規 PLC 標示為 S/S，日規 PLC 標示為 COM。書中學習範例兼採此二種標示方法，讀者在研讀及實際接線時宜特別留意。

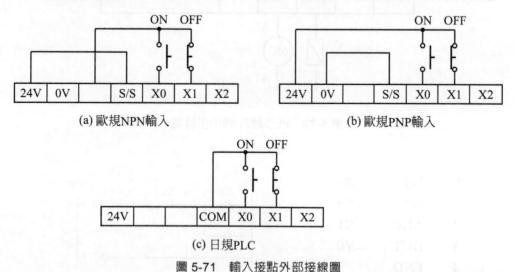

(a) 歐規NPN輸入　　　　　　(b) 歐規PNP輸入

(c) 日規PLC

圖 5-71　輸入接點外部接線圖

6. 討論

(1) 停止按鈕(OFF)和積熱電驛 TH-RY 在 PLC 外部輸入接線端子中，到底應採用 a 接點或 b 接點方式接線較佳呢？就以積熱電驛 TH-RY 的接點來講，當發生過載時，接點由 c-b 通變成 c-a 通，由於是機械式的動作，接觸片從 b 點跳到 a 點這當中必然有時間落差，也許是 5ms 也許是 10ms，但不管如何，c-b 間的變動一定比 c-a 間的變動快，更嚴重者，如果是接點壞掉了，c-b 間會跳開，但是 c-a 間沒辦法接通，因此 PLC 採用 b 接點連接，比採用 a 接點連接反應更快速更確實。在工業配線乙級技術士低壓配線技能檢定中，規定傳統控制電路中之 b 接點元件，例如 OFF 按鈕、緊急停止按鈕(EMS)或積熱電驛…等，在 PLC 外部輸入接線需採 b 接點方式連接如圖 5-72 所示。

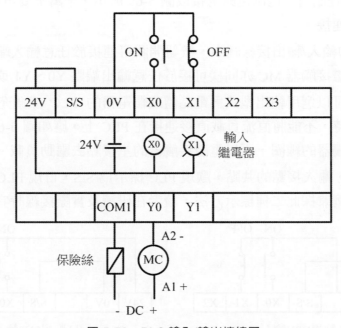

圖 5-72　PLC 輸入/輸出接線圖

```
0    LD     X0
1    OR     Y0
2    AND    X1
3    OUT    Y0
4    END
```

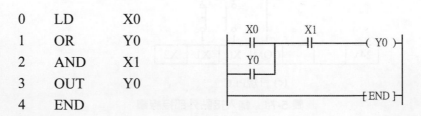

圖 5-73　階梯圖

(2)　電磁接觸器之激磁線圈額定電壓可分為交流與直流兩種：交流額定電壓有
110V、220V、380V、440V 等，其中較常使用的為 110V 及 220V 兩種；直流額
定電壓有 24V、48V 等。至於電磁接觸器主接點所連接控制的負載電壓，當然也
可以是交流或直流，其電壓不一定要和激磁線圈一樣，例如負載電壓為 AC
220V，激磁線圈額定電壓為 DC 24V。不過，通常為了方便起見，都將激磁線圈
額定電壓選擇跟系統電壓相同。

圖 5-74 所示為電磁接觸器內部結構圖，線圈激磁以後，可動鐵心被吸下，連動
著上面的接點一起作動，b 接點斷路，a 接點變成通路。圖 5-75 所示為最基本的
分路配線圖，主電路包括過電流保護器 NFB、操作器 MC、過載保護器 TH-RY，
主電路線徑依負載電流大小而定，控制電路常使用 2.0mm^2 絞線。

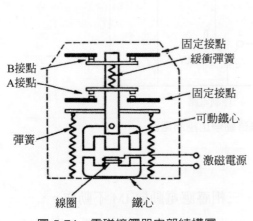

圖 5-74　電磁接觸器內部結構圖

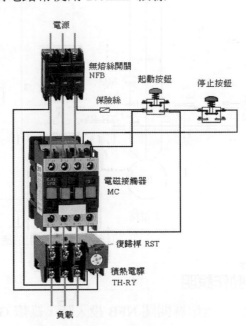

圖 5-75　分路配線圖

5-6-2 三相感應電動機起動停止控制

一、傳統電工圖

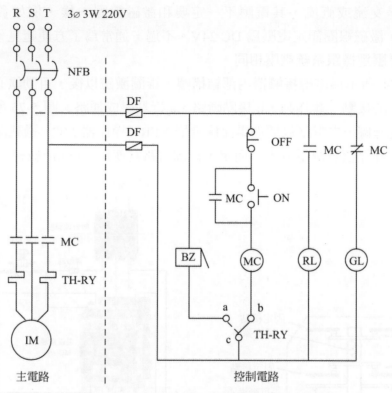

圖 5-76　三相感應電動機啓動停止控制電路

二、動作說明

1. 無熔絲開關 NFB 投入時，綠燈 GL 亮，三相感應電動機 IM 不動作。

2. 按下 ON(起動)按鈕，電磁接觸器 MC 激磁且自保，感應電動機立即運轉，紅燈 RL 亮，綠燈 GL 熄。

3. 按下 OFF(停止)按鈕，電磁接觸器失磁，感應電動機停止運轉，紅燈 RL 熄，綠燈 GL 亮。

4. 在感應電動機運轉中，若因過載而導致積熱電驛 TH-RY 動作，則感應電動機停止運轉，蜂鳴器 BZ 發出警報，紅燈 RL 熄，綠燈 GL 亮。

5. 故障排除後，按下積熱電驛 TH-RY 復歸桿，可以重新起動電動機。

三、PLC 輸入/輸出接點規劃及外部接線圖

　　將 a 接點按鈕連接到 X0 當作 ON 使用，b 接點按鈕連接到 X1 當作 OFF 使用，積熱電驛的 b 接點連接到 X3；電磁接觸器和蜂鳴器可選用 AC 220V 者，由三相 220V 電源的 RS 相、RT 相或 ST 相供電，蜂鳴器連接到 Y0，電磁接觸器的激磁線圈接到 Y1，紅色指示燈接到 Y2，綠色指示燈接到 Y4，如表 5-2 所示。

表 5-2　輸入/輸出接點規劃

輸入接點		輸出接點	
X0	起動按鈕(a 接點)	Y0	蜂鳴器 BZ
X1	停止按鈕(b 接點)	Y1	電磁接觸器 MC
X3	積熱電驛(b 接點)	Y2	紅燈 RL
		Y4	綠燈 GL

　　PLC 外部接線如圖 5-77 所示為歐規機種，輸入接點採用 NPN 型式，必須將 24V 端子與 S/S 端子連接，外部輸入元件的共點為 0V。

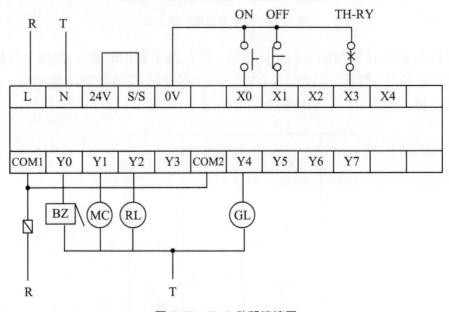

圖 5-77　PLC 外部接線圖

四、階梯圖

1. 因為 PLC 階梯圖中規定，條件接點在前，輸出線圈必須位於迴路的最後，所以先將傳統控制電路圖中的條件接點與輸出線圈位置作適度調整，重新繪製後的控制電路，如圖 5-78 所示。

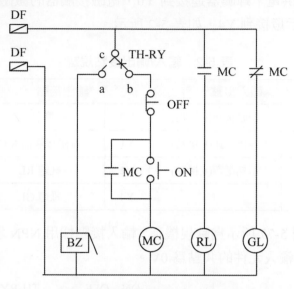

圖 5-78　重新繪製後的電工圖

2. 以輸入/輸出接點規劃後的元件編號，取代電工圖中的輸入/輸出元件代號，此處要留意的是：警報電路中 TH-RY 的 c-a 接點以及正常控制迴路中的 c-b 接點要獨立出來，各自形成一個控制迴路，如圖 5-79 所示。

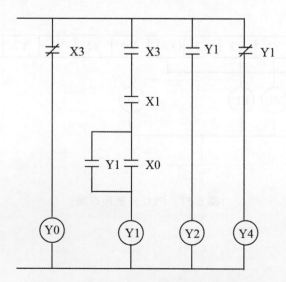

圖 5-79　經輸入/輸出接點規劃後的電工圖

3.　轉換成階梯圖，如圖 5-80(a)所示，對應的 ST 語法如圖 5-80(b)所示。

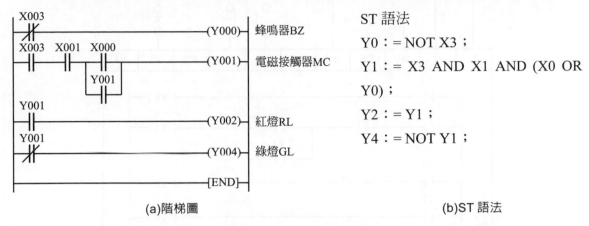

ST 語法

Y0：= NOT X3；

Y1：= X3 AND X1 AND (X0 OR Y0)；

Y2：= Y1；

Y4：= NOT Y1；

(a)階梯圖　　　　　　　　　　　(b)ST 語法

圖 5-80　階梯圖及 ST 語法

五、指令

將階梯圖轉換為指令，指令如下所示：

0	LDI	X3	7	OUT	Y1
1	OUT	Y0	8	LD	Y1
2	LD	X3	9	OUT	Y2
3	AND	X1	10	LDI	Y1
4	LD	X0	11	OUT	Y4
5	OR	Y1	12	END	
6	ANB				

六、注意事項

1.　電磁接觸器之激磁線圈依電源不同，可分為 DC 與 AC，兩者又各自有不同額定電壓，為了方便起見，選用跟主電路電壓相同者較佳。

2.　由於電磁接觸器和蜂鳴器均採交流電源，所以必須特別注意 PLC 或擴充模組的輸出型式應選用繼電器。

3.　由於蜂鳴器與指示燈的負載電流並不大，所以可以直接連接在 PLC 的輸出接點上。

4.　積熱電驛在階梯圖中的位置應移到電磁接觸器和蜂鳴器等輸出元件的左方。

七、傳統電工圖與 PLC 的比較

使用軟體程式取代傳統控制電路之後，其整體架構如圖 5-81 所示，PLC 主機除了輸入接點連接按鈕與積熱電驛，以及輸出接點連接蜂鳴器、電磁接觸器和指示燈之外，其他控制迴路中的一些串並聯接點及輔助電驛、計時器…等元件，一概由 PLC 取代。

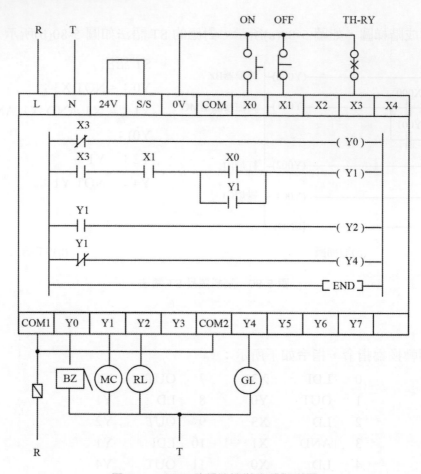

圖 5-81　PLC 外部接線與內部階梯圖

八、軟/硬體實作測試

1. 由程式書寫器或電腦連線編程軟體輸入指令或階梯圖。

2. 如圖 5-82 所示連接 PLC 輸入接點配線圖,由於連接在 X1 的是 OFF 按鈕 b 接點,以及連接在 X3 的是積熱電驛的 b 接點,所以 PLC 通電後,可以看到主機面板上輸入 LED 燈 X1、X3 亮。

3. 程式測試:將 PLC 主機的(RUN/STOP)開關置於 RUN 位置,先不接負載。

   a. 初始狀態:主機面板上輸出 LED 燈 Y4 亮

   b. 按下起動按鈕 ON:Y1 亮、Y2 亮,Y4 熄

   c. 按下停止按鈕 OFF:Y1 熄、Y2 熄,Y4 亮

   d. 按下起動按鈕 ON 之後,發生 TH-RY 過載:Y0 亮、Y4 亮

   e. 按下 TH-RY 復歸桿,Y0 熄、Y4 亮

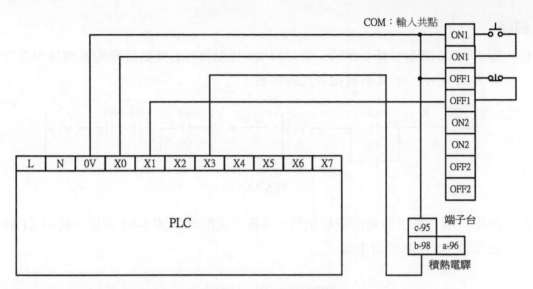

圖 5-82　PLC 外部輸入接線

4. 輸出接點及功能測試

　　a. 通電後初始狀態：綠燈亮。

　　b. 按下起動按鈕 ON：MC 動作、紅燈亮，綠燈熄。

　　c. 按下停止按鈕 OFF：MC 跳脫、紅燈熄，綠燈亮。

　　d. 按下起動按鈕 ON，運轉中 TH-RY 過載：蜂鳴器響，綠燈亮。

　　e. 按下 TH-RY 復歸桿：蜂鳴器停止、綠燈亮。

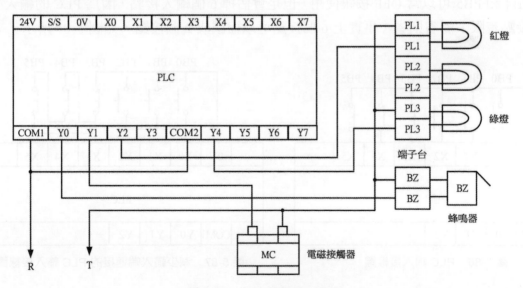

圖 5-83　PLC 外部輸出接線

九、討論

1. 圖 5-80 階梯圖中第 2 迴路，可以將 X0 接點與 Y1 接點並聯的區塊移至左方，如圖 5-84 所示，如此寫成指令比較容易。

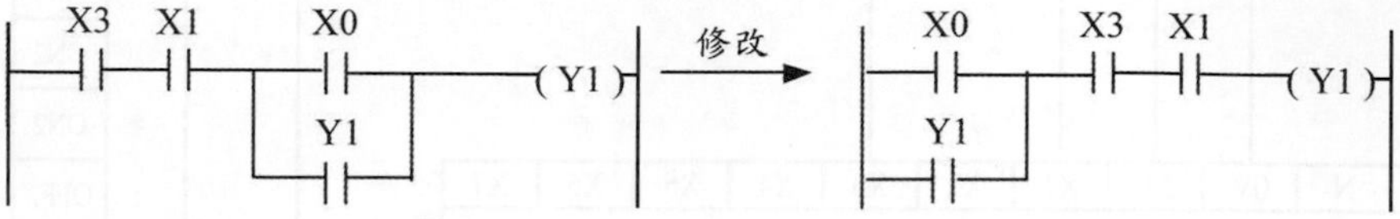

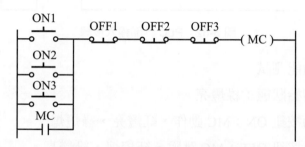

圖 5-84

2. 如果一個負載由多處開關控制時，傳統工業配線如圖 5-85 所示，其中 START 按鈕並聯，STOP 按鈕串聯。

圖 5-85　由多處開關控制負載的電路

　　PLC 輸入接線圖如圖 5-86 所示，PB0、PB1 和 PB2 可以當 ON 按鈕使用，PB3、PB4 和 PB5 可以當 OFF 按鈕使用，但是會佔掉 6 個輸入接點，因為 PLC 的輸入/輸出接點有限，能省則省，事實上 6 個接點可以縮減成 2 個接點，如圖 5-87 所示。

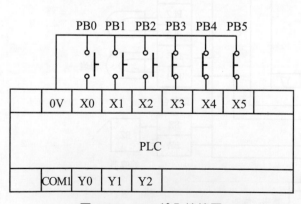

圖 5-86　PLC 輸入接線圖

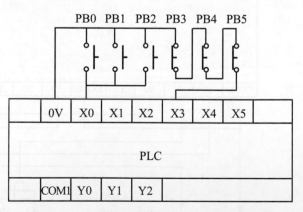

圖 5-87　減少輸入端連接的 PLC 輸入接線圖

5-6-3 三相感應電動機寸動與續動控制

　　前面例題的控制中,只要按一下起動按鈕,負載就可以持續動作,直到按下停止按鈕,負載才停止運轉。在工業控制上常用在試車電路上的另一種控制稱為寸動,所謂寸動控制,就是當按鈕按下時負載動作,當按鈕放開時負載便停止,因此可以做短暫時間的運轉控制。

1. 傳統控制電路圖

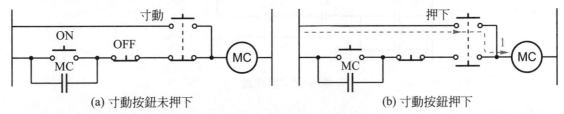

(a) 寸動按鈕未押下　　　　　　　　　　(b) 寸動按鈕押下

圖 5-88　寸動與續動控制電路

2. 動作說明

(1) 按下 ON 按鈕時,電磁接觸器 MC 線圈激磁並自保,電動機開始運轉。

(2) 按下 OFF 按鈕時,電磁接觸器線圈失磁,電動機停止運轉。

(3) 按下寸動按鈕時,電磁接觸器 MC 線圈激磁,電動機運轉,但是自保持接點因為寸動開關接點連動關係並不能發揮自保持作用,所以放開寸動按鈕時,電磁接觸器立即失磁,電動機停止運轉。

3. PLC 輸入/輸出接點規劃及外部接線圖

表 5-3　輸入/輸出接點規劃

輸入接點		輸出接點	
X0	起動按鈕(a 接點)	Y0	電磁接觸器 MC
X1	停止按鈕(b 接點)		
X2	寸動按鈕(a 接點)		

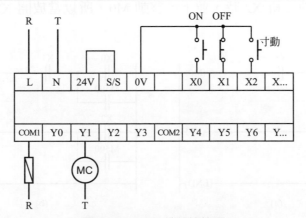

圖 5-89　PLC 外部接線圖

4. 階梯圖及指令

0	LD	X2	4	ANI	X2
1	LD	X0	5	ORB	
2	OR	Y0	6	OUT	Y0
3	AND	X1			

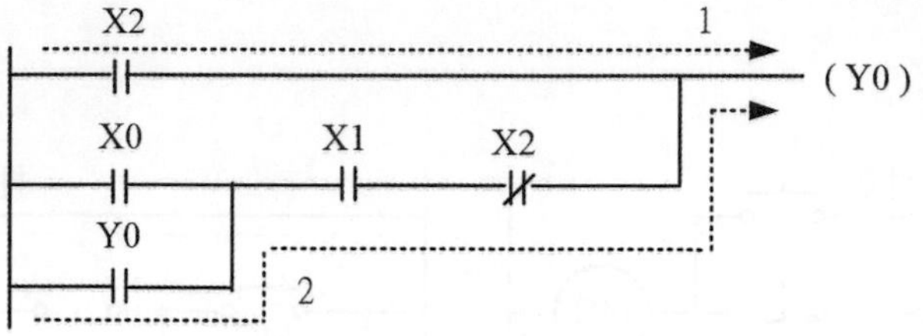

圖 5-90　階梯圖

5. 動作說明

(1) 按下 X0 按鈕時，補助繼電器 M0 動作並且自保持，計時器 T0 開始計時(0.1 秒*30=3 秒)，3 秒鐘以後 T0 的 a 接點閉合，Y0 開始動作。

(2) 按下 X1 按鈕時，補助繼電器 M0 和計時器 T0 停止動作，Y0 的 a 接點跳開，Y0 停止動作。

6. 討論

(1) 寸動開關在傳統控制電路上採用同時具有 a 接點和 b 接點的按鈕開關，但是在 PLC 接線上只要使用 a 接點即可。

(2) 測試結果，按下寸動按鈕並且放開時，竟然沒有寸動而是連續轉動，這其中存在的問題就是掃瞄問題。按下 X2 時電流迴路如圖 5-90 上 1 號所示，此時 Y0 動作，Y0 的 a 接點閉合，當放開 X2 時，下一次掃瞄變成電流迴路 2 號導通，故 Y0 持續動作。由此可知，由傳統配電線路轉換成階梯圖時，有時候會造成誤動作現象，那是因為不符合掃瞄動作觀念，因此必須另行設計功能相同的階梯圖，如圖 5-91(a) 所示。修正後的階梯圖中，使用了一個輔助繼電器 M0 以方便作連續運轉的控制，此時按下寸動按鈕 X2 時，並不會啟動 M0，所以當放開 X2 時，Y0 也就停止動作了。

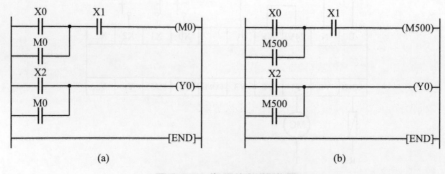

(a)　　　　　　　　　　　　　　　　(b)

圖 5-91　修正後的階梯圖

(3) 首先按下 X0 按鈕，看到 Y0 連續動作，然後將 PLC 電源關掉再重新打開電源(或者將 PLC 運轉開關切至 STOP 再切至 RUN)，Y0 並不會動作。接下來將階梯圖中的 M0 改成 M500，如圖 5-91(b)所示，同樣的先按下 X0 按鈕，讓 M500 和 Y0 動作，然後再將 PLC 電源關掉再重新打開電源，是不是發現 Y0 立即動作(並不需要按下 X0)，這就是停電保持功能輔助繼電器 M500 的功能，懂了嗎？

5-6-4　三相感應電動機故障警報控制電路『丙級室內配線第三題』

一、傳統電工圖

已知某三相感應電動機(IM)故障警報控制電路，傳統電工圖如圖 5-92 所示。

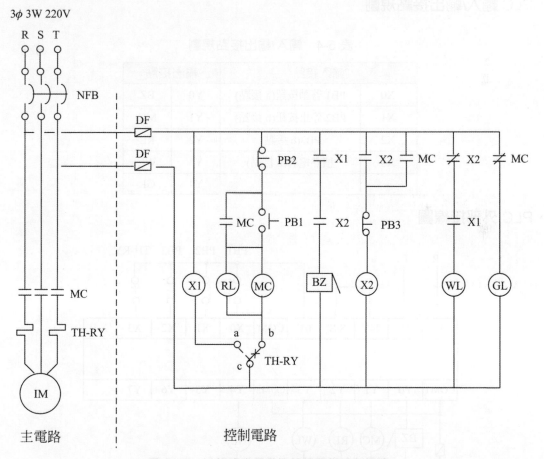

圖 5-92　三相感應電動機故障警報控制電路

二、動作說明

1. NFB 投入，電源正常時，僅綠燈 GL 亮，三相感應電動機(IM)不動作。

2. 按下啟動按鈕 PB1，則電磁接觸器(MC)動作，IM 立即運轉，紅燈 RL 亮，綠燈 GL 熄。

3. 按下停止按鈕 PB2，則 MC 斷電，IM 停止運轉，紅燈 RL 熄，綠燈 GL 亮。

4. 在 IM 運轉中，因過載或其他故障原因，致使積熱電驛(TH-RY)動作，則 IM 停止運轉，蜂鳴器 BZ 發出警報，紅燈 RL 熄，綠燈 GL 亮。

5. 按下 PB3 按鈕，BZ 停止警報，白燈 WL 亮，綠燈 GL 亮。

6. 故障排除後，按下 TH-RY 復歸桿，則白燈 WL 熄，綠燈 GL 亮，可以重新起動 IM。

三、PLC 輸入/輸出接點規劃

表 5-4　輸入/輸出接點規劃

輸入接點		輸出接點	
X0	PB1 啟動按鈕(a 接點)	Y0	BZ
X1	PB2 停止按鈕(b 接點)	Y1	MC
X2	PB3(b 接點)	Y2	RL
X3	積熱電驛(b 接點)	Y3	WL
		Y4	GL

四、PLC 外部接線圖

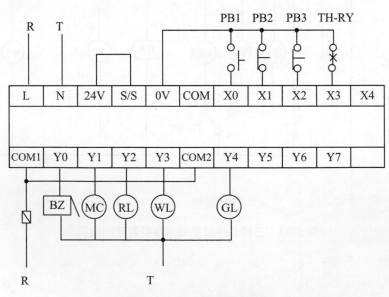

圖 5-93　PLC 外部接線圖

五、傳統電工圖 → PLC 階梯圖

1. 重新繪製電工圖，將條件接點與輸出線圈位置作適度變更，以符合 PLC 階梯圖的要求，重新繪製後的電工圖，如圖 5-94 所示。

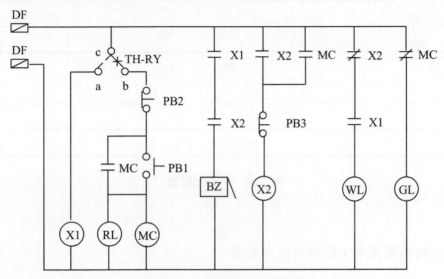

圖 5-94　重新繪製後的電工圖

2. 以 I/O 編碼後的元件編號，取代電工圖中的輸入/輸出元件代號，如圖 5-95 所示。

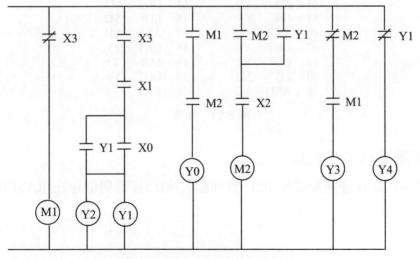

圖 5-95　經 I/O 編碼後的的電工圖

3. 使用編程軟體繪製並經過轉換後之階梯圖，如圖 5-96 所示。

圖 5-96　PLC 階梯圖

六、指令

將階梯圖轉換為指令，則指令如下所示。

00	LDI	X3		11	OUT	Y0
01	OUT	M1		12	LD	M2
02	LD	X3		13	OR	Y1
03	AND	X1		14	AND	X2
04	LD	X0		15	OUT	M2
05	OR	Y1		16	LDI	M2
06	ANB			17	AND	M1
07	OUT	Y1		18	OUT	Y3
08	OUT	Y2		19	LDI	Y1
09	LD	M1		20	OUT	Y4
10	AND	M2		21	END	

圖 5-97　指令

七、傳統電工圖與 PLC 的比較

使用軟體程式取代硬體配線後 PLC 外部輸入/輸出接線與儲存在 RAM 中的內部階梯圖，如圖 5-98 所示。

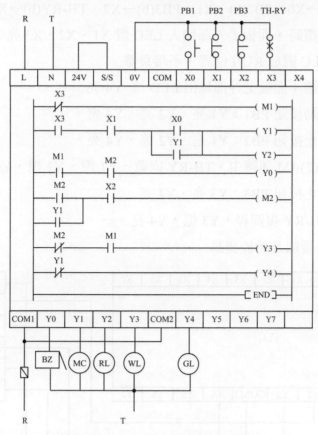

圖 5-98　PLC 外部接線與內部階梯圖

八、軟/硬體測試

1. 由程式書寫器或電腦連線編程軟體輸入指令或程式。

2. 外部輸入 X 接線及測試。

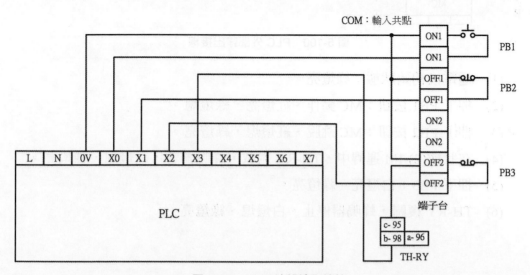

圖 5-99　PLC 外部輸入接線

(1) PB1(a)→X0、PB2(b)→X1、PB3(b)→X2、TH-RY(b)→X3。

(2) PLC 送電時，面板上外部輸入 LED 燈 X1、X2、X3 亮。

3. 程式測試-PLC 置於 RUN 位置，不接負載。

(1) 初始狀態：面板上外部輸出 LED 燈_Y4 亮。

(2) 押下啓動按鈕 PB1：Y1 亮、Y2 亮，Y4 熄。

(3) 押下停止按鈕 PB2：Y1 熄、Y2 熄，Y4 亮。

(4) 在狀態(2)-IM 運轉中，TH-RY 過載，Y1 熄、Y2 熄，Y0 亮、Y4 亮。

(5) 押下停止按鈕 PB3：Y3 亮、Y4 亮。

(6) 按下 TH-RY 復歸桿，Y3 熄，Y4 亮。

4. 外部輸出 Y 接線及功能測試

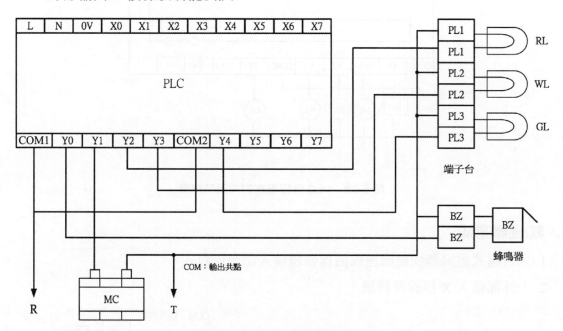

圖 5-100 PLC 外部輸出接線

(1) 通電後初始狀態：綠燈亮。

(2) 押下 PB1 按鈕：MC 動作、紅燈亮，綠燈熄。

(3) 押下 PB2 按鈕：MC 跳脫、紅燈熄，綠燈亮。

(4) 在狀態(2)-IM 運轉中，TH-RY 過載，蜂鳴器響，紅燈熄，綠燈亮。

(5) 押下 PB3：白燈亮、綠燈亮。

(6) TH-RY 復歸，蜂鳴器停止、白燈熄、綠燈亮。

九、其他程式語言

1. LD+全域標籤

(1) 全域標籤(Global Label)或變數宣告

	Class	Label Name	Data Type		Constant	Device
1	VAR_GLOBAL	PB1	Bit	...		X000
2	VAR_GLOBAL	PB2	Bit	...		X001
3	VAR_GLOBAL	PB3	Bit	...		X002
4	VAR_GLOBAL	THRY	Bit	...		X003
5	VAR_GLOBAL	BZ	Bit	...		Y000
6	VAR_GLOBAL	IM	Bit	...		Y001
7	VAR_GLOBAL	RL	Bit	...		Y002
8	VAR_GLOBAL	WL	Bit	...		Y003
9	VAR_GLOBAL	GL	Bit	...		Y004

(2) LD+全域標籤

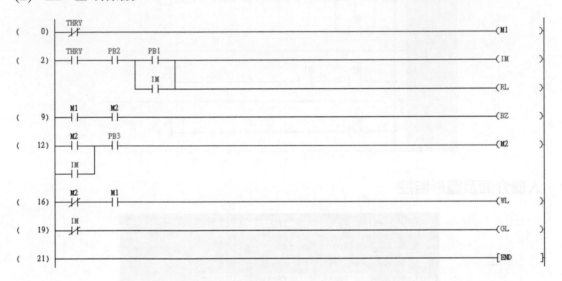

2. ST 語法

```
M1:=NOT X3;
Y1:=X3 AND X1 AND (X0 OR Y1);    (* MC *)
Y2:=Y1;    (* RL *)
Y0:=M1 AND M2;  (* BZ *)
M2:= (M2 OR Y1) AND X2;
Y3:=NOT M2 AND M1;  (* WL *)
Y4:=NOT Y1;   (* GL *)
```

3. ST 語法+全域標籤

全域標籤(Global Label)或變數宣告同『LD+全域標籤』所示。

```
M1:=NOT THRY;
IM:=THRY AND PB2 AND ( PB1 OR IM);   (* MC *)
RL:=IM;   (* RL *)
BZ:=M1 AND M2;  (* BZ *)
M2:= (M2 OR Y1) AND PB3;
WL:=NOT M2 AND M1;  (* WL *)
GL:=NOT IM;   (* GL *)
```

4. FBD/LD+全域標籤

全域標籤(Global Label)或變數宣告同『LD+全域標籤』所示。

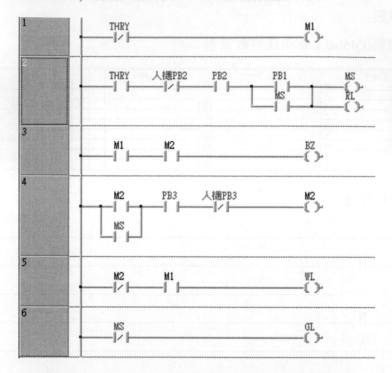

十、人機介面及圖形監控

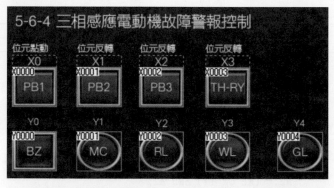

三相感應電動機故障警報控制電路人機介面及圖形監控

5-6-5 三相感應電動機正逆轉控制

三相感應電動機的轉子旋轉方向依電源相序及旋轉磁場方向而定,因此只要將三相電源線中的任意兩條互換,就可以改變轉動方向。

1. 傳統電工圖

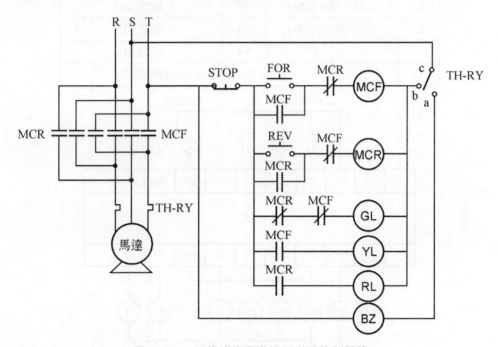

圖 5-101 三相感應電動機正逆轉控制電路

2. 動作說明

(1) 任何按鈕均未按下時,GL 指示燈亮。

(2) 按下 FOR 按鈕時,電磁接觸器 MCF 線圈激磁,使電動機正向運轉,並且 YL 指示燈亮。由於電路上有一個 MCF 的 b 接點與電磁接觸器 MCR 串聯,故此時按下 REV 按鈕無效。

(3) 按下 STOP 按鈕時,MCF 線圈斷電消磁,電動機停止運轉。

(4) 按下 REV 按鈕時,電磁接觸器 MCR 線圈激磁,使電動機逆向運轉,並且 RL 指示燈亮。此時按下 FOR 按鈕的話同樣也是無效。

(5) 電動機運轉中若發生過載,積熱電驛 TH-RY 接點動作,電動機停止運轉,並且蜂鳴器 BZ 發出警報。

3. PLC 輸入/輸出接線圖

表 5-5 輸入/輸出接點規劃

輸入接點		輸出接點	
X0	停止按鈕(b 接點)	Y0	正轉用電磁接觸器 MCF
X1	正轉按鈕(a 接點)	Y1	反轉用電磁接觸器 MCR
X2	反轉按鈕(a 接點)	Y2	綠燈 GL
X4	積熱電驛(b 接點)	Y3	黃燈 YL
		Y4	紅燈 RL
		Y5	蜂鳴器 BZ

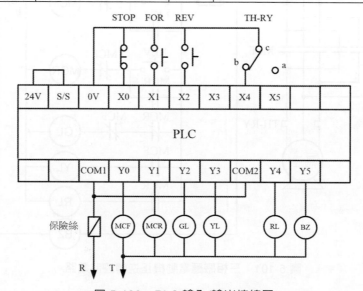

圖 5-102 PLC 輸入/輸出接線圖

4. 階梯圖

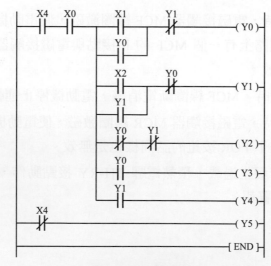

圖 5-103 階梯圖

　　　　階梯圖中要記得將過載電驛 TH-RY(X4)移到輸出元件的左方。此階梯圖亦可改成如下圖 5-104 所示，以利於編寫成指令碼。

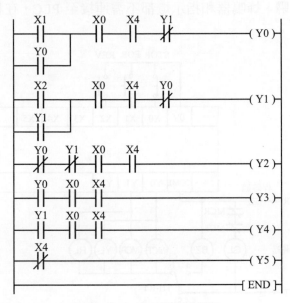

圖 5-104　修正後的階梯圖

5.　指令表

0	LD	X1	14	AND	X0
1	OR	Y0	15	AND	X4
2	AND	X0	16	OUT	Y2
3	AND	X4	17	LD	Y0
4	ANI	Y1	18	AND	X0
5	OUT	Y0	19	AND	X4
6	LD	X2	20	OUT	Y3
7	OR	Y1	21	LD	Y1
8	AND	X0	22	AND	X0
9	AND	X4	23	AND	X4
10	ANI	Y0	24	OUT	Y4
11	OUT	Y1	25	LDI	X4
12	LDI	Y0	26	OUT	Y5
13	ANI	Y1	27	END	

6.　討論

(1)　電磁接觸器 MCF 和 MCR 絕對不能同時動作，否則在主電路之處會造成短路。所以圖 5-101 中，電磁接觸器 MCF 和 MCR 的激磁線圈都串聯著彼此的 b 接點，稱為互鎖接點。

(2) 此例題輸出端用了太多的端子，對 PLC 而言有點可惜，事實上，電路可以改成如圖 5-105 所示。輸入接點只接三個按鈕，輸出接點只接二個電磁接觸器線圈，其他的過載電驛、蜂鳴器和指示燈都不需連接至 PLC，在程式裡頭當然也不需考慮這些元件了。

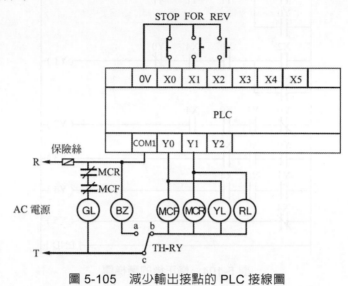

圖 5-105　減少輸出接點的 PLC 接線圖

5-6-6　單相感應電動機正逆轉控制

單相感應電動機單靠一組定子繞組無法產生旋轉磁場以自行起動，必須加裝一輔助繞組以產生旋轉磁場。常用的電容運轉式馬達如圖 5-106 所示，電容器與輔助繞組串接，使輔助繞組與主繞組的電流產生 90° 的相位差，以形成旋轉磁場使馬達得以起動及運轉。

1. 電路圖

單相感應電動機欲作正/逆轉控制，最簡單的方法是將主繞組與輔助繞組作成一樣，使用一單極雙投開關，使電容器可以隨時切換於兩繞組之間，如圖 5-107 所示，使每一個繞組均可當作主繞組或輔助繞組使用，如此就可以改變旋轉方向。

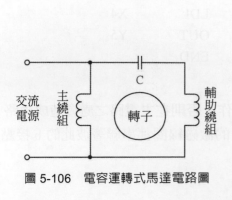

圖 5-106　電容運轉式馬達電路圖

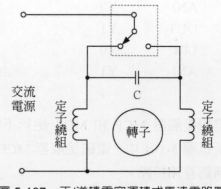

圖 5-107　正/逆轉電容運轉式馬達電路圖

2. PLC 外部接線圖

表 5-6　輸入/輸出接點規劃

輸入接點		輸出接點	
X0	正轉按鈕(a 接點)	Y0	正轉用輸出接點
X1	反轉按鈕(a 接點)	Y1	反轉用輸出接點
X2	停止按鈕(b 接點)		

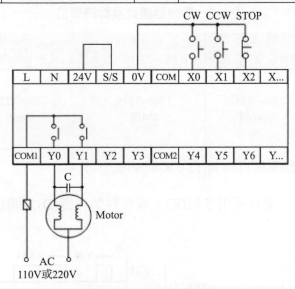

圖 5-108　PLC 外部接線

3. 階梯圖

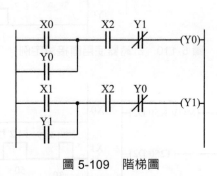

圖 5-109　階梯圖

4. 討論

　　圖 5-108 直接將電動機連接在 PLC 輸出接點，必須注意電動機電流大小是否超過輸出接點的電流容量，繼電器輸出型式電阻性負載 2A，電感性負載 80VA。單相感應電動機具有電阻與電感成分，並且要考慮電動機起動電流甚大於額定電流。那麼對於電流比較大的單相感應電動機該如何處理呢？簡單，就如同課本第 5-6-5 節的方法，連接二個電磁接觸器的激磁線圈在 Y0 和 Y1，然後再利用電磁接觸器的主接點來控制馬達的正反轉就可以了。

5-7 計時器及其應用

計時器的編號是以十進制表示,計時單位(Time base)有 1mS、10mS、100mS 三種,如表 5-7 所示。計時器通電時立即從 0 開始往上加算,到達設定值時其輸出接點動作,當計時器斷電時,一般用計時器的接點會自動復歸,計時值變成 0;停電保持型計時器則必須利用 RST 指令加以復歸。

表 5-7　計時器編號及計時單位

100ms 0.1~3276.7 秒	10ms 0.01~327.67 秒	1ms 停電保持型 0.001~32.767 秒	100ms 停電保持型 0.1~3276.7 秒	1ms 0.001~32.767 秒
T0~T199 共200個	T200~T245 共46個	T246~T249 共4個	T250~T255 共6個	T256~T511 共256個
副程式用 T192~T199				

註:FX5U 計時器的種類及編號,請參閱【3-6 常用的內部元件】。

計時器的時間設定可直接使用常數(K),或資料暫存器(D)來間接設定,如圖 5-110 和圖 5-111 所示。

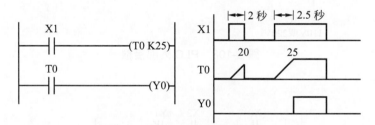

圖 5-110　計時器使用直接設定例

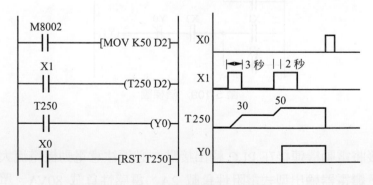

圖 5-111　計時器使用間接設定例

5-7-1　通電延遲(ON DELAY)控制

1. 時序圖及階梯圖

   X0 連接啟動按鈕(a 接點)，X1 連接停止按鈕(b 接點)，Y0 連接負載。

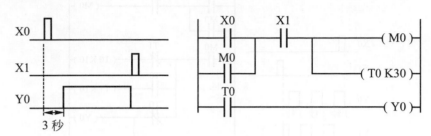

圖 5-112　ON-DELAY 電路

2. 動作說明

   (1) 按下 X0 按鈕時，輔助繼電器 M0 動作並且自保持，計時器 T0 開始計時(0.1 秒*30=3 秒)，3 秒鐘以後 T0 的 a 接點閉合，Y0 開始動作。

   (2) 按下 X1 按鈕時，輔助繼電器 M0 和計時器 T0 停止動作，T0 的 a 接點跳開，Y0 停止動作。

5-7-2　單擊(ONE SHOOT)控制

1. 時序圖及階梯圖

   X0 連接啟動按鈕，Y0 連接負載。

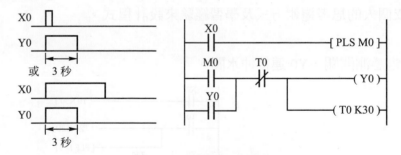

圖 5-113　單擊動作電路

2. 動作說明

   (1) 按下 X0 按鈕，由 OFF→ON 時，M0 動作一個掃瞄週期，Y0 開始動作並且自保持，計時器 T0 開始計時，3 秒鐘以後 T0 的 b 接點跳開，Y0 停止動作，T0 線圈亦停止動作。

   (2) 由於階梯圖上使用前緣微分指令 PLS，所以按下 X0 按鈕的時間不論小於 3 秒或是大於 3 秒並不會影響 Y0 的 3 秒動作時間。

5-7-3 閃爍電路

1. 時序圖及階梯圖

X0 連接啓動按鈕，X1 連接停止按鈕(b 接點)，Y0 和 Y1 連接負載。

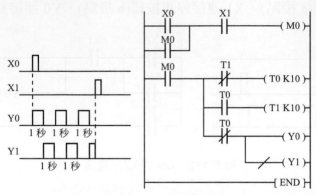

圖 5-114 閃爍電路

2. 動作說明

(1) 按下 X0 按鈕時，輔助繼電器 M0 動作並且自保持，Y0 動作並且計時器 T0 開始計時(0.1 秒*10=1 秒)，1 秒鐘後 T0 接點動作，換成 Y1 動作並且 T1 開始計時，1 秒鐘後 T1 的 b 接點跳開，T0 斷電 T1 也斷電，然後 T1 的 b 接點恢復閉合，從頭動作。

(2) 按下 X1 按鈕時，輔助繼電器 M0 斷電，所有元件停止動作。

5-7-4 小便斗沖水器控制_直覺法

直覺法：依個人的思考邏輯方式及學習經驗來設計程式。

1. 階梯圖

X0 連接光電感測開關，Y0 連接沖水閥。

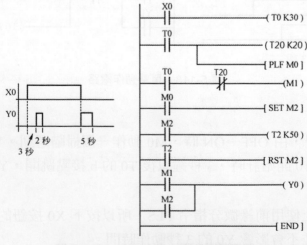

圖 5-115 小便斗沖水器控制階梯圖

2. 動作說明

(1) X0 光電開關 ON 時，計時器 T0 開始計時，3 秒鐘後輔助繼電器 M1 和沖水閥 Y0 開始動作，同時計時器 T20 開始計時，2 秒鐘後 T20 的 b 接點跳開，輔助繼電器 M1 和沖水閥 Y0 停止動作。

(2) X0 光電開關 OFF 時，PLF M0 動作並且使 M2 動作，此時沖水閥 Y0 又再次動作，計時器 T22 也開始計時，5 秒鐘後將 M2 復歸，沖水閥 Y0 停止沖水。

3. 討論

(1) 如果 X0 開關 ON 的時間不超過 3 秒即 OFF 的話，計時器 T0 在還沒計時到 3 秒就斷電，所以 T0 的值又恢復為 0，M1 和 Y0 當然也就不會動作，可以防止無謂的誤動作。

(2) 沒有光電開關的話，X0 可以用搖頭按鈕開關代替。

5-7-5 計時器依序啟動個別計時控制

1. 動作時序圖及階梯圖，如圖 5-116 和圖 5-117 所示。
   X0 接啟動按鈕，X1 接停止按鈕(b 接點)。

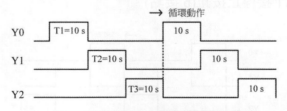

圖 5-116 計時器依序計時控制動作時序圖

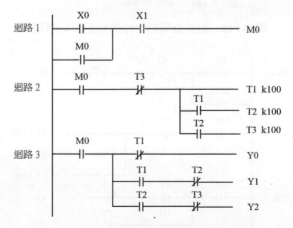

圖 5-117 計時器依序計時控制階梯圖

2. 動作說明

(1) 押下按鈕 X0 時，輔助繼電器 M0 動作，迴路 2 中的 T1 線圈開始計時；同時迴路 3 中之 Y0 也開始動作。

(2) 迴路 2 中之 T1 線圈通電 10 秒後，T2 線圈開始通電計時。迴路 3 中之 Y0 停止動作，換成 Y1 開始動作。

(3) 迴路 2 中之 T2 線圈通電 10 秒後，T3 線圈開始通電計時。迴路 3 中之 Y1 停止動作，換成 Y2 開始動作。

(4) 迴路 2 中之 T3 線圈通電 10 秒後，T3 的 b 接點斷開而迫使 T1、T2、T3 線圈斷電，所有計時器接點復歸，之後動作便一直重複。

(5) 押下按鈕 X1 時，輔助繼電器 M0 斷電，所有元件停止動作。

3. 討論_程式設計原則

(1) 計時器 b 接點：到達設定值時，接點打開。

(2) 計時器 a 接點：到達設定值時，接點閉合。

5-7-6 計時器同時啟動累積計時控制

1. 動作時序圖及階梯圖，如圖 5-118 和圖 5-119 所示。
X0 接啟動按鈕，X1 接停止按鈕(b 接點)。

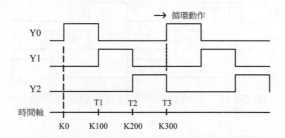

圖 5-118 計時器同時計時控制動作時序圖

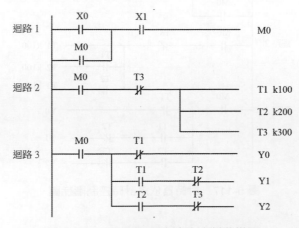

圖 5-119 計時器同時計時控制階梯圖

2. 動作說明

  (1) 押下按鈕 X0 時,輔助繼電器 M0 動作,迴路 2 中的 T1、T2、T3 線圈開始通電計時;迴路 3 中之 Y0 開始動作。

  (2) 迴路 2 中之 T1 線圈通電 10 秒後,迴路 3 中之 Y0 停止動作,換成 Y1 開始動作。

  (3) 迴路 2 中之 T2 線圈通電 20 秒後,迴路 3 中之 Y1 停止動作,換成 Y2 開始動作。

  (4) 迴路 2 中之 T3 線圈通電 30 秒後,T2 的 b 接點跳開而迫使 T1、T2、T3 線圈斷電,所有計時器接點復歸,之後動作便一直重複。

  (5) 押下按鈕 X1 時,輔助斷電器 M0 斷電,所有元件停止動作。

3. 討論

      第 5-7-5 與第 5-7-6 節的兩個階梯圖中,迴路 1 與迴路 3 完全相同,唯一的差異是迴路 2。兩相比較,採用計時器同時啟動計時方式,程式設計較為簡易。

5-7-7 週期性循環動作控制

1. 時序圖及階梯圖

X0 連接啟動按鈕,X1 連接停止按鈕(b 接點),Y0、Y1 和 Y2 連接負載。

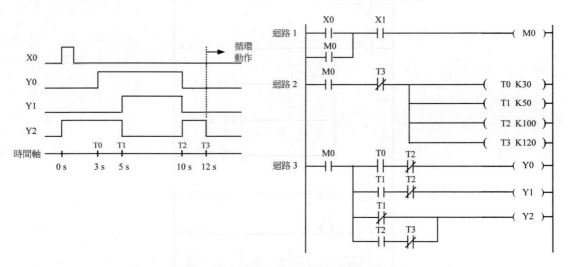

圖 5-120 週期性循環動作控制階梯圖

2. 動作說明

  (1) 按下 X0 按鈕時,輔助繼電器 M0 動作並且自保持,計時器 T0、T1、T2 和 T3 開始計時。

  (2) 第 3 個迴路中的 Y0,當 3 秒過後 T0 的 a 接點閉合,Y0 開始動作,到第 10 秒時 T2 的 b 接點跳開,Y0 停止動作。

CH 5

(3) 第 3 個迴路中的 Y1，當 5 秒過後 T1 的 a 接點閉合，Y1 開始動作，到第 10 秒時 T2 的 b 接點跳開，Y1 停止動作。

(4) 第 3 個迴路中的 Y2，只要 M0 接點接通便開始動作，到第 5 秒時 T1 的 b 接點跳開，Y2 停止動作。另外，到第 10 秒時 T2 的 a 接點接通，Y2 又開始動作，到第 12 秒時 T3 的 b 接點跳開，Y2 停止動作。

(5) 第 12 秒時計時器 T3 動作，在第 2 迴路中 T3 的 b 接點跳開，導致計時器 T0～T3 全部斷電，所有的計時器現在值歸零，並且接點恢復原狀，就因為在第 2 迴路中 T3 的 b 接點恢復閉合，所以計時器的動作從頭開始。

(6) 在任何時刻按下 X1 按鈕時，輔助繼電器 M0 停止動作，Y0、Y1 和 Y2 也隨即停止動作。

3. 討論

如果以主控接點指令(MC)來寫此程式的話，可以將階梯圖改成如下圖所示，注意 MC 必須和 MCR 配合使用，請比較一下如圖 5-121 階梯圖與圖 5-120 之間的差別。

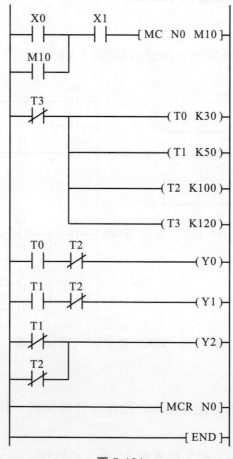

圖 5-121

5-7-8　紅綠燈控制

1. I/O 規劃與階梯圖

   階梯圖如圖 5-122 所示。

表 5-8　輸入/輸出接點規劃

輸入接點		輸出接點	
X0	起動按鈕(a 接點)	Y0	縱向馬路綠燈
X1	停止按鈕(b 接點)	Y1	縱向馬路黃燈
		Y2	縱向馬路紅燈
		Y10	橫向馬路綠燈
		Y11	橫向馬路黃燈
		Y12	橫向馬路紅燈

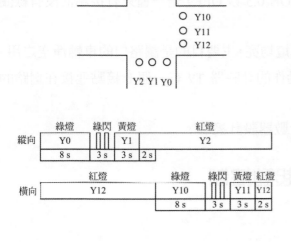

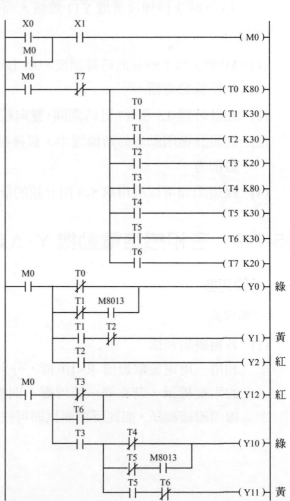

圖 5-122　十字路口紅綠燈控制階梯圖

2.　動作說明

(1)　按下 X0 按鈕時，輔助繼電器 M0 動作並且自保持，紅綠燈開始動作，此時階梯圖中的第二個迴路的計時器 T0 開始計時，8 秒鐘後 T1 開始計時，依序 T2-T3-T4-T5-T6-T7，當 T7 計時時間一到，連接在最前方的 T7 常閉接點跳開，導致所有計時器斷電計時值全部歸零，此時 T7 常閉接點恢復閉合，所有計時器又從頭計時。

(2)　當輔助繼電器 M0 動作的同時，第三個迴路中的 Y0 和第四個迴路中的 Y12 也開始動作，一直到 T0 計時時間到 T0 的 b 接點跳開，Y0 改由並聯迴路 T1 的 b 接點和 M8013 接點供電，此時 Y0 變成 1 秒鐘亮滅一次。等 Y0 閃爍 3 次(T1 計時 3 秒鐘)後，綠燈 Y0 熄滅換成黃燈 Y1 亮，T2 開始計時 3 秒鐘，3 秒後黃燈 Y1 熄滅換成紅燈 Y2 亮，T3 開始計時 2 秒鐘。

(3)　當 T3 計時 2 秒鐘一到，第四個迴路中的紅燈 Y12 熄滅換成綠燈 Y10 亮，等 T4 計時 8 秒鐘後 Y10 開始閃爍，T5 計時 3 秒鐘後 Y10 熄滅換成黃燈 Y11 亮，當 T6 計時 3 秒鐘後黃燈 Y11 熄滅，而紅燈 Y12 再度亮起來。

3.　討論

(1)　M8013 為 1 秒鐘的時鐘脈波，0.5 秒 ON/0.5 秒 OFF，是一種只有接點而沒有線圈的特殊繼電器。

(2)　在計時器 T3 和 T7 計時期間，雙向紅燈均亮，主要目的是讓路口的車輛淨空之用。

(3)　在設計循環動作的階梯圖中，最後動作的計時器 T7 有一個 b 接點連接在迴路的最前方。

(4)　綠燈閃爍可以改用第 5-8 節介紹的計數器設計控制。

5-7-9　三相感應電動機 Y-△ 起動控制

一、相關知識

1.　相關知識

(1)　各相繞組判斷
利用三用電表歐姆檔 R×10 檔，分別量測三相感應電動機三個繞組的六個線頭，若為同一組線圈，則指針偏轉；若為∞，則更換其它線頭繼續測試，如此反覆測試即可找出三個繞組，暫訂為 A、B、C。

(2) 各相繞組極性判斷

第一組線圈接開關 SW 及 9V 乾電池，第二組線圈接三用電表，選擇開關置於 DCV ×0.5 檔。將開關 SW 按下後馬上打開，並觀察電表指針瞬間偏轉方向，若為反(負)偏，則第二組線圈與第一組線圈所對應的極性相同，若為順偏，則極性相反，如圖 5-123 所示。

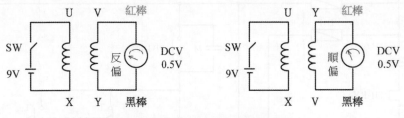

圖 5-123　各相繞組極性判斷

(3) Y 接起動 △ 接運轉

三相感應電動機起動時的電流大約為額定負載電流的 5～7 倍大，電流大所造成的負面作用是線路壓降增大，也就是說負載端電壓變小，除了影響馬達本身的起動特性之外，也會影響到其他負載。所以馬力數較大者不能以全壓直接起動，應考慮降壓起動或是降頻起動，其中最常使用的就是 Y-△ 起動法，也就是在電動機起動時將三相繞組接成 Y 形，待轉子起動運轉後再將三相繞組改接成 △ 形，如圖 5-124 所示，如此一來，起動電流可以降為 △ 形連接時的 1/3 倍。注意，有六個出線頭的三相感應馬達才能做 Y-△ 起動控制，如果只有三個出線頭的話，那是不行的。

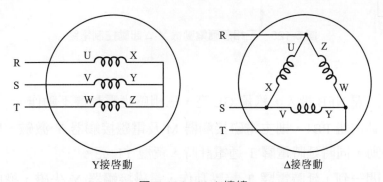

圖 5-124　Y-△ 接線

2. 傳統電工圖

三相感應電動機 Y-Δ 起動控制電路如圖 5-125 所示。

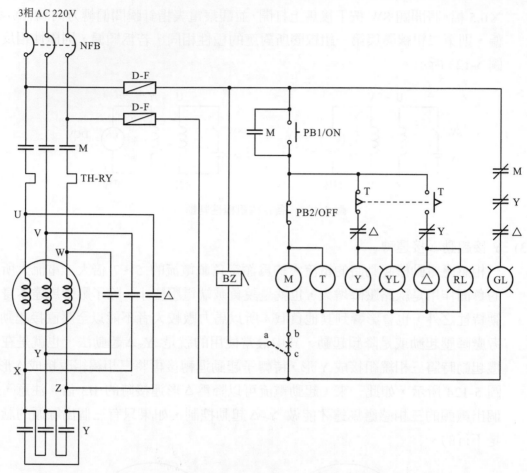

圖 5-125 三相感應電動機 Y-Δ 起動控制電路

3. 動作說明

(1) 無熔絲開關 NFB 投入，綠燈 GL 亮，三相感應電動機不動作。

(2) 按下起動按鈕 PB1，則主電磁接觸器 M 及電磁接觸器 Y 激磁，感應電動機立即 Y 接起動，同時延時電驛 T 通電計時，黃燈 YL 亮。

(3) 計時時間一到，延時電驛 T 接點動作，電磁接觸器 Y 失磁，換成電磁接觸器 Δ 激磁，感應馬達改為 Δ 接運轉，紅燈 RL 亮，黃燈 YL 熄。

(4) 按下停止按鈕 PB2 時，電磁接觸器 M 失磁，馬達停止運轉，紅燈 RL 熄，綠燈 GL 亮。

(5) 在感應馬達運轉中，因過載致使積熱電驛 TH-RY 動作時，馬達停止運轉，蜂鳴器 BZ 發出警報，紅燈 RL 熄，綠燈 GL 亮。

(6) 故障排除後，按下積熱電驛 TH-RY 復歸桿，可以重新起動馬達。

4. PLC 外部接線圖

表 5-9　輸入/輸出接點規劃

輸入接點		輸出接點	
X1	起動按鈕(a 接點)	Y0	蜂鳴器 BZ
X2	停止按鈕(b 接點)	Y1	主電磁接觸器
X3	積熱電驛(b 接點)	Y2	Y 接電磁接觸器
		Y3	△接電磁接觸器
		Y4	黃燈 YL
		Y5	紅燈 RL
		Y6	綠燈 GL

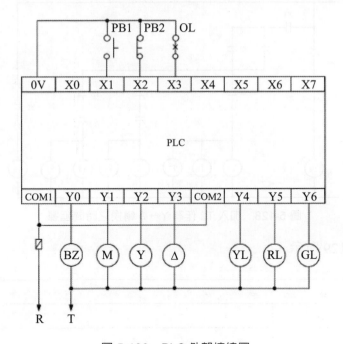

圖 5-126　PLC 外部接線圖

5. 階梯圖

將電工圖中之控制電路直接轉成對應階梯圖，以 I/O 編碼後的元件編號，取代輸入/輸出元件代號，如圖 5-127 所示。

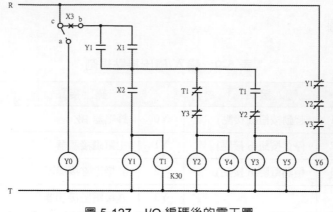

圖 5-127　I/O 編碼後的電工圖

電磁接觸器 Y 和 Δ 絕對不能同時動作，否則主電路會造成短路。因此加入 T2 作為 Y →Δ 轉換之時間延遲，確保電動機繞組由 Y 形連接變成 Δ 形連接的過渡期間有 0.5 秒的緩衝期，如圖 5-128 所示。

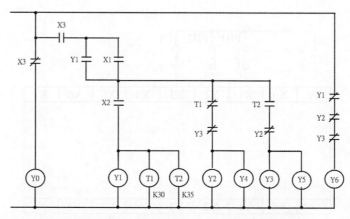

圖 5-128　加入 T2 作為 Y→Δ 轉換之時間延遲

階梯圖如圖 5-129 所示。

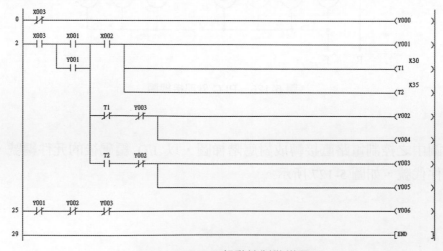

圖 5-129　Y-Δ 起動控制階梯圖

6. 討論

(1) 圖 5-125 所示傳統控制電路上使用一個延時電驛，當設定時間一到，延時電驛接點動作，由於機械結構上的關係，其 b 接點先斷開，讓 Y 接電磁接觸器先失磁，然後 a 接點才接通，讓 Δ 接電磁接觸器激磁；這期間也許有幾 ms 到幾十 ms 的時間差，可以避免 Y 接電磁接觸器與 Δ 接電磁接觸器同時激磁而造成主電路短路。為了保險起見，二個激磁線圈都串聯著彼此的 b 接點，稱為互鎖接點，只要一方動作，另一方就不可能再動作。

(2) 圖 5-129 所示階梯圖上，使用了二個計時器，T1 計時 3 秒後先將 Y 接電磁接觸器斷電，再經過 0.5 秒之後 T2 動作，讓 Δ 接電磁接觸器激磁，這當中的 0.5 秒時間差，可以避免 Y 接電磁接觸器與 Δ 接電磁接觸器同時激磁。

(3) 圖 5-125 中，電動機繞組與 Y 接觸器的連接電路，照理來講，接成圖 5-130(a)所示即可。那麼接成圖 5-130(b)有何優點呢？第一：流過圖(b)接法的接點電流，為電動機繞組電流的 $1/\sqrt{3}$，因此可以降低電磁接觸器的額定電流；第二：圖(b)接法如果有一個接點故障或接觸不良，電動機繞組仍然可以構成 Y 形連接。

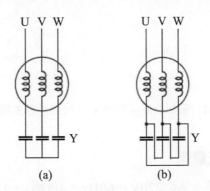

圖 5-130　二種不同的 Y 形連接

(4) 圖 5-131 中，如果省略主電磁接觸器 M，電動機仍然可以達成 Y 形起動與 Δ 形運轉，那麼多此主電磁接觸器 M 有何作用呢？理由是當主電磁接觸器 M 接點跳開電動機停止運轉時，電動機繞組徹底與電源隔離；反之，如果沒有主電磁接觸器 M，雖然 Y 接和 Δ 接電磁接觸器的接點跳開仍然可以使電動機停下來，但是電動機繞組卻還是連接在電源線上，容易發生漏電與觸電事故。

7. 主電路接線

三相感應電動機 Y-Δ 起動控制主電路接線如圖 5-131 所示。

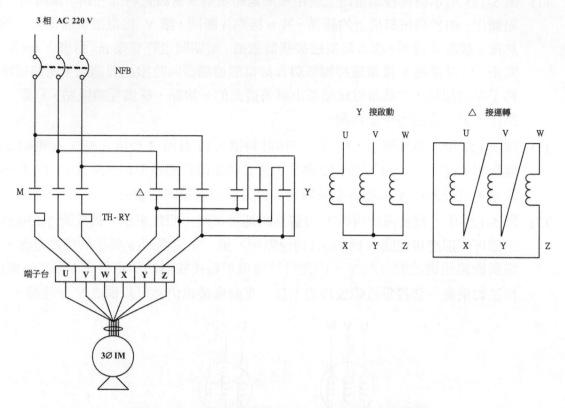

圖 5-131 三相感應電動機 Y-Δ 起動控制主電路接線

十一、主電路之電壓及電流量測

某一三相感應電動機規格：AC 220V、60Hz、4P(極)、1HP

$$U \,—\!\!\!\!\text{000}\!\!\!\!—\, X$$

1. 線電壓：Y 接 $V_{U-X} = \dfrac{220}{\sqrt{3}} = 127V$，Δ 接 $V_{U-X} = 220V$

2. 三相感應電動機未接負載(空轉)情況下，以 ACA(夾式電流表)量測結果如下：
線電流 I_U：Y 接起動 $= 0.48A$，Δ 接運轉 $= 1.76A$ (參考值)

5-8　計數器及其應用

計數器的編號是以十進制表示，分為 16 位元、32 位元二種，如表 5-10 所示。

表 5-10　計數器編號

16 位元上數計數器 1~32,767 次		32 位元上數/下數計數器 −2,147,483,648~+2,147,483,647 次		
一般用 *1 C0~C99 共 100 個	停電保持用 *2 C100~C199 共 100 個	一般用 *1 C200~C219 共 20 個	停電保持用 *2 C220~C234 共 15 個	高速計數器 *3 C235~C255 共 21 個

註 1：未使用的計數器編號可當成一般資料暫存器使用。

註 2：FX5U 計時器的種類及編號，請參閱【3-6 常用的內部元件】。

　　一般用計數器在電源中斷時，其計數值會自動復歸，而停電保持型計數器當電源中斷時，其計數值仍被保留，復電後會繼續累計，欲將計數值歸零重新計數的話，可配合 RST 指令使用。計數器的設定值可直接使用常數(K)，或資料暫存器(D)來間接設定。例如：K8、D120...等，注意 K0 和 K1 其意義相同，即計數一次之後其接點即動作。

　　16 位元和 32 位元計數器的特點如下表 5-11 所示：

表 5-11　16 位元和 32 位元計數器

項　　目	16 位元計數器	32 位元計數器
計數方向	上數	上數/下數
設定值	1~32767	−2147483648~+2147483647
設定值的指定	常數 K 或資料暫存器 D	同左，但資料暫存器一次用兩個
現在值的變化	計數到，就不接受計數	計數到，仍然繼續計數
輸出接點	計數到，接點動作並保持	上數計數到，接點動作並保持 下數計數到，接點復歸
復歸動作	RST 指令被執行時現在值歸零、接點復歸	
現在值暫存器	16 位元	32 位元

　　16 位元計數器其計數是由 0 開始往上計數，當達到預設值時，計數器接點動作；接點動作以後，再輸入的計數就無意義了，接點會持續動作，除非重新歸零，所以在使用計數器的時候一定要有歸零的指令(RST)。

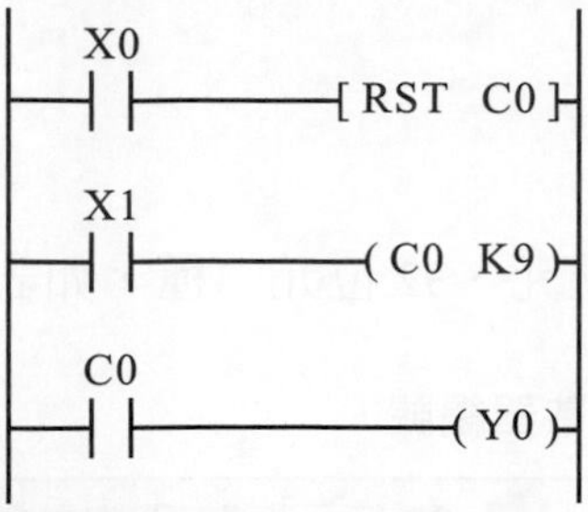

圖 5-132　16 位元計數器

　　32 位元上/下數計數器由 M8200～M8234 的 ON/OFF 來決定上數或下數，例如 M8205 為 OFF 時 C205 為上數，M8205 為 ON 時 C205 為下數。設定值可為常數 K 或資料暫存器 D，若使用資料暫存器，一個設定值會佔用 2 個連號的暫存器，例如指定 D0 的話，即表示由 D1 和 D0 所組成的 32 位元資料暫存器。上/下數計數器的設定值也可以設定為負數，例如計數器 C200 設定為上數並且設定值為-10 的話，則計數值由-11→ -10 時，C200 的輸出接點變成 ON，計數值由-10→-11 時，C200 的輸出接點變成 OFF，計數器的接點動作時，只要計數脈波繼續輸入，它也會繼續計數不停。

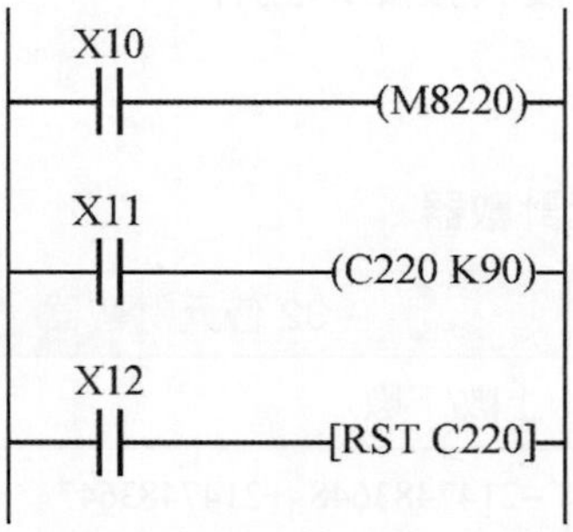

X10=OFF 時，C220 透過 X11 接點上數。
X10=ON 時，C220 透過 X11 接點下數。
按下 X12 時，C220 的現在值復置為 0。

圖 5-133　上/下數計數器使用例

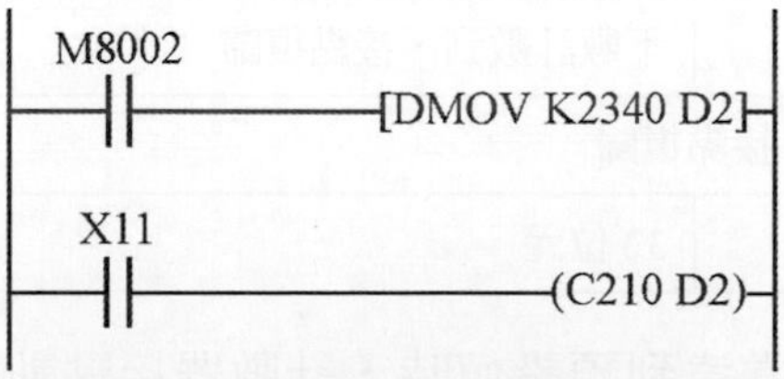

32 位元計數器指定資料暫存器時，一次佔用兩個資料暫存器，所以 MOV 要加 D 成為 DMOV，在此為 D3、D2。

圖 5-134　32 位元計數器使用例

5-8-1 24 小時定時器

1. 階梯圖

   X0 連接啟動按鈕，X1 連接停止按鈕(b 接點)，Y0 連接 24 小時計時到的蜂鳴器。

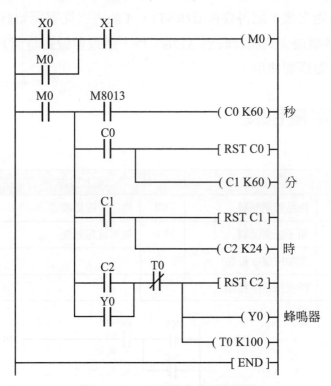

圖 5-135 24 小時定時器階梯圖

2. 動作說明

   (1) 按下 X0 按鈕時，輔助繼電器 M0 動作並且自保持，計數器 C0 開始計數，M8013 為 PLC 內部特殊型輔助繼電器，每 1 秒 ON/OFF 一次，所以當 C0 計數到 60 次時就是等於 60 秒。

   (2) C0 計數到 60 次時，C0 的 a 接點閉合，隨即復置(RST) C0 自己，並且 C1 計數 1 次，也就是 1 分鐘的意思。上述動作一直重複，直到 C1 計數到 60 次也就是等於 60 分鐘。

   (3) C1 計數到 60 次時，C1 的 a 接點閉合，隨即復置(RST) C1 自己，並且 C2 計數 1 次，也就是 1 小時的意思。上述動作一直重複，直到 C2 計數到 24 次也就是等於 1 天。

   (4) C2 計數到 24 次時，C2 的 a 接點閉合，隨即復置(RST) C2 自己，並且 Y0 和計時器 T0 開始動作，並且自保持，當計時器 T0 計時 10 秒鐘後，T0 的 b 接點跳開，因此 Y0 和 T0 線圈斷電，停止動作。

3. 討論

(1) M8013 為 1 秒鐘的時鐘脈波，0.5 秒 ON/0.5 秒 OFF，是一種只有接點的特殊繼電器。M8011 為 0.01 秒鐘的時鐘脈波，M8012 為 0.1 秒鐘的時鐘脈波，M8014 為 1 分鐘的時鐘脈波。

(2) 計數器使用過之後，記得要復置(RST)，才能再次從零開始計數。

(3) 16 位元計時器最大只能計時到 3276.7 秒，所以要做長時間計時的話，可以將計時器與計數器搭配使用。

5-8-2 自動定量包裝

1. 階梯圖

輸入接點		輸出接點	
X0	物品感測開關	Y0	馬達電磁接觸器
X1	箱子感測開關	Y1	氣壓缸電磁閥
X5	起動按鈕(a 接點)		
X6	停止按鈕(b 接點)		

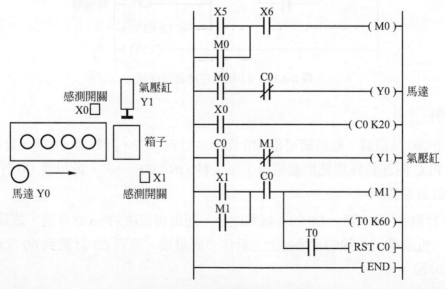

圖 5-136 自動定量包裝控制階梯圖

2. 動作說明

(1) 按下 X5 按鈕時，輔助繼電器 M0 動作並且自保持，輸送帶馬達 Y0 開始轉動，並且計數器 C0 透過感測開關 X0 開始計數，物品掉入箱子中，計數達 20 次時，輸送帶馬達 Y0 停止轉動，並且氣壓缸 Y1 動作將箱子推出。

(2) 當箱子被推出，感測開關 X1=ON 時，輔助繼電器 M1 動作，使 Y1=OFF 讓氣壓缸拉回，同時自保持開始計時 6 秒鐘，這段時間可以更換包裝箱，6 秒鐘過後復置(RST)C0，輸送帶馬達 Y0 重新開始轉動。

3. 討論

(1) 計數器使用過之後，記得要複置(RST)，才能再次從零開始計數。

(2) 氣壓缸的驅動方式有單動式和雙動式之分，單動式只要用一個電磁閥控制即可，電磁閥 ON 時氣壓缸推出，電磁閥 OFF 氣壓缸拉回。雙動式要用到二個電磁閥，電磁閥甲=ON 時氣壓缸推出，電磁閥乙=ON 氣壓缸拉回，兩個電磁閥都 OFF 時，氣壓缸保持原狀，但是必須要避免兩個電磁閥都是 ON，因爲這時候不可能同時又拉回又推出。

(3) 常用的電磁閥額定電壓爲直流 24V，而電磁接觸器有許多種不同額定電壓，包括交流和直流，此時選用時就要小心，如果兩者額定電壓相同，那可以像本例，分別連接在 Y0 和 Y1，共用 COM1 點。如果額定電壓不相同時，那就應該選用不同 COM 點的輸出接點，例如 Y0 和 Y10。

5-8-3 美術燈控制

1. 階梯圖

輸入接點		輸出接點	
X0	起動按鈕(a 接點)	Y0	日光燈
		Y1	白熾燈
		Y2	夜燈

X0按第1次：日光燈亮
X0按第2次：日光燈亮+白熾燈亮
X0按第3次：白熾燈亮
X0按第4次：夜燈亮
X0按第5次：全部熄滅

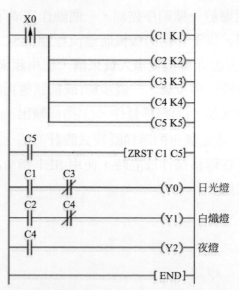

圖 5-137 美術燈控制階梯圖

2. 動作說明

(1) 第一次按下 X0 按鈕時，計數器 C1 動作，日光燈 Y0 亮。

(2) 第二次按下 X0 按鈕時，計數器 C2 動作，日光燈 Y0 亮，白熾燈 Y1 也亮。

(3) 第三次按下 X0 按鈕時，計數器 C3 動作，日光燈 Y0 熄滅，白熾燈 Y1 繼續亮。

(4) 第四次按下 X0 按鈕時，計數器 C4 動作，白熾燈 Y1 熄滅，夜燈 Y2 亮。

(5) 第五次按下 X0 按鈕時，計數器 C5 動作將所有計數器復歸[ZRST C1 C5]，故所有電燈都熄滅。

3. 討論

(1) 指令[ZRST C1 C5]為區域 RST 功能，可以將計數器 C1～C5 全部復歸。

(2) 本例題使用按鈕開關操作，如果改用切換開關(sw)操作，第一次向上切時日光燈亮，向下切時熄滅，第二次向上切時日光燈與白熾燈亮，向下切時熄滅，第三次向上切時白熾燈亮，向下切時熄滅，第四次向上切時夜燈亮，向下切時熄滅，階梯圖應如何修改？如果 OFF 的時間超過 2 秒，則下次向上切的時候一律從頭開始，階梯圖應如何修改？

5-9 機械狀態流程圖

一般的階梯圖設計是以傳統的控制迴路為基礎發展而來，因此程式設計者必需具備相當程度的電氣知識，對於非電機從業人員，設計起來會感覺艱深難懂。即使是電機從事人員，除了原程式設計者之外，其他使用者往往也不容易理解其動作流程，亦即程式的可讀性較低。

PLC 控制屬於一種順序控制，一個動作完成了，再換下一個動作，也就是說一個步驟接著一個步驟。以下介紹的機械狀態流程圖 MSC (Machine Status Chart)，系統架構如圖 5-138 所示，對於非電機從事人員來講，使用起來就比較方便容易理解，基本上它是把整個控制流程分成一個步驟、一個步驟(或稱狀態)串接起來，每一個狀態包括三種元素：(1) 狀態點或稱步進點，(2)轉移條件，(3)動作輸出。

MSC 是一種結構化的階梯圖程式設計方法，它利用 PLC 之內部輔助繼電器 Mn 來代表某一狀態，在轉移條件成立時，使用 SET 指令讓系統進入下一狀態，同時使用 RST 指令離開上一狀態。

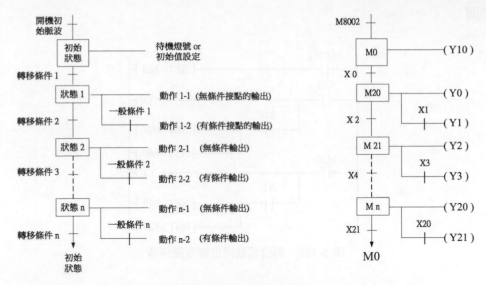

圖 5-138 MSC 架構

5-9-1 馬達起動停止控制_MSC

馬達起動停止控制之機械狀態流程圖 MSC,如圖 5-139 所示。

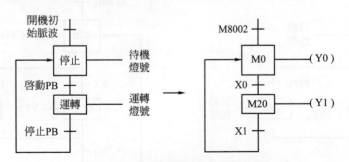

圖 5-139 馬達起動停止控制 MSC

1. 狀態及 I/O 規劃

表 5-12 狀態及 I/O 規劃

狀態		輸入接點		輸出接點	
M0	馬達停止	X0	起動按鈕(a 接點)	Y0	待機燈號
M20	馬達運轉	X1	停止按鈕(b 接點)	Y1	電磁接觸器

2. 動作要求:

(1) PLC 開機初始狀態,馬達停止,Y0 亮。

(2) 押下起動按鈕_X0,馬達運轉,Y1 亮。

(3) 在運轉狀態中,押下停止按鈕_X1,馬達停止。

3. 階梯圖

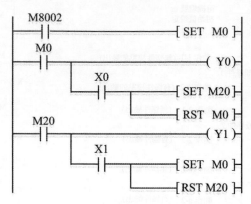

圖 5-140 馬達起動停止控制階梯圖

5-9-2 馬達正反轉控制_MSC

馬達正反轉控制 MSC，如圖 5-141 所示。

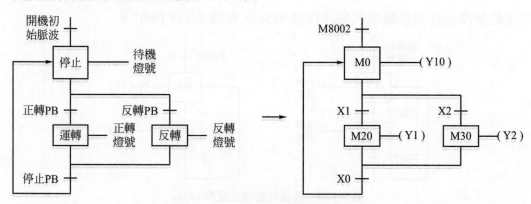

圖 5-141 馬達正反轉控制 MSC

1. 狀態及 I/O 規劃

表 5-13

狀態		輸入接點		輸出接點	
M0	馬達停止	X0	停止按鈕(b 接點)	Y10	待機燈號
M20	馬達正轉	X1	正轉按鈕(a 接點)	Y1	正轉電磁接觸器
M30	馬達反轉	X2	反轉按鈕(a 接點)	Y2	反轉電磁接觸器

2. 動作要求：

(1) PLC 開機初始狀態，馬達停止，Y10 亮。

(2) 若押下正轉 PB 按鈕(X1)，馬達正轉，Y1 亮。
   若押下反轉 PB 按鈕(X2)，馬達反轉，Y2 亮。

(3) 馬達在運轉狀態中，若押下停止按鈕(X0)，則馬達停止。

3. 階梯圖

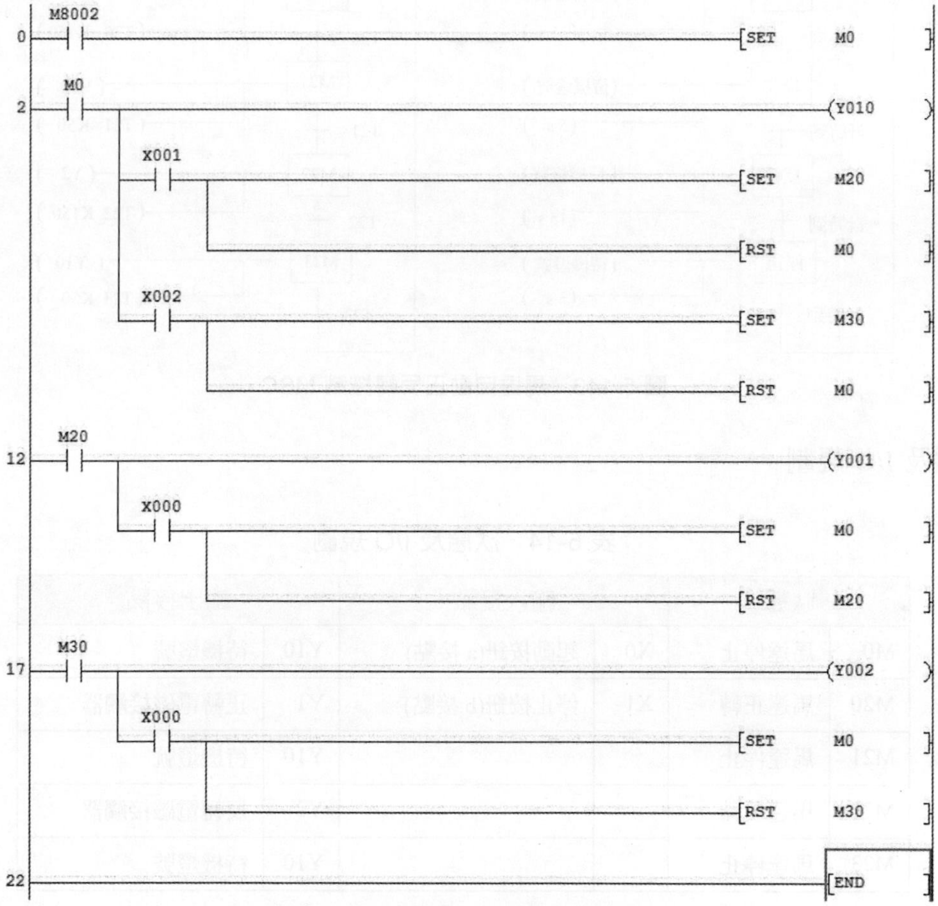

圖 5-142　馬達正反轉控制階梯圖

5-9-3 馬達自動正反轉控制_MSC

馬達自動正反轉控制 MSC，如圖 5-143 所示。

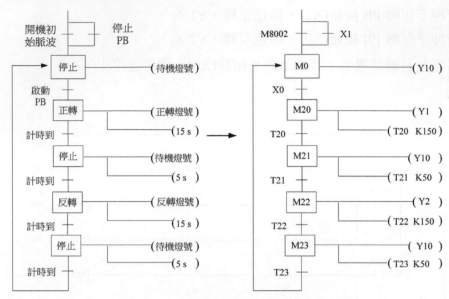

圖 5-143　馬達自動正反轉控制 MSC

1. 狀態及 I/O 規劃

表 5-14　狀態及 I/O 規劃

狀態		輸入接點		輸出接點	
M0	馬達停止	X0	起動按鈕(a 接點)	Y10	待機燈號
M20	馬達正轉	X1	停止按鈕(b 接點)	Y1	正轉電磁接觸器
M21	馬達停止			Y10	待機燈號
M22	馬達反轉			Y2	反轉電磁接觸器
M23	馬達停止			Y10	待機燈號

2. 動作要求：

(1) PLC 開機初始狀態，馬達停止，Y10 亮。

(2) 押下起動按鈕 X0，馬達正轉，Y1 亮，15 秒後馬達停止。

(3) 停止 5 秒後，馬達反轉，Y2 亮，15 秒後馬達停止。

(4) 押下停止按鈕 X1 的話，馬達停止運轉。

3. 階梯圖

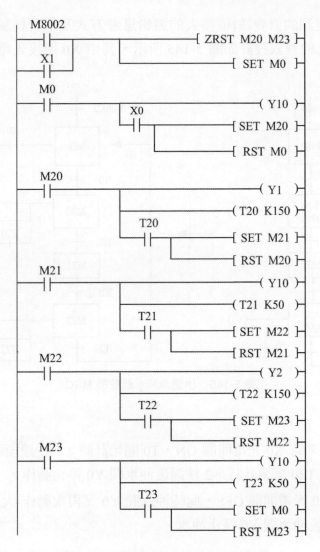

圖 5-144　馬達自動正反轉控制階梯圖

4. 討論

　　最後一個狀態 M23 計時 5 秒後，跳回狀態 M0，必須再按一次 X0 起動按鈕，才能再循環動作一次。如果最後一個狀態 M23 計時 5 秒後，跳回狀態 M20 (將 SET M0 改成 SET M20)，則變成連續重複循環動作。

5-9-4 小便斗沖水器控制_MSC

小便斗沖水器控制的直覺法(依個人的邏輯思考方式及學習經驗而定)程式設計如章節 5-7-4，至於 MSC 的程式設計如圖 5-145 所示，其中 X0 連接光電感測開關，Y0 連接沖水閥。

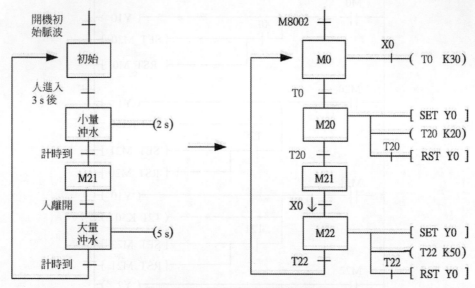

圖 5-145 小便斗沖水器控制 MSC

1. 動作說明

   (1) 人靠近小便斗時 X0 光電開關 ON，T0 開始計時，3 秒鐘後沖水閥 Y0 動作-小量沖水，同時 T20 開始計時，2 秒鐘後沖水閥 Y0 停止動作。

   (2) 人離開時 X0 光電開關 OFF，此時沖水閥 Y0 又再次動作-大量沖水，T22 開始計時，5 秒鐘後沖水閥 Y0 停止沖水。

2. 階梯圖

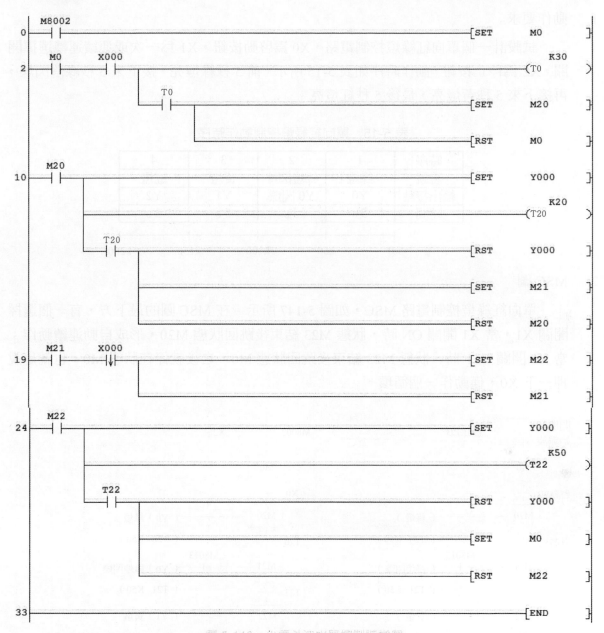

圖 5-146　小便斗沖水器控制階梯圖

5-9-5 單向紅綠燈控制_MSC

1. 動作要求

　　試設計一個單向紅綠燈控制電路，X0 為啓動按鈕，X1 為一次或連續運轉選擇開關，X2 為停止按鈕，動作時序如表 5-15 所示。前 5 秒綠燈亮，接下來 5 秒綠燈閃爍，再接下來 5 秒黃燈亮，最後 5 秒紅燈亮。

表 5-15　單向紅綠燈控制動作時序

時序	1	2	3	4
燈號	綠燈	綠燈閃爍	黃燈	紅燈
輸出接點	Y0	Y0 閃爍	Y1	Y2
時間	5 s	5 s	5 s	5 s

k0　　　　　k50　　　　　k100　　　　　k150　　　　　k200

2. MSC 圖

　　單向紅綠燈控制電路 MSC，如圖 5-147 所示。在 MSC 圖的最下方，有一個選擇開關 X1，當 X1 開關 ON 時，狀態 M23 結束後跳回狀態 M20，形成自動連續動作；當 X1 開關 OFF 時，狀態 M23 結束後跳回狀態 M0，之後就停在狀態 M0，也就是說押一下 X0，僅動作一個循環。

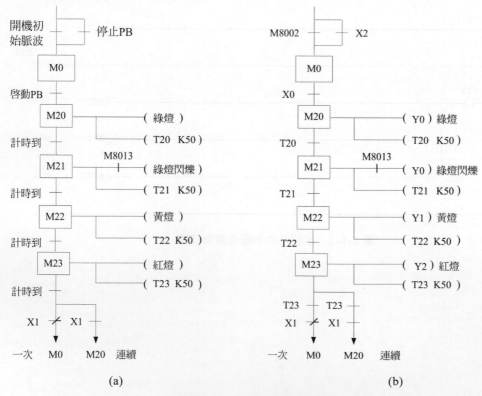

(a)　　　　　　　　　　　　　　　(b)

圖 5-147　單向紅綠燈控制 MSC

3. 階梯圖

在 MSC 中，狀態 M20 及 M21 發生 Y0 輸出線圈重覆(Double coil)情形，必須加以修正，修正後階梯圖編程如圖 5-148 所示。

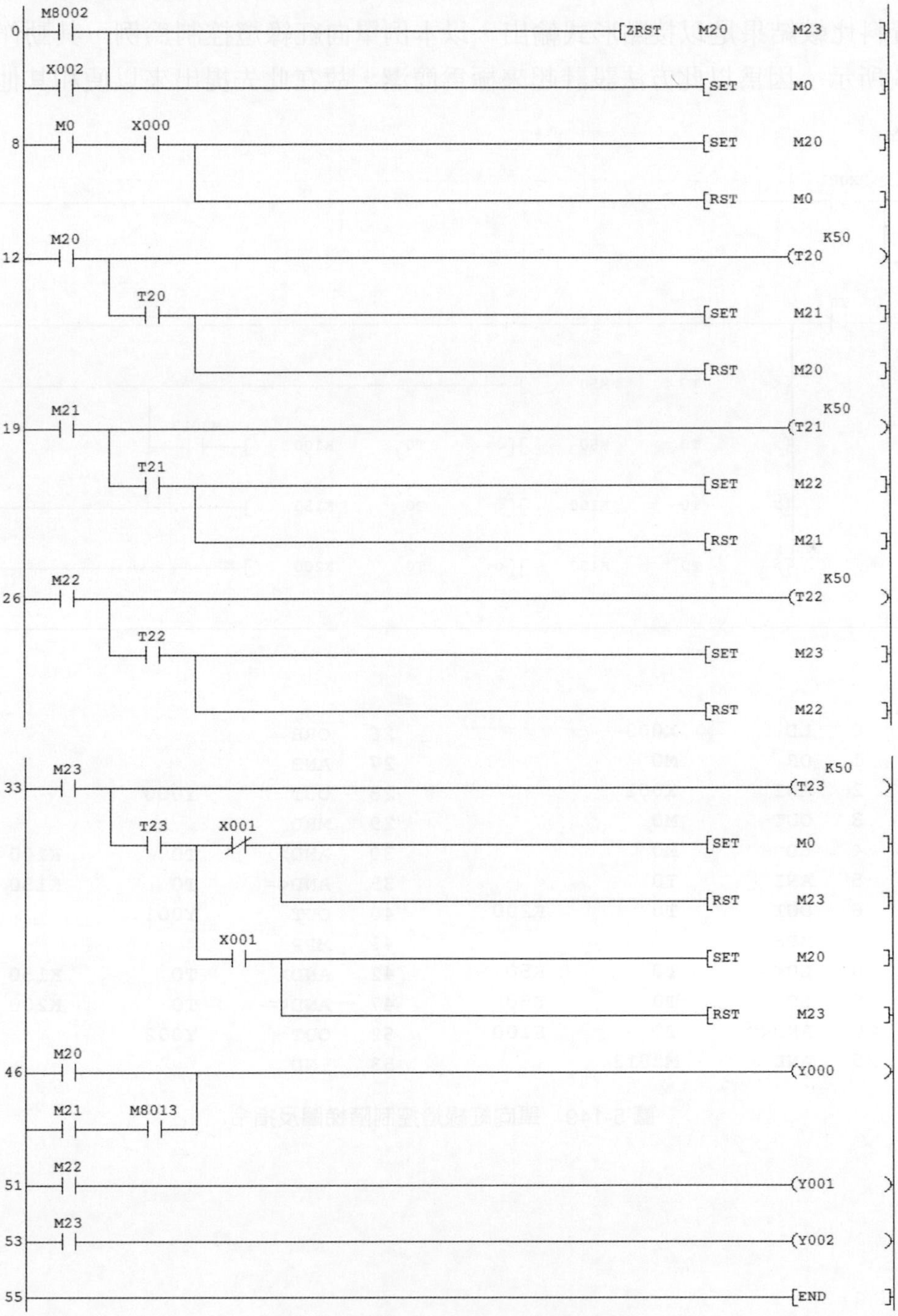

圖 5-148 單向紅綠燈控制階梯圖

4. 討論

到此為止關於紅綠燈的控制設計，有第 5-7-8 節的階梯圖，使用一般的基本指令便可完成，還有本例以機械狀態流程圖 MSC 來設計，於第七章時也可以使用順序功能流程圖 SFC 來設計。下面介紹的是，將會在第九章使用到的接點型態資料比較指令，其資料比較結果是以接點形式輸出，以本例單向紅綠燈控制為例，其動作順序如表 5-15 所示。因為以此方法設計起來極為簡潔，故在此先提出來以便和其他方法作一比較。

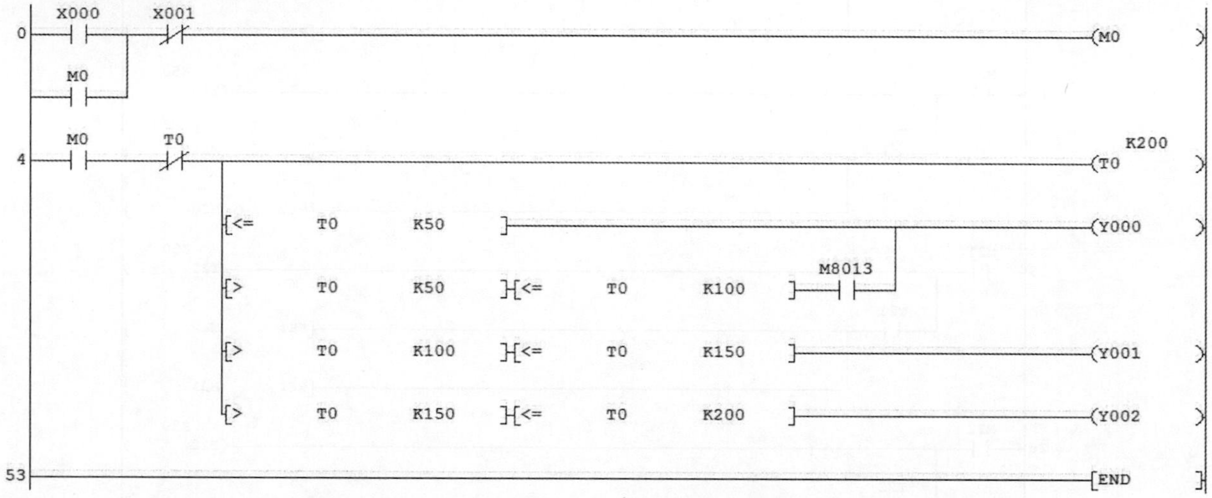

0	LD	X000		26	ORB		
1	OR	M0		27	ANB		
2	ANI	X001		28	OUT	Y000	
3	OUT	M0		29	MRD		
4	LD	M0		30	AND>	T0	K100
5	ANI	T0		35	AND<=	T0	K150
6	OUT	T0	K200	40	OUT	Y001	
9	MPS			41	MPP		
10	LD<=	T0	K50	42	AND>	T0	K150
15	LD>	T0	K50	47	AND<=	T0	K200
20	AND<=	T0	K100	52	OUT	Y002	
25	AND	M8013		53	END		

圖 5-149 單向紅綠燈控制階梯圖及指令

5-10 狀態自保持與解除

狀態自保持與解除，屬於較早期的程式設計方式，其迴路架構類似於自保持迴路，程式設計理念如下所述：

① 若在狀態 A 時，滿足條件 1，狀態 A 轉變成狀態 B，狀態與階梯圖之轉換情形如圖 5-150 (a)所示。

② 若狀態 B 成立後要自保持，則需並聯一個狀態 B 的自保持接點，如圖 5-150(b)所示。

③ 在狀態 B 時，若滿足條件 2，狀態 B 轉變成狀態 C 且自保，但狀態 B 自保持要消除時，則在狀態 B 前串接一個條件 C 的 b 接點，如圖 5-150(c)所示。

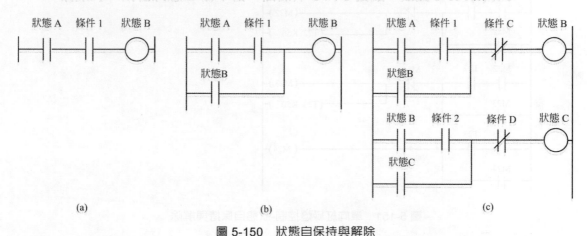

圖 5-150　狀態自保持與解除

5-10-1 單向紅綠燈控制_狀態自保持與解除

茲以單向紅綠燈控制電路為例，說明狀態自保持與解除的程式設計方式：

1. 動作要求

   押下 X0(PB/ON)，綠燈亮 5s→綠燈閃爍 5s→黃燈亮 5s→紅燈亮 5s，之後重覆亮燈，直到押下 X2(PB/OFF)，動作停止。

2. 程式解說

   使用狀態自保持與解除執行單向紅綠燈控制，階梯圖如圖 5-151 所示。在此將程式劃區分為邏輯條件區(Logical condition)與輸出區(Output)，之所以如此設計，是方便日後程式的除錯及維修。如果元件沒有產生預期的輸出，則回過頭來檢查邏輯條件區的條件接點，亦即狀態自保持迴路的程式設計是否正確無誤。

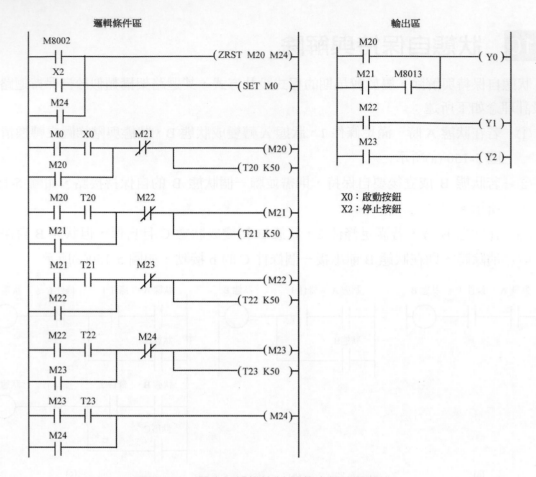

圖 5-151　單向紅綠燈控制-狀態自保持與解除

結構化的程式設計

PLC 程式設計方法，大致上可以分為下列二種：

1. 直覺法

　　如章節 5-7-4 程式，依個人的思考邏輯方式及學習經驗來設計程式，程式的可讀性較低，因為要強迫自己把別人的思維塞入自己的腦袋瓜裡面，有時候會覺得格格不入，相信你我都有類似的痛苦經驗。

2. 結構化的程式設計

　　程式的設計方式有脈絡可尋，不同的人設計出來的程式大致上一模一樣，程式的可讀性高。在此將結構化的程式設計方法歸納整理如下：

(1) 機械狀態流程圖(Machine Status Chart, MSC)

　　如章節 5-9 機械狀態流程圖之內文所述。

(2) 狀態自保持與解除

如章節 5-10 狀態自保持與解除之內文所述。

(3) 順序功能流程圖(Sequential Function Chart, SFC)

如章節 7-1 順序功能流程圖原理及特性及 7-2 SFC 基本架構之內文所述。

※註：MSC 與 SFC 轉換，如章節 7-10 SFC 與 MSC 轉換之內文所述。

(4) 機械碼(Machine Code, MC)

如章節 7-11 機械碼程式設計之內文所述。

習題

1. 程式的編寫方式可分為哪三種？

2. 階梯圖的基本組成為何？試簡述之。

3. 試寫出所有基本指令名稱。

4. PLC 在掃瞄時間內會重複的執行哪些動作或步驟？

5. 試將下列階梯圖轉換成指令：

(1)

(2)

(3)

(4)

(5)

(6)

(7)

CH 5

(8)

X0	X1		(Y0)
	X2		
	X3	X4	(Y1)
	X5	X6	
	X7		(Y2)
		X10	(Y3)
		X11	

(9)

X000 X001	X006	(Y000)
X002 X003 X005 X007 X011		(Y001)
X004	X012	(Y002)
X010		

(10)

X000 X001	(M0)
M0 X002	(T0 K20)
T0	(T1 K50)
T1	(Y000)
T1	(Y001)

6. 將下列指令轉換成階梯圖。

(1)
0	LD	X3	4	OUT	Y5
1	AND	M5	5	AND	M3
2	OR	T0	6	OUT	Y6
3	ANI	X4	7	END	

(2)
0	LD	X0	7	AND	X6
1	LD	X1	8	ORB	
2	OR	X2	9	OR	X7
3	ANB		10	ANB	
4	LD	X3	11	AND	X10
5	AND	X4	12	OUT	Y0
6	LD	X5	13	END	

(3)	0	LD	X0	9	OR	X7
	1	ANI	X1	10	ANB	
	2	LD	X2	11	OR	X10
	3	AND	X3	12	OUT	Y0
	4	LD	X4	13	AND	X11
	5	ORB		14	OUT	Y1
	6	AND	X5	15	AND	X12
	7	ORB		16	OUT	Y2
	8	LD	X6	17	END	

7. 試設計一個負載 Y0，只要 X0 或 X1 或 X2 任一開關 ON 時負載便會動作並且自保持，只要 X4 或 X5 或 X6 任一開關 ON 時負載便停止動作。

8. 試設計一跑馬燈，由 Y0 亮到 Y7 循環動作，每次亮一個燈，移動速度為 1 秒移動一燈。

9. 試設計一霹靂燈，由 Y0 亮到 Y7 再由 Y7 亮到 Y0 循環動作，每次亮 3 個燈，移動速度為 0.5 秒移動一燈。

10. 有三個負載 Y0、Y1、Y2，動作時序如下圖所示，到第 15 秒時又從頭循環動作，請完成階梯圖設計。

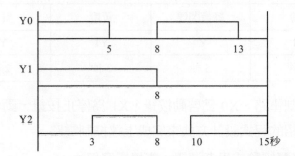

11. 同第 10 題題目，Y0、Y1、Y2 三個負載為循環動作，現在增加負載 Y3，Y3 從第 5 秒開始動作後就一直連續動作，請完成階梯圖設計。

12. 試設計一個密碼鎖 Y0，必須依順序押下 X4-X1-X6-X6-X3 所連接的按鈕開關 Y0 才會動作，如果在 10 秒內沒有輸入正確密碼(41663)，則蜂鳴器 Y1 動作。

13. 一個單向紅綠燈控制電路，X0 為啟動按鈕，X1 為停止按鈕，動作時序如下圖所示，試分別使用書中所介紹的程式設計方式來完成上述控制電路。

    (1)直覺法-依你的學習經驗或思考邏輯，直接撰寫程式。

    (2)5-7-6 計時器同時計時控制。

    (3)5-9 機械狀態流程圖(MSC)。

綠燈	黃燈	紅燈
Y0	Y1	Y2
12 秒	3 秒	15 秒

14. 一個單向紅綠燈控制電路，X0 為啟動按鈕，X1 為停止按鈕，動作時序如下圖所示，試分別使用書中所介紹的程式設計方式來完成上述控制電路。

    (1)直覺法-依你的學習經驗或思考邏輯，直接撰寫程式。

    (2)5-7-6 計時器同時計時控制。

    (3)5-9 機械狀態流程圖(MSC)。

綠燈	綠燈閃爍	黃燈	紅燈
Y0	Y0	Y1	Y2
12 秒	5 秒	3 秒	2 秒

15. 一個雙向紅綠燈控制電路，X0 為啟動按鈕，X1 為停止按鈕，動作時序如下圖所示，試分別使用書中所介紹的程式設計方式來完成上述控制電路。

    (1)直覺法-依你的學習經驗或思考邏輯，直接撰寫程式。

    (2)5-7-6 計時器同時計時控制。

    (3)5-9 機械狀態流程圖(MSC)。

	綠燈	綠燈閃爍	黃燈	紅燈	紅燈
東西向	Y0	Y0	Y1	Y2	Y2
	12 秒	5 秒	3 秒	2 秒	22 秒

	紅燈	綠燈	綠燈閃爍	黃燈	紅燈
南北向	Y12	Y10	Y10	Y11	Y12
	22 秒	12 秒	5 秒	3 秒	2 秒

Integrated FA Software

GX Works 2&3
Programming and Maintenance tool

6章

人機介面與圖形監控

有鑑於人機介面與圖形監控，有利於先前基本指令、學習範例，及後續順序功能流程圖(SFC)、應用指令等之解說；加以『工業配線乙級低壓術科測試』頒布的新試題中，爲配合產業界需求與實際應用，已加入了圖形監控元件配置、監控畫面規劃及 PLC 與人機介面的連線監控…等，故將原列於『CH10 人機介面與圖形監控』移至 CH6。

6-1　PLC 圖形監控

人機介面(Human Machine Interface，HMI)，或稱爲操作者介面(Operator Interface，OI)，泛指使用者可以經由圖形監控軟體在 PC 或通用型人機介面上，以文字、數字或圖形的方式來顯示系統的製程或機械的狀態、警報訊息以及其它相關資訊。

廣義的圖形監控，意指適當的設計或發展一親和性的人機介面，期能透過生動活潑的文、數字或圖形，以操控或展示系統的製程和機械狀態。

PLC 圖形監控技術，大致上可分爲下列幾種：

1.　通用型的人機介面：HMI↔PLC

主要在於選購一通用型的人機介面硬體，並配合其附屬的圖控軟體，在 PC 上進行圖控畫面的編輯和設計，經過編譯成執行檔(*.exe)後下載至人機介面。亦即在此一模式之下，PC 僅負責監控畫面的編輯、編譯及應用程式之下載，PC 的階段性任務完成之後，就由人機介面擔負起其與 PLC 之連線監控。

2. PC/IPC 圖形監控：PC/IPC↔PLC

　　PC/IPC 之圖形監控，又可分爲下列 2 種模式：

(1) 套裝式人機介面圖控軟體

　　　選購一合適的套裝式人機介面圖控軟體，在一般 PC/IPC 上進行圖控畫面的編輯、編譯及除錯，之後經由圖控軟體本身所提供之各 PLC 驅動程式，由 PC/IPC 直接與 PLC 作連線監控。

(2) 自行發展人機介面圖控軟體

　　　利用現有的程式語言，諸如：Visual Basic(VB)、Turbo C、C++ Builder 之類的程式語言，在 PC 上自行設計、發展所需的 I/O 介面(硬體)及圖控畫面(軟體)，進行 PC/IPC 與 PLC 之連線監控。

6-2　通用型人機介面

　　在 PLC 圖形監控技術中，以使用通用型人機介面搭配其附屬的套裝式圖控軟體，在圖控設計上較爲簡易。因爲套裝式人機介面圖控軟體是以核取方塊和交談式對話方塊設定盒的方式，循序漸進的引導使用者來進行監控畫面中相關元件的設計，對於欠缺程式語言設計知識及經驗的使用者而言，可以在很短的時間內學會圖控軟體的操作，進而規劃所需的監控畫面。

　　目前通用型的人機介面，大多數爲工業級人機介面，它是一種智慧型的圖形顯示幕，就平面顯示幕的介面技術而言，它是一種工業用 LCD，是專爲 PLC 應用而設計的小型工作站，能取代大部分的外部輸入及輸出元件，諸如：按鈕、一般開關、指撥開關(DSW)、10 進位數字功能鍵(Ten Key)或 16 進位數字功能鍵(Hex Key)、計時器、計數器、指示燈、儀表、七段顯示器等，省卻了人工配線、材料及工時，此外亦能將 PLC 接點變化、數值資料等，以多元化的文字、數字及圖形，諸如：條狀圖、趨勢圖、儀錶圖、警報顯示、萬年曆(RTC)、配方(Recipe)設定等，即時顯示於 LCD 螢幕上，使操作者能經由人機介面螢幕清楚的知道機械狀態並控制其動作，它不但掙脫了刻板的傳統面板控制，使機械操作更加自動化、人性化，另一方面也提升了產業機械本身的功能及附加價值，因而產生了精緻的機械和控制文化，故目前工業級人機介面已廣泛應用於分佈式(DCS)控制系統中之單機或整廠監控。

6-3　三菱人機介面與圖形監控

　　三菱電機所生產的工業級人機介面(HMI)，其硬體稱之爲 GOT (Graphic Operation Terminal)，目前較新的機型是 GOT 1000，其代表性的產品爲適合高階應用的 GT16 與標準的 GT12。兩種機型均採用 64 位元處理器，並內建 USB 介面，可滿足多元化的 FA 控制。

至於搭配 GOT 使用之圖形監控(圖控)軟體，由 GT Works → GT Works2(GT2) → GT Works3(GT3)。GT Works3 內含：圖控編輯軟體 GT Designer3 與模擬軟體 GT Simulator3。GT3 有三種圖形監控方式，現分述於下。

1. 離線模擬

　　GT 離線模擬示意圖如圖 6-1 所示，由圖中可知離線模擬是在沒有實際外接 PLC 和 GOT 等硬體的情況之下，透過三菱的 PLC 模擬軟體 LLT 與圖控模擬軟體 GT Simulator，可以充分達成實際 PLC 與 GOT 連線監控的虛擬實境。

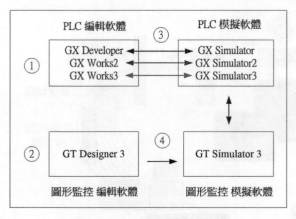

圖 6-1　GT 離線模擬示意圖

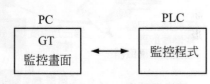

圖 6-2　GT 線上模擬示意圖

2. 線上模擬

　　GT 線上模擬示意圖如圖 6-2 所示，主要是提供程式設計者一種經由 PC 與 PLC 通訊埠相互連接之線上通訊及模擬功能。利用電腦的 RS-232 或 USB 串列通訊埠，並透過 PC ↔ PLC 的連線及 PLC 的監控程式，使 PC 可以讀取或寫入與監控畫面元件相關之信號接點或暫存器數值，進而完整的表達出設計者擬在人機介面上所展現的效果。

3. 連線監控

連線監控示意圖如圖 6-3 所示，可分為 2 部份：

(1) 下載連接

　　在圖控編輯軟體 GT Designer n 中規劃所需的元件，例如：按鈕、指示燈、數值輸入及數值顯示…等，經線上模擬及除錯後，經由 PC 將圖控畫面下載至人機介面硬體-GOT 中。

(2) 通訊連接

　　PLC 透過通訊線與 GOT 連接，以讀取或寫入與監控畫面元件相關之 PLC 接點或暫存器數值，並以多元化的文字、數字及圖形顯示於智慧型的 LCD 圖形顯示幕上，使操作者能經由人機介面螢幕清楚的知道機械狀態，並經由螢幕所提供之觸控鍵控制其動作，達成人機介面圖形監控的最終目的。

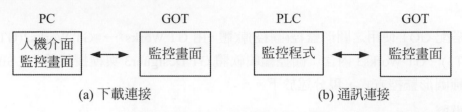

(a) 下載連接　　　　　　　　　　(b) 通訊連接

圖 6-3　PLC_PWS 連線監控示意圖

三菱人機介面與其他裝置的連線監控示意圖，如圖 6-4 所示。

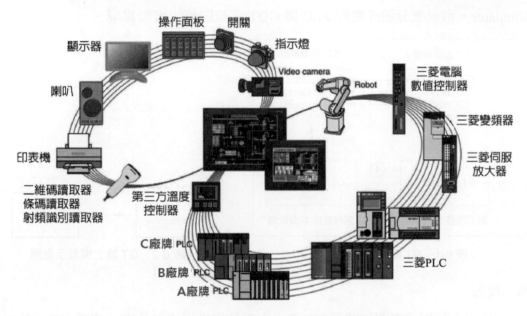

圖 6-4　三菱人機介面與其他裝置的連線監控示意圖

6-4　人機介面圖形監控學習範例

1. GT Designer3 常用功能表列項目及相關提示(Tip)

(1) [Project 專案]功能表列項目下畫面背景設定

① [Project]\[New]開啓新增專案精靈 New Project Wizard 最後一個步驟時，設定畫面背景，如圖 6-5 所示。

② 或[Screen 畫面]功能表列項目\[Screen Design…]設定畫面背景。

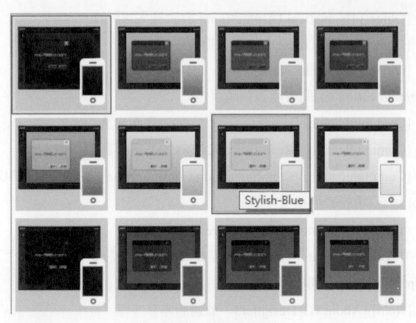

圖 6-5　畫面背景

(2) [Edit 編輯]功能表列項目

　① [Edit]\[Consecutive Copy…連續複製]

　② [Edit]\[Align 對齊]

　③ [Edit]\[Rotate/Flip 旋轉/翻轉]

(3) [View 檢視]功能表列項目

　① [View]\[Toolbar]\[Simulator 工具列中開啓模擬圖示]

　② [View]\[Grid 編輯視窗中網格線顯示/隱藏]

　③ [View]\[Switch Display Language 更改顯示的語言]

(4) [Common 共通或一般設定]功能表列項目

　① [Common]\[Controller Setting…PLC 設定]

　② [Common]\[I/F Communication Setting…通訊介面設定]
　　 RS232、RS422/485、USB，Ethernet…等

(5) [Figure 圖形]功能表列項目

　① [Figure]\[Text 文字]

　② [Figure]\[Line 直線]

　③ [Figure]\[Scale 刻度]

(6) [Object 物件]功能表列項目

　① [Object]\[Switch 開關]

　② [Object]\[Lamp 指示燈]

③ [Object]\[Numerical Display/Input 數值輸入/顯示]

④ [Object]\[Date/Time Display 日期/時間顯示]

⑤ [Object]\[Graph 圖表]

(7) [Communication 通訊]功能表列項目

① [Communication]\[Write to GOT：GOT 畫面寫入]

② [Communication]\[Read from GOT：GOT 畫面讀取]

③ [Communication]\[Communication Configuration：GOT 通訊架構]

(8) [Tool 通訊]功能表列項目

① [Tool]\[Simulator 模擬]\[Active 啓動模擬]

② [Tool]\[Simulator 模擬]\[Set 模擬參數或屬性設定]

(9) [Help 幫助]功能表列項目

① [Help]\[About GT Designer3…軟體版本]

以下僅就圖控編輯軟體 GT Designer 3 中最基本的元件，例如：按鈕、指示燈、數值輸入及數值顯示等，簡介其元件的規劃及屬性值的設定、GT 的離線模擬與線上模擬等，讓讀者對 PLC 與人機介面及圖形監控等有一個基本的認知。

【實習 6-1】基本輸入及輸出元件

一、實習目的

學習使用 GT Designer 3 & GT Simulator 3 (**2000 系列**)，搭配基本輸入及輸出元件的設計及配置，達到圖形監控的目的。

二、相關知識

1. Bit Switch(位元開關)

Bit Switch	功能	等效元件
Alternate 位元反轉	第 1 次押按或觸摸人機介面上此一開關時，該接點爲 ON，手放開後仍爲 ON，第 2 次押按時該接點 OFF。	Toogle SW 搖頭開關
Momentary 位元點動	押按或觸摸人機介面上此一開關時該接點爲 ON，手放開後則爲 OFF。	PB 一般型按鈕
Set 位元設定	押按或觸摸人機介面上此一開關時該接點爲 ON，手放開或再按仍爲 ON。	
Reset 位元重設	押按或觸摸人機介面上此一開關時該接點爲 OFF，手放開或再按仍爲 OFF。	

2. PLC 與圖形監控模擬軟體

PLC 模擬軟體	↔	圖形監控模擬軟體
GX Developer	↔	GX Simulator
GX Works 2	↔	GX Simulator 2

三、圖形監控畫面配置

設計一般型的位元型態開關與指示燈之圖形監控，監控畫面如圖 6-6 所示。

(a) 初始狀態　　　　(b) 執行中

圖 6-6　位元型態開關與指示燈之圖形監控_GT3

四、PLC 程式設計及外部接線

1. 階梯圖

```
      M0
  ├──┤ ├──────────────( Y0 )──┤
      M1
  ├──┤ ├──────────────( Y1 )──┤
      M2
  ├──┤ ├──────────────( Y2 )──┤
```

2. I/O

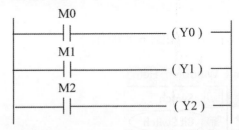

M0～M2：人機內部之位元開關

Y0～Y2：人機內部之位元指示燈

五、GT3 及圖形監控元件畫面設計

1. 開啟人機介面編輯軟體_GT Designer 3 (**2000 系列**)

(1) [開始] \ [所有程式] \ [MELSOFT Application] \ [GT Works 3] \ GT Designer 3。

(2) 按[New] \ [Next] \ [Next] \ [Next]，之後在[Communication] \ [Controller]設定中選取 PLC 類型，本例中選取 MELSEC-FX，如圖 6-7 所示。

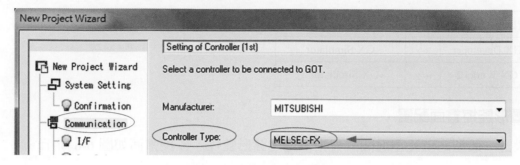

圖 6-7　新專案中 PLC 設定

(3) 按[Next] \ [Next] \ [Next] \ [Next] \ [Next] \ [Finish]，產生一個新的編輯畫面。

註：如果要使用 USB→8 Pins 的 PLC 信號轉換器執行 PLC 的連線圖形監控時，通訊介面 I/F 要選用：標準 RS-232，如下所示。如果不接 PLC 執行離線模擬時，通訊介面 I/F 點選 RS422/485 或 RS232 均可。

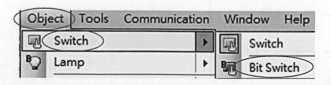

(4) 點選功能表列中的[Screen]\[Screen design…]選項，可以變更畫面的背景顏色。

2. Bit Switch(位元型態開關)設定

  2-1　Momentary(位元點動)_M0

(1) Bit Switch 設定

    點選[Object(物件)] \ [Switch(開關)] \ [Bit Switch]，如圖 6-8 所示。

圖 6-8　開啟 Bit Switch 物件

(2) Device (元件編號)屬性設定：如圖 6-9 所示。

    在 Bit Switch 物件上快按二下滑鼠左鍵，出現 Basic Setting(基本設定)視窗：

    ① Device (元件編號)：M0

    ② Action (動作模式)：⊙Momentary

    ③ Lamp (燈號)：⊙Bit ON / OFF Device：M0

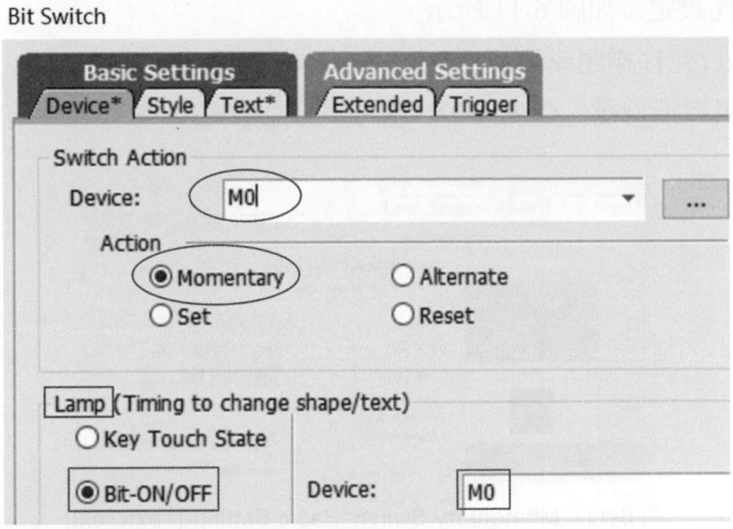

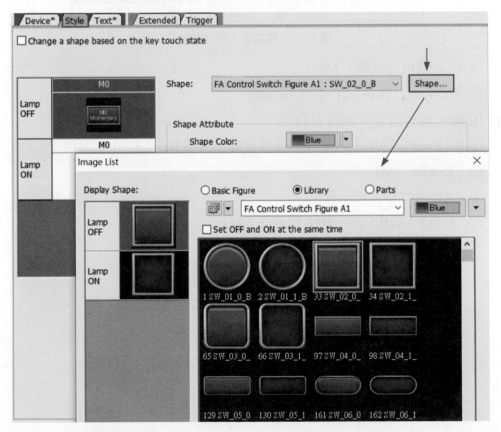

Bit Switch

圖 6-9　Momentary Switch_Basic Setting-[Device]

(3) Style (型式或樣式)屬性設定：如圖 6-10 所示。

① Style

② Shape (外形)，點選合適的外形

圖 6-10　Momentary Switch_Basic Setting-[Style \ Shape]

CH 6

(4) Text 屬性設定：如圖 6-11 所示。

　① Text (元件標題或註解)：M0 Momentary

　② 如果取消勾選□OFF = ON，則可以分別設定 OFF 和 ON 的元件標題或註解。

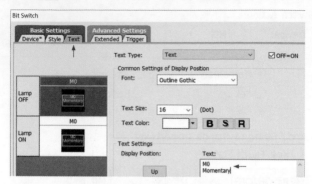

圖 6-11　Momentary Switch_Basic Setting-[Text\Text]

(5) 開關按下時之提示音，如圖 6-12 所示。

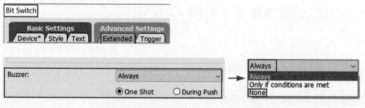

圖 6-12　開關按下時之提示音

2-2　Alternate(位元反轉) _M1

(1) 點選[Object] \ [Switch] \ [Bit Switch]。

(2) Device 屬性設定：如圖 6-13 所示。

　在 Bit Switch 物件上快按二下滑鼠左鍵，出現 Basic Setting 視窗：

　① Device：M1

　② Action：⊙Alternate

　③ Lamp：⊙Bit ON / OFF Device：M1

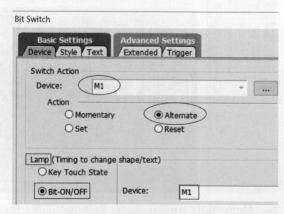

圖 6-13　Alternate Switch_Basic Setting-[Device]

(3) Style 屬性設定

① Style

② Shape，點選合適的外形

(4) Text 屬性設定

① Text：M1 Alternate

② 如果取消勾選□OFF = ON，則可以分別設定 OFF 和 ON 的元件標題或註解。

2-3　Set(位元設定) _M2

(1) Bit Switch 設定

[Object] \ [Switch] \ [Bit Switch]。

(2) Device 屬性設定：如圖 6-14 所示。

在 Bit Switch 物件上快按二下滑鼠左鍵，出現 Basic Setting 視窗：

① Device：M2

② Action：⊙Set

③ Lamp：⊙Bit ON/OFF Device：M2

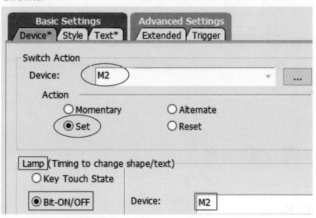

圖 6-14　Set Switch_Basic Setting-[Device]

(3) Style 屬性設定

① Style

② Shape，點選合適的外形

(4) Text 屬性設定

① Text：M2 Set

② 如果取消勾選□OFF = ON，則可以分別設定 OFF 和 ON 的元件標題或註解。

2-4 Reset (位元重設) _M2

(1) Bit Switch 設定

[Object] \ [Switch] \ [Bit Switch]。

(2) Device 屬性設定：如圖 6-15 所示。

在 Bit Switch 物件上快按二下滑鼠左鍵，出現 Basic Setting 視窗：

① Device：M2

② Action：⊙Reset

③ Lamp：⊙Bit ON/OFF Device：M2

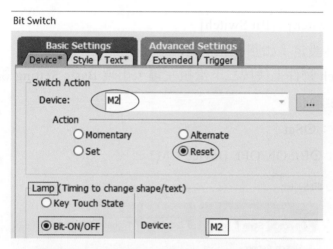

圖 6-15　Reset Switch_Basic Setting-[Device]

(3) Style 屬性設定

① Style

② Shape，點選合適的外形

(4) Text 屬性設定

① Text：M2 Reset

② 如果取消勾選□OFF = ON，則可以分別設定 OFF 和 ON 的元件標題或註解。

3. Bit Lamp(位元型態指示燈)_Y0

(1) Bit Lamp 設定

點選[Object] \ [Bit Lamp]，如圖 6-16 所示。

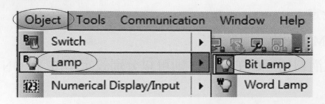

圖 6-16　開啟 Lamp 物件

(2) Device/Style 屬性設定：如圖 6-17 所示。

在 Lamp 物件上快按二下滑鼠左鍵，出現 Basic Setting 視窗：

① Device：Y0

② Shape Color：可以分別設定 Y0 / OFF 與 Y0 / ON 時的燈號顏色。

③ 燈號 Y0 ON 時，可以選擇燈號 Blink(閃爍)的速度。

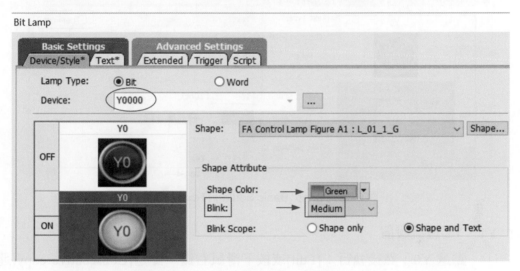

圖 6-17　Lamp_Basic Setting-[Device / Style]

④ Shape 屬性設定：點選合適的外形，如圖 6-18 所示。

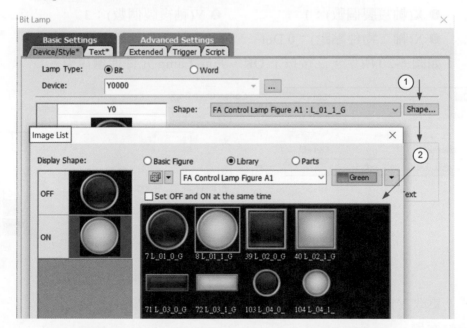

圖 6-18　Lamp_Basic Setting-[Device / Style] \ [Shape]

(3) Text 屬性設定：如圖 6-19 所示。

① Text：Y0

② Text Color：可以分別設定 Y0 / OFF 與 Y0 / ON 時的文字顏色。

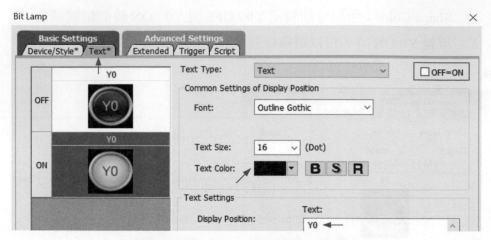

圖 6-19　Lamp_Basic Setting-[Text]\[Text]

(4) Y1、Y2 燈號設置

① 點選 Y0，然後執行：[Edit]或按下滑鼠右鍵，點選[Consecutive copy(連續複製)]。

② Consecutive copy 參數設定

❶ X(軸複製個數)：1　　　　　❷ Y(軸複製個數)：3

❸ X(軸二物件點距)：0 Dot　　❹ Y(軸二物件點距)：30 Dot。

如圖 6-20 所示，之後按下 OK，完成 Lamp 元件連續複製。

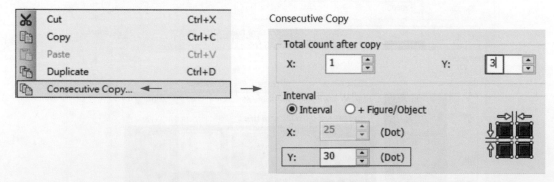

圖 6-20　Lamp 元件連續複製

③ 更改 Y1、Y2 燈號中之 Text 屬性，為 Y1 及 Y2。

4. 畫面資料存檔

[Project(檔案)] \ [Save as(另存新檔)] \ Ex_6-1。

註：建議點選左下方的[Switch to single file format project…]，將存檔類型變更為 Project Data(*.GTX)。

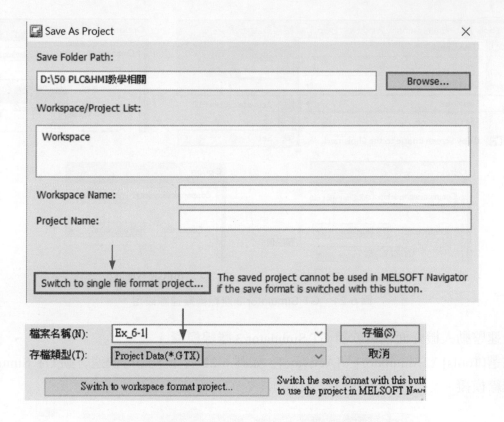

六、GT3 離線模擬

1. 開啓 PLC 編輯軟體 GX Developer 或 GX Works2，在編輯模式下輸入上述 PLC 程式。

2. 開啓圖控編輯軟體 GT Designer 3，完成圖形監控元件及畫面設計，並將畫面資料存檔。

3. 啓動 GX Developer 或 GX Works2 的 Simulation 模擬軟體。

4. 設定 PLC 編輯軟體 GX Developer 或 GX Works 2 所對應的圖控模擬軟體 GT Simulator 3，如下表所示：

PLC 模擬軟體	↔	圖形監控模擬軟體
GX Developer	↔	GX Simulator
GX Works 2	↔	GX Simulator 2

(1) 點選[Tools(工具)] \ [Simulator (模擬)] \ [Set (設定)]。

(2) Option 中，Connection 形式如上表所示，選擇合適的 Simulator，PLC Type：MELSEC-FX，如圖 6-21 所示。

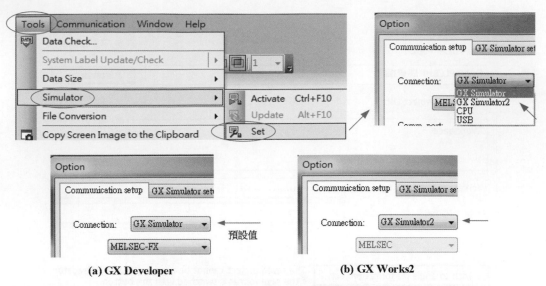

(a) GX Developer   (b) GX Works2

圖 6-21 GT Simulator 3 離線模擬連線設定

5. 快速啟動人機介面模擬軟體 GT Simulator 3 離線模擬。

點選[Tools] \ [Simulator] \ [Activate]，如圖 6-22 所示，即可快速啟動 GT Simulator 3 離線模擬。

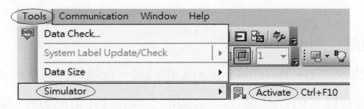

圖 6-22 快速啟動人機介面模擬軟體 GT Simulator 3

6. 實習結果，如上述【三、圖形監控畫面配置】中之說明。

七、GT3 線上模擬

1. PLC 通電後，在編輯模式下輸入上述【四、PLC 程式】，並外接輸入按鈕 X0、X1。

2. PLC_PC 連線。

3. 啟動 GT Simulator 3：點選 [Simulate] \ [Option]，Connection 形式採 CPU，PLC Type：
MELSEC-FX，如圖 6-23 所示。

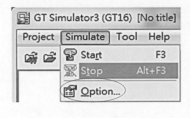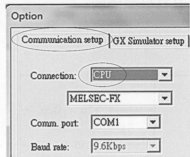

圖 6-23　GT Simulator 3 線上模擬連線設定

4.　按下 OK 鈕，即可執行 GT Simulator 3 線上模擬。

5.　實習步驟及結果，如上述【三、圖形監控畫面配置】中之說明。

八、問題研討

1.　請參考各機種之 PLC 使用手冊，將【四、PLC 程式設計】中之 FX 程式，修改成適合您使用的 PLC 機種，並測試其與上述【七、GT3 線上模擬】的結果是否相同。

2.　嘗試其它 PLC 程式之階梯圖圖形監控。

【實習 6-2】一般型與停電保持型計時器

一、實習目的

　　學習使用 GT Designer 3 & GT Simulator 3 (**2000** 系列)搭配一般型與停電保持型計時器之時間設定方式，並輔以開關、燈號、數值輸入及數值顯示等基本元件的設計及配置，達到圖形監控的目的。

二、動作要求

　　設計一個一般型與停電保持型計時器之圖形監控畫面，如圖 6-24 所示，動作要求如下：T0、T20 為一般型計時器，T250 為停電保持型計時器。計時器設定值：T0、T250 為直接設定，T20 則透過 D20 作間接設定。

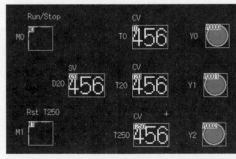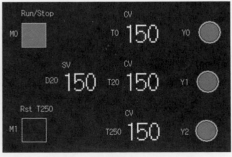

(a)初始狀態　　　　　　　　　　(b)執行中

圖 6-24　一般型與停電保持型計時器圖形監控示意圖_GT3

三、PLC 程式設計及外部接線

1. 階梯圖

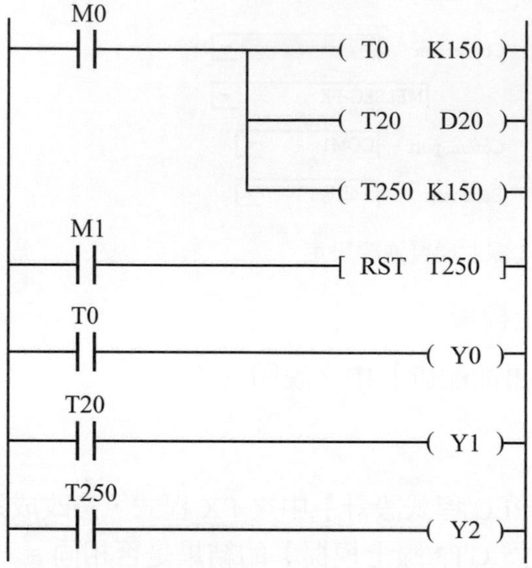

2. I/O 及資料暫存器

M0～M1：PLC 內部繼電器接點	D20：資料暫存器
Y0～Y2：PLC 外部輸出接點	T0&T20：一般型計時器
	T250：停電保持型計時器

四、GT3 及圖形監控元件畫面設計

1. 開啓人機界面編輯軟體_GT Designer 3 (**2000 系列**)

2. 圖形監控元件及畫面設計

    2-1 Alternate_M0

    (1) 點選[Object] \ [Switch] \ [Bit Switch，開啓 Bit Switch 物件。

    (2) 在 Bit Switch 物件上快按二下滑鼠左鍵，出現 Basic Setting(基本設定)視窗。屬性設定如下：① Device (元件編號)：M0，② Action (動作模式)：Alternate，③ Lamp：⊙Bit ON/OFF Device：M0。之後按下 OK，完成 Alternate 元件基本設定，如圖 6-25 所示。

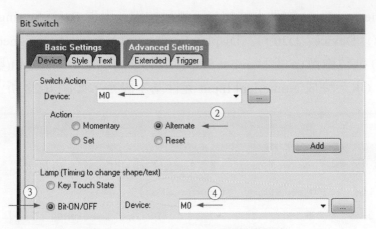

圖 6-25　Alternate Switch_基本設定

2-2　Momentary_M1

(1)　點選[Object] \ [Switch] \ [Bit Switch]。

(2)　在 Bit Switch 物件上快按二下滑鼠左鍵，出現 Basic Setting 視窗。屬性設定如下：
① Device (元件編號)：M1，② Action (動作模式)：Momentary，③ Lamp：⊙Bit
ON/OFF Device：M1。之後按下 OK，完成 Momentary 元件基本設定，如圖 6-26
所示。

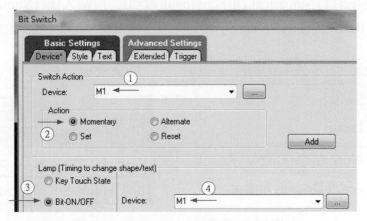

圖 6-26　Momentary Switch_基本設定

2-3　Numerical Input(數值輸入)_D20

(1)　點選[Object] \ [Numerical Display/Input(數值顯示/輸入)] \ [Numerical Input]，如圖
6-27 所示。

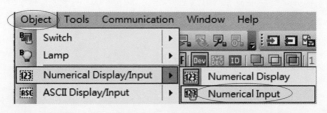

圖 6-27　開啟 Numerical Input 物件

(2) 在 Numerical Input 物件上快按二下滑鼠左鍵，出現 Basic Setting 視窗。屬性設定如下：① Device：D20，② Display Format (顯示格式)：Unsigned Decimal(不帶正負號 10 進位數值)，③ Number Size (字體大小)：3x3，④ Digit(數字個數)：3。之後按下 OK，完成 Numerical Input 元件基本設定，如圖 6-28 所示。

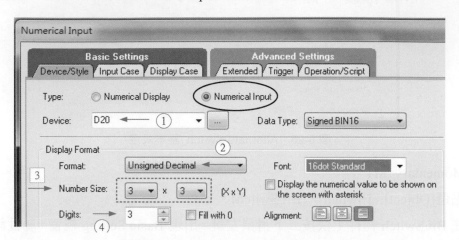

圖 6-28　Numerical Input_基本設定

2-4　Numerical Display(數值顯示) _T0、T20、T250

(1) 點選[Object] \ [Numerical Display/Input(數值顯示/輸入)] \ [Numerical Display]，如圖 6-29 所示。

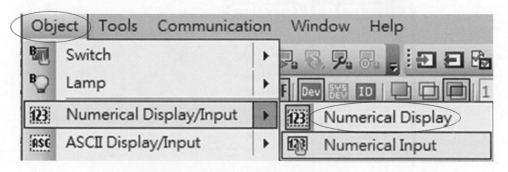

圖 6-29　開啓 Numerical Display 物件

(2) 在 Numerical Display 物件上快按二下滑鼠左鍵，出現 Basic Setting 視窗。屬性設定如下：① Device：T0，② Display Format：Unsigned Decimal，③ Number Size：3×3，④ Digit：3。之後按下 OK，完成 Numerical Display 元件基本設定，如圖 6-30 所示。

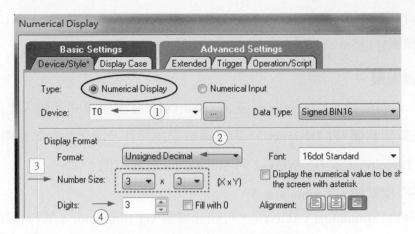

圖 6-30　Numerical Display_基本設定

(3)　依序完成 T20、T250 等 Numerical Display 元件之基本設定。

2-5　Lamp(指示燈)_Y0、Y1、Y2

(1)　點選[Object] \ [Bit Lamp]，開啓 Lamp 物件。

(2)　在 Lamp 物件上快按二下滑鼠左鍵，出現 Basic Setting 視窗。屬性設定如下：
Device_Y0，之後按下 OK，完成 Lamp 元件基本設定，如圖 6-31 所示。

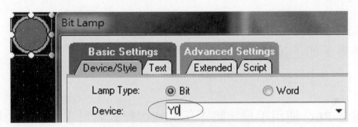

圖 6-31　Lamp_基本設定

2-6　Text(文字)

(1)　點選[Figure (圖形)] \ [Text(文字)]，如圖 6-32 所示。

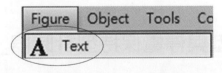

圖 6-32　開啓 Text 物件

(2)　將滑鼠移至畫面編輯區，立即出現文字輸入設定視窗。輸入所需文字後按下 OK，
完成元件 Text 基本設定，如圖 6-33 所示。

圖 6-33　Text_文字輸入

3.　畫面資料存檔

　　[Project(檔案)] \ [Save as(另存新檔)] \ Ex_6-2。

五、GT3 離線模擬

1.　開啟 PLC 編輯軟體 GX Developer 或 GX Works2，在編輯模式下輸入上述 PLC 程式。

2.　開啟圖控編輯軟體 GT Designer 3，完成圖形監控元件及畫面設計，並畫面資料存檔。

3.　啟動 GX Developer 或 GX Works2 的 Simulation 模擬軟體。

4.　啟動圖控模擬軟體 GT Simulator 3。

　　點選[Tools] \ [Simulator] \ Activate，可快速啟動 GT Simulator 3 離線模擬。

5.　實習結果，如上述【二、動作要求】中之說明。

六、GT3 線上模擬

1.　PLC 通電後，在編輯模式下輸入上述【三、PLC 程式】，並外接輸入按鈕 X0、X1。

2.　PLC_PC 連線。

3.　啟動 GT Simulator 3：點選 [Simulate] \ [Option]，Connection 形式採 CPU，PLC Type：
　　MELSEC-FX。

4.　按下 OK 鈕，即可執行 GT Simulator 3 線上模擬。

　　實習步驟及結果，如上述【二、動作要求】中之說明。

七、問題研討

1.　請參考各機種之 PLC 使用手冊，將【三、PLC 程式設計】中之 FX 程式，修改成適合
　　您使用的 PLC 機種，並測試其與上述【六、GT3 線上模擬】的結果是否相同。

2.　嘗試其它 PLC 程式之階梯圖圖形監控。

八、學習心得

【實習 6-3】一般型與停電保持型計時器_FX5U

一、實習目的

　　學習使用 FX5U、GX Works3、GT Works3 (2000 系列)搭配一般型與停電保持型計時
器之時間設定方式，並輔以開關、燈號、數值輸入及數值顯示等基本元件的設計及配置，
達到圖形監控的目的。PLC 模擬軟體與圖形監控模擬軟體關係如下所示：

PLC 模擬軟體	↔	圖形監控模擬軟體
GX Work3	↔	GX Simulator3

二、動作要求

設計一個一般型與停電保持型計時器之圖形監控畫面，如圖 6-34 所示，動作要求如下：T0、T1 為一般型計時器，ST2 為停電保持型計時器。計時器計時值：T0、ST2 為直接設定，T1 則透過 D1 作間接設定。

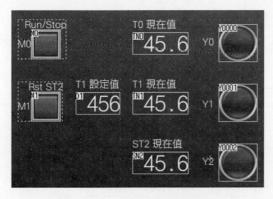 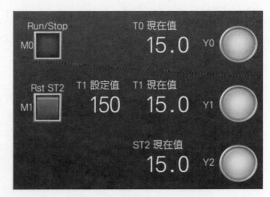

(a)初始狀態　　　　　　　　　　(b)執行中

圖 6-34　一般型與停電保持型計時器圖形監控示意圖_FX5U

三、PLC 程式設計及外部接線

1. 計時器階梯圖_GX Works3

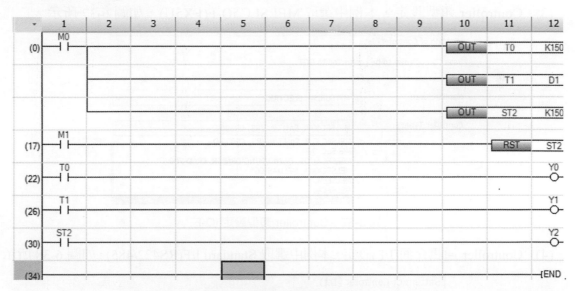

圖 6-35　計時器階梯圖_GX Works3

2. FX5U I/O 及資料暫存器

M0~M1：PLC 內部繼電器接點	D1：資料暫存器
Y0~Y2：PLC 外部輸出接點	T0 &T1：一般型計時器
	ST2：停電保持型計時器

CH 6

3. 程式解說

請參閱【實習 6-2】一般型與停電保持型計時器

四、GT3 及圖形監控元件畫面設計

1. 開啓人機介面編輯軟體_GT Designer 3 (**2000 系列**)

(1) [開始]\[所有程式]\[MELSOFT]\[GT Designer 3]。

(2) 按[New]，新增專案精靈出現 GOT 2000 系列圖示，GOT 系統設定預設爲
GT27**.V。

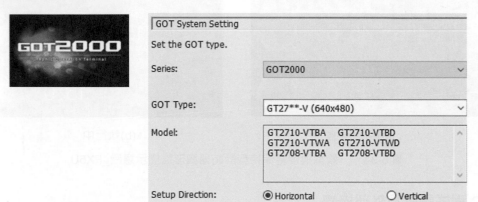

圖 6-36　GOT 2000 系列圖示及 GOT 系統設定

(3) Controller 類型設定，本例中選取 MELSEC iQ-F(FX5U)，如圖 6-37 所示。

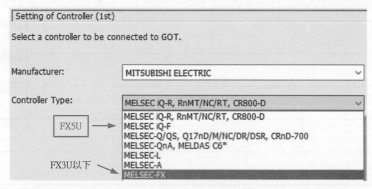

圖 6-37　Controller 類型設定 iQ-F

(4) Controller 通訊介面(I/F)設定，本例中選取 Standard I/F(RS422/485)，如圖 6-38 所示。

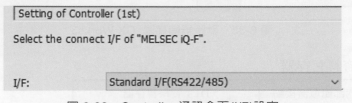

圖 6-38　Controller 通訊介面(I/F)設定

(5) 之後按[Next]⋯ \ [Finish]，產生一個新的編輯畫面。

2. 圖形監控元件及畫面設計

(1) Bit Switch(位元開關)

位元元件	動作型式
M0	Alternate
M1	Momentary

(2) Numerical Input(數值輸入)_D1

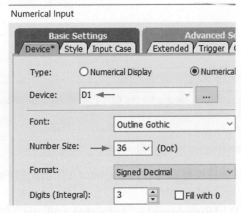

圖 6-39　計時器 T1 計時值_D1

(3) Numerical Display(數值顯示)_T0、T1、ST2

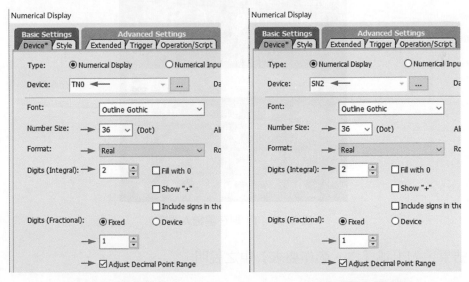

(a)T0、T1 現在值設定　　　(b)ST2 現在值設定

圖 6-40　計時器 T0、T1、ST2 現在值設定

(4) Lamp(指示燈)_Y0、Y1、Y2：略。

(5) Text(文字)：略。

五、GX Works3&GTWorks3 離線模擬

1. 開啓 PLC 編輯軟體 GX Works3，在編輯模式下輸入如上圖 6-35 所示之計時器階梯圖 _GX Works3 程式。

2. 開啓圖控編輯軟體 GT Designer 3(2000 系列)，完成圖形監控元件及畫面設計。

3. GX Works3 編程環境下啓動 PLC 程式的 Simulation 模擬。

4. 功能表列中點選[Tools]\[Simulator]\[Set]，設定圖控模擬軟體 GT Works 3 所搭配的 PLC 模擬軟體 GX Simulator3。

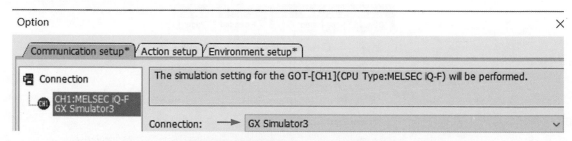

圖 6-41　設定圖控模擬軟體 GT Simulator 3 所搭配的 PLC 模擬軟體

5. 功能表列中點選[Tools)] \ [Simulator] \ [Activate]，即可啓動 GT Works3 離線模擬。

6. T1 現在值輸入視窗，如圖 6-42 所示。

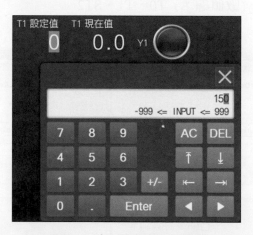

圖 6-42　T1 現在值輸入視窗

7. 實習結果，如上述【二、動作要求】中之說明。

六、FX-5U PLC 與人機介面 GOT 連線設定

1. GOT IP 位址設定

在 GT Designer3 中設定 GOT IP 位址與欲連線之 PLC IP 位址。

『請參閱：雙象貿易，三菱人機介面 GOT 入門手冊，文笙書局，初版，108 年 7 月，3-22～3-23 頁』。

2. 圖形監控畫面寫入到 GOT 人機介面

使用 USB 連接，傳送圖形監控畫面至 GOT 人機介面。

『請參閱：雙象貿易，三菱人機介面 GOT 入門手冊，文笙書局，初版，108 年 7 月，3-24～3-26 頁』。

3. 透過集線器連接個人電腦、FX5U PLC 及三菱 GOT

『請參閱：雙象貿易，三菱可程式控制器 FX5U 中文使用手冊，文笙書局，第一版，106 年 10 月，2-16～2-26 頁』。

【實習 6-4】 一般型與停電保持型計時器_FX3U+Soft GOT

一、實習目的

　　Soft GOT 屬於 PC-based 套裝式圖控軟體，在一般 PC 上進行圖控畫面的編輯、編譯及除錯之後，經由圖控軟體本身所提供各廠牌&機種之 PLC 驅動程式，由 PC 直接與 PLC 作連線監控。亦即使用時不需要另行購置實體的人機介面，即可讓 PC 或平板電腦變成 GOT。

　　學習使用 FX3U、GT Works3 (2000 系列)及 GT SoftGOT2000，搭配一般型與停電保持型計時器之時間設定，並輔以開關、燈號、數值輸入及數值顯示等基本元件的設計及配置，達到圖形監控的目的。

二、動作要求

　　同【實習 6-2】

三、PLC 程式設計及外部接線

　　同【實習 6-2】

四、GT3 及圖形監控元件畫面設計

1. 開啟人機介面編輯軟體_GT Designer 3 (2000 系列)。

2. 開啟 GT Designer 3 並建立新專案，設定 GOT 的機種，如圖 6-43 所示：

(1) 系列：GOT 2000

(2) 機種：GT SoftGOT2000

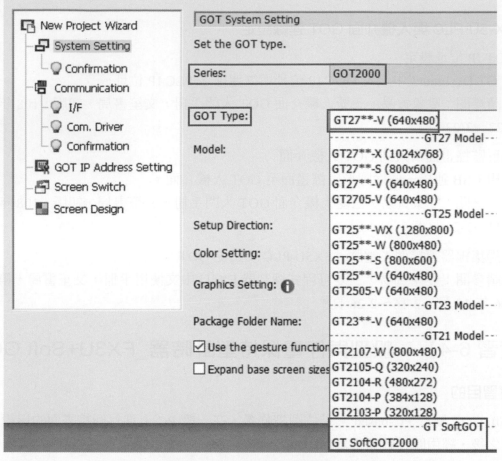

圖 6-43　設定 SoftGOT 的機種

3.　出現如圖 6-44 所示[確認 GOT 系統設定]視窗後,點選[下一步]鈕。

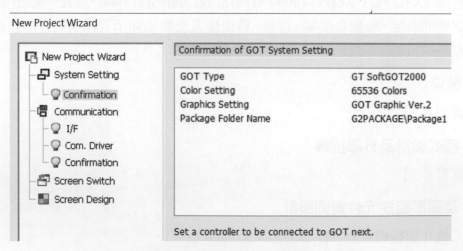

圖 6-44　確認 GOT 系統設定

4. 連接裝置設定

　　在連接裝置視窗中，進行下列設定：(1)製造商：三菱電機、(2)機種：MELSEC-FX，如圖 6-45 所示，之後點選[下一步]鈕。

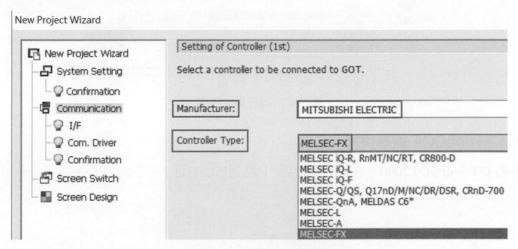

圖 6-45　連接裝置設定

5. 先後點選[下一步]鈕、[下一步]鈕、[完成]鈕，完成 SoftGOT 軟體基本設定。

6. 圖形監控元件及畫面設計，如圖 6-46 所示。

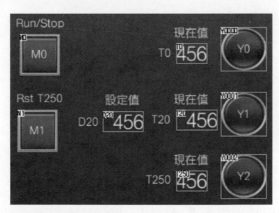

圖 6-46　圖形監控元件設置及畫面設計

7. 圖控畫面存檔

　　工程另存新檔時，先點選[切換爲單檔案格式工程]，檔案名稱：Ex6-4，存檔類型：工程資料(*.GTX)，如圖 6-47 所示。

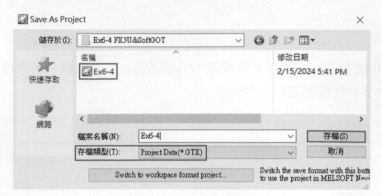

圖 6-47　圖控畫面存檔

五、PLC↔SoftGOT 連線模擬

1. 啟動 GT SoftGOT2000，在出現的視窗中點選[Start]鈕。

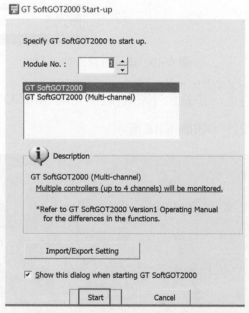

圖 6-48　GT SoftGOT2000 啟動視窗

2. GT SoftGOT2000 使用時需要管理者權限，提示視窗如圖 6-49 所示。

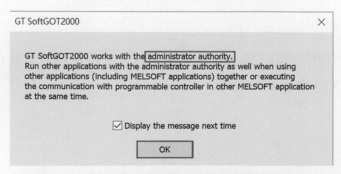

圖 6-49　GT SoftGOT2000 管理者權限提示視窗

3. 通訊參數設定

　　[Online]\[Communication Setup...]，在參數設定視窗中選擇正確的：(1)通訊介面、(2)PLC 機種、(3)通訊埠 Comm. Port、(4)通訊速率(Baud Rate)，如圖 6-50 所示。

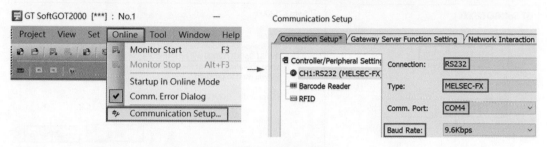

圖 6-50　通訊參數設定

4. 開啓專案

　　[Project] \ [Open] \ [Open a Project]或[Open a File]

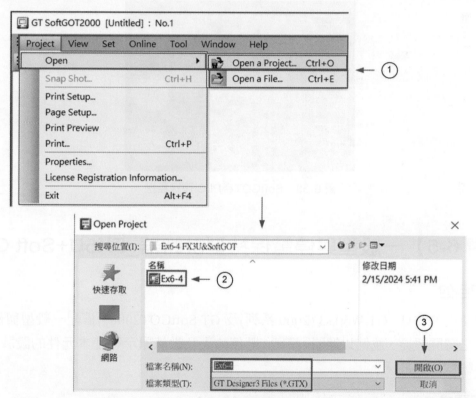

圖 6-51　開啓專案

5.　在開始監看視窗中點選[是(Y)]鈕，如果未安裝 license key，則 SoftGOT 在 3 小時候
　　會自動終止執行，如圖 6-52 所示。只要重新啓動 SoftGOT，即可繼續使用試用版的
　　軟體。

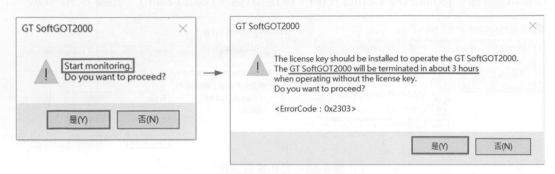

圖 6-52　license key 提示視窗

6.　SoftGOT↔PLC 連線監控情形，如圖 6-53 所示。

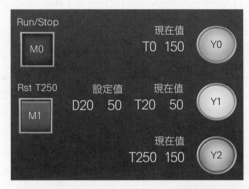

圖 6-53　SoftGOT↔PLC 連線監控

【實習 6-5】 一般型與停電保持型計時器_FX5U+Soft GOT

一、實習目的

　　學習使用 FX5U、GT Works3 (2000 系列)及 GT SoftGOT2000，搭配一般型與停電保持
型計時器之時間設定，並輔以開關、燈號、數值輸入及數值顯示等基本元件的設計及配置，
達到圖形監控的目的。

二、動作要求

　　同【實習 6-3】

三、PLC 程式設計及外部接線

　　同【實習 6-3】

四、GT3 及圖形監控元件畫面設計

GT3 及圖形監控元件畫面設計與【實習 6-4】類似,在此不在贅述,僅列出其中步驟及不同之處。

1. 開啓人機介面編輯軟體_GT Designer 3 (2000 系列)。

2. 開啓 GT Designer 3 並建立新專案,設定 GOT 的機種。

3. 連接裝置設定

在連接裝置(第一套)視窗中,進行下列設定:(1)製造商:三菱電機、(2)機種:MELSEC iQ-F,如圖 6-54 所示。

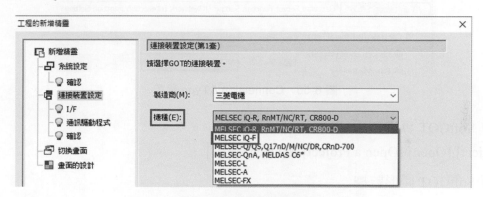

圖 6-54　連接設定裝置

4. 圖形監控元件設置及畫面設計,如圖 6-55 所示。

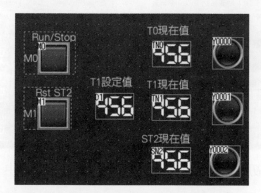

圖 6-55　圖形監控元件設置及畫面設計

5. 圖控畫面存檔

檔案名稱:Ex6-5,存檔類型:工程資料(*.GTX)。

五、PLC↔SoftGOT 連線模擬

1. 開啓 GX Works3 程式,之後執行 GX Works3 程式監視。

   [Online] \ [Monitor] \ [Monitor mode F3]

2. 啓動 GT SoftGOT2000,在出現的視窗中點選[Start]鈕。

3. 通訊參數設定

   [Online]\[Communication Setup…],在 Connection &Type 設定參數設定視窗中選擇正確的:(1) Connection(通訊介面):Ethernet、(2) Type:MITSUBISHI ELECTRIC。

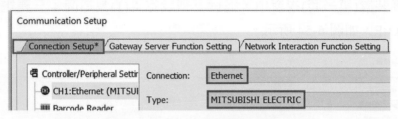

圖 6-56 Connection &Type 設定

4. 開啓 SoftGOT 專案

   [Project]\[Open]\[Open a Project]或[Open a File]

5. 執行 SoftGOT 圖形監控

   [online]\[Monitor Start F3]

(a)初始狀態 (b)執行中

圖 6-57 PLC↔SoftGOT 圖形監控

習 題

1. PLC 圖形監控技術可分為哪幾種？試簡述之。
2. 使用通用型人機介面有何優點？
3. 工業級人機介面可以取代 PLC 的哪些外部輸入及輸出元件？
4. 三菱電機所生產的工業級人機介面，其硬體與圖控軟體的名稱各為何？
5. 試以示意圖方式說明三菱人機介面：(1)離線模擬；(2)線上模擬；(3)連線監控等系統架構。
6. 試就市售之人機介面(硬體)與圖形監控(軟體)加以比較。
7. 何謂 SoftGOT？

Integrated FA Software

GX Works 2&3

Programming and Maintenance tool

MELSOFT

7章

順序功能流程圖及步進階梯圖

7-1 順序功能流程圖原理及特性

　　一般的 PLC 係以傳統繼電器控制迴路為基礎發展而來，因此程式設計者必需具備相當的電氣知識，並熟悉機械的動作順序，並將繼電器的接點和線圈予以符號化，當轉換成一般的階梯圖或指令之後，即可實現其控制。但如此所完成的控制迴路，除了原程式設計者之外，一般使用者往往不易理解其動作流程，亦即程式的可讀性較低。

　　順序功能流程圖(Sequential Function Chart，SFC)源於法國的 Grafcet，它廣泛的使用於歐洲各國，並成為國際電機技術協會所認可之標準編程語言(IEC_848)。SFC 是 Grafcet 在應用上的延伸及擴展，基本上它是把機械動作或步驟先行分解成下列三個主要的組成元素：(1)狀態或步進點，(2)動作，及(3)轉移條件等，然後再依其原先動作順序串接起來，以完成整體的機械動作。

　　單一流程之 SFC 基本架構如圖 7-1 所示，由圖中可知 SFC 是一種機械狀態導向的編程語言，它類似於計算機語言中之流程圖(Flowchart)，並採用其中之分歧(或分支)及轉移等方式來表示複雜的控制內涵，輔以圖形顯示各動作間之狀態及關係。

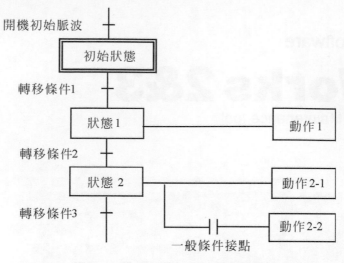

圖 7-1　單一流程之 SFC 基本架構

7-2　SFC 基本架構

SFC 之基本架構中，其主要的組成元素及其功能特性如下所述：

1.　狀態或步進點【State；Step；Stage】

(1)　初始狀態或步進點

　　PLC 開機執行後的第一個狀態，稱之為初始狀態或步進點，在 SFC 中通常以雙線方框來表示。一般均以開機初始脈波，來達成系統的初始狀態。就 FX3U_PLC 而言，開機初始脈波為 M8002，而初始狀態共有 S0~S9 等 10 個，亦即 PLC 在開機之時，最多祇能同時作 10 個流程的控制。

※　[註]：下文中，狀態或步進點將統稱為『狀態』。

(2)　原點復歸狀態

　　專用於原點復歸之狀態，須搭配應用指令 IST『FNC 60-IST：SFC 手動/自動運轉模式設定』來使用，共有 S10~S19 等 10 個。若程式中未使用 IST 應用指令，則可當作一般狀態使用。

(3)　一般狀態

　　通常均以單線方框來表示一般狀態，而狀態與動作之間，則用一有向線段加以連接，表示信號的流向。一般狀態共有：(1)S20~S499 等 480 個，為非停電保持型；(2)S500~S899 等 400 個，為停電保持型。

(4)　有效/執行中(Active)狀態

　　PLC 正在執行中的狀態，稱之為有效/執行中狀態。

2. 動作(Action)/處理(Process)或輸出

在有效狀態下，PLC 將驅動與此狀態有關的輸出繼電器、計時器 T、計數器 C、特殊線圈或應用指令…等。

3. 轉移(進)條件(Transition)

狀態與狀態之間，通常使用一具有方向性線段加以連接，有向線段上則用一短橫線表示促使狀態發生轉移的相關接點。

4. 分歧(Branch)與合流(Joining)

(1) **選擇性分歧**(Selective Branching)

選擇多條並聯路徑之一作狀態轉移，如圖 7-2 所示。

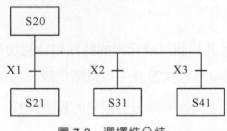

圖 7-2　選擇性分歧

(2) **選擇性合流**(Selective Joining)

選擇性合流與選擇性分歧相互呼應，它是**經由多條並聯路徑而回歸到單一路徑**，如圖 7-3 所示。

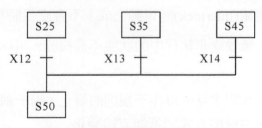

圖 7-3　選擇性合流

(3) **並進式分歧**(Parallel Branching)

轉換條件成立時，**各並聯路徑的第一個狀態均成為有效狀態**，如圖 7-4 所示。

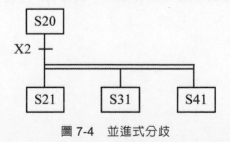

圖 7-4　並進式分歧

(4) 並進式合流(Parallel Joining)

各並聯路徑的最後一個狀態均為有效，且轉換條件滿足，則系統將轉移至下一狀態，如圖 7-5 所示。

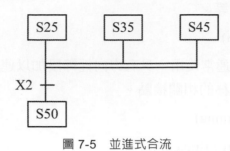

圖 7-5　並進式合流

7-3　SFC 特點

由上述 SFC 基本架構及其相關組成元素的特性和功能加以探討，SFC 具有下列特點：

1. 直接依據機械動作流程進行程式設計，可以簡化設計過程並縮短設計時間。

2. 程式的可讀性或轉移性高，每一個人寫出來的程式一模一樣，不會因人而易。

3. 機械動作改變時，除了變更部分的輸出狀態之外，其它程序不必重新更動。

4. 非程式設計者可據以瞭解機械動作的流程，方便進行系統的測試及維修。

5. 機械裝置發生故障時，可依據目前狀態所對應的輸入/輸出接點加以檢查，並快速的找出故障點，進而予以排除。

6. 控制電路中的電氣連鎖(Interlock)能自動完成，不會產生時序上誤動作。

7. 有效的狀態被掃瞄，無效或非執行中的狀態不被掃瞄，可縮短掃瞄時間，使程式執行更加快速。

8. 狀態編程極富彈性，狀態本身可以作不規則的變化，而一般階梯圖編程，因侷限於程式由上而下，由左而右掃瞄方式，祇能直線變化。

9. SFC 架構本身就是很好的技術文件或說明。

由於 SFC 具有編程容易、系統模擬測試與故障維修方便、狀態編程極富彈性…等優點，故 IEC 將其列為 PLC 的標準編程語言之一_ 61131-3，美國並將其訂為 NEMA 標準。

7-4　步進指令及步進階梯圖

　　結合流程控制與階梯圖的設計方式，與僅含基本指令及應用指令的階梯圖，在電腦連線編輯軟體中所呈現的外觀稍有不同，含有步進指令的階梯圖，一般稱之為步進階梯圖 (STep Ladder，STL)。

　　目前的編程軟體，不論是**一般的階梯圖或對應於 SFC 的步進階梯圖**，在程式語言 **(Language)的選項中，均統稱為階梯圖(Ladder，LD)**。本章節內文中，大多數使用步進階梯圖名稱，實際上等同於編程軟體中之階梯圖，請讀者留意。SFC 編程中的步進指令如下：

1.　SET：進入某一個狀態或步進點

　　(1)　由開機初始脈波進入系統初始狀態(S0~S9)。

　　(2)　或由某一個動作中之狀態，進入下一個狀態。

　　在狀態轉移後，原先之狀態會自動復歸為 OFF。

2.　STL：步進階梯圖開始

　　在步進階梯圖中，等效於將系統母線轉移到步進點母線。

3.　RET：步進階梯圖結束

　　在步進階梯圖中，等效於將步進點母線轉回系統母線。

4.　RST：關閉某一個狀態或步進點

　　關閉某一個流程中之有效狀態。

5.　OUT：跳躍(Jump)至流程中的某一個狀態或步進點。

　　馬達起動停止控制電路所對應的 SFC 架構&GX 軟體編程&步進指令，如圖 7-6 所示。

『註』：1. 使用 GX Works2 軟體編程，一般狀態的起始編號會自動配置為 S10。

　　　　2. 使用 GX Works3 軟體編程，一般狀態的起始編號由使用者自行指定(Assign)。

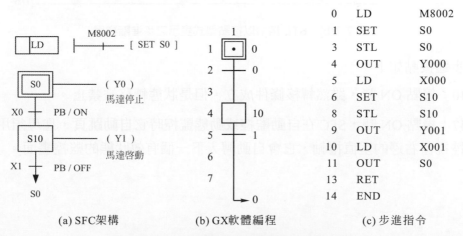

| (a) SFC架構 | (b) GX軟體編程 | (c) 步進指令 |

圖 7-6　SFC 架構&GX 軟體編程&步進指令

馬達起動停止控制電路所對應步進階梯圖如圖 7-7 所示，請注意觀察其中之系統母線、步進階梯圖母線及 SET、STL、OUT、RET 等指令關係。

圖 7-7(a) 馬達起動停止控制電路步進階梯圖

圖 7-7(b) STL 指令以接點型式表示之步進階梯圖

特殊步進接點如下：

1. M8040：接點 ON 時，雖然轉移條件成立，但是狀態轉移被禁止。

2. M8047：接點 ON 時，SFC 在自動監控或動態監控時它**自動跳頁**，您毋須用滑鼠去捲動監控視窗右邊的垂直捲軸，它會自動轉入下一個有效狀態的監控畫面。

7-5 SFC 編程注意事項

1. 輸出線圈(Y、M)

   (1) SET

     若狀態轉移後，輸出線圈(點)仍需保持 ON，則需使用 SET 指令驅動該輸出線圈；該輸出線圈若要復歸，則需使用 RST 指令。例如 SET Y0，在狀態轉移後，Y0 依然為 ON，一直到 RST 信號動作時，Y0 方才為 OFF。

   (2) OUT

     使用 OUT 指令驅動輸出線圈時，例如 OUT Y0，則在狀態轉移後，Y0 會自動復歸為 OFF。

   (3) 相同編號之輸出線圈，可以在不同編號之狀態中重複使用。

     ※SFC 中 OUT 與 SET 差異，如圖 7-8 所示。

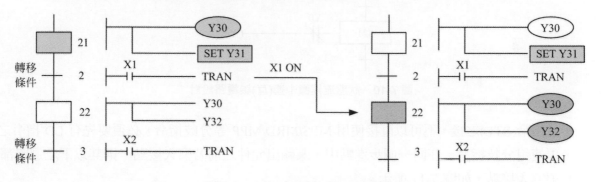

圖 7-8　SFC 中 OUT 與 SET 差異

   (4) 計時器與一般輸出點一樣，於不同的步進點當中可重複使用，但是相鄰的兩個步進點中請勿使用，因為計時器會被復歸而無法有效計時，如圖 7-9 所示。

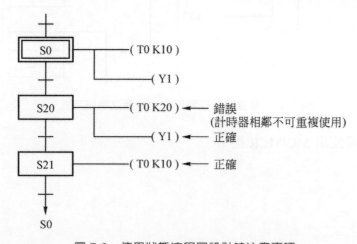

圖 7-9　使用狀態流程圖設計時注意事項

2. 狀態(Sn)

(1) SET

用於驅動同一個流程中之下一個狀態。

(2) OUT

用於驅動不同流程中之下一個狀態。

(3) 相同編號之狀態，不可以重複使用。

3. 在轉移條件接點 ON 的當次掃瞄周期內，會發生上、下相鄰的二個狀態同時為 ON 的情況，故不可同時為 ON 的輸出線圈，請勿設計在相臨的二個狀態中。若有此需求時，請於外部輸出配線及步進程式中作連(互)鎖電路設計，如圖 7-10 所示。

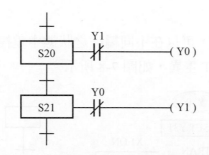

圖 7-10　狀態流程圖中連(互)鎖電路設計

4. 步進指令(STL)之後，不可以直接使用 MPS/MRD/MPP 等分歧指令，必須要先有 LD 指令之後再使用分歧指令。在同一個步進點中，某輸出元件之前若寫入接點，則其以下之迴路都必須寫入接點，如圖 7-11 所示。

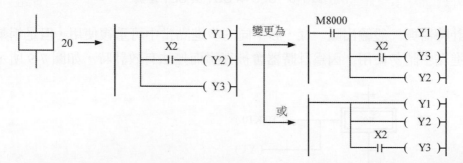

圖 7-11　步進點中接點與輸出現圈之串接方式

5. 步進程式中不可使用 MC/MCR 指令。

6. 步進程式中儘量少用 CJ 指令，以免動作趨於複雜，程式除錯不易。

7. 一般副程式或中斷插入副程式內，不能輸入步進指令。

8. 在 SFC 的基本架構中，狀態與狀態之間僅能使用一條短橫線，表示促使狀態發生轉移的相關接點。注意：之後如果看到學習範例之 SFC 架構圖示中標示有 2 個以上的轉移條件接點串/並聯時，在 SFC 編程軟體中必須將串/並聯之轉移條件接點編寫至內部階梯圖中，如圖 7-12 和圖 7-13 所示，否則程式編譯時會發生錯誤。

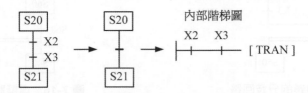

圖 7-12　接點串聯內部階梯圖

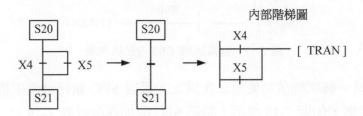

圖 7-13　接點並聯內部階梯圖

9. SFC 軟體編程，在狀態或轉移條件還未編輯其所對應內部階梯圖，或某一狀態其中沒有執行任何輸出，狀態內部或轉移條件旁邊將會標註一提示符號"?"，如圖 7-14 所示，若狀態內部或轉移條件所屬內部階梯圖編輯完成並經過編譯後，"?"就會消失。

※　例外：若某一狀態中沒有輸出，則提示符號"?"並不會消失，但程式仍可正確執行。

圖 7-14　尚未編輯內部階梯圖或狀態中沒有輸出時之 SFC

10. 在 SFC 的基本架構中，狀態和狀態之間除了必要的轉移條件之外，只允許有一條分歧或合流線。較複雜的分歧回路，如圖 7-15 所示，為了方便 SFC 編程，一般均使用虛擬狀態或中繼步進點(Dummy State)如圖 7-16 中 S60 所示。虛擬狀態或中繼步進點 S60 所對應之內部階梯圖，則如圖 7-17 所示。

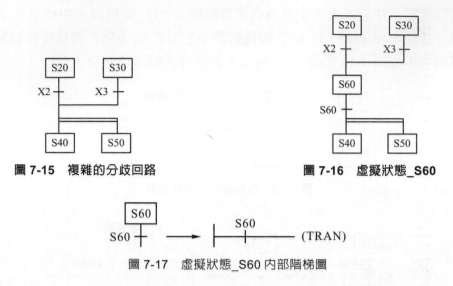

圖 7-15 複雜的分歧回路　　　　　　圖 7-16 虛擬狀態_S60

圖 7-17 虛擬狀態_S60 內部階梯圖

11. 在 SFC 中，同一個狀態請勿使用二次以上，否則 SFC 執行會產生錯誤動作。若須跳躍至同一個狀態，如圖 7-18 所示，請將 SFC 酌加修改成圖 7-19。

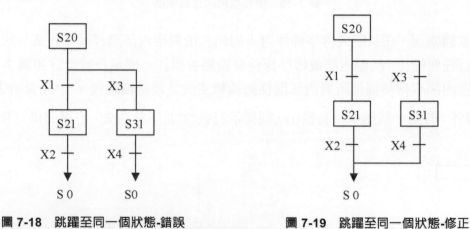

圖 7-18 跳躍至同一個狀態-錯誤　　　　　圖 7-19 跳躍至同一個狀態-修正

7-6 SFC 編程與連線監控-GX Works2

　　SFC 軟體編程在 GX Works2(以下簡稱 GX2)中，因受限於電腦繪圖及程式語法等關係，無法依照原圖繪製，必須將其稍加修改為：階梯圖區塊『Ladder block』及 SFC 狀態區塊『SFC block』等二個部分，而且需要個別在 Ladder block 及 SFC block 右側的 Inner Ladder(內部階梯圖)中，編輯與 block 或狀態相關的輸出及促使狀態發生轉移的條件接點。

1. Ladder block

   不屬於任何狀態，一般是用來執行：

   (1) 初始迴路或初始化的動作，例如 PLC 作業模式由 STOP 切換到 RUN 時，開機初始脈波 M8002 使系統進入初始狀態 S0。

   (2) 押下停止按鈕時，將其它狀態復歸 Sn 並重新進入初始狀態 S0。

   (3) 積熱電驛過載時的燈號指示及警報(蜂鳴器)迴路。

   (4) 輸出確認迴路

      ① PLC 有輸出，電磁線圈(MC)未動作。

      ② PLC 未輸出，電磁線圈動作。

2. SFC block

   可分成：(1)狀態、(2)轉移條件等二部分，各狀態及轉移條件均有其對應的內部階梯圖。

3. SFC 編程時工具列中功能項目及圖示

   SFC 編程是由欄及列組成格位，GX2 編程時工具列中功能項目及圖示，如表 7-1 所示。要留意的是當游標定位於轉移條件時，點選工具列中之選擇性分歧/合流或並進式分歧/合流的圖示時，GX2 會自動定位分歧/合流在 SFC block 中之正確位置，並適時改變轉移條件所在位置。

表 7-1　GX2 編程時工具列中功能項目及圖示

	功能項目	工具列中圖示	備註
狀態	狀態	F5	S0~S899
	跳躍(Jump)	F8	S0~S899
轉移條件	轉移條件	F5	
	選擇性分歧	F6	
	選擇性合流	F8	
	並進式分歧	F7	
	並進式合流	F9	
	垂直線	sF9	

4. 學習範例

   茲以馬達起動停止控制電路為例，如圖 7-20 所示，說明 SFC 軟體編程方法。圖中刻意將 Ladder block 及 SFC block 所對應內部階梯圖置於同一水平位置，以便相互對照參考。

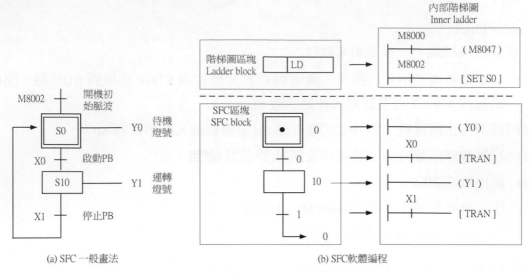

(a) SFC 一般畫法   (b) SFC軟體編程

圖 7-20 馬達啟動停止控制電路的 SFC 編程

7-6-1 Ladder block 編程

1. 新增專案

(1) 功能表列中點選【Project】\『New』，或點選 📄 圖示。

(2) 在『New Project』視窗中，分別設定正確的：Series、Type、Project type、Language，如圖 7-21(a)所示。

(3) 點選 OK 鈕後，先進行區塊類型設定-Ladder block，如圖 7-21(b)所示。

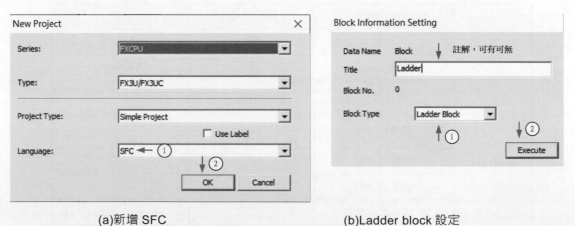

(a)新增 SFC   (b)Ladder block 設定

圖 7-21 新增 SFC 專案及區塊資訊設定

(4) 之後點選 Execute 鈕，即可新增一個 Ladder 區塊，如圖 7-22 所示。

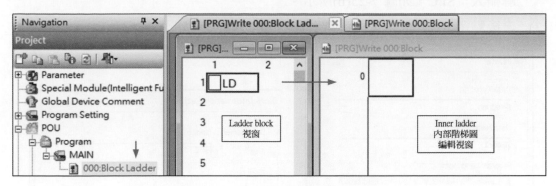

圖 7-22　SFC 專案及 Ladder block

2.　Ladder block 編程

(1) 先行點選左側的階梯圖區塊□LD，之後將滑鼠游標移至右側內部階梯圖視窗，使用點選元件盤圖示符號或直接鍵入指令，編輯條件接點及輸出。

(2) 編輯完後記得執行『Compile(編譯)』\[Build]，Compile 後的 Ladder 區塊如圖 7-23 所示。

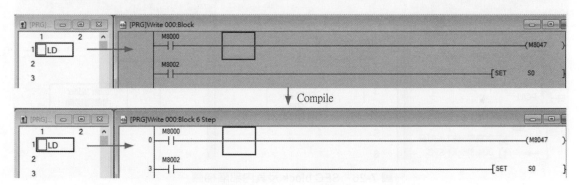

圖 7-23　編譯後 Ladder block 及其內部階梯圖

7-6-2　SFC block 編程

1.　新增 SFC block

(1) 在導航視窗中點選 Program(程式)下方的主程式 MAIN，按滑鼠右鍵在快顯功能表中點選 Add New Data，如圖 7-24 所示。

圖 7-24　新增 SFC 區塊\新增資料

(2) 新增資料視窗中，點選 OK 鈕，如圖 7-25(a)，在區塊資訊設定視窗中，標題或註解輸入：SFC，如圖 7-25(b)所示。

(3) 之後點選 Execute 鈕，即可新增一個 SFC block，如圖 7-26 所示。

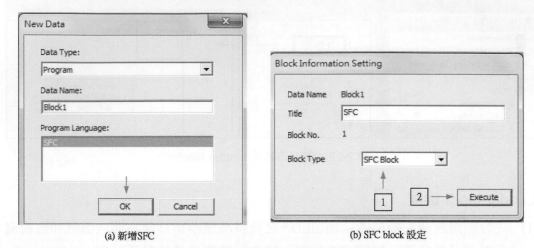

(a) 新增SFC　　　　　　　(b) SFC block 設定

圖 7-25　新增資料及 SFC block 設定

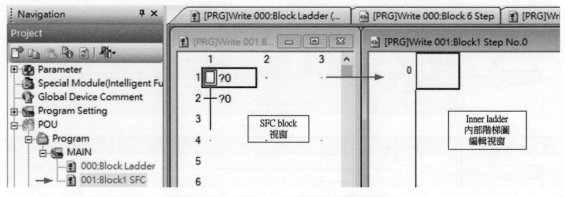

圖 7-26　SFC block 及其內部階梯圖

2.　SFC block 編程

(1) 狀態 S0 編程

① 先行點選 SFC 區塊□0?，之後將滑鼠游標移至右側內部階梯圖視窗。

② 點選元件盤圖示符號或直接鍵入指令，編輯狀態所對應條件接點及輸出。

③ 編輯完後執行『Compile』\ [Build]，編譯後狀態 S0 及其內部階梯圖如圖 7-27 所示。圖中可見□0?後面原先之提示符號?已消失，表示狀態 S0 已輸入內部階梯圖，且已完成程式編譯。

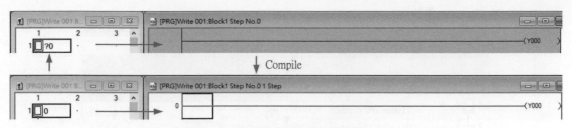

圖 7-27　狀態 S0 及其內部階梯圖

(2) 轉移條件序號 0 編程

① 先行點選 SFC 圖區塊中之轉移條件?0，之後將滑鼠游標移至右側內部階梯圖視窗。

② 點選元件盤圖示符號或直接鍵入指令，輸入轉移條件接點 X0。之後鍵盤直接輸入轉移指令 Tran，並點選右方 OK 鈕或 Enter 鍵，如圖 7-28 所示。

※ 注意：鍵入轉移指令 Tran 的其它方式：

(1) 功能鍵 F7+OK 鈕或 Enter 鍵。

(2) 功能鍵 F8+OK 鈕或 Enter 鍵。

③ 編輯完後執行『Compile』\ [Build]，編譯後轉移條件 0 及其內部階梯圖如圖 7-29 所示，圖中可見轉移條件 0?後面原先之提示符號?已消失，表示轉移條件 X0 已輸入內部階梯圖，且已完成程式編譯。

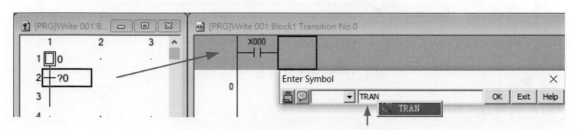

圖 7-28　轉移條件 0 內部階梯圖編輯

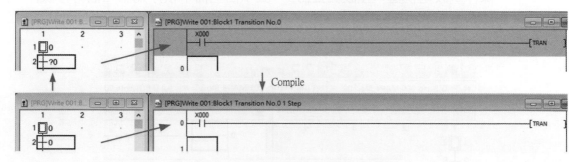

圖 7-29　轉移條件 0 及其內部階梯圖

(3) 狀態 S10 編程

① 將滑鼠移到編號 4 位置上，點選工具列中圖示 ，出現如圖 7-30 所示狀態編號設定視窗，起始編號自動配置為 S10，之後點選右方 OK 鈕。

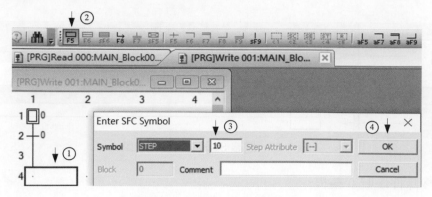

圖 7-30　狀態 S10 設定視窗

② 出現狀態 S10 編輯視窗，將滑鼠移到內部階梯圖中，編輯狀態 S10 內部階梯圖，編輯完後執行『Compile』\ [Build]，編譯後狀態 S10 及其內部階梯圖視窗如圖 7-31 所示。

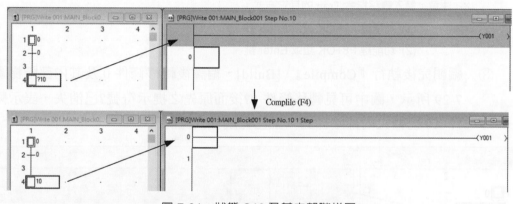

圖 7-31　狀態 S10 及其內部階梯圖

(4) 轉移條件序號 1 編程

① 將滑鼠移到編號 5 位置上，點選工具列中圖示 ，出現如圖 7-32 所示轉移條件 1 設定視窗，預設編號為 1，表示由上而下依序為第二個轉移條件，之後點選右方 OK 鈕。

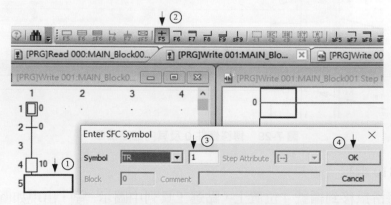

圖 7-32　轉移條件 1 設定視窗

② 先行點選 SFC 圖區塊中之轉移條件?1，之後將滑鼠游標移至右側內部階梯圖視窗。

③ 點選元件盤圖示符號或直接鍵入指令，輸入轉移條件接點 X1，之後再按下功能鍵 F7(或 F8) + OK 鈕或 Enter 鍵。

④ 編輯完後執行『Compile』\ [Build]，編譯後轉移條件 1 及其內部階梯圖視窗如圖 7-33 所示。

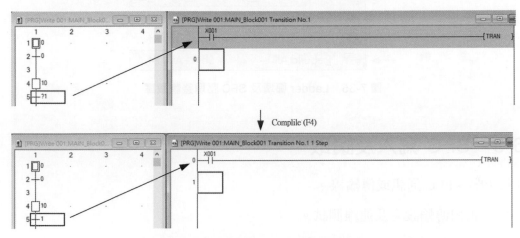

圖 7-33　轉移條件 1 及其內部階梯圖

(5) 跳躍(Jump)編程

① 將滑鼠移到編號 7 位置上，點選工具列中圖示 ，出現如圖 7-34 左側下方所示跳躍編號設定視窗，輸入擬跳躍之狀態編號 0(實際上為狀態 S0)，表示轉移條件 X1 成立時將由狀態 S10 跳躍至狀態 S0，之後點選右方 OK 鈕，完成態跳躍設定後視窗，如圖 7-34 右側所示。

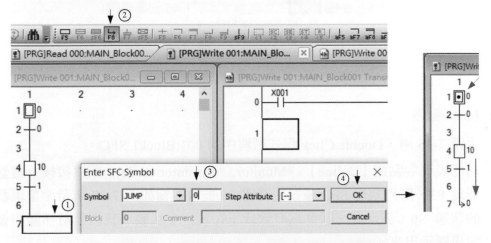

圖 7-34　跳躍編號設定及狀態跳躍設定後視窗

※注意：S0 中小圓點表示在 SFC 流程中，會從某一狀態跳躍(或返回)至 S0。

(6) 整體 SFC 編譯

因為剛才從事的是個別的 Ladder block 及 SFC block 編程，整體 SFC 及其內部階梯圖尚未串接在一起，故此時須點選工表列中之[Compile]\[Rebuild]，將目前所有編輯中的 SFC 相關 block 程式再執行一次整體編譯，如圖 7-35 所示，如此 SFC 軟體編程方才大功告成。

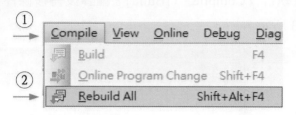

圖 7-35　Ladder 區塊及 SFC 區塊整體編譯

7-6-3　SFC 寫入及讀取

1. 連接 PL ↔ PLC 通訊或傳輸線。

2. PLC 通訊和傳輸設定及連線測試。

3. 功能表列中點選【Online】\『Write to PLC』

7-6-4　SFC 線上監視&停止監視

主程式 MAIN 下方的程式區塊，分為：(1)Ladder block、(2)SFC block，如圖 7-36 所示。SFC 監視時，兩個區塊需要個別啟動監視；SFC 停止監視時，也需要個別停止監視。

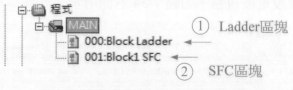

圖 7-36　主程式 MAIN 之下程式區塊

1. SFC block 監視

(1) 上圖 7-36 中，Double Click 程式區塊中的 001:Block1 SFC。

(2) 功能表列中點選【Online】\『Monitor』\ [Monitor mode]，或直接按下鍵盤上方功能鍵 F3，即可執行 SFC 監視。區塊-S0 監視視窗如圖 7-37 所示，呈現藍色標記的狀態 S0，表示此一狀態為有效或正在執行中狀態，其內部階梯圖亦會在右側同步顯示出來。

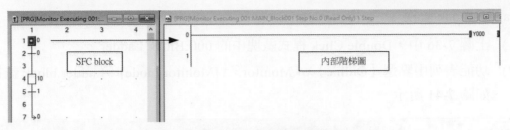

圖 7-37　SFC 區塊 S0 監視

(3) SFC 自動捲看監視(Auto Scroll)

　　① Ladder block 中需先行輸入與狀態自動捲看相關的接點 M8047，如圖 7-38 所示。

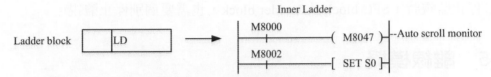

圖 7-38　狀態自動捲看接點 M8047 驅動

　　② 之後點選功能表列中【Online】\『Monitor』\[Auto Scroll(自動捲看)]，在確認視窗中點選是(Y)確認鈕，如圖 7-39 所示，正在執行中的狀態及其所對應內部階梯圖會自動同步顯示於監控畫面中，狀態轉移時內部階梯圖也會同步變更，如圖 7-40 所示。

圖 7-39　自動捲看確認視窗

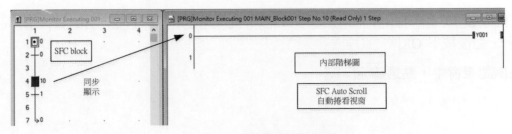

圖 7-40　自動捲看監視視窗

2. Ladder block 監視

(1) 上圖 7-36 中，Double Click 程式區塊中的 000:Block Ladder。

(2) 功能表列中點選【Online】\『Monitor』\ [Monitor mode]，Ladder block 監視視窗如圖 7-41 所示。

圖 7-41 Ladder 區塊監視

3. SFC 停止監視時，SFC block 及 Ladder block，也需要個別停止監視。

7-6-5 離線模擬

GX Works2 離線模擬情況下的『Monitor(監視)』及『Watch(監看)』功能和視窗，與實際與 PLC 連線時大致相同，在此就不再贅述，離線模擬執行步驟簡述如下：

1. 功能表列中點選【Debug(偵錯)】\『Start/Stop Simulation(開始/停止-模擬)』。

2. 功能表列中點選【Debug】\『Modify Value』變更當前值，視實際需要將 Bit 元件強制為 ON/OFF，或執行資料暫存器 D 數值設定。

3. 離線模擬沒有實際連接 PLC，外部輸入元件 Xn 在強制為 ON 後，Xn 狀態會保持住，亦即持續為 ON；若要解除 ON 狀態，需要再次點選 OFF 或 Switch ON/OFF 鈕，或再度按下快捷鍵= Shift + Enter，將其強制為 OFF。

7-6-6 SFC 轉成步進階梯圖

SFC 轉成步進階梯圖步驟，如圖 7-42 所示。

1. 功能表列中點選【Project】\『Change Project Type(變更專案類型)』

2. 『Change Project Type』視窗中，點選⊙Change program language type(變更程式語言類型)，之後按下 OK。

3. 在確認視窗中，點選確定。

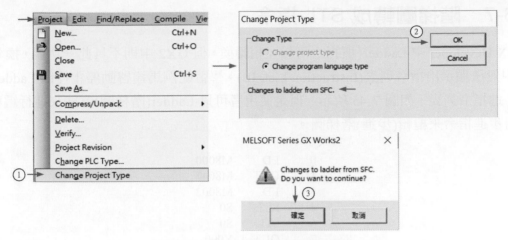

圖 7-42　SFC 轉成步進階梯圖步驟

4.　在下圖 7-43 所示導航視窗中，雙擊程式下方的 Main，即可開啟對應的步進階梯圖，如圖 7-44 所示。

圖 7-43　導航視窗中開啟步進階梯圖

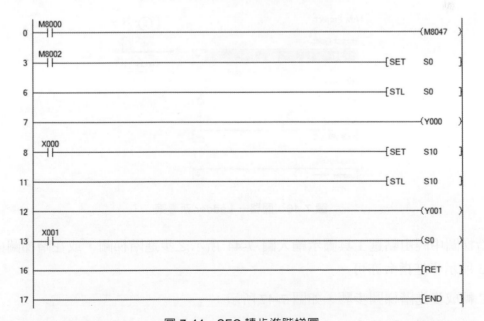

圖 7-44　SFC 轉步進階梯圖

7-6-7　階梯圖轉成 STL 指令

GX Developer 中 Ladder 與指令可以互相轉換，但 GX2 中則不具此一功能，換句話說 GX2 中無法顯示出指令列表(Instruction List, IL)。學習範例馬達啓動停止控制 Ladder 所對應的步進指令列表，如圖 7-45 所示。但是使用者可以 Ladder(階梯圖)方式來進行編程，亦即使用步進指令來編輯(步進)階梯圖。

0	LD	M8000
1	OUT	M8047
3	LD	M8002
4	SET	S0
6	STL	S0
7	OUT	Y000
8	LD	X000
9	SET	S10
11	STL	S10
12	OUT	Y001
13	LD	X001
14	OUT	S0
16	RET	
17	END	

圖 7-45　Ladder 所對應的步進指令列表

7-6-8　階梯圖轉成 SFC

1.　開啓一新專案，程式語言點選一般 Ladder，如圖 7-46 所示。

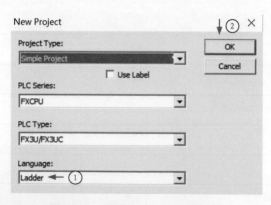

圖 7-46　開啓一 Ladder 新專案

2.　在階梯圖中經由點選工具圖示輸入圖 7-44 所示之步進階梯圖，或在階梯圖中輸入圖 7-45 所示步進指令亦可。

3.　SFC 轉成步進階梯圖步驟，如圖 7-47 所示：

(1)　功能表列中點選【Project】\『Change Project Type(變更專案類型)』。

(2) 『Change Project Type』視窗中，點選 Change program language type(變更程式語言類型)，之後按下 OK。

(3) 確認視窗中，點選確定。

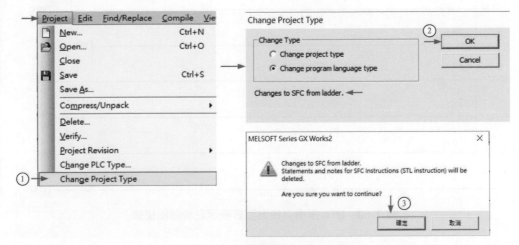

圖 7-47　階梯圖轉成 SFC 步驟

7-6-9　STL 指令以接點型式表示之步進階梯圖

1. 執行功能表列[Tool] \ [Option]，如圖 7-48 所示。

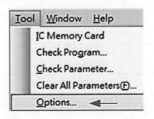

圖 7-48　[Tool] \ [Option]

2. 點選[Program Editor] \ [Ladder] \ [Ladder Diagram Option]。

3. ☑Display STL instruction in contact form(僅限於 FX-CPU)，如圖 7-49 所示。

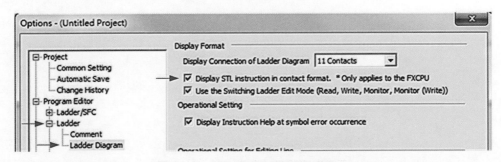

圖 7-49　STL 指令以接點型式表示

4. STL 指令以接點型式表示之步進階梯圖，如圖 7-50 所示。

圖 7-50　STL 指令以接點型式表示之步進階梯圖

5. STL 指令以接點[LD S0、S10]型式表示之步進階梯圖另類程式寫法，如圖 7-51 所示。

圖 7-51　STL 指令以接點[LD S0、S10]型式表示之步進階梯圖另類程式寫法

7-6-10 SFC_ST 編程

SFC 對應的 ST 編程及人機介面圖形監控，如圖 7-52 所示：

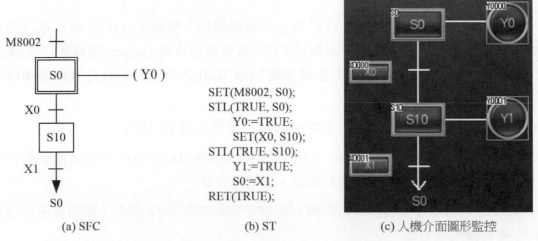

```
SET(M8002, S0);
STL(TRUE, S0);
  Y0:=TRUE;
  SET(X0, S10);
STL(TRUE, S10);
  Y1:=TRUE;
  S0:=X1;
RET(TRUE);
```

  (a) SFC   (b) ST   (c) 人機介面圖形監控

圖 7-52　SFC 對應的 ST 編程及人機介面圖形監控

7-6-11 SFC_ Structured LD/FBD 編程

SFC 對應的 Structured LD/FBD 編程，如圖 7-53 所示，SFC 及人機介面圖形監控同上圖 7-52 所示。

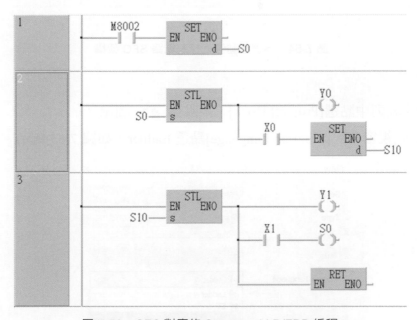

圖 7-53　SFC 對應的 Structured LD/FBD 編程

7-7 SFC 編程與連線監控_GX Works3

7-7-1 階梯圖編程

GX Works3 不支援 FX3U(含)以下 PLC 的軟體編程,但是 FX5U 的 SFC 編程方式與 GX Works2 大不相同,對使用者來說頗為不便。本章節暫且以 Ladder (階梯圖)方式來進行編程,亦即使用步進指令來編輯(步進)階梯圖。GX Works3 與 GX Works2 在階梯圖編程上的不同之處在於:

(1) 步進階梯圖結束指令 RET,在 GX Works3 中須更改為 RETSTL。

(2) STL 指令之後的迴路,需串接一個條件接點 SM400(SM8000),之後才能驅動對應的輸出,例如:線圈、計時器或計數器、應用指令等。

在此以馬達起動停止控制電路為例,其 SFC 架構如圖 7-54 所示,使用步進指令來編輯(步進)階梯圖編程方法。

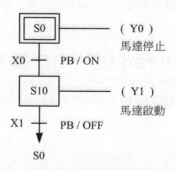

圖 7-54 馬達起動停止控制電路 SFC 架構

1. 新增專案

    (1) 在功能表列中點選[Project]\[New],或點選 🗋 圖示。

    (2) 在[New]視窗中,[Program Language]點選 Ladder,如圖 7-55 所示。

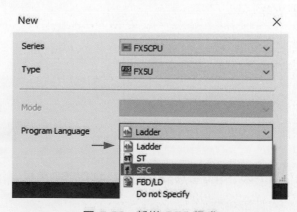

圖 7-55 新增 SFC 程式

(3) 之後點選 OK 鈕後，即可新增一個階梯圖程式編輯視窗。

(4) 在程式編輯視窗輸入如下圖 7-56 所示的階梯圖。

註：已執行程式編譯『Compile』\[Build]。

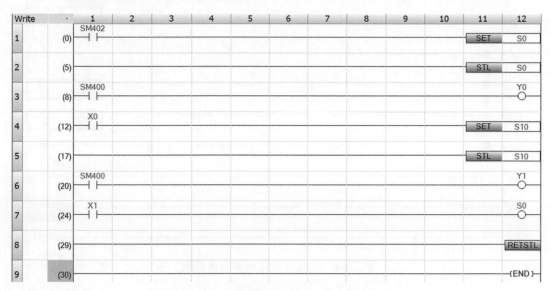

圖 7-56　馬達起動停止控制電路階梯圖

2. 離線模擬

(1) 功能表列中點選【Debug(偵錯)】\『Start/Stop Simulation(開始/停止-模擬)』，開啓模擬後之初始狀態如圖 7-57 所示。

圖 7-57　開啓模擬後階梯圖初始狀態

(2) 監視畫面中，左手按住 Shift 鍵，右手滑鼠雙擊 X0 接點，將 X0 元件強制為 ON，X0/ON 後監視畫面如圖 7-58 所示。

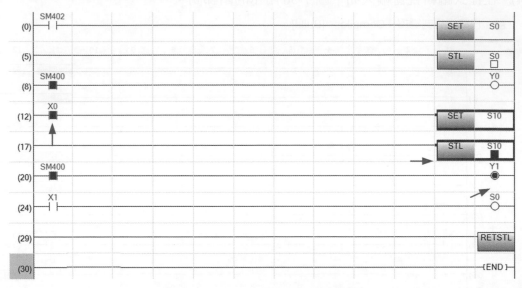

圖 7-58　X0/ON 後階梯圖監視畫面

(3) 離線模擬沒有實際連接 PLC，外部輸入元件 Xn 在強制為 ON 後，Xn 狀態會保持住，亦即持續為 ON。故需再次按住 Shift 鍵，滑鼠雙擊 X0 接點，將 X0 強制為 OFF。

(4) 監視畫面中，按住 Shift 鍵，滑鼠雙擊 X1 接點，將 X1 元件強制為 ON，X1/ON 後監視畫面如圖 7-59 所示。

圖 7-59　X1/ON 後階梯圖監視畫面

(5) 監視畫面中，再次按住 Shift 鍵，滑鼠雙擊 X1 接點，將 X1 元件強制為 OFF，回到初始狀態。

(6) 開啓 GT Works3(2000 系列)，先行 GT Designer3 圖形監控畫面規劃，之後執行圖形監控的模擬 GT Simulator3。

① GT Designer3 新增專案精靈中，控制器型式須點選 iQ-F(FX5U)，如圖 7-60 所示。

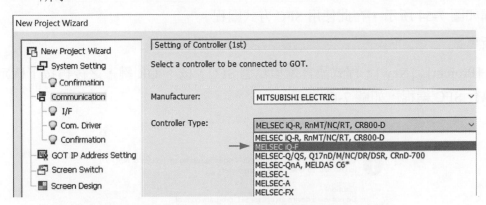

圖 7-60　GT Designer3 新增專案精靈中控制器型式設定

② 啓動圖控模擬 Simulator3 時，在 Communication setup 中，Connection 點選 GX Simulator3，如圖 7-61 所示。

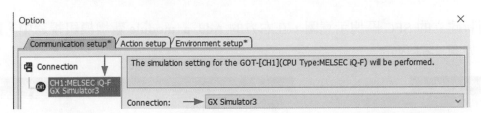

圖 7-61　GT Simulator3 中 Communication Connection 設定

③ GT Designer3 圖形監控畫面規劃，如圖 7-62(a)所示；GT Simulator3 圖形監控的模擬，如圖 7-62(b)所示。

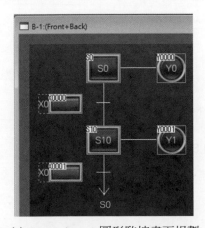 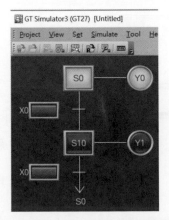

(a) GT Designer3 圖形監控畫面規劃　　(b) GT Simulator3 圖形監控的模擬

圖 7-62　圖形監控畫面規劃與圖形監控模擬

7-7-2　SFC 編程

新版的 GX Works3 軟體，在新增專案時，程式語言選項中會出現 SFC，如圖 7-55 所示。如果沒有 SFC 選項，請執行[Help]–[Version Information]，檢查 PLC 軟體的版本(V1.080J 或以上)，若版本不符需求時請自行更新。本章節同樣以馬達起動停止控制電路為例，其 SFC 架構如圖 7-54 所示，在此使用 SFC 方式編程。

1.　開新專案

　　　[Project] \ [New]，程式語言選項點選 SFC，按下 OK 鍵，之後再按下確定鍵，確認執行 SFC 編程，如圖 7-63 所示。

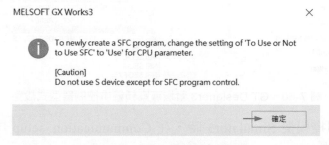

圖 7-63　SFC 編程確認視窗

2.　出現新建立的 SFC 區塊示意圖，在右方的 Add a module 新增模組視窗中，點選 OK 鍵，如圖 7-64 所示。

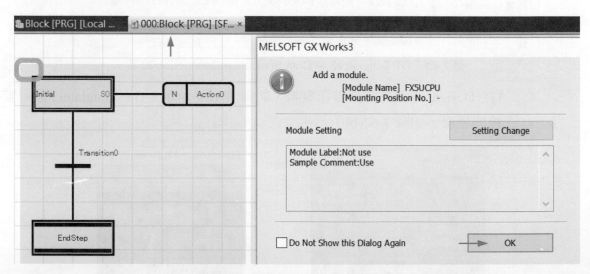

圖 7-64　新建立的 SFC 區塊示意圖

3. 預設的 SFC 區塊，內含最基本的初始狀態(Initial S0)、輸出(Action 0)、轉移條件
(Transition 0)、結束狀態(EndStep)，如圖 7-65 所示。

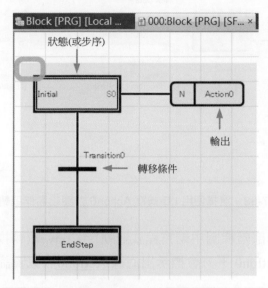

圖 7-65　預設的 SFC 區塊

4. SFC 編程相關圖示(Icon)

　　SFC 編程時，因應滑鼠所在的位置，在工具列或編程視窗內會出現不同功能選項
的圖示，方便使用者點選和編輯程式，如圖 7-66 及 7-67 所示。

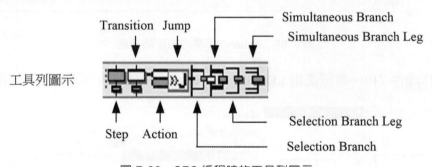

圖 7-66　SFC 編程時的工具列圖示

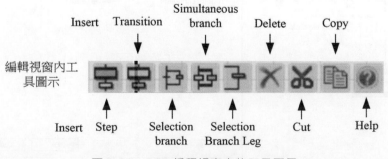

圖 7-67　SFC 編程視窗內的工具圖示

5. 滑鼠雙擊 Action0，選擇使用 LD 編寫 Action0 對應之動作或輸出，如圖 7-68 所示。

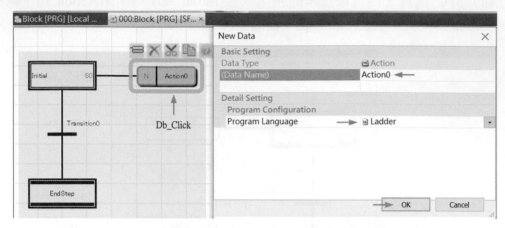

圖 7-68 選擇使用 LD 編寫 Action0 對應之動作或輸出

6. 在 Action0 所屬的內部階梯圖中編寫程式並執行 Convert(轉換，F4)，如圖 7-69 所示，F4 轉換完成後在 Action0 下方會標示出底線 Action0，以資識別。

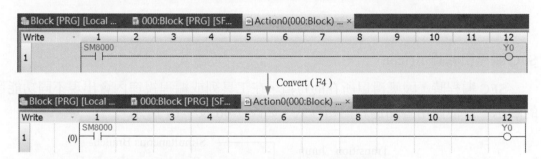

圖 7-69 Action0 所屬的內部階梯圖

7. 雙擊轉移條件 TR0，選擇使用 LD 編寫 Transition0 對應之內部階梯圖，如圖 7-70 所示。

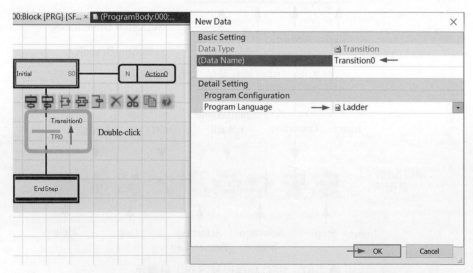

圖 7-70 選擇使用 LD 編寫 Transition0 對應之內部階梯圖

8. 在 Transition0 所屬的內部階梯圖中編寫程式並執行 Convert(F4)，如圖 7-71 所示。

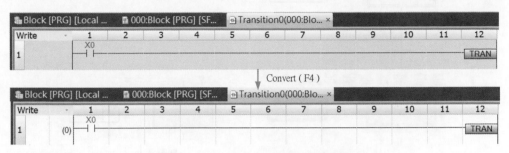

圖 7-71　Transition0 所屬的內部階梯圖

9. 新增 1 個 step(狀態)

　　滑鼠先行點選轉移條件 Transition0，此時上方會有一與 SFC 編程相關的智能工具圖示 ，如圖 7-72(a)所示。滑鼠指向工具圖示，圖示下方即會顯示出它的功能。點選圖 7-72(b)最左方所示的 Insert step 圖示，新增 step 後的 SFC 區塊如圖 7-73 所示，由圖中可知除了新增 1 個 step 0 之外，也一併新增了轉移條件 Transition 1。雙擊 step 0 右側，在出現的視窗空格中輸入 S10。

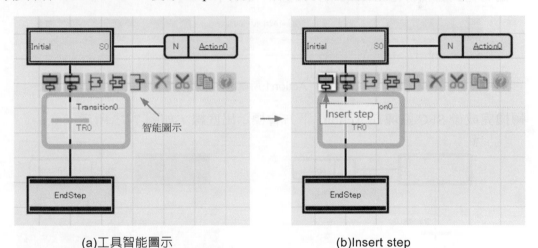

(a)工具智能圖示　　　　　　　　　　(b)Insert step

圖 7-72　新增 1 個 step

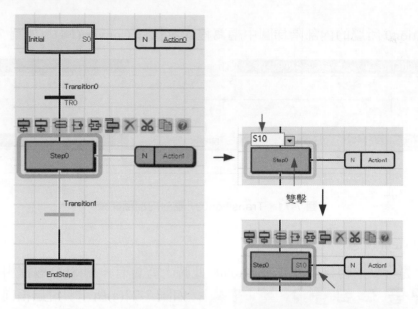

圖 7-73　新增 step0 後的 SFC 區塊

10. 雙擊 Action1，選擇使用 LD 編寫 Action1 對應之內部階梯圖，並在所屬的內部階梯圖中編寫程式並執行 Convert(F4)，如圖 7-74 所示。

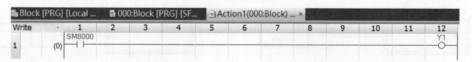

圖 7-74　Action1 所屬的內部階梯圖

11. 轉換完成後 SFC 區塊在 Action1 下方會標示出底線，如圖 7-75 所示。

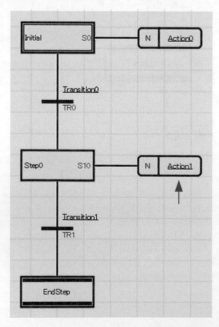

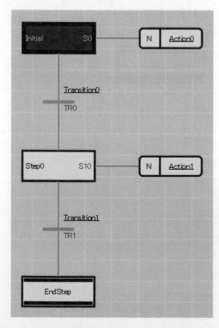

圖 7-75　Action1 已完成 LD 編輯及轉換　　圖 7-76　啟動模擬後的 SFC 監控視窗

12. SFC 離線模擬

執行[Debug]-[Start Simulation]，啟動模擬後的 SFC 監控視窗如圖 7-76 所示。

13. SFC 搭配 GT Works3 執行人機介面圖形監控

(1) 開啟 GT Designer3，參考章節【實習 6-3】四、GT3 圖形監控元件畫面設計，執行下列相關元件之屬性設定：

① 位元開關 X0、X1：[Object]\[Bit SW]\[Momentary]。

② 狀態 S0、S1：[Object]\[Lamp]\[Bit Lamp]。

③ 位元指示燈 Y0、Y1：[Object]\[Lamp]\[Bit Lamp]。

(2) 開啟 GT Works3 的模擬軟體，執行 SFC 圖形監控

① Initial S0 初始狀態人機介面圖形監控，如圖 7-77 所示。

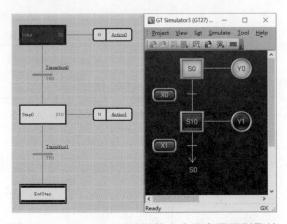

圖 7-77　Initial S0 初始狀態之人機介面圖形監控

② 押下啟動按鈕 X0→S10/ON 人機介面圖形監控，如圖 7-78 所示。

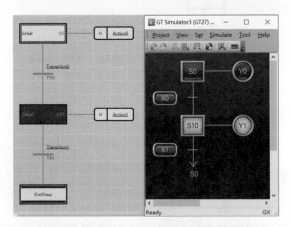

圖 7-78　S10/ON 之人機介面圖形監控

③ 押下停止按鈕 X1→S0/OFF，系統回到初始狀態。

CH 7

7-8 SFC 應用範例

雖然 SFC 具有編程容易、系統模擬測試與故障維修方便、狀態編程極富彈性及圖形本身即為文件說明等優點，但是 90%以上之 SFC，由於其在軟體編程上不易原圖繪製，故實際上做了適度的修改。以下應用範例因為篇幅關係，僅列出 SFC 的架構及其在 GX Work 2(GX2)或 GX Work 3(GX3)軟體中的編程，至於步進階梯圖及步進指令，部分將予以省略，讀者可在隨書附贈光碟中下載學習範例，以便相互對照及研習。

【例 7-1】初始狀態 S0 待機處理編程

1. 動作要求

每次開機(M8002)、押下手動停止按鈕(X0)或異常發生(M0)時，自動進入初始狀態 S0。

2. 狀態及 I/O 元件

S0：初始狀態	M0：代表異常發生之內部接點
X0：外接手動停止按鈕	Y0：待機／停止燈號

3. SFC 架構

SFC 架構，如圖 7-79 所示。

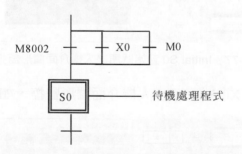

圖 7-79　初始狀態 S0 待機處理 SFC 架構

【例 7-2】馬達自動正反轉循環控制_GX2

1. 動作要求

(1) PLC 開機執行時，馬達停止 Y0/ON。

(2) 押下起動按鈕 X0，馬達正轉 Y1/ON，5 秒後馬達停止。

(3) 停止後 2 秒，馬達自動反轉 Y2/ON，5 秒後馬達停止，此後馬達一直重複作自動正反轉，亦即為正轉→停止→反轉→停止→正轉...等連續循環控制。

(4) 馬達在正轉或反轉狀態中，押下停止按鈕 X2 時，馬達立即停止。

2. 狀態及 I/O 元件

S0	馬達初始狀態	X0	起動按鈕	Y0	馬達停止
S10	馬達正轉狀態	X1	停止按鈕	Y1	馬達正轉
S11	馬達停止狀態			Y0	馬達停止
S12	馬達反轉狀態			Y2	馬達反轉
S13	馬達停止狀態			Y0	馬達停止

3. SFC 架構

馬達自動正反轉循環控制 SFC 架構，如圖 7-80 所示。

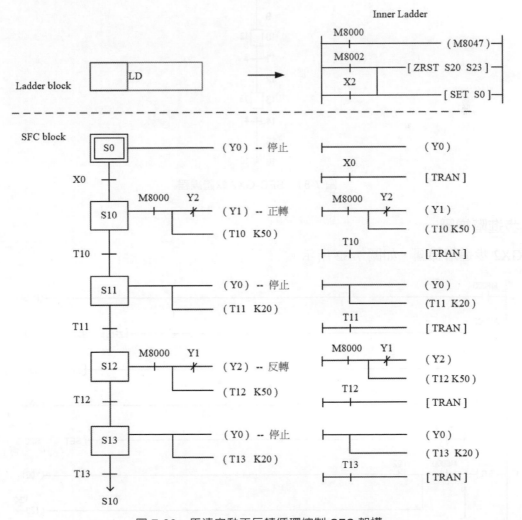

圖 7-80　馬達自動正反轉循環控制 SFC 架構

4. SFC-GX2 軟體編程

SFC-GX2 軟體編程，如圖 7-81 所示。

1
1 0
2 0
3
4 10
5 1
6
7 11
8 2
9
10 12
11 3
12
13 13
14 4
15
16 10

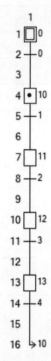

圖 7-81 SFC-GX2 軟體編程

5. 步進階梯圖

GX2 步進階梯圖，如圖 7-82 所示。

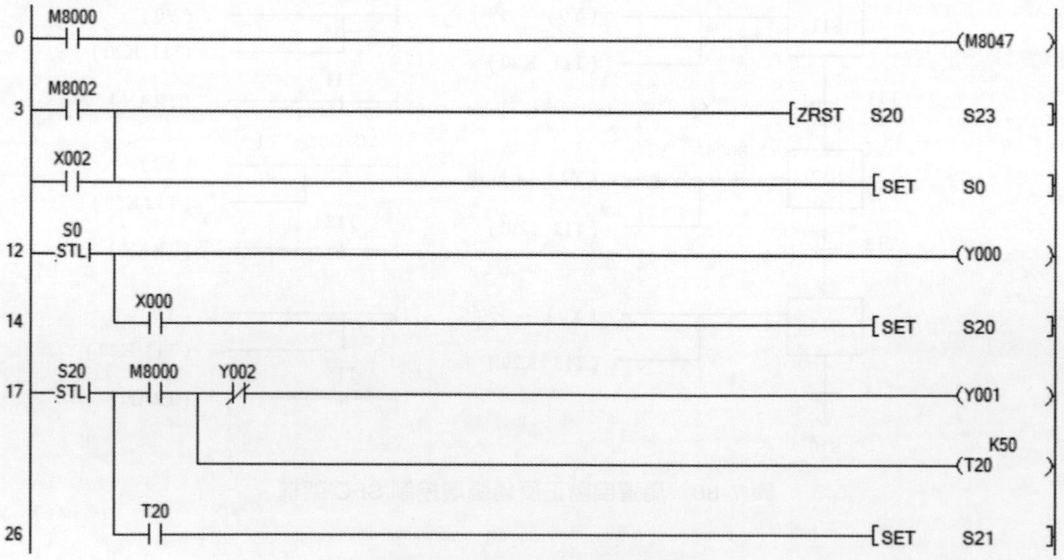

0 M8000 M8047
3 M8002 ZRST S20 S23
X002 SET S0
12 S0 STL Y000
14 X000 SET S20
17 S20 STL M8000 Y002 Y001
K50 T20
26 T20 SET S21

圖 7-82 GX2 步進階梯圖

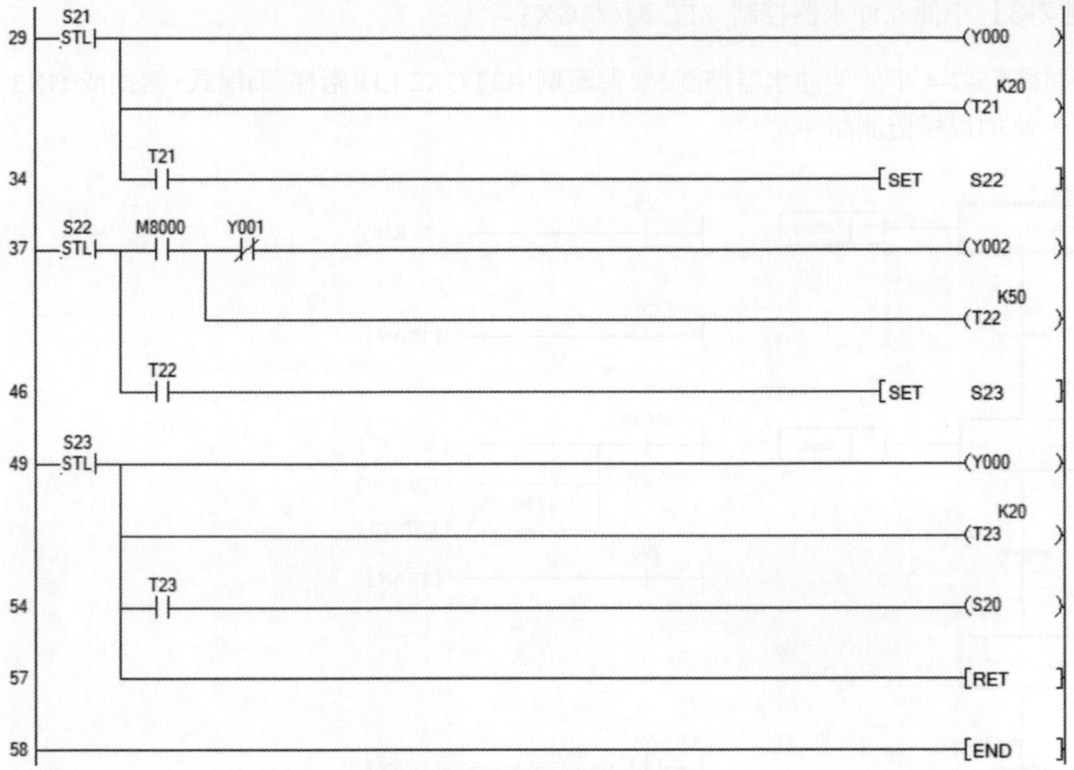

```
        S21
29  ─┤STL├─┬──────────────────────────────────────(Y000)
         │                                            K20
         ├──────────────────────────────────────────(T21)
         │  T21
34       └──┤├────────────────────────────────[SET  S22]

        S22   M8000    Y001
37  ─┤STL├─┬──┤├───┬──┤/├──────────────────────────(Y002)
         │        │                                 K50
         │        └───────────────────────────────(T22)
         │  T22
46       └──┤├────────────────────────────────[SET  S23]

        S23
49  ─┤STL├─┬──────────────────────────────────────(Y000)
         │                                            K20
         ├──────────────────────────────────────────(T23)
         │  T23
54       └──┤├────────────────────────────────────(S20)

57       ────────────────────────────────────────[RET]

58  ─────────────────────────────────────────────[END]
```

圖 7-82　GX2 步進階梯圖(續)

6. 步進指令

步進指令，如圖 7-83 所示。

0	LD	M8000		30	OUT	Y000	
1	OUT	M8047		31	OUT	T11	K20
3	LD	M8002		34	LD	T11	
4	OR	X002		35	SET	S12	
5	ZRST	S10	S13	37	STL	S12	
10	SET	S0		38	LD	M8000	
12	STL	S0		39	MPS		
13	OUT	Y000		40	ANI	Y001	
14	LD	X000		41	OUT	Y002	
15	SET	S10		42	MPP		
17	STL	S10		43	OUT	T12	K50
18	LD	M8000		46	LD	T12	
19	MPS			47	SET	S13	
20	ANI	Y002		49	STL	S13	
21	OUT	Y001		50	OUT	Y000	
22	MPP			51	OUT	T13	K20
23	OUT	T10	K50	54	LD	T13	
26	LD	T10		55	OUT	S10	
27	SET	S11		57	RET		
29	STL	S11		58	END		

圖 7-83　步進指令

【例 7-3】 小便斗沖水器控制_SFC 編程_GX3

試將『5-7-4 小便斗沖水器控制』學習範例中的 GX2 LD(階梯圖)程式，轉換成 GX3 SFC 編程，並加以模擬測試。

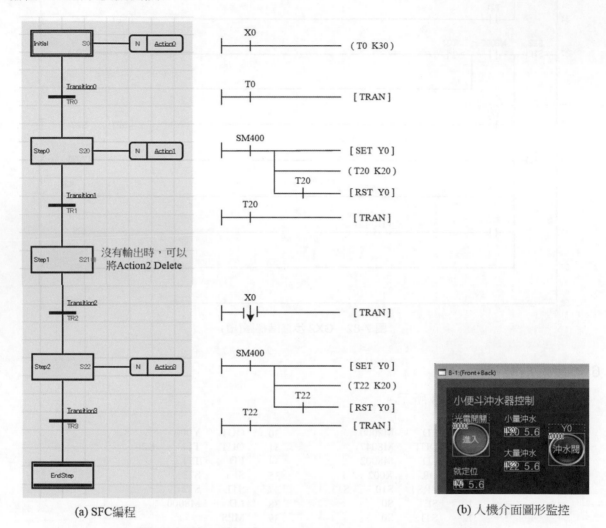

(a) SFC 編程   (b) 人機介面圖形監控

圖 7-84 小便斗沖水器控制_GX3 SFC 編程及人機介面圖形監控

【自行練習】

請將上述學習範例，由 GX3 SFC 轉換為 GX3 LD 程式，並加以模擬測試。

【例 7-4】 選擇性分歧及合流

1. 選擇性分歧編程

選擇多條並聯路徑之一作狀態轉移，其所對應 SFC 架構、步進階梯圖及步進指令，如圖 7-85 所示。

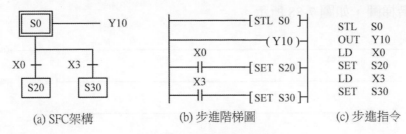

(a) SFC架構　　(b) 步進階梯圖　　(c) 步進指令

圖 7-85　選擇性分歧編程

2. 選擇性合流編程

　　選擇性合流與選擇性分歧相互呼應，它是**經由多條並聯路徑而回歸到單一路徑**，其所對應 SFC 架構、步進階梯圖及步進指令，如圖 7-86 所示。

※『注意』：選擇性分歧之後，不一定要再度合流。

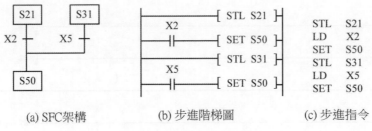

(a) SFC架構　　(b) 步進階梯圖　　(c) 步進指令

圖 7-86　選擇性合流編程

3. 選擇性分歧及合流

(1)　SFC 架構及 GX2 軟體編程，如圖 7-87 所示。

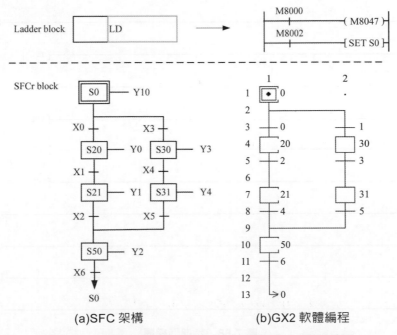

(a)SFC 架構　　(b)GX2 軟體編程

圖 7-87　選擇性分歧及合流之 SFC 架構&GX2 軟體編程

(2) 步進階梯圖，如圖 7-88 所示。

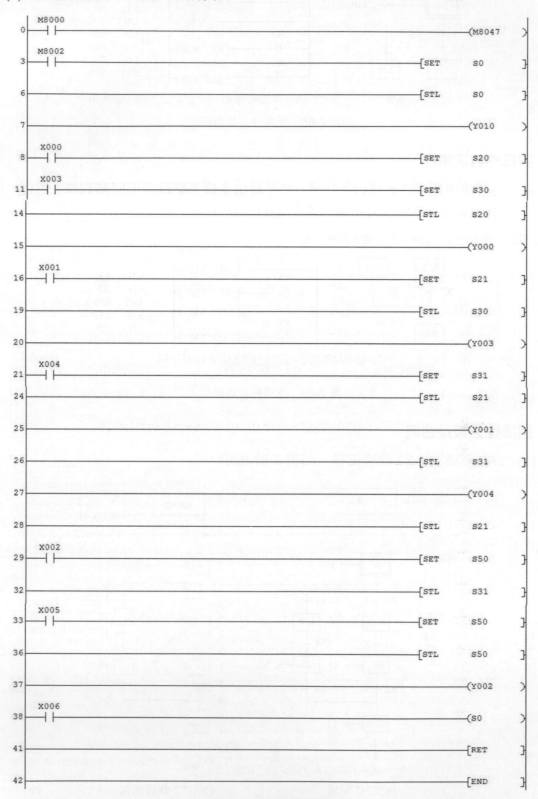

```
0    M8000
     ┤├─────────────────────────────────────────────(M8047 )

3    M8002
     ┤├──────────────────────────────────────────────[SET   S0  ]

6    ─────────────────────────────────────────────────[STL   S0  ]

7    ─────────────────────────────────────────────────(Y010 )

8    X000
     ┤├──────────────────────────────────────────────[SET   S20 ]

11   X003
     ┤├──────────────────────────────────────────────[SET   S30 ]

14   ─────────────────────────────────────────────────[STL   S20 ]

15   ─────────────────────────────────────────────────(Y000 )

16   X001
     ┤├──────────────────────────────────────────────[SET   S21 ]

19   ─────────────────────────────────────────────────[STL   S30 ]

20   ─────────────────────────────────────────────────(Y003 )

21   X004
     ┤├──────────────────────────────────────────────[SET   S31 ]

24   ─────────────────────────────────────────────────[STL   S21 ]

25   ─────────────────────────────────────────────────(Y001 )

26   ─────────────────────────────────────────────────[STL   S31 ]

27   ─────────────────────────────────────────────────(Y004 )

28   ─────────────────────────────────────────────────[STL   S21 ]

29   X002
     ┤├──────────────────────────────────────────────[SET   S50 ]

32   ─────────────────────────────────────────────────[STL   S31 ]

33   X005
     ┤├──────────────────────────────────────────────[SET   S50 ]

36   ─────────────────────────────────────────────────[STL   S50 ]

37   ─────────────────────────────────────────────────(Y002 )

38   X006
     ┤├──────────────────────────────────────────────(S0   )

41   ─────────────────────────────────────────────────[RET  ]

42   ─────────────────────────────────────────────────[END  ]
```

圖 7-88 步進階梯圖

(3) 步進指令，如圖 7-89 所示。

0	LD	M8000	22	SET	S31
1	OUT	M8047	24	STL	S21
3	LD	M8002	25	OUT	Y001
4	SET	S0	26	STL	S31
6	STL	S0	27	OUT	Y004
7	OUT	Y010	28	STL	S21
8	LD	X000	29	LD	X002
9	SET	S20	30	SET	S50
11	LD	X003	32	STL	S31
12	SET	S30	33	LD	X005
14	STL	S20	34	SET	S50
15	OUT	Y000	36	STL	S50
16	LD	X001	37	OUT	Y002
17	SET	S21	38	LD	X006
19	STL	S30	39	OUT	S0
20	OUT	Y003	41	RET	
21	LD	X004	42	END	

圖 7-89　步進指令

【例 7-5】單向十字路口紅綠燈控制_GX3

1. 動作要求

(1) 開關_X1 控制十字路口紅綠燈控制電路為單一或連續運轉模式，X1 開路時為單一運轉模式，X1 閉合時為連續運轉模式。

(2) 押下起動按鈕_X0 時，十字路口紅綠燈依圖 7-90 所示動作時序，執行單一或連續運轉控制。

S20	S21	S22	S23
T20=10 s	T21=5 s	T22=5 s	T23=20 s
Y0	Y0	Y1	Y2
綠燈	綠燈閃爍	黃燈	紅燈

圖 7-90　單向十字路口紅綠燈動作時序圖

2. 狀態及 I/O 元件

各狀態及 I/O 元件列表說明如下：

S0	初始狀態	X0	起動按鈕	Y0	綠燈
S20	綠燈狀態	X1	運轉模式開關	Y1	黃燈
S21	綠燈閃爍狀態	X2	停止按鈕	Y2	紅燈
S22	黃燈狀態				
S23	紅燈狀態				

3. SFC 編程

(1) Main 程式：SFC Block，如圖 7-91 所示。

(2) Main1 程式：類似 GX2 編程的 Ladder block，如圖 7-92 所示。

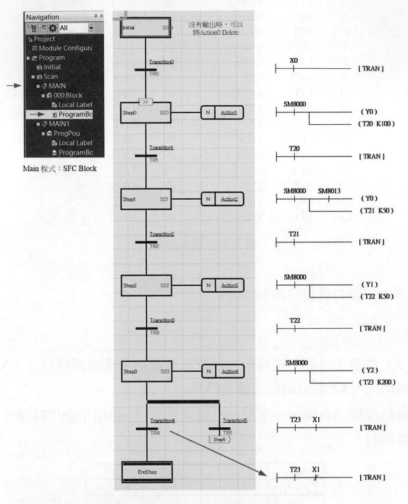

Main 程式：SFC Block

圖 7-91　Main 程式：SFC Block

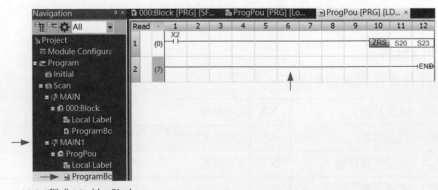

Main1程式：Ladder Block

圖 7-92　Main1 程式：Ladder Block

【自行練習】

將上述學習範例，由 GX3 SFC 轉換爲 GX3 LD 程式並加以模擬測試。

【例 7-6】機械手臂工件搬移_GX2

1. 動作要求

機械手臂工件搬移示意圖，如圖 7-93 所示，動作流程爲：

(1) 原點復歸

    ① 手動按鈕 X5，執行夾爪釋放工件、垂直缸的下降解除及上升。

    ② 手動按鈕 X6，執行水平缸的左移停止及右移。

(2) 工件搬移

    押下啓動按鈕 X7，依序執行下列動作：

    ① 垂直缸下降(Y0/ON)，到達下限(X1)後，夾爪抓取工件[SET Y1]。

    ② 1 秒後，垂直缸上升(Y2/ON)，到達上限(X2)後，水平缸左移(Y4/ON)。

    ③ 到達左限(X4)後，垂直缸下降(Y0/ON)。

    ④ 到達下限(X1)後，夾爪釋放工件[RST Y1]。

    ⑤ 1 秒後，垂直缸上升(Y2/ON)，到達上限(X2)後，水平缸右移(Y3/ON)。

    ⑥ 到達右限(X3)後，回到初始狀態。

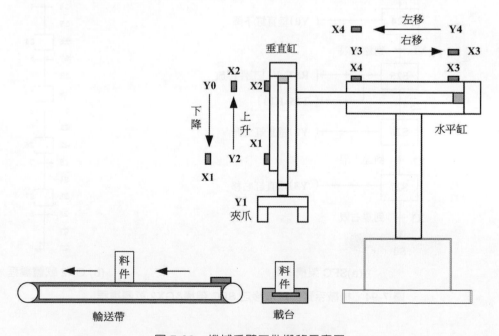

圖 7-93　機械手臂工件搬移示意圖

2.　SFC 架構及 GX2 軟體編程，如圖 7-94 所示。

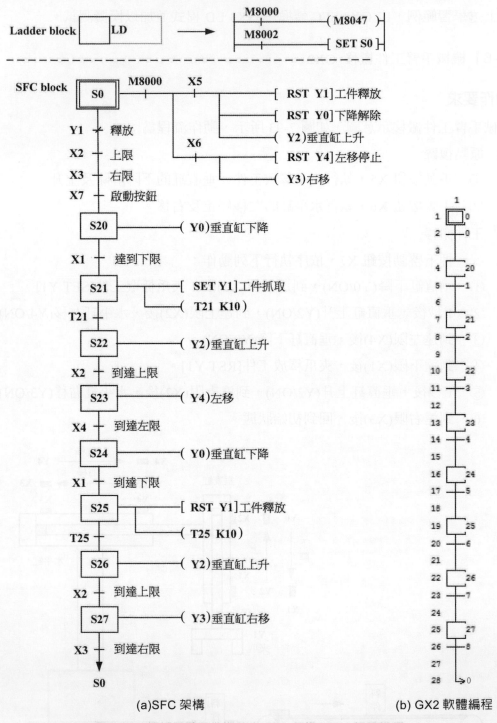

(a)SFC 架構　　　　　　　　　　　　(b) GX2 軟體編程

圖 7-94　機械手臂工件搬移之 SFC 架構&GX2 軟體編程

3. 步進階梯圖&步進指令

請參考隨書附贈光碟中學習範例。

【例 7-7】大小鋼珠判別與運送_GX2

1. 動作要求

大/小鋼珠判別與運送示意圖，如圖 7-95 所示，動作流程為：

(1) 原點復歸

　① 手動按鈕 X6，執行磁鐵的消磁及垂直缸的下降解除及上升。

　② 手動按鈕 X7，可逆馬達驅動導螺桿左移停止及右移。

(2) 大/小鋼珠判別與運送

　押下啟動按鈕 X10，垂直缸下降(Y0)，2 秒後：

　① 若到達下限 X2，則判定為小鋼珠；若未達下限 X2，則判定為大鋼珠。

　② 小/大鋼珠判別後，電磁鐵激磁[SET Y1]-小/大鋼珠吸著，1 秒後垂直缸上升(Y2)，到達上限 X3 後，可逆馬達驅動導螺桿左移(Y4)。

　③ 小/大鋼珠到達行程左限 X4/X5 後，執行選擇性合流，之後垂直缸下降(Y0)。

　④ 到達下限 X2 後，電磁鐵消磁[RST Y1]，小/大鋼珠掉入槽內。

　⑤ 1 秒後，垂直缸上升(Y2)，到達上限 X3 後，可逆馬達驅動導螺桿右移(Y4)。

　⑥ 到達右限 X1 後，回到初始狀態。

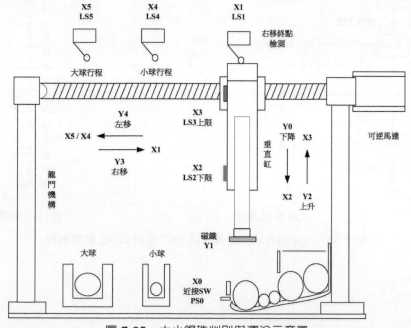

圖 7-95　大小鋼珠判別與運送示意圖

2. SFC 架構&GX 軟體編程，如圖 7-96 所示。

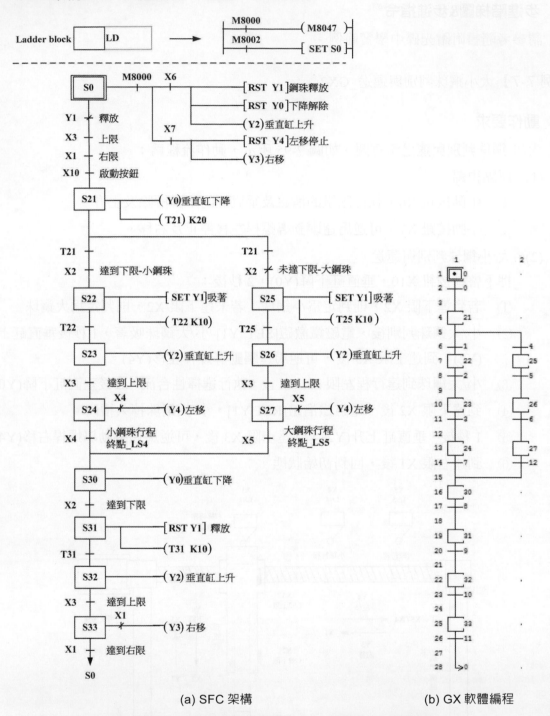

(a) SFC 架構　　　　　　　　　(b) GX 軟體編程

圖 7-96　大小鋼珠判別與運送之 SFC 架構&GX2 軟體編程

3. **步進階梯圖&步進指令**

　　請參考隨書附贈光碟中學習範例。

【例 7-8】電動機順序啟動逆序停止控制 1_單一流程及選擇式分歧_GX2

1. **動作要求**

　(1) 正常啟動與停止

　　① 啟動按鈕 X0，控制三部電動機(或馬達)依 M1→M2→M3 順序啟動。

　　② 停止按鈕 X1，控制三部電動機依 M2→M1 逆序停止。

　　　其動作時序如圖 7-97 所示。

X0/ON	S20	S21	S22	X1/ON	S23	S24	S25
	T20=5 s	T21=5 s			T23=5 s	T24=5 s	
啟動	Y1	Y1、Y2	Y1、Y2、Y3	停止	Y2、Y1	Y1	
	Motor 1	Motor 1 & 2	Motor 1 & 2 & 3		Motor 2 & 1	Motor 1	

圖 7-97　電動機順序啟動逆序停止控制-1 動作時序圖

　(2) 正常啟動異常停止

　　電動機順序啟動後，在計時時間尚未到達時，可隨時押下停止按鈕_X1，此時電動機依 M2→M1 逆序停止。

2. **狀態及 I/O 元件**

　　各狀態及 I/O 元件列表說明如下：

S0：初始狀態			X0：起動按鈕		X1：停止按鈕
S20	馬達 1　　運轉	Y1	S23	馬達　3 停止	Y2, Y1
S21	馬達 1, 2　運轉	Y1, Y2	S24	馬達　2 停止	Y1
S22	馬達 1, 2, 3 運轉	Y1, Y2, Y3	S25	馬達　1 停止	

3. SFC 架構&GX2 軟體編程

　　電動機順序啓動逆序停止控制_單一流程及選擇式分歧 SFC 架構&GX2 軟體編程，如圖 7-98～圖 7-99 所示。

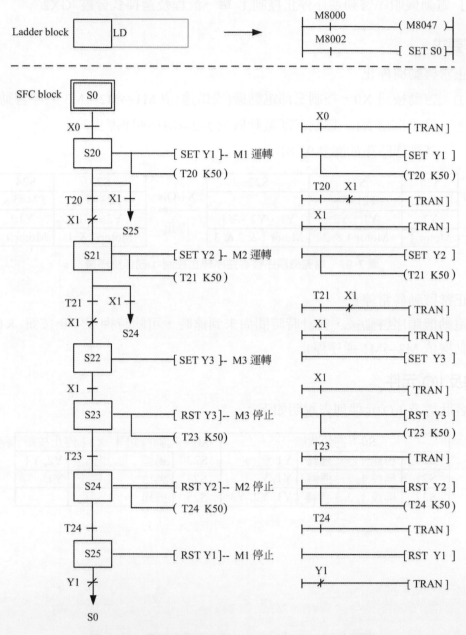

圖 7-98　電動機順序啓動逆序停止控制 1-SFC 架構

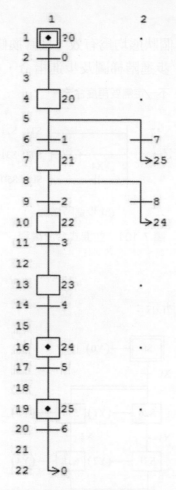

圖 7-99　電動機順序啓動逆序停止控制 1-GX2 軟體編程

4. 步進階梯圖&步進指令

請參考隨書附贈光碟中學習範例。

【例 7-9】　並進式分歧及合流

1. 並進式分歧編程

　　若轉換條件成立時，則各並聯路徑的第一個狀態均成爲有效狀態，其對應 SFC 架構、步進階梯圖及步進指令，如圖 7-100 所示。

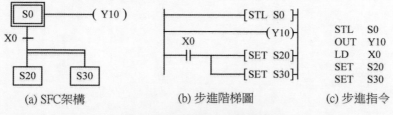

(a) SFC架構　　(b) 步進階梯圖　　(c) 步進指令

圖 7-100　並進式分歧編程

CH 7

2. 並進式合流編程

若各並聯路徑的最後一個狀態均為有效，且轉換條件滿足時，則系統將轉移至下一狀態，其對應 SFC 架構、步進階梯圖及步進指令，如圖 7-101 所示。

※『注意』：SFC 並進式分歧之後，不一定需要再度合流。

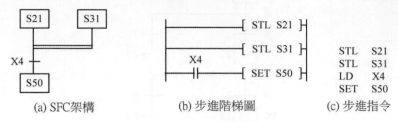

(a) SFC架構　　　　　(b) 步進階梯圖　　　　(c) 步進指令

圖 7-101　並進式合流編程

3. 並進式分歧及合流_GX3

(1) SFC 架構，如圖 7-102 所示：

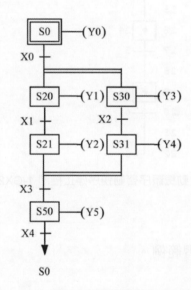

圖 7-102　並進式分歧及合流之 SFC 架構

(2)　SFC 編程，如圖 7-103 所示：

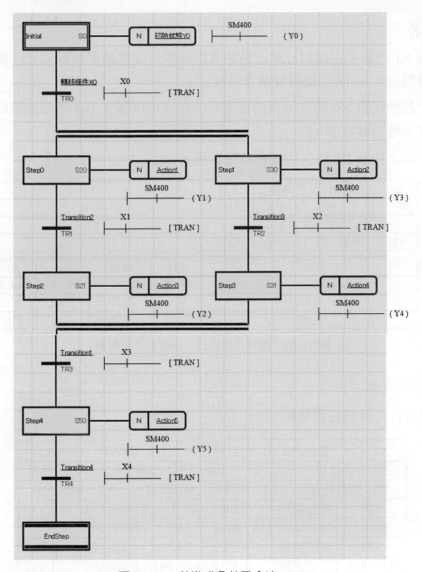

圖 7-103　並進式分歧及合流_GX3

【自行練習】

將上述學習範例，由 GX3 SFC 轉換為 GX3 LD 程式並加以模擬測試。

【例 7-10】雙向十字路口紅綠燈控制電路_並進式分岐及合流_GX2

1. 動作要求

(1) 開關 X1 控制十字路口紅綠燈控制電路為單一或連續運轉模式，X1 開路時為單一運轉模式，X1 閉合時為連續運轉模式。

(2) 押下起動按鈕 X0 時，東西向及南北向紅綠燈依圖 7-104 所示動作時序，執行單一或連續運轉控制。

(3) 押下停止按鈕 X2 時，回復到初始狀態。

東西向	S30	S31	S32	S33	S34		
	T30=10 s	T31=5 s	T32=3 s	T33=2 s	20 s		
	Y0	Y0	Y1	Y2	Y2		
	綠燈	綠燈閃爍	黃燈	紅燈	紅燈		

南北向	S40			S41	S42	S43	S44
	20 s			T41=10 s	T42=5 s	T43=3 s	T44=2 s
	Y12			Y10	Y10	Y11	Y12
	紅燈			綠燈	綠燈閃爍	黃燈	紅燈

圖 7-104 雙向十字路口紅綠燈動作時序圖

2. 狀態及 I/O 元件

各狀態及 I/O 元件列表說明如下：

東西向			南北向		
S0：初始狀態			S20、S50：虛擬狀態或中繼步進點		
X0：起動按鈕	X1：運轉模式選擇開關		X2：停止按鈕		
S30	綠燈狀態	Y0	S41	綠燈狀態	Y10
S31	綠燈閃爍狀態	Y0	S42	綠燈閃爍狀態	Y10
S32	黃燈狀態	Y1	S43	黃燈狀態	Y11
S33~S34	紅燈狀態	Y2	S40、S44	紅燈狀態	Y12

※註：S20 及 S50 稱為虛擬狀態或中繼步進點，目的為符合 SFC 架構，僅作為信號傳遞，狀態內沒有任何輸出。

3. SFC 架構

雙向十字路口紅綠燈_並進式分歧及合流 SFC 架構，如圖 7-105 所示。

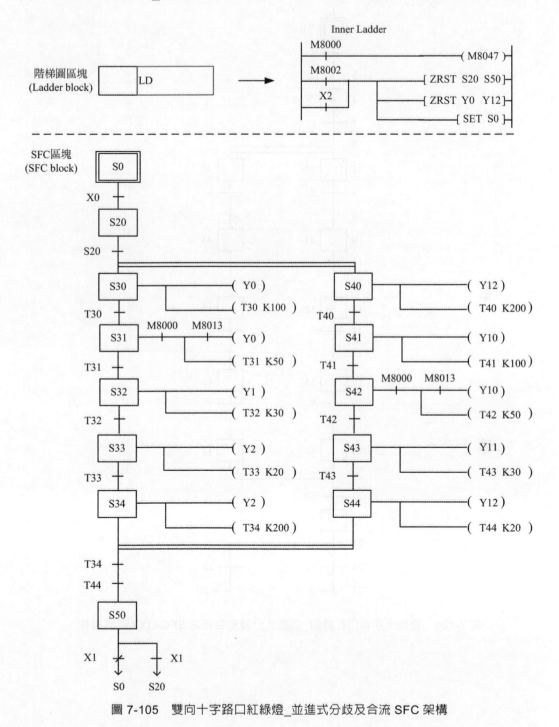

圖 7-105　雙向十字路口紅綠燈_並進式分歧及合流 SFC 架構

4. SFC-GX2 軟體編程

SFC-GX2 軟體編程，如圖 7-106 所示。

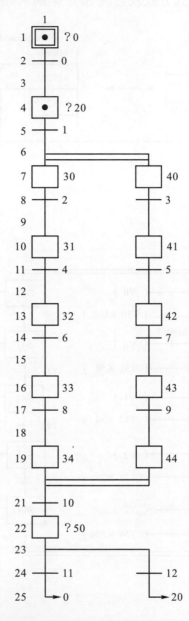

圖 7-106　雙向十字路口紅綠燈_並進式分岐及合流之 SFC-GX2 軟體編程

5. **步進階梯圖&步進指令**

請參考隨書附贈光碟中學習範例。

【例 7-11】人行步道紅綠燈控制_並進式分岐及合流_GX2

1. **動作要求**

(1) 人行步道紅綠燈控制示意圖，如圖 7-107 所示。

(2) PLC 開機時，系統進入初始狀態 S0，車道亮綠燈 Y0，人行步道亮紅燈 Y12。

(3) 當行人要過馬路時，按下步道兩側的 X0 或 X1 按鈕，人行步道紅綠燈變換時序如圖 7-108 所示。動作執行中，按下步道兩側的 X0 或 X1 按鈕均屬無效。

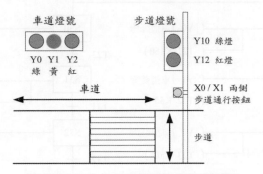

圖 7-107　人行步道紅綠燈控制示意圖

押下X0或 X1

	S0	S21	S22	S23	S31~S34			
車道		T21=15 s	T22=5 s	T23=5 s	25 s			
	Y0	Y0	Y1	Y2	Y1			
	綠燈	綠燈	黃燈	紅燈	紅燈			

	S0	S30		S31	S32	S33	S34
人行步道		25 s		T31=15 s	T32=0.5 s	T33=0.5 s	T44=5 s
	Y12	Y12		Y10		Y10	Y12
	紅燈	紅燈		綠燈		綠燈	紅燈

→ S0

圖 7-108　人行步道紅綠燈變換時序

2. SFC 架構

人行步道紅綠燈控制 SFC 架構，如圖 7-109 所示。

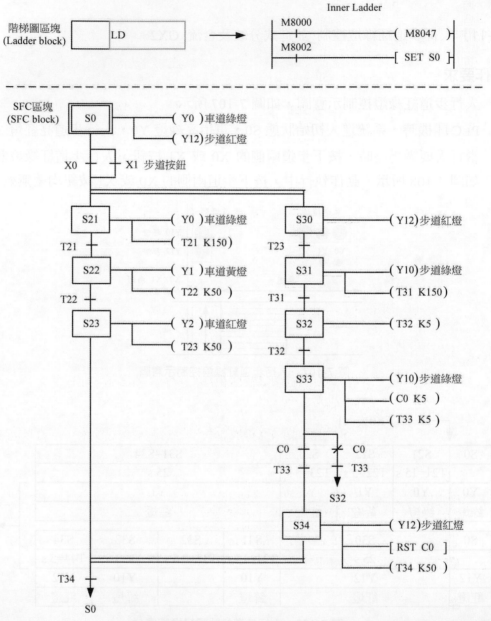

圖 7-109　人行步道紅綠燈控制 SFC 架構

3. SFC-GX2 軟體編程

SFC-GX2 軟體編程，如圖 7-110 所示。

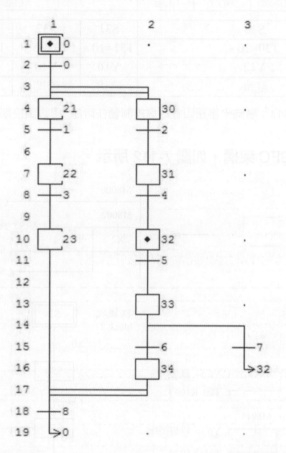

圖 7-110　人行步道紅綠燈控制之 SFC-GX2 軟體編程

4. 步進階梯圖&步進指令

請參考隨書附贈光碟中學習範例。

【例 7-12】雙向十字路口紅綠燈控制_複數個控制流程_GX2

1. 動作要求

　　PLC 在開機時，最多能同時作 S0~S9 等 10 個流程的控制。藉由此範例來，說明複數個控制流程的編輯方式。

(1)　開關 X1 控制十字路口紅綠燈控制電路為單一或連續運轉模式，X1 開路時為單一運轉模式，X1 閉合時為連續運轉模式。

(2)　雙向十字路口紅綠燈控制電路中，X0 為起動按鈕，X2 為停止按鈕。

(3)　東西向及南北向紅綠燈動作時序，如圖 7-111 所示：

	S20	S21	S22	S23	S24			
東西向	T20=10 s	T21=5 s	T22=3 s	T23=2 s	T24=20 s			
	Y0	Y0	Y1	Y2	Y2			
	綠燈	綠燈閃爍	黃燈	紅燈	紅燈			

	S30			S31	S32	S33	S34
南北向	T30=20 s			T31=10 s	T32=5 s	T33=5 s	T34=2 s
	Y12			Y10	Y10	Y11	Y12
	紅燈			綠燈	綠燈閃爍	黃燈	紅燈

圖 7-111　雙向十字路口紅綠燈控制動作時序_複數個控制流程

2. 複數個控制流程 SFC 架構，如圖 7-112 所示。

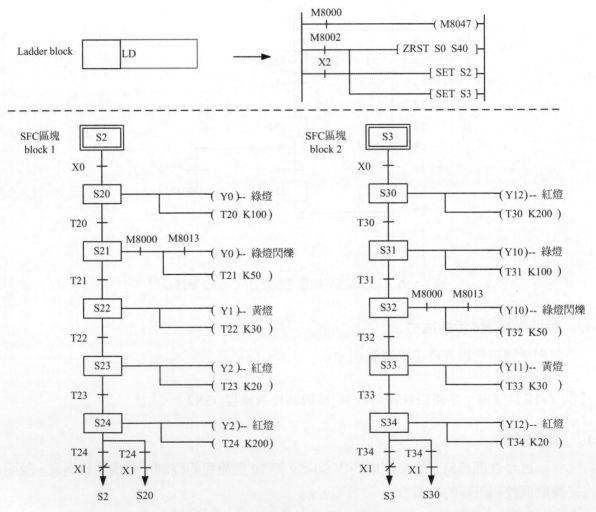

圖 7-112　複數個控制流程 SFC 架構

3. SFC-GX2 軟體編程

Ladder 及 SFC 區塊設定、SFC-GX2 軟體編程、步進階梯圖及步進指令分別如圖 7-113～圖 7-114 所示。

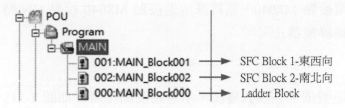

圖 7-113　GX2 中 Ladder 及 SFC 區塊設定(預設值)

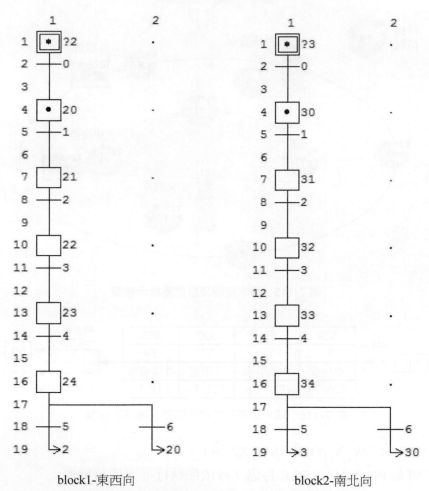

block1-東西向　　　　　　　block2-南北向

圖 7-114　雙向十字路口紅線燈控制之 SFC-GX2 軟體編程

4. 步進階梯圖&步進指令

請參考隨書附贈光碟中學習範例。

【例 7-13】噴水控制及燈號變換_GX2

1.　相關知識

本例題與書末學習光碟【例 A-5-3 單燈移位輸出-步進執行】最大不同是使用 PLC 特殊內部輔助繼電接點 M8040。當特殊步進接點 M8040 接點 ON 時，雖然轉移條件成立，但是狀態轉移被禁止。

2.　動作要求

PLC 外部輸出燈號依下列模式變換，示意圖及動作時序如圖 7-115～圖 7-116 所示。

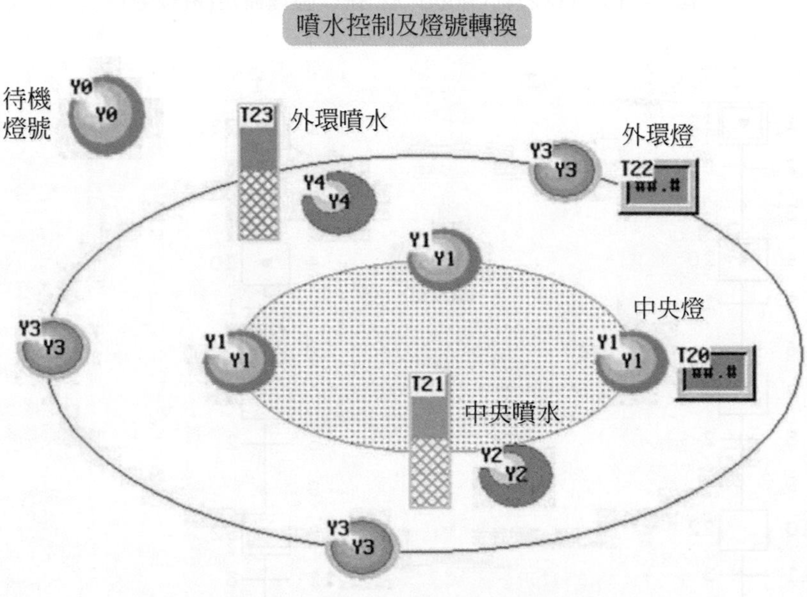

圖 7-115　噴水控制及燈號變換示意圖

圖 7-116　噴水控制及燈號變換動作時序示意圖

(1)　單一執行：SW_X1/OFF、SW_X2/OFF。

押下啓動 PB_X0 時，PLC 每隔 7 秒依序執行下列燈號變換：

①水池中央燈亮，Y1_ON→②水池中央噴水，Y2_ON→③水池外環燈亮，Y3_ON→④水池外環噴水，Y4_ON，之後回到待機(初始)狀態。

(2)　連續執行：SW_X1/ON。

PLC 每隔 7 秒依序重複執行①→②→③→④→①→②→③→④...等噴水控制及燈號變換。

(3) 步進執行：SW_X2/ON。

每按一下啟動 PB_X0 時，則僅執行一次狀態轉移。假設 S20 為執行中狀態，則按一下 X0 時，狀態僅由 S20→S21，再按一下 X0，狀態則由 S21→S22，此種運轉模式稱之為步進執行，適合機械組裝完成後試時使用。

3. 狀態及 I/O 元件

各狀態及 I/O 元件列表說明如下：

S0	初始狀態	X0	起動按鈕
S20	Y1-中央燈	X1	單一/連續執行開關
S21	Y2-中央噴水	X1	步進執行開關
S22	Y3-外環燈		
S23	Y4-外環噴水		

4. SFC 架構

SFC 架構，如圖 7-117 所示。

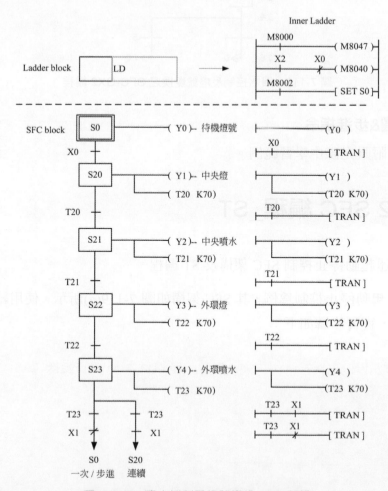

圖 7-117　噴水控制及燈號變換 SFC 架構

5. SFC-GX2 軟體編程

SFC-GX2 軟體編程,如圖 7-118 所示。

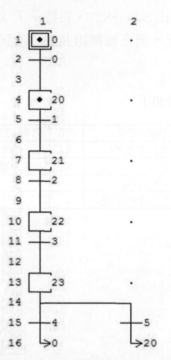

圖 7-118　噴水控制及燈號變換之 SFC-GX2 編程

6. 步進階梯圖&步進指令

請參考隨書附贈光碟中學習範例。

7-9　GX2 SFC 編程_ST

【例 7-14】馬達起動停止控制 SFC 架構及 ST 編程

在此以馬達起動停止控制為例,其 SFC 架構如圖 7-119(a)所示,使用結構式文件或文本語言 ST 編程,實習步驟如下:

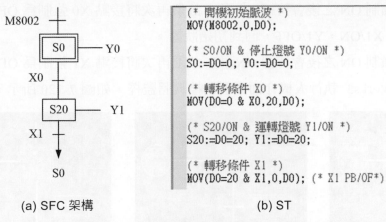

(a) SFC 架構　　　　　　　　(b) ST

圖 7-119　馬達起動停止控制 SFC 架構及 ST 編程

1. 開新專案

2. ST 編程

ST 編程如上圖 7-119(b)所示。

3. 程式編譯：『Compile』\「Rebuild All」

4. 離線模擬：『Debug』\「Start/Stop Simulation」

(1) 初始狀態：D0=0、S0/ON、停止燈號 Y0/ON。

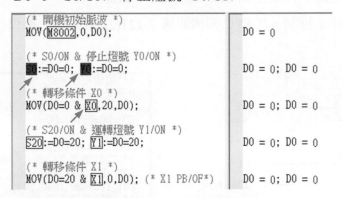

(2) 強制接點 X0/ON，D0=20、S20/ON、運轉狀態指示燈 Y1/ON，Y0/OFF。

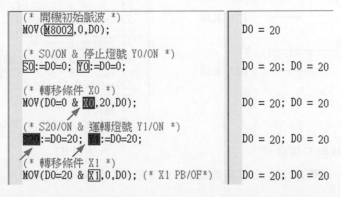

(3) 接點 X0 強制 ON 之後會持續 ON 住，故須再次將接點 X0 強制爲 OFF。

(4) 強制接點 X1/ON，Y1/OFF，回到初始狀態。

(5) 接點 X1 強制 ON 之後會持續 ON 住，故須再次將接點 X1 強制爲 OFF。

(6) 加入 GT Works3 執行人機介面圖形監控軟體監控，如圖 7-120 所示。

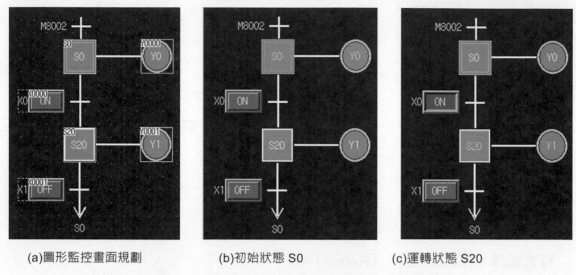

(a)圖形監控畫面規劃　　　(b)初始狀態 S0　　　(c)運轉狀態 S20

圖 7-120　GT Works3 人機介面圖形監控軟體監看

【例 7-15】三部馬達起動停止控制 SFC 架構及 ST 編程

三部馬達起動停止控制，其 SFC 架構如圖 7-121(a)所示，ST 編程如圖 7-121(b)所示，實習步驟如下：

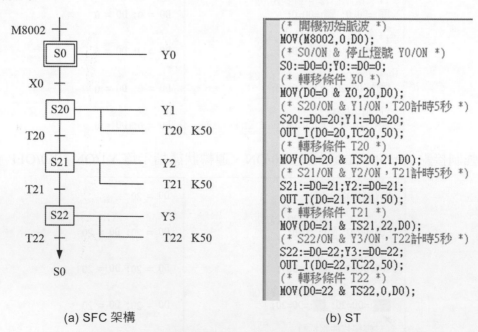

(a) SFC 架構　　　　　　　(b) ST

圖 7-121　三部馬達起動停止控制 SFC 架構及 ST 編程

1. 開新專案

2. ST 編程

ST 編程如上圖 7-121(b)所示。

3. 程式編譯：『Compile』\「Rebuild All」

4. 離線模擬：『Debug』\「Start/Stop Simulation」

(1) 初始狀態：D0=0、S0/ON、停機燈號 Y0/ON。

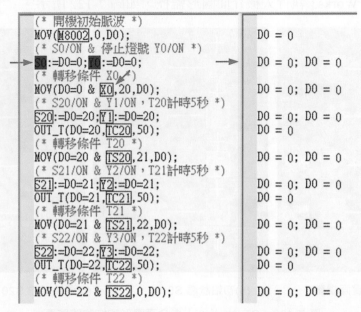

(2) 強制接點 X0/ON，D0=20、S20/ON、運轉狀態指示燈 Y1/ON，Y0/OFF。

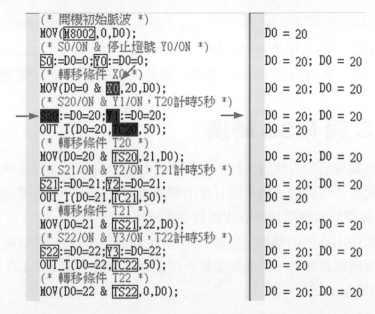

(3) 接點 X0 強制 ON 之後會持續 ON 住,故須再次將接點 X0 強制為 OFF。

(4) T20 計時到接點 TS20/ON,轉移條件成立,Y1/OFF,狀態由 S20 轉移至 S21。

(5) D0=21、S21/ON、Motor2 指示燈 Y2/ON、T21 通電計時中。

(6) T21 計時到接點 TS21/ON,轉移條件成立,Y2/OFF,狀態由 S21 轉移至 S22。

(7) D0=22、S22/ON、Motor3 指示燈 Y3/ON、T22 通電計時中。

(8) T22 計時到接點 TS22/ON,轉移條件成立,Y3/OFF,狀態由 S22 轉移至 S0,回到初始狀態。

(9) 加入 GT Works3 執行人機介面圖形監控,如圖 7-122 所示。

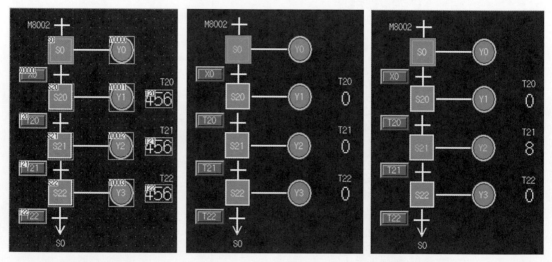

(a)圖形監控畫面規劃   (b)初始狀態 S0   (c)運轉狀態 S20

圖 7-122　GT Works3 人機介面圖形監控軟體監看

【自行練習】

參考【例 7-15】三部馬達起動停止控制 SFC 架構及 ST 編程,加入開關 X1 執行單一或連續運轉控制模式,X1 開路時為單一運轉行模式,X1 閉合時為連續運轉模式。

7-10 SFC 與 MSC 轉換

SFC 雖然具有編程容易、狀態編程極富彈性及圖形本身即為文件說明等優點,但受限於電腦繪圖及程式語法等關係,如果沒有詳加閱讀使用手冊,可能會遭遇到費盡心力編輯完成的 SFC 無法編譯成步進階梯圖或步進指令的困境。

SFC 與第五章中所介紹的機械狀態流程圖(MSC),兩者都是一種結構化的程式設計方法,它們的基本架構非常類似。馬達起動停止控制程式設計,如圖 7-123 所示,其中:(a)系統架構,(b)SFC,(c)MSC。

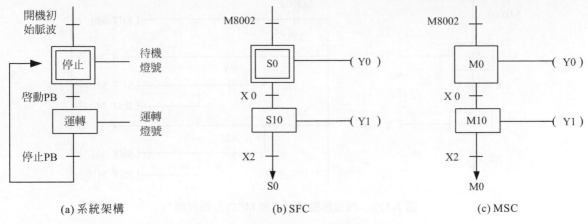

圖 7-123　馬達起動停止控制程式設計

SFC 與 MSC 的主要差異在於：

(1) MSC 利用 PLC 內部輔助繼電器 Mn，來代表 SFC 中之某一狀態 Sn。

(2) SFC 在轉移條件成立，系統進入下一狀態時，會將上一狀態相關之輸出繼電器 (Y)、計時器(T)或計數器(C)線圈予以復歸或清除為 OFF。至於 MSC，則必須使用 SET/RST 指令來執行狀態的轉移及輸出的復歸。

(3) SFC 在相鄰的兩個狀態中可以使用同一編號的輸出線圈(Y)，但在 MSC 中則會產生重複輸出的困擾，必須加以避免或適度修正。

目前較為大多數人所接受的程式設計理念，是以 SFC 的方式來思考問題的解決方案，亦即將符合動作要求或功能的條件接點及輸出線圈先行繪製成 SFC，然後使用 MSC 來編輯程式。以下說明 SFC 與 MSC 間的架構及階梯圖程式，作為 SFC 與 MSC 相互轉換時的參考。

【例 7-16】馬達起動停止控制_SFC 轉 MSC

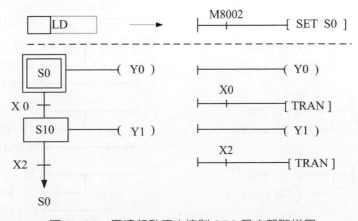

圖 7-124　馬達起動停止控制 SFC 及內部階梯圖

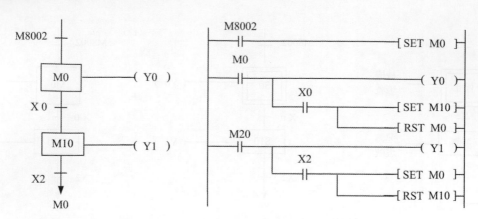

圖 7-125　馬達起動停止控制 MSC 及階梯圖

【例 7-17】單向紅綠燈控制

押下起動按鈕_X0 時，單向紅綠燈依圖 7-121 所示動作時序，執行連續運轉控制。押下停止按鈕_X2 時，回到系統初始狀態 S0 或 M0。

MSC	M0	M20	M21	M22
SFC	S0	S20	S21	S22
		T20	T21	T22
		10 s	5 s	15 s
	待機	GL	YL	RL
	Y10	Y0	Y1	Y2

圖 7-126　單向紅綠燈控制的動作時序

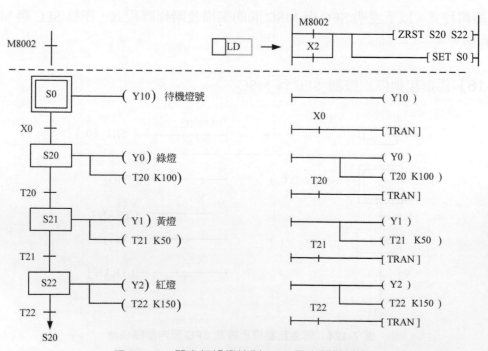

圖 7-127　單向紅綠燈控制 SFC 及內部階梯圖

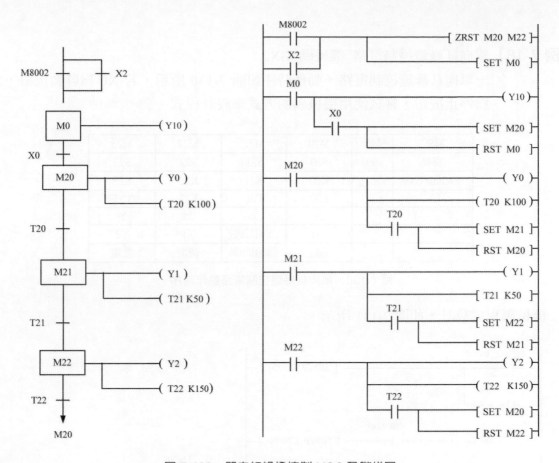

圖 7-128　單向紅綠燈控制 MSC 及階梯圖

7-11　機械碼程式設計

　　另一種結構化的程式設計方式是採用機械碼(Machine Code)，與前述順序功能流程圖
(SFC)及機械狀態流程圖(MSC)的基本架構類似，它與 SFC 及 MSC 的主要差異在於：將某
一個特定的狀態或程序(Procedure)指派為某一個資料暫存器(Dn)的數值。例如在系統初始
狀態時，在 SFC 中為 S0，在 MSC 中為 M0，而機械碼則是 Dn=K0。

※　[註]：應用指令[FNC 12]：MOV (Move)_資料傳送

　　MOV 指令可將來源[S]：常數 K(十進制)、H(十六進制)或某字元元件內容值，傳送至
目的地[D]：指定字元元件內，數值傳送後目的地元件內的數值將被覆蓋掉。如圖 7-129
所示 MOV 指令階梯圖格式，當 X0 ON 時，將數值[S]：K50 傳送至[D]：D20=K50。

圖 7-129　MOV 指令階梯圖格式

【例 7-18】單向紅綠燈控制電路_機械碼_GX2

一單向紅綠燈控制電路，動作時序如圖 7-130 所示，若 X0 為啓動按鈕，X1 為停止按鈕，嘗試使用機械碼的方式來設計程式。

MSC	M0	M20	M21	M22	M23
SFC	S0	S20	S21	S22	S23
Machine code	K0	K20	K21	K22	K23
		T20	T21	T22	T23
		5s	5s	5s	5s
		Y0	Y0 閃爍	Y1	Y2
		綠燈	綠燈閃爍	黃燈	紅燈

圖 7-130 單向紅綠燈控制電路動作時序

機械碼程式設計，如圖 7-131 所示。

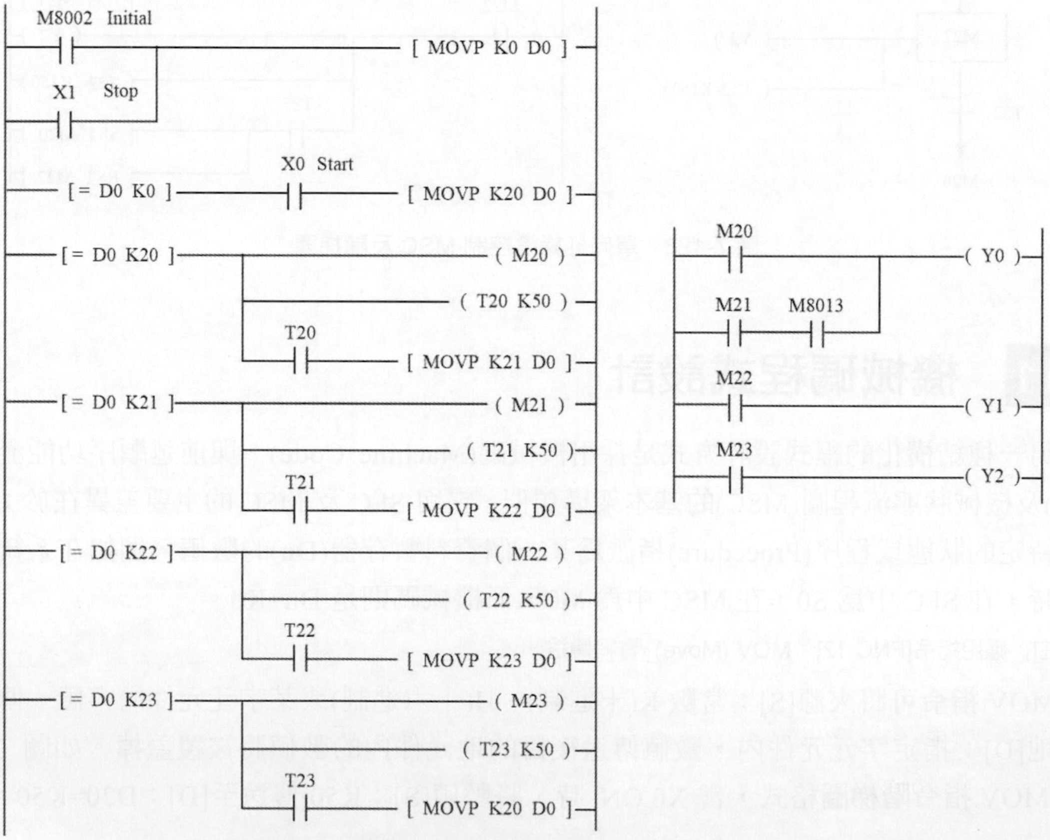

圖 7-131 單向紅綠燈控制電路-機械碼_GX2

＊注意：本例題機械碼程式設計中 D0 數值指定方式，主要是配合先前 MSC 及 SFC 學習範例中之步序(Mn)或狀態(Sn)編號。一般實作上均將 Dn 數值錯開或預留空號，例如 D0=K10、K20、K30、...、K100、.. 等，以利爾後程式迴路之修訂或新增，相較於 MSC 或 SFC，此為機械碼程式設計的最大優點。

【例 7-19】 小便斗沖水器控制_機械碼_GX3

　　參考章節『5-7-4 小便斗沖水器控制』之動作說明，使用機械碼的程式設計方式編程並加以模擬測試。

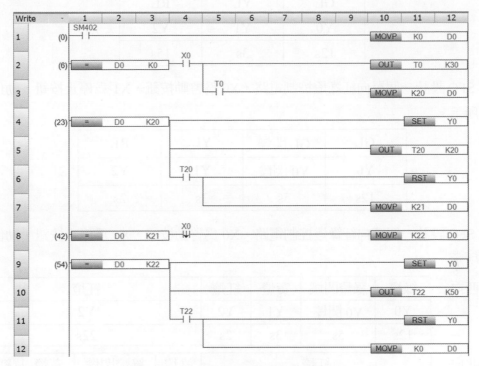

圖 7-132　小便斗沖水器控制_機械碼_GX3

習 題

1. SFC 架構中，其主要的組成元素爲何？

2. (1)何謂步進階梯圖？

　　(2)步進指令有哪些？

3. 下列特殊內部輔助繼電器，所代表的意義爲何？

　　(1)M8040　　　　(2)M8047

4. (1)SFC 電腦軟體編程，將 SFC 狀態圖區分爲哪二個區塊(Block)？

　　(2)SFC 電腦軟體編程，若狀態內部或轉移條件旁邊出現一提示符號"？"，則所代表的意義爲何？

5. 何謂虛擬狀態？

6. SFC 執行監視/測試，選項：開始監控與動態監視器，二者有何差異？

7. 將 SFC 轉換成階梯圖，主要的關鍵爲何？

8. 試以 SFC 設計一個單向紅綠燈控制電路，X0 爲啓動按鈕，X1 爲停止按鈕，動作時序如下圖所示。

GL	YL	RL
Y0	Y1	Y2
12s	3s	15s

9. 試以 SFC 設計一個單向紅綠燈控制電路，X0 爲啓動按鈕，X1 爲停止按鈕，動作時序如下圖所示。

GL	GL 閃爍	YL	RL
Y0	Y0 閃爍	Y1	Y2
12s	5s	3s	2s

10. 試以 SFC 設計一個雙向紅綠燈控制電路，X0 爲啓動按鈕，X1 爲停止按鈕，動作時序如下圖所示。

東西向	綠燈	綠燈閃爍	黃燈	紅燈	紅燈
	Y0	Y0 閃爍	Y1	Y2	Y2
	12s	5s	3s	2s	22s

南北向	紅燈			綠燈	綠燈閃爍	黃燈	紅燈
	Y12			Y10	Y10 閃爍	Y11	Y12
	22s			12s	5s	3s	2s

11. 將【例 7-7】修改爲 4 部電動機之順序(或追次)控制 1_單一流程及選擇式分歧，重新設計及測試程式。

12. 水冷式箱型冷氣控制，正常操作時操控運轉方式如下：

(1) 手動操控運轉

① NFB ON 後，按 PB4、PB5 無作用。

② 按 PB3 啓動冷卻系統，M3、M4 電動機運轉 [MC3、PL3]，此時按 PB5 無作用。

③ 按 PB4 啓動送風系統，M2 電動機加入運轉 [MC2、PL2]。

④ 按 PB5 啓動壓縮機，M1 電動機加入運轉 [MC1、PL1]。

(2) 自動操控運轉

NFB ON 後，按 PB2，M3、M4 電動機運轉 [MC3、PL3]；5 秒 [PL3 閃亮 5 次] 後，M2 電動機加入運轉 [MC2、PL2]，10 秒 [PL2 閃亮 10 次] 後，M1 電動機加入運轉 [MC1、PL1]。

(3) 無論手動或自動方式操控運轉，都以自動方式來執行關機操作：

　　按 PB1，M1 電動機停止運轉；5 秒 [PL2 閃亮 5 次] 後，M2 電動機停止運轉；10 秒 [PL3 閃亮 10 次] 後，M3、M4 電動機停止運轉。

(4) 運轉中，按 PB6(EMS、緊急停止開關)，全部電動機應立即停止運轉；待 EMS 解除栓鎖後，才能恢復正常操作。

　　動作時序如下圖所示，I/O 依下列方式編碼或由教師指定，試以 SFC 設計程式。

輸入		輸出		
PB1→X1	PB4→X4	冷卻系統	M3、M4→Y13	PL3→Y3
PB2→X2	PB5→X5	送風	M2→Y12	PL2→Y2
PB3→X3	PB6→X6	壓縮機	M1→Y11	PL1→Y1

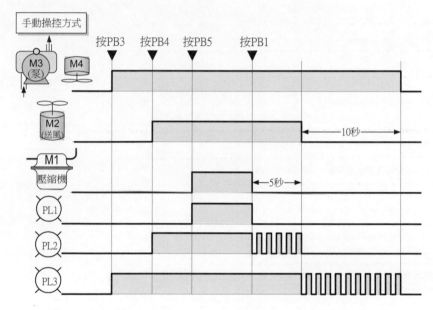

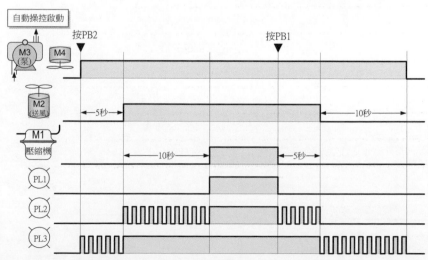

13. 嘗試將【例 7-2】馬達自動正反轉循環控制的 SFC 改為 ST 編程。
14. 嘗試將【例 7-4】單向十字路口紅綠燈控制的 SFC 改為 ST 編程。

GX Works 2&3

Programming and Maintenance tool

8章

PLC 氣壓控制

由於空氣取之不盡,用之不竭,且易於被壓縮、儲存、輸送、排放,毋需考量回收。此外氣壓元件體積小,構造簡單,易於維修,控制方便,可輕易的達成工廠自動化需求。加以 PLC 優於傳統繼電器,故 PLC 已廣泛應用於一般的氣壓順序控制系統。

8-1 氣壓控制系統

基本的氣壓控制系統如圖 8-1 所示,內含:

圖 8-1 基本的氣壓控制系統

1. 氣壓產生組件

   將空氣加壓,使能量儲存於壓縮空氣中,組成元件包括:

   (1) 空氣壓縮機。

   (2) 氣壓調整組合:由空氣濾清器(Filter),調整器(Regulator)及潤滑器(Lubricator)所構成,故又稱為三點組合(FRL)。

2.　氣壓控制元件

控制壓縮氣體方向、流量及壓力大小，其主要元件包括：

(1)　方向控制閥。

(2)　流量控制閥。

(3)　壓力控制閥。

3.　氣壓驅動元件

(1)　氣壓缸：直線運動。

(2)　氣壓馬達：圓周運動。

8-2　電磁閥

　　電磁閥(Solenoid Valve)為方向控制閥之一，其動作原理類似繼電器。繼電器是靠電流通過線圈時所產生之磁力，改變 a/b 接點狀態；而電磁閥則是改變閥體位置，使壓縮氣體的運動方向發生變化。

　　電磁閥依輸入電源型式分為下列二種：(1)直流電磁閥：輸入電源一般為 DC24V，(2)交流電磁閥：輸入電源為 AC110V 或 220V；電磁閥依線圈型式可分為單邊(線圈)電磁閥及雙邊(線圈)電磁閥。

　　電磁閥一般電氣符號如圖8-2所示，加上閥體位置標示之4口(Way, W)/2位(Position, P)單邊電磁閥氣壓符號如圖 8-3 所示，其中 P 為壓力(來)源，R,S,T 為排氣口，A,B,C 則為工作口。4W/2P 雙邊電磁閥氣壓符號如圖 8-4 所示。氣壓缸的動作，通稱為：前進或後退、伸出或縮回、上升或下降。

　　5W/2P 雙邊電磁閥氣壓符號如圖 8-5 所示，閥位下方標示幾口(W)幾位(P)的，一般為正常(未激磁)閥位；壓力源(P)與排氣口(R,S,T)位於同一側，工作口(A,B,C)則位於為閥位的上方。電磁閥在正常閥位時，氣壓缸一般在縮回位置，此時進氣路徑：P→B、排氣路徑：A→R，如圖 8-5(a)所示。電磁閥(左邊)線圈通電激磁時，閥位改變，此時進氣路徑：P→A，排氣路徑：B→S，如圖 8-5(b)所示。電磁閥(右邊)線圈通電激磁時，閥位恢復為正常閥位。

圖 8-2　電磁閥電氣符號

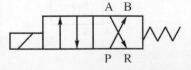

圖 8-3　4W/2P 單邊電磁閥氣壓符號

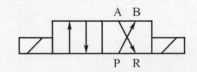

圖 8-4　4W/2P 雙邊電磁閥氣壓符號

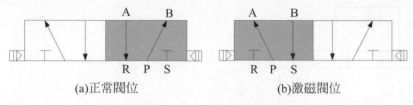

(a)正常閥位　　　　　　　　(b)激磁閥位

圖 8-5　5W/2P 雙邊電磁閥位

1. 單邊電磁閥

   一邊為彈簧，另一邊為線圈，通電時，利用線圈磁力克服彈簧張力使閥位改變。斷電時，彈簧張力迫使電磁閥復位，使用單邊電磁閥時，須加自保持迴路。

2. 雙邊電磁閥

   若其中一邊電磁線圈通電時，將導致閥位改變；即使斷電，閥位亦能保持在斷電前狀態，故雙邊電磁閥具有"記憶"或"保持"特性。在使用時須有連鎖(Interlock)電路設計，以防二邊電磁線圈同時通電而使線圈燒燬。

8-3　PLC 氣壓順序控制

PLC 氣壓順序控制迴路設計，較常用的有一般階梯圖及順序功能流程圖(SFC)二種。階梯圖設計較為直覺與主觀，除了原程式設計者之外，一般使用者較不易理解其動作流程，亦即程式的可讀性較低。SFC 則是一種機械狀態導向的編程語言，因此若依氣缸之位移步驟及動作流程加以編寫，則程式設計最為簡易。以下各例題僅就基本的 PLC 氣壓順序控制設計作一解說，相信您對於進階的控制迴路設計定能觸類旁通。

※ 注意：實習範例採用電晶體(-MT)輸出之 PLC 主機和 DC 24V 的電磁閥，若使用繼電器(-MR)輸出之 PLC 主機，因繼電器由 OFF 到 ON 的反應時間約 10ms，故請酌予延長電磁閥的激磁時間。

【例 8-1】單邊電磁閥驅動單動氣缸

使用單邊電磁閥驅動單動氣缸之氣壓控制迴路、PLC 外部接線及 PLC 程式，分別如圖 8-6～圖 8-8 所示。

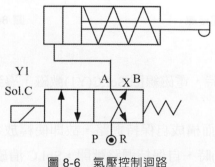

圖 8-6　氣壓控制迴路

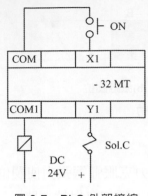

圖 8-7 PLC 外部接線

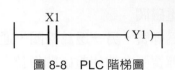

圖 8-8 PLC 階梯圖

工作原理

1. 當押按 PB/ON(X1)時,電磁線圈 Sol.C(Y1)激磁,導致閥位改變,P-A 相通,氣缸前進。

2. 若釋放 PB/ON,Sol.C 消磁,閥位因彈簧力量而回復原來位置,A-R 相通,氣缸後退。

【例 8-2】 單邊電磁閥驅動單動氣缸_自保持迴路應用

使用單邊電磁閥驅動單動氣缸_自保持迴路應用中之氣壓控制迴路同圖 8-6 所示,PLC 外部接線則如圖 8-9 所示,PLC 程式如圖 8-10 所示。

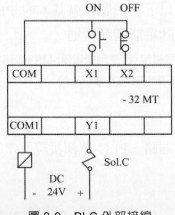

圖 8-9 PLC 外部接線

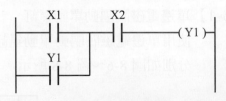

圖 8-10 PLC 階梯圖

工作原理

1. 當押按 PB/ON(X1)時,電磁線圈 Sol.C(Y1)激磁,導致閥位改變,P-A 相通,氣缸前進。

2. X1 因並聯 Y1 接點而構成自保持迴路,故即使釋放 PB/ON,氣缸依然伸出。

3. 當押按 PB/OFF(X2)時,自保持迴路斷開,Sol.C 消磁,閥位因彈簧力量而回復原來位置,A-R 相通,氣缸後退。

【例 8-3】雙邊電磁閥驅動雙動氣缸

　　　　　使用雙邊電磁閥驅動雙動氣缸之氣壓控制迴路、PLC 外部接線及 PLC 程式，
　　　　　分別如圖 8-11～圖 8-13 所示。

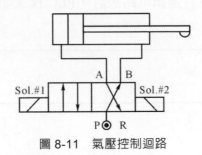

圖 8-11　氣壓控制迴路

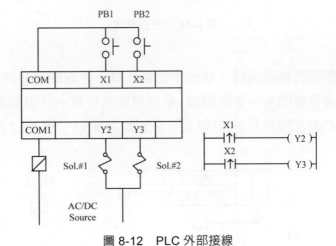

圖 8-12　PLC 外部接線

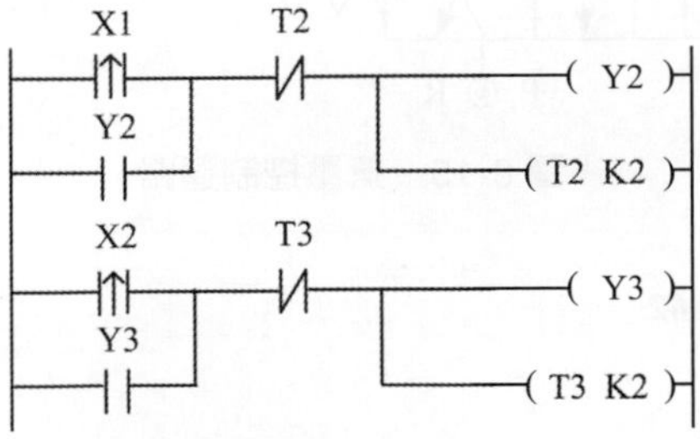

圖 8-13　PLC 階梯圖

工作原理

1.　押按 PB1(X1)時，Sol.#1(Y2)激磁，閥位變換為左邊閥位，P-A 相通，氣缸前進，
　　2ms 後，T2/b 接點切斷自保迴路，因雙邊電磁閥具有"記憶"特性，故氣缸仍在伸
　　出狀態。

2.　押按 PB2(X2)時，Sol.#2(Y3)激磁，閥位變換為右邊閥位，A-R 相通，氣缸後退，
　　2ms 後，T3/b 接點切斷自保迴路，因雙邊電磁閥具有"記憶"特性，故氣缸仍在縮
　　回狀態。

【例 8-4】雙邊電磁閥驅動雙動氣缸_電氣連鎖回路應用

使用雙邊電磁閥驅動雙動氣缸之氣壓控制迴路,同圖 8-11 所示,PLC 外部接線亦同圖 8-12 所示。雙邊電磁閥在使用時,為避免二邊電磁線圈同時通電而使線圈燒燬,故須有連鎖電路設計,PLC 程式如圖 8-14 所示。

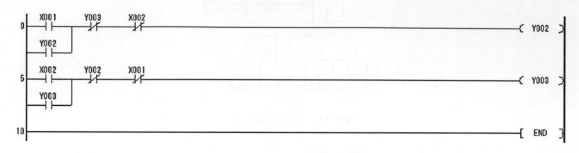

圖 8-14 PLC 程式

【例 8-5】單邊電磁閥及極限開關,執行單動氣缸單一往返驅動控制

使用單邊電磁閥及一極限開關,執行單動氣缸單一往返驅動控制之氣壓控制迴路、PLC 外部接線及 PLC 程式,分別如圖 8-15~圖 8-17 所示。

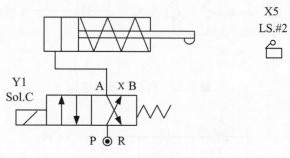

圖 8-15 氣壓控制迴路

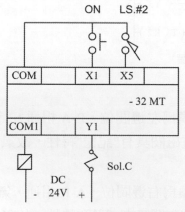

圖 8-16 PLC 外部接線

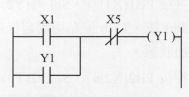

圖 8-17 PLC 階梯圖

工作原理

1.　押按 PB/ON(X1)，Sol.C(Y1)線圈激磁，Y1/a 接點閉合並形成自保，Sol.C 因激磁 關係促使閥位發生變換，P-A 相通，氣缸伸出。

2.　當氣缸前進碰觸到 LS.#2(X5)，此時 X5/b 接點斷開，自保持迴路因而開路， Sol.C(Y1)消磁，氣缸經由彈簧回位而縮回，完成單一往返動作。

【例 8-6】雙邊電磁閥及極限開關，執行雙動氣缸單一往返驅動控制

　　　　使用雙邊電磁閥及一極限開關，執行雙動氣缸單一往返驅動控制之氣壓控制迴 路如圖 8-18 所示，PLC 外部接線如圖 8-19 所示。至於 PLC 程式設計，如圖 8-20 所示。

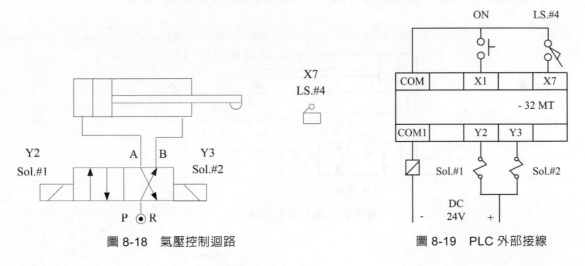

圖 8-18　氣壓控制迴路　　　　　　　　　圖 8-19　PLC 外部接線

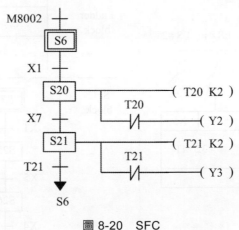

圖 8-20　SFC

工作原理

1. 開機初始脈波 M8002，使系統進入初始狀態 $\boxed{S6}$。

2. 押按 PB/ON(X1)時，進入狀態 $\boxed{S20}$，Y2 產生一 2ms 輸出，Sol.#1 激磁，促使閥位發生變換，氣缸伸出。

3. 當氣缸前進碰觸到 LS.#4(X7)，進入狀態 $\boxed{S21}$，Y3 產生一 2ms 輸出，Sol.#2 激磁，促使閥位發生變換，氣缸縮回。

4. 在狀態 $\boxed{S21}$ 中，經由 T21/a 接點，返回初始狀態 $\boxed{S6}$，完成單一往返動作。

【例 8-7】單邊電磁閥及二極限開關，執行雙動氣缸連續往返驅動控制

使用單邊電磁閥及二極限開關驅動一雙動氣缸作連續往返驅動控制之氣壓控制迴路、PLC 外部接線及程式，分別如圖 8-21～圖 8-23 所示。

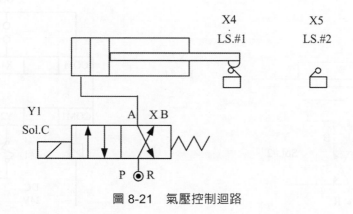

圖 8-21　氣壓控制迴路

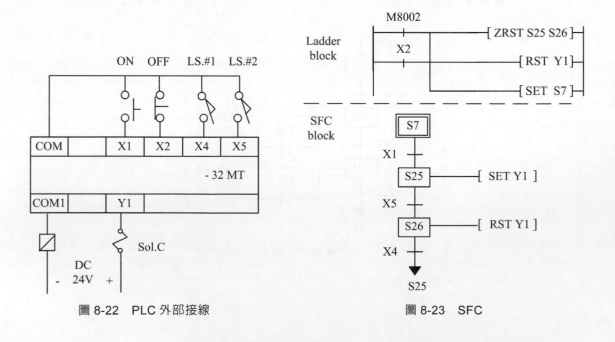

圖 8-22　PLC 外部接線　　　　圖 8-23　SFC

工作原理

1. 開機初始脈波 M8002，或押按 PB/OFF(X2)時，將其它狀態 $\boxed{S25}$、$\boxed{S26}$ 及線圈 Y1 先行復歸後，系統進入初始狀態 $\boxed{S7}$。

2. 押按 PB/ON(X1)，進入狀態 $\boxed{S25}$，因 SETY1，故 Sol.C 激磁，促使閥位發生變換，氣缸伸出。

3. 當氣缸到達行程末端碰觸 LS.#2(X5)，進入狀態 $\boxed{S26}$，因 RSTY1，故 Sol.C 消磁，氣缸經由彈簧回位而縮回。

4. 氣缸回行碰及 LS.#1(X4)時，返回狀態 $\boxed{S25}$，因 SETY1，故 Sol.C 再度激磁，氣缸伸出，如此形成雙動氣缸連續往返驅動控制。

【例 8-8】雙邊電磁閥及二極限開關，執行雙動氣缸連續往返驅動控制
使用雙邊電磁閥及二極限開關，驅動雙動氣缸作連續往返驅動控制之氣壓控制迴路、PLC 外部接線及 PLC 程式，分別如圖 8-24～圖 8-26 所示。

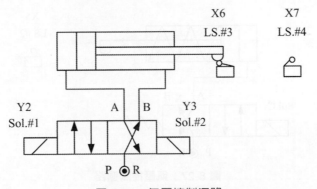

圖 8-24　氣壓控制迴路

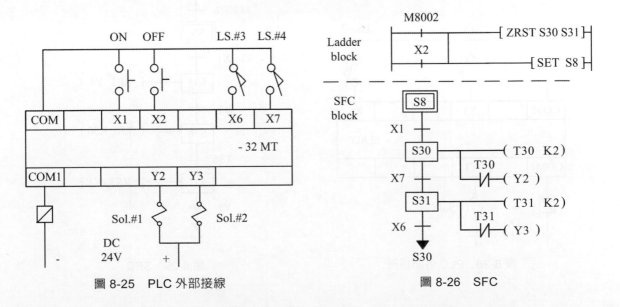

圖 8-25　PLC 外部接線　　　　圖 8-26　SFC

工作原理

1. 開機初始脈波 M8002，或押按 PB/OFF(X2)時，將狀態 S30、S31 先行復歸後，系統進入初始狀態 S8。

2. 押按 PB/ON(X1)，進入狀態 S30，Y2/ON，故 Sol.#1 激磁，促使閥位發生變換，氣缸伸出。

3. 當氣缸到達行程末端碰觸 LS.#4(X7)，進入狀態 S31，Y3/ON，故 Sol.#2 激磁，促使閥位發生變換，氣缸縮回。

4. 氣缸回行碰及 LS.#3(X6)時，返回狀態 S30，Sol.#1 再度激磁，氣缸伸出，如此形成雙動氣缸連續往返驅動控制。

【例 8-9】單動氣缸延時後退驅動控制

使用一計時電路，促使單動氣缸作延時後退驅動控制之氣壓控制迴路如圖 8-27 所示，PLC 外部接線如圖 8-28 所示，PLC 程式設計如圖 8-29 所示。

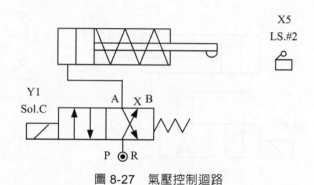

圖 8-27　氣壓控制迴路

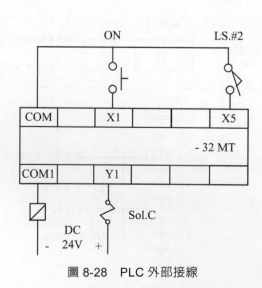

圖 8-28　PLC 外部接線

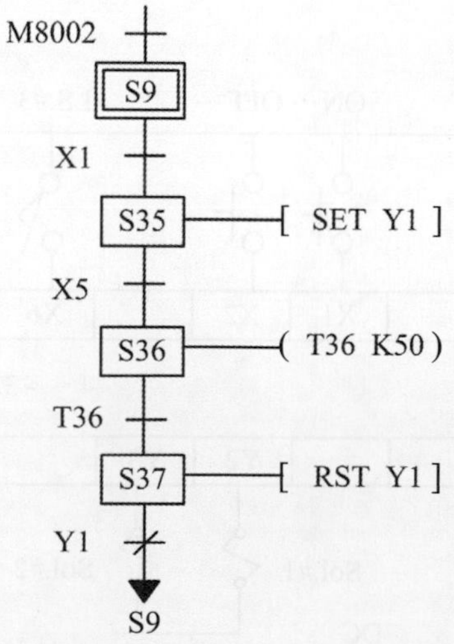

圖 8-29　SFC

工作原理

1. 開機初始脈波 M8002，系統進入初始狀態 S9。

2. 押按 PB/ON(X1)，進入狀態 S35，因 SETY1，故 Sol.C 激磁，促使閥位發生變換，氣缸伸出。

3. 當氣缸到達行程末端碰觸 LS.#2(X5)，進入狀態 S36，計時器 T36 通電並開始計時。

4. 計時器到達設定計時值 5s 時，T36/a 接點閉合，進入狀態 S37，因 RSTY1，故 Sol.C 消磁，氣缸後退

5. 在狀態 S37 中，經由 Y1/b 接點，返回初始狀態 S9，完成單動氣缸延時後退驅動單一往返動作。

【例 8-10】 雙動氣缸延時後退驅動控制

使用一計時電路，促使雙動氣缸作延時後退驅動控制之氣壓控制迴路、PLC 外部接線及 PLC 程式，分別如圖 8-30～圖 8-32 所示。

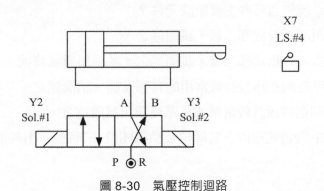

圖 8-30　氣壓控制迴路

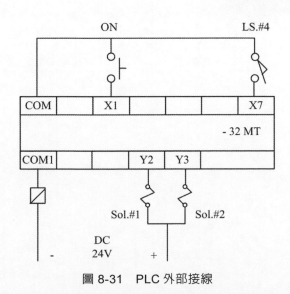

圖 8-31　PLC 外部接線

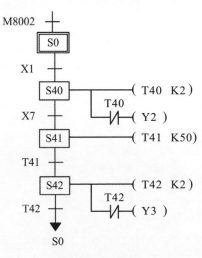

圖 8-32　SFC

工作原理

1. 開機初始脈波 M8002，使系統進入初始狀態 S0。

2. 押按 PB/ON(X1)時，進入狀態 S40，Y2 輸出，Sol.#1 激磁，促使閥位發生變換，氣缸伸出。

3. 當氣缸前進碰觸到 LS.#4(X7)，進入狀態 S41，計時器 T41 通電並開始計時。

4. T41 到達設定值 5s 時，進入狀態 S42，Y3 輸出，Sol.#2 激磁，促使閥位發生變換，氣缸縮回。

5. 在狀態 S42 中，當 T42 到達設定值 2ms 時，返回初始狀態 S0，完成雙動氣缸延時後退驅動控制單一往返動作。

習 題

1. 使用空氣作為控制系統動力來源，有何優點？

2. 基本的氣壓控制系統包含哪些主要組成元件？

3. 電磁閥依輸入電源型式分為哪二種，試簡述之。

4. 電磁閥依線圈型式可分為為哪二種，試簡述之，並繪出電氣符號。

5. 傳統電氣氣壓順序控制迴路設計較常用的有哪幾種，試簡述之。

6. PLC 氣壓順序控制迴路設計較常用的有哪幾種，試簡述之。

7. 試繪出一個 5W/2P 雙邊電磁的正常閥位及激磁閥位,同時標示出其進氣路徑與排氣路徑。

Integrated FA Software

GX Works 2&3
Programming and Maintenance tool

9章

應用指令解說及實習

　　FX5U 的應用指令捨棄了原先的指令編號，但其中大部分應用指令與 FX3U 還是相容的，只是歸類到不同的指令群組，請參閱『3-5　常用的 CPU 模組指令』。在後續的應用指令列表中 FX5U 欄位有"√"符號者，表示 FX5U 也有相同的指令，若是不同或新增的指令會一併列出(部分應用指令，請參閱學習光碟附錄 C)。本書定位為教科書而非工具書，若想更進一步瞭解詳細的指令內容，請參考下列的資料來源：

"MELSECiQ_F FX5 Programming Manual (Instructions,Standard Functions/Function Blocks)", Mitsubishi Electric Corporation.

9-0 常用應用指令分類及其一覽表

表 9-0　常用應用指令分類及其一覽表

FNC 0~9：Program Flow-程式流程

FX3U	程式流程	FX5U	中　文	頁　碼
0	CJ	√	條件式跳躍	9-15
1	CALL	√	呼叫副程式	9-16
2	SRET	√	副程式返回	9-16
3	IRET	√	中斷插入返回	9-17
4	EI	√	允許中斷插入	9-19
5	DI	√	禁止中斷插入	9-20
6	FEND	√	主程式結束	9-16
7	WDT	√	看門狗計時器再生	9-20
8	FOR	√	計次迴圈開始	9-22
9	NEXT	√	計次迴圈結束	9-22

FNC 10~19、147：Move and Compare_資料傳送及比較

FX3U	資料傳送及比較	FX5U	中　文	頁　碼
10	CMP	√	資料比較	9-23
11	ZCP	√	資料區域比較	9-24
12	MOV	√	資料傳送	9-26
13	SMOV	√	位數傳送	9-28
14	CML	√	資料反相傳送	9-29
15	BMOV	√	資料區塊傳送	9-30
16	FMOV	√	單一數值多點傳送	9-31
17	XCH	√	資料交換	附-101
147	SWAP	√	位元組交換	附-102
18	BCD	√	BIN 轉 BCD	9-32
19	BIN	√	BCD 轉 BIN	9-33

FNC 20~29：Arithmetic and Logical Operation_算術(+−×÷)及邏輯運算				
FX3U	算術(+−×÷)及邏輯運算	FX5U	中　文	頁　碼
20	ADD	ADD, +	整數型加算	9-35
21	SUB	SUB, −	整數型減算	9-36
22	MUL	MUL, *	整數型乘算	9-39
23	DIV	DIV, /	整數型除算	9-40
24	INC	√	加一	9-42
25	DEC	√	減一	9-42
26	WAND	√	邏輯字元 AND	9-44
27	WOR	√	邏輯字元 OR	9-45
28	WXOR	√	邏輯字元 XOR	9-47
29	NEG	√	補數	附-104

FNC 30~39：Rotation and Shift_旋轉及移位				
FX3U	旋轉及移位	FX5U	中　文	頁　碼
30	ROR	√	右旋轉	附-105
31	ROL	√	左旋轉	9-48
32	RCR	√	附進位旗標右旋轉	附-106
33	RCL	√	附進位旗標左旋轉	附-107
34	SFTR	√	位元右移	附-109
35	SFTL	√	位元左移	9-51
36	WSFR	√	字元右移	附-110
37	WSFL	√	字元左移	9-55
38	SFWR	√	位移暫存器寫入	9-57
39	SFRD	√	位移暫存器讀取	9-58

FNC 40~49：Data Operation_資料處理

FX3U	資料處理	FX5U	中　文	頁　碼
40	ZRST	√	區域復歸	9-62
41	DECO	√	解碼	9-64
42	ENCO	√	編碼	9-65
43	SUM	√	ON 位元位數和	9-67
44	BON	√	指定位元狀態檢查	9-68
45	MEAN	√	平均值	9-70
46	ANS	√	警報點設定	9-71
47	ANR	√	警報點復歸	9-72
48	SQR	SQRT	開平方根	附-112
49	FLT	INT2FLT	轉換至浮點小數	9-73

FNC 50~59：High Speed Processing_高速資料處理

FX3U	高速資料處理	FX5U	中　文	頁　碼
50	REF	√	I/O 信號再生	9-75
51	REFF		輸入接點響應時間調整	9-76
52	MTR	√	矩陣輸入	
53	HSCS		高速計數器設定	9-77
54	HSCR		高速計數器復歸	9-79
55	HSZ		高速計數器區域比較	9-81
56	SPD	√	速度檢測	9-84
57	PLSY	√	Y 接點脈波輸出	9-86
58	PWM	√	脈波寬度調制	9-90
59	PLSR		加減速脈波設定	9-92

FNC 60~69：Handy Instruction_便利指令				
FX3U	便利指令	FX5U	中　文	頁　　碼
60	IST	√	SFC 手動/自動運轉模式設定	
61	SER	SERMM	資料表搜尋比較	9-96
62	ABSD	√	絕對式凸輪順序控制	9-98
63	INCD	√	相對式凸輪順序控制	9-100
64	TTMR	√	教導式計時器	9-105
65	STMR	√	特殊計時器	9-106
66	ALT	ALT, FF	交互式 ON/OFF	9-108
67	RAMP	RAMPF	斜坡變量值	9-109
68	ROTC	√	圓盤控制	
69	SORT	SORTTBL	資料表資料排序	9-113

FNC 70~79：External I/O Devices_外部元件設定及顯示				
FX3U	外部元件設定及顯示	FX5U	中　文	頁　　碼
70	TKY		十按鍵輸入	
71	HKY		十六按鍵輸入	附-114
72	DSW	√	數位或指撥開關	附-117
73	SEGD	√	七段顯示器	
74	SEGL	√	栓鎖式七段顯示器	附-119
75	ARWS		箭頭面板	
76	ASC	ASCI	ASCII 碼變換	
77	PR		ASCII 碼輸出	
78	FROM	√	特殊功能模組 BFM 資料讀出	9-116
79	TO	√	特殊功能模組 BFM 資料寫入	9-117

FNC110～129：Floating Point Operation_浮點小數數值運算

FX3U	浮點小數運算	FX5U	中　文	頁　碼
110	ECMP	DECMP	浮點小數數值資料比較	9-132
111	EZCP	DEZCP	浮點小數數值區域資料比較	9-132
112	EMOV	√	浮點小數資料傳送	9-132
120	EADD	DEADD, E+	浮點小數加算	9-132
121	ESUB	DESUB, E−	浮點小數減算	9-132
122	EMUL	DEMUL, E*	浮點小數乘算	9-132
123	EDIV	DEDIV, E/	浮點小數除算	9-132
127	ESQR	DESQR	浮點小數開平方運算	9-132
129	INT	FLT2INT	浮點小數轉換成整數	9-132

FNC 160~167：Real Time Clock Control_萬年曆時鐘設定及顯示

FX3U	萬年曆時鐘設定及顯示	FX5U	中　文	頁　碼
160	TCMP	√	萬年曆時間比較	9-137
161	TZCP	√	萬年曆時間區域比較	9-139
162	TADD	√	萬年曆時間資料加算	9-141
163	TSUB	√	萬年曆時間資料減算	9-143
164	HTOS	√	時、分、秒轉換成秒數	9-145
165	STOH	√	秒數轉換成時、分、秒	9-147
166	TRD	√	萬年曆時間資料讀出	9-149
167	TWR	√	萬年曆時間資料寫入	9-152

FNC 224~246：Data Comparison_接點型態資料比較

FX3U	接點型態資料比較	FX5U	中　文	頁　碼
224~230	LoaD Compare	√	母線開始之資料比較	9-154
232~238	AND Compare	√	串接資料比較	9-155
240~246	OR Compare	√	並接資料比較	9-155

9-1　概論

9-1-1　應用指令閱讀通則

應用指令的組成=指令+運算元，如下所示：

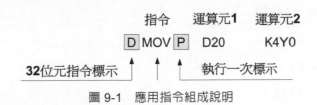

圖 9-1　應用指令組成說明

1. 以位元（bit）型態區分成 16 位元及 32 位元兩大類，指令前加上 D 標示為 32 位元指令，否則為 16 位元指令，單一指令說明時，本書為與指令本身區分，D 以方框 D 標示，如圖 9-1 所示，階梯圖內之指令 D 或 P 則不再以方框標示。

2. 指令之執行區分成連續執行及執行一次兩大類，指令後加上 P 標示為執行一次指令，否則為連續執行指令，單一指令說明時，本書為與指令本身區分，P 以方框 P 標示，如圖 9-1 所示。

    (a) 連續執行指令：意指每一掃瞄週期，該指令被執行一次。

    (b) 執行一次指令：僅在該指令被執行之邏輯條件由不成立至成立 (或簡稱為執行條件由 OFF 至 ON)之瞬間，執行該指令一次，此後在該邏輯條件 ON 的過程中之每一掃瞄週期，均不再執行該指令。

    ※ 註：實際書寫指令時，D 與 P 不必加外框，如 DMOV、MOVP、DMOVP。

3. 運算元的表示方式：

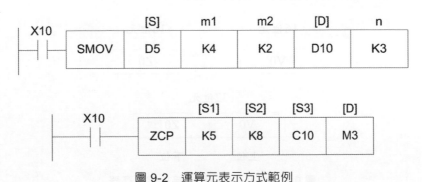

圖 9-2　運算元表示方式範例

    (1) 運算元中[S]表來源，若有多個來源則在 S 後加上數字來區分，如[S1]、[S2]、…。

    (2) 運算元中[D]表目的地，若有多個目的地則在 D 後加上數字來區分，如[D1]、[D2]、…。

(3) 運算元中 m 或 n 表常數,若指定為 K 則為十進制常數,指定為 H 則為十六進制常數。運算元如須多個常數,則在 m 或 n 後加上數字來區分,如 m1、m2、m3…或 n1、n2、n3…。

4. 位元元件 X、Y、M、S 亦可在其前面加上 Kn,形成位元暫存器以使用於應用指令之運算元中,Kn 後之位元元件編號為帶頭編號。

   K1=4 bits,亦即每一位數由 4 位元構成,就 16 位元而言,n = 1～4 的整數;就 32 位元而言,n = 1～8 的整數。

   例如:

   K4Y0 = Y0～Y7,Y10～Y17。

   K4M0 = M0～M15。

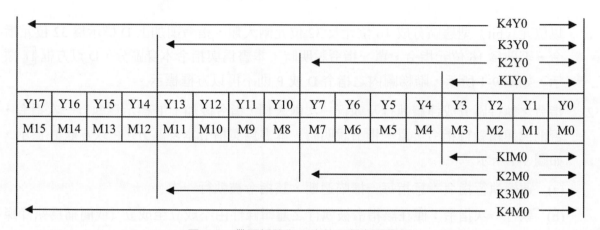

圖 9-3　帶頭編號為 0 之位元暫存器範例

※ 註:X、Y 編號採 8 進制,其餘元件編號為 10 進制。

5. V、Z 這兩個 16 位元間接指定暫存器可構成 32 位元間接指定暫存器,V 在上 16 位元,Z 在下 16 位元,且須相同編號,如(V2,Z2)。

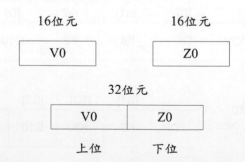

圖 9-4　16 或 32 位元間接指定暫存器

6. 16 位元間接指定暫存器 V、Z，用以在應用指令運算元中修飾下列元件之編號：

X、Y、M、S、P、T、C、D、K、H、KnX、KnY、KnM、KnS。

例如：

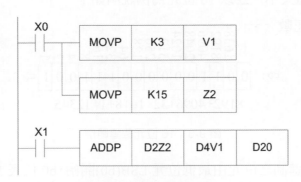

圖 9-5　間接指定暫存器例

【說明】

(a) X0 = ON，將 3 傳送至暫存器 V1、15 傳送至暫存器 Z2，因此，暫存器 D2Z2 = D17 (2 + 15 = 17)、D4V1 = D7(4 + 3 = 7)

(b) X1 =ON，執行 ADD 指令，將暫存器 D17 與 D7 之內容值相加後的和，存放在暫存器 D20 中。

9-1-2　PLC 數值表示

PLC 使用的數值型態表示，依其使用目的或使用用途可分成下列六種：

1. 二進制數值(Binary Number 簡稱：BIN)

PLC 是由數位計算機構成，故採用二進制。為便於了解 PLC 數值表示方式，首先簡單介紹下列術語：

(1) 位元(bit)：簡寫為 b，為二進制數值之最基本單位，其狀態非 1 即 0。

(2) 位元組(Byte)：是由連續之 8 個位元(b7～b0)所組成。

(3) 字元組(Word)：是由連續之 16 個位元(b15～b0)所組成。

(4) 雙字元組(Double word)：是由連續之 32 個位元(b31～b0)所組成。

(5) BCD 碼：以 4 個 bits 來表示單一位數之數值 0～9(10 以上數值拋棄)。由二進數值轉成 BCD 碼，祇是為適合人們閱讀之習慣而已。

PLC 內部數值運算或儲存，均採用二進制，因此自輸入 PLC 內部之數值必須轉換成二進制 PLC 才能處理，同樣地自 PLC 內部輸出之數值亦為二進制。但因二進制數值極難輸入和閱讀，因此在程式書寫器或人機界面中數值輸入或顯示部分，提供使用者以 10 進制或 16 進制數值來輸入或顯示，但實際上之數值處理，PLC 內部全部都以二進制來進行。

(1)　數值之表示

無論是 16 位元或 32 位元數值，均以最高位元 MSB(16 位元之 b15，32 位元之 b31)
表示該數值之正負(0：正數，1：負數)，剩下之位元(b14～b0 或 b30～b0)才真正
用以表示數值大小，茲以 16 位元為例說明如下：

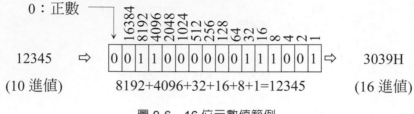

圖 9-6　16 位元數值範例

如上例，其二進制之位元由最低位元 LSB(b0)開始，b0 代表 1($=2^0$)，b1 代表 2($=2^1$)，
b2 代表 4($=2^2$)，b3 代表 8($=2^3$)，…以此類推，其數值則為所有為 1 之位元所代表
數值之總和，如圖 9-6 所示。

(2)　負數之表示及取得

如前述當 MSB 為 1，則此數為負數。PLC 之負數係以 2 的補數(2'S Complement)
來表示。所謂 2 的補數，係將等值正數之所有位元(b15～b0 或 b31～b0)反相(1
之位元變 0，0 之位元變 1，亦即所謂 1 的補數)，然後再加上 1，即變成 2 的補
數，茲以上例正數 12345，取其 2 的補數(即 −12345)為例說明如下：

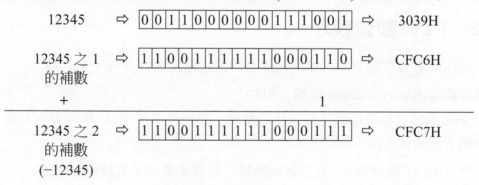

圖 9-7　2 的補數說明

2.　八進制數值(Octal Number 簡稱：OCT)

FX 系列 PLC 之輸入接點(X 接點)、輸出接點(Y 接點)編號採八進制，因此，X 或
Y 接點之編號尾數不會出現 8 或 9。

八進制數值規則依序如下：0,1,2,3,4,5,6,7,10,11,…,17,20,21,…,27,30,31,…

註：Q 系列 PLC 之輸入、輸出接點編號採十六進制。

3. 十進制數值(Decimal Number 簡稱：DEC，代號：K)

　　PLC 程式中，計時器(T)、計數器(C)、資料暫存器(D)、內部輔助繼電器(M)、狀態繼電器(S)或等編號均採十進制數值，T、C 之設定值與 D 內容指定值亦可採十進制數值，數值前需加十進制數值代號 K，如 K100，此外，應用指令中數值之指定或動作指定亦可採十進制數值。

　　常數 K (十進制數值)使用範圍：

　　16-bit：K-32,768～K32,767

　　32-bit：K-2,147,483,648～K2,147,483,647

4. 十六進制數值(Hexadecimal Number 簡稱：HEX，代號：H)

　　應用指令中數值之指定或動作指定亦可採十六進制數值，數值前需加十六進制數值代號 H，如 H10FF。

　　進制數值規則依序如下：0,1,2,3,4,5,6,78,9,A,B,C,D,E,F,

　　　　　　　　　　　　10,11,12,…19,1A,1B,1C,1D,1E,1F,

　　　　　　　　　　　　20,21,22, …,29,2A, 2B, …。

　　常數 H (十六進制數值) 使用範圍：

　　16-bit：H0～HFFFF(BCD 碼為 H0～H9999)

　　32-bit：H0～HFFFFFFFF(BCD 碼為 H0～H99999999)

5. BCD (Binary Code Decimal 簡稱：BCD)

　　BCD 為每一十進制數值位數以 4 位元的二進制數值表之，例如：

　　十進制 2 轉 BCD 碼為 0010 (4 位元的二進制)

　　十進制 8 轉 BCD 碼為 1000

　　因此，十進制 28 的 BCD 碼為 00101000

　　BCD 適用於數字開關的輸入或輸出至七段顯示器。

6. 實數(浮點小數數值) [Real Numbers (Floating Point Data)，代號：E]

　　以浮點小數作高精準運算，其數值前需加代號 E，有正常及指數兩種表示方式，例如：

　　正常表示法：5.678 以 E5.678 表之。

　　指數表示法：5678 以 E5.678+3 (+3 = 10^3 意指 10 的 3 次方)表之。

　　常數 E (實數) 使用範圍：

　　$-1.0 \times 2^{128} \sim -1.0 \times 2^{-126}$, 0 , $1.0 \times 2^{-126} \sim 1.0 \times 2^{128}$

【例 9-1】PLC 程式如下所示，則資料暫存器 D20 數值與外部輸出 LED 燈號對應情形如下表所示，其中 D20 數值分別以 DEC 與 HEX 兩欄表示出十進制 K 與十六進制 H 之對照。

```
     M8000
┤├────────────────┤ MOV │ D20 │ K4Y0 │
```

圖 9-8　例 9-1 階梯圖

表 9-1　D20 數值與外部輸出 Y0-Y17 燈號

DEC	HEX	Y0～Y17 燈號	DEC	HEX	Y0～Y17 燈號	DEC	HEX	Y0～Y17 燈號
K15	HF	Y0～Y3 亮	K255	FF	Y0～Y7 亮	K-1	HFFFF	Y0～Y17 全亮
K240	HF0	Y4～Y7 亮	K-256	FF00	Y10～Y17 亮	K0	H0	Y0～Y17 全熄
K3840	HF00	Y10～Y13 亮	K32767	7FFF	Y0～Y16 亮	K21845	H5555	偶數燈(Y0..等)亮
K-4096	HF000	Y14～Y17 亮	K-32768	8000	僅 Y17 亮	K-21846	HAAAA	奇數燈(Y1..等)亮

PLC 數值表示之人機介面圖形監控，如下圖所示：

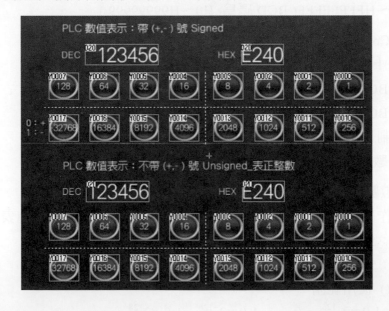

9-1-3　運算元適用對象

運算適用對象之格式舉例如圖 9-9：

運算元	位元元件					■ 字 元 元 件											常數	
	X	Y	M	S	Dn.b	KnX	KnY	KnM	KnS	T	C	D	R	U□/G□	V	Z	修飾	K	H
[S]	■	■	■	■								■	■	■	■	■	■		
m1																		■	■
m2																		■	■
[D]												■	■						
n												■	■					■	■

圖 9-9　運算元適用對象範例

(a)　運算元適用的對象以"■"標示。

(b)　其中位元元件 Dn.b 之 D 為資料暫存器之代號，n 為資料暫存器之編號，b 則為資料暫存器內位元之編號，例如：D100.5 表資料暫存器 D100 內 b5 之位元，可單獨作為位元元件使用，為 FX3U 以後機種新增之基本功能之一。

(c)　字元元件 R 為延伸資料暫存器，U□/G□為特殊模組緩衝記憶體(BFM)的直接存取，為 FX3U 以後機種新增基本功能。

※　在階梯圖程式編輯時，運算元適用對象輸入方式如下：(1)查閱 PLC 使用手冊中對應之應用指令說明；(2)在應用指令輸入視窗中點選右下方之[Help]按鈕，在出現的[Instruction help]視窗中點選左方之[Instruction selection]按鈕，之後再點選左下方之[Details]按鈕，即可出現適用元件(Usable Devices)視窗。

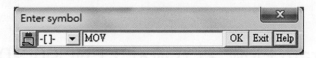

9-1-4 索引暫存器

【例 9-2】外部輸入／輸出元件(8 進制)修飾：X10～X17→Y0～Y7。

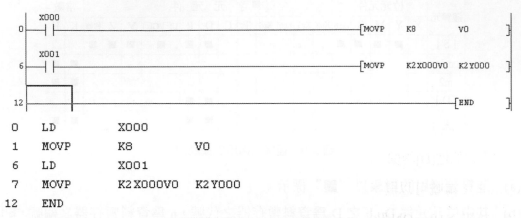

```
0    LD      X000
1    MOVP    K8          V0
6    LD      X001
7    MOVP    K2X000V0    K2Y000
12   END
```

圖 9-10　輸入接點編號修飾

說明：

1. X 接點採 8 進制，因此 X7 後應進位成 X10。

2. X0 = ON，8 傳送至 V0，K2X0V0=K2X(0V0)=K2 X (0+8)=K2X10=X10~X17。

9-2　應用指令解說及應用

應用指令為數繁多，在此僅就較常用者加以解說，本書中未提及之應用指令請讀者參考相關之使用說明。

9-2-0 Program Flow_程式流程：FNC00～09

FX3U	Program Flow	FX5U	中　文	指令解說
00	CJ	√	條件式跳躍	√
01	CALL	√	呼叫副程式	√
02	SRET	√	副程式返回	√
03	IRET	√	中斷插入返回	√
04	EI	√	允許中斷插入	√
05	DI	√	禁止中斷插入	√
06	FEND	√	主程式結束	√
07	WDT	√	看門狗計時器再生	√
08	FOR	√	計次迴圈開始	√
09	NEXT	√	計次迴圈結束	√

1. FNC 00_條件式跳躍

FNC 00：CJ P (Conditional Jump)_條件式跳躍

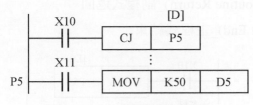

圖 9-11 CJ 指令階梯圖格式

【指令功能解說】

1. 運算元目的地[D]內標籤(Label) P 之有效範圍為 P0～P63，但 P63 意指直接跳至 END。

2. 標籤 P 之編號可以間接指定暫存器 V、Z 作為修飾。

3. 條件接點 X10 = ON 時，跳躍至標籤 P5 處執行，中間程式被略過不執行。

【例 9-3】設計一階梯圖完成下列動作：

PLC 由 STOP → RUN

(1) Y0 亮，Y1 閃爍。

(2) 按 X10 →Y0 亮，Y1 亮或熄。

(3) 按 X11 → Y2～Y4 輪亮 →全熄 →
　　　Y2～Y4 輪亮 →全熄…。

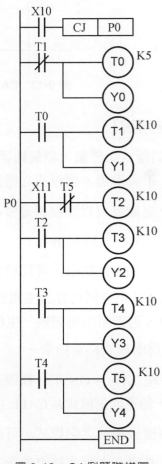

圖 9-12 CJ 例題階梯圖

2. **FNC 01_呼叫副程式、FNC 02_副程式返回、FNC 06_主程式結束**

FNC 01：CALL P (Call Sub Routine)_呼叫副程式

FNC 02：SRET (Subroutine Return)_副程式返回

FNC 06：FEND (First End)_主程式結束

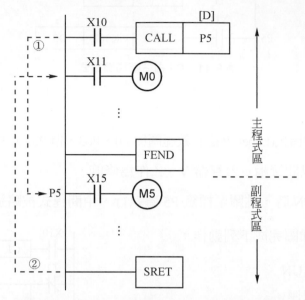

圖 9-13　CALL、SRET、FEND 階梯圖格式說明

【指令功能解說】

1. [D]為副程式之標籤，標籤編號之有效範圍為 P0～P62，每一副程式具有唯一之標籤編號，不可重複。副程式之標籤不可與條件式跳躍 CJ 之標籤編號重複。

2. 標籤 P 之編號可以間接指定暫存器 V、Z 作為修飾。

3. FEND 為主程式結束指令：

    (1) 執行 FEND 指令，等同於執行 END 指令。

    (2) FEND 指令僅可作為主程式結束指令，不可出現在副程式中或 FOR…NEXT 回圈中，否則將出現錯誤，主機面板上錯誤指示燈(PROG.E)閃爍。

4. SRET 為副程式結束指令。

5. 條件接點 X10 = ON 時，跳躍至標籤 P5 副程式處繼續往下執行，直到副程式返回指令 SRET，始返回主程式區 CALL 指令下方繼續往下執行到 FEND 主程式結束指令為止。

6. 同一個標籤編號之副程式，可被多個 CALL 指令多次呼叫。

7. 副程式必須在主程式結束指令之後方可編輯。

8. 副程式中若須使用計時器，必須選擇 T192～T199 或 T246～T249。

9. 副程式中可再以 CALL 指令呼叫其他副程式，但整個程式中最多只能使用 5 次 CALL 指令，如圖 9-14 之例使用 3 次 CALL 指令。

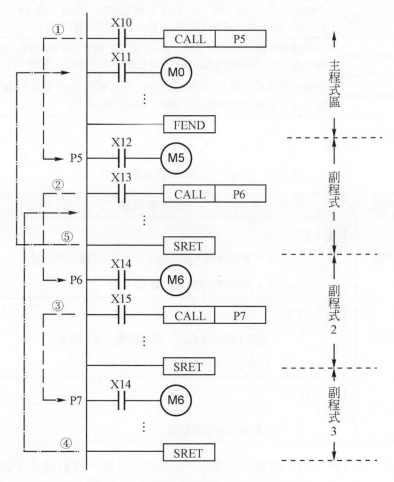

圖 9-14 最多只能使用 5 次 CALL 指令

3. FNC 03_中斷插入返回

FNC 03：IRET(Interrupt Return)

(1) 本指令爲連續運算指令，佔用 1 個程式步序，爲獨立指令，不須指定適用對象。

(2) 本指令不需條件接點，在階梯圖上直接接在母線上即可。

(3) 插入在副程式，以中斷副程式並返回主程式。

(4) 中斷方式、中斷指標、中斷指標格式與功能如下表所示：

表 9-2　中斷方式、中斷指標、格式與功能

中斷方式	中斷指標	中斷指標格式
輸入接點	I00*～I50*	中斷指標格式_第二碼：0～5 為 X 接點編號，最後一碼：*=0 時表相對 X 接點由 ON→OFF 時，或*=1 時由 OFF→ON 觸發中斷功能。
計時方式	I6**～I8**	定時觸發中斷功能，第二碼：6、7 或 8，為計時中斷指標，最後二碼為定時觸發中斷功能之間隔時間(ms)，設定範圍在 1～99 間之整數。
計數方式	I010～I060	中斷指標格式：第 2、4 碼固定為 0，第 3 碼為 1～6 間之整數。當高速計數器計數到達設定值時，觸發中斷功能。

各中斷指標格式如下表：

表 9-3　中斷方式與中斷指標格式

中斷方式	中斷指標格式
輸入接點	I ▲ 0 □　0：使用後緣下降信號，1：使用前緣上升信號；0～5 分別對應輸入接點 X0～X5
計時方式	I ▲ △ □　定時中斷時間設定，設定範圍：0～99 ms；計時器中斷指標編號 6，7 或 8
計數方式	I0 △ 0　計數器中斷指標編號

當中斷禁止旗標信號 ON，對應之中斷指標之功能失效，各對應之中斷禁止旗標信號示如下表。

表 9-4　各對應之中斷禁止旗標信號

中斷指標	中斷禁止旗標▲	中斷信號輸入接點	備註
I000、I001	M8050	X0	1. M805△ 對應於 I△0*～I△0*（△：0～5，* = 0 或 1）
I100、I101	M8051	X1	2. * = 0：對應之中斷信號的外部輸入接點 X△ ON→OFF (下緣信號) 觸發中斷功能
I200、I201	M8052	X2	3. * = 1：對應之中斷信號的外部輸入接點 X△ OFF→ON (上緣信號) 觸發中斷功能
I300、I301	M8053	X3	4. 當中斷禁止旗標信號 ON，對應之中斷指標之功能失效
I400、I401	M8054	X4	
I500、I501	M8055	X5	

表 9-5　中斷指標與中斷禁止旗標對應表

中斷指標	中斷禁止旗標	備註
I6**	M8056	1. I6、I7、I8 中斷指標只能用一次。
I7**	M8057	2. ** = 1〜99 ms，[例] I625 表每 25 ms 執行中斷功能一次。
I8**	M8058	3. PLC 由 RUN→STOP 中斷禁止旗標被清除(OFF)。
I010〜I060	M8059	4. 當中斷禁止旗標信號 ON，對應之中斷指標之功能失效。

4. FNC 04_允許中斷插入、FNC 05_禁止中斷插入

FNC 04：EI (Enable Interrupt)_ 允許中斷插入

【指令功能解說】

1. 一般 PLC 是未啟用中斷插入功能，若必要則以本指令啟用輸入中斷插入(Input Interrupt)、計時器中斷插入(Timer Interrupt)及計數器中斷插入(Counter Interrupt)功能。

2. 本指令不需條件接點，在階梯圖上直接接在母線上即可。

【例 9-4】M8052 = ON 時，中斷跳躍禁止。

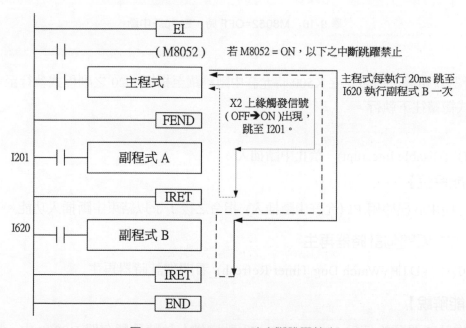

圖 9-15　M8052=ON 時中斷跳躍禁止

M8052 在 OFF 狀態下，X2 上緣上升觸發信號(OFF→ON)出現，即由執行中之主程式中斷，跳至指標 I201 執行副程式 A，待執行至 IRET 指令時，返回原先之中斷點，繼續往下執行主程式。

【例 9-5】

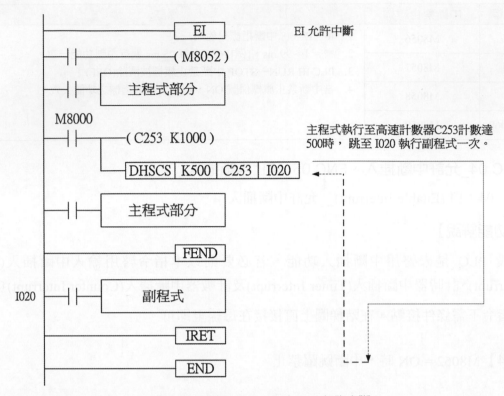

圖 9-16　M8052=OFF 時，EI 允許中斷

說明：
當 C253 計數現值等於所設定之 K500 時允許中斷跳躍至指標 I020 之副程式執行至 IRET，再返回主程式繼續往下執行。

FNC 05：DI (Disable Interrupt)_ **禁止中斷插入**
【指令功能解說】
本指令僅可使用於已啟用 EI (允許中斷插入) 指令之後，予以結束中斷插入功能。

5.　FNC 07_看門狗計時器再生

　　FNC 07：WDTP (Watch Dog Timer Refresh)_看門狗計時器再生

【指令功能解說】
　　看門狗計時器預設值為 200ms(FX2N 系列)，儲存於特殊暫存器 D8000 中，當 CPU 由位址 0 開始執行程式至結束的 END 指令這段時間，若超過看門狗計時器預設值，可程式控制器將停止運轉，主機面板上錯誤指示燈(CPU-E)亮，解決的方法有兩種：

1. 於程式開頭更改特殊暫存器 D8000 內容值，以符合程式需求，如圖 9-17 所示：

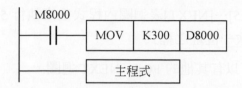

圖 9-17　更改看門狗計時器預設值為 300ms

2. 將過長程式分成兩部分，中間插入看門狗計時器再生指令 WDT，如圖 9-18 所示：

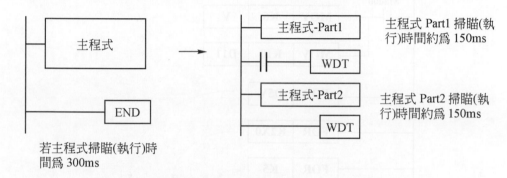

圖 9-18　以 WDT 指令將較長程式分隔成兩部份

3. 此外若 FOR⋯NEXT 迴圈執行時間太長，有可能超過看門狗計時器預設值，在 FOR⋯NEXT 迴圈內插入看門狗計時器再生指令 WDT 即可解決。

6. **FNC 08_ FOR_計次迴圈開始、FNC 09_ NEXT_計次迴圈結束**

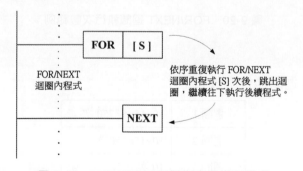

圖 9-19　FOR/NEXT 迴圈指令階梯圖格式

【指令功能解說】

1. FOR 指令為連續運算指令，佔用 3 個程式步序。

2. NEXT 指令為連續運算指令，佔用 1 個程式步序。

3. FOR 與 NEXT 指令在程式中需成對使用，形成一重複執行之迴圈，且 FOR 必須在 NEXT 之前，否則將出現錯誤。

CH 9

4. FOR 指令書寫在迴圈開始之前一位址，NEXT 指令則書寫在迴圈結束後一位址，用以結束迴圈內程式之重複執行，至於迴圈內程式之重複執行次數則指定於 FOR 指令之內，如圖 9-19 [FOR K5]…[NEXT]表迴圈內程式重複執行 5 次後結束，跳出迴圈然後繼續往下執行迴圈外次一位址之程式。

5. FOR / NEXT 迴圈內可以有其他的 FOR / NEXT 迴圈。

【例 9-6】FOR/NEXT 迴圈執行次數

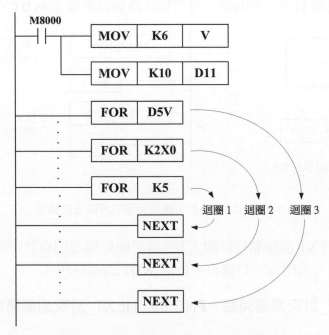

圖 9-20　FOR/NEXT 迴圈執行次數範例

說明：

若 K2X0 = 15，各迴圈執行次數如下

迴圈 1	10×15×5=750 次
迴圈 2	10×15=150 次
迴圈 3	10 次

6. FOR/NEXT 迴圈內程式若有執行到條件式跳躍 CJ 指令且其跳躍條件指向 FOR/NEXT 迴圈外，則即結束迴圈內程式之執行。如圖 9-21 所示階梯圖，若 X2 = OFF，迴圈內之程式被執行 5 次，若一開始 X2 = ON，則一進入迴圈執行到 [CJ　P3] 即跳出迴圈，結束迴圈內其他程式之執行，跳至指標 P3 處，繼續往下執行程式。

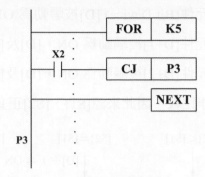

圖 9-21　FOR/NEXT 迴圈內有 CJ 指令

9-2-1　Move and Compare_資料傳送及比較：FNC10～19

FX3U	Move and Compare	FX5U	中　文	指令解說
10	CMP	√	資料比較	√
11	ZCP	√	資料區域比較	√
12	MOV	√	資料傳送	√
13	SMOV	√	位數傳送	√
14	CML	√	資料反相傳送	√
15	BMOV	√	資料區塊傳送	√
16	FMOV	√	單一數值多點傳送	√
17	XCH	√	資料交換	隨書光碟附錄 C
147	SWAP	√	位元組交換	隨書光碟附錄 C
18	BCD	√	BIN 轉 BCD	√
19	BIN	√	BCD 轉 BIN	√

1.　FNC 10_資料比較

FNC 10：D C M P P (Compare)_資料比較

【指令功能解說】

1.　CMP 指令，作為比較兩個資料數值大小之用，指令階梯圖格式如圖 9-22 所示。

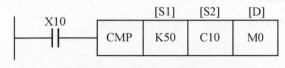

圖 9-22　CMP 指令階梯圖格式

2. 當[S2]小於[S1]時，位元元件(Bit Device) [D]被驅動為 ON，[D+1]及[D+2]則為 OFF。

3. 當[S2]等於[S1]時，位元元件[D+1]被驅動為 ON，[D]及[D+2]則為 OFF。

4. 當[S2]大於[S1]時，位元元件[D+2]被驅動為 ON，[D]及[D+1]則為 OFF。

5. CMP 指令，以代數型態作比較，因此來源[S1]、[S2]正負數均可作比較。

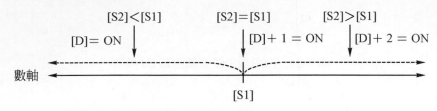

圖 9-23　CMP 指令功能示意圖

【例 9-7】單向紅綠燈號誌控制-CMP

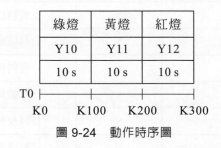

綠燈	黃燈	紅燈
Y10	Y11	Y12
10 s	10 s	10 s

圖 9-24　動作時序圖

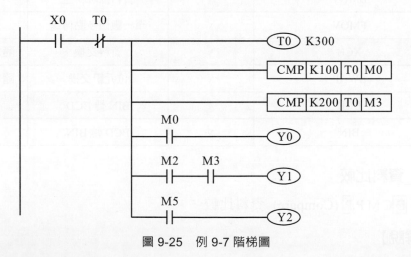

圖 9-25　例 9-7 階梯圖

2. FNC 11_資料區域比較

FNC 11：D ZCP P (Zone Compare)_資料區域比較

【指令功能解說】

1. ZCP 指令，將一個資料值與兩個資料值構成之數值範圍作比較之用，指令階梯圖格式如圖 9-26 所示。

圖 9-26　ZCP 指令階梯圖格式

2. 當[S3]小於[S1(下限)]時，位元元件[D]被驅動為 ON，[D+1]及[D+2]則為 OFF。

3. 當[S1(下限)] ≤ [S3] ≤ [S2(上限)]時，亦即 S3 介於上下限之間時，位元元件[D+1]被驅動為 ON，[D]及[D+2]則為 OFF。

4. 當[S3]大於[S2(上限)]時，位元元件[D+2]被驅動為 ON，[D]及[D+1]則為 OFF。

5. [S1] < [S2]，若[S1] > [S2]，則 CPU 認定為[S2] = [S1]。

6. ZCP 指令，以代數型態作比較，因此來源[S1]、[S2]、[S3]正負數均可作比較。

7. [D]不可以間接指定暫存器 V、Z 修飾。

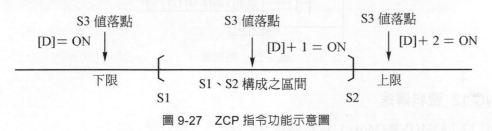

圖 9-27　ZCP 指令功能示意圖

【例 9-8】 單向紅綠燈號誌控制-ZCP。

解：

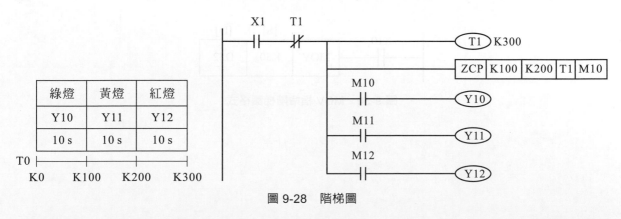

圖 9-28　階梯圖

【例 9-9】以 ZCP 指令，設計一程式，完成下列動作：

重複 Y0、Y1、Y2、Y3、…、Y7 順序輪亮 2 秒。

解：

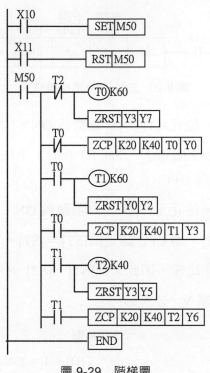

圖 9-29 階梯圖

3. FNC 12_資料傳送

FNC 12：DMOVP (Move)_資料傳送

【指令功能解說】

MOV 指令可將一個常數 K(十進制)、H(十六進制)或某一個字元元件之內容值傳送至另一字元元件內，數值傳送後目的地內原數值將被覆蓋掉，指令階梯圖格式如圖 9-30。

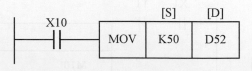

圖 9-30 MOV 指令階梯圖格式

【例 9-10】將數值 K50 傳送至暫存器 D10。

圖 9-31　MOV 指令例一

【動作說明】

　　當 X0 ON 時，將數值 K50 傳送至暫存器 D10，因此 D10 內容不管先前為何，均將被覆蓋成為 50。

【例 9-11】將十進制 69 以二進制型態傳送至 K2Y10。

圖 9-32　MOV 指令例二

【動作說明】

　　當 X0 = ON 時，將十進制 69 以二進制型態(01000101)傳送至 K2Y10。

$$69_{10} = 0\ 1\ 0\ 0\ 0\ 1\ 0\ 1_2$$

因此，Y10 至 Y17 中僅 Y10、Y12、Y16 ON，其餘為 OFF，如表 9-6 所示。

表 9-6

===	Y17	Y16	Y15	Y14	Y13	Y12	Y11	Y10
0/1	0	1	0	0	0	1	0	1

＊注意：

1. MOV 資料傳送的 ST 語法，請參閱第四章：
   (1)【例 4-5】資料傳送_ST (GX Works2)
   (2)【例 4-6】全域標籤_資料傳送_ST(GX Works2)
   (3)【例 4-9】全域標籤_資料傳送_ST(GX Works3)

2. MOV 資料傳送的 FBD 語法，請參閱第四章
   (1)【例 4-14】資料傳送_Structured Ladder/FBD(GX Works2)
   (2)【例 4-15】全域標籤_資料傳送_ Structured Ladder/FBD(GX Works2)
   (3)【例 4-20】計數器控制電路_FBD/LD(GX Works3)
   (4)【例 4-21】全域標籤_資料傳送_FBD/LD(GX Works3)

4. FNC 13_位數傳送

FNC 13：SMOV$\boxed{P}$ (Shift Move)_位數傳送

【指令功能解說】

1. SMOV 指令，傳送一 4 位數數字內指定的某些連續位數值至亦是 4 位數之目的地內指定的連續位數，位數傳送後目的地原數值將被覆蓋掉，指令階梯圖格式如圖 9-33 所示。

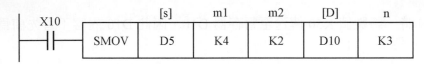

	[s]	m1	m2	[D]	n
X10 SMOV	D5	K4	K2	D10	K3

圖 9-33 SMOV 指令階梯圖格式

[S]：來源(4 位數數字，$10^3\ 10^2\ 10^1\ 10^0$，仟佰十個)

m1：欲傳送來源之第幾位數

m2：須傳送 m2 位數(由 m1 向低位數算 m2 位數)

[D] ：目的地(4 位數數字，$10^3\ 10^2\ 10^1\ 10^0$)

n ：目的地第 n 位數(由第一位數個位數算起)

【例 9-12】 將 PLC 內建萬年曆目前之時數及分數，傳送至資料暫存器 D20 內。

【階梯圖】

M8000						
	SMOV	D8015	K2	K2	D20	K4
	SMOV	D8014	K2	K2	D20	K2

圖 9-34 例 9-12 階梯圖

【動作說明】

1. PLC 內建萬年曆之年、月、日、時、分、秒、星期幾，儲存於 D8018~D8013、D8019 等 7 個特殊資料暫存器內，如下所示。

年	月	日	時	分	秒	星期幾
D8018	D8017	D8016	D8015	D8014	D8013	D8019

2. PLC 由 STOP 切換到 RUN 時，假設萬年曆目前時間為 10:30，

    (1) 第一個 SMOV 指令將特殊資料暫存器 D8015 內的時數，由第 2(m1)位數向右起算二(m2)位數，即時數 10，傳送至 D20 內第 4 位數(n)和第 3 位數。

(2)　第二個 SMOV 指令將 D8014 內的分數 30，傳送至 D20 內之第 2 位數和第 1 位數。
指令執行結果，D20 內容將顯示內建萬年曆目前之時數及分數，過程如下圖所示：

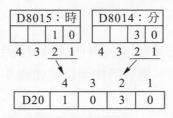

圖 9-35　例 9-12 執行過程

5.　FNC 14_資料反相傳送

FNC 14：D CML P (Compliment)_資料反相傳送

【指令功能解說】

CML 指令，將來源[S]資料位元反相(即 0→1，1→0)複製至目的地[D]，當目的地
位元數小於來源位元數時，由最低位元開始反相傳送至目的地，目的地不足以容納時，來
源較高位元之反相值將予以拋棄，指令階梯圖格式如圖 9-36 所示。

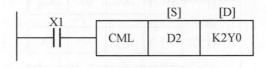

圖 9-36　CML 指令階梯圖格式

【例 9-13】將暫存器 D2 內容值反相傳送至 Y0～Y7。

圖 9-37　例 9-13 階梯圖

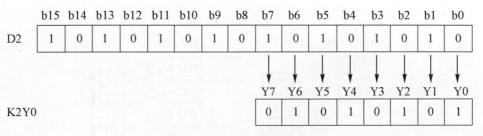

圖 9-38　例 9-13 執行過程

6. FNC 15_資料區塊傳送

FNC 15：BMOV P (Block Move)_資料區塊傳送

【指令功能解說】

　　BMOV 指令，將指定長度之來源[S]元件內資料複製至相同長度之目的地[D]，區塊傳送後目的地內原數值將被覆蓋掉，指令階梯圖格式如圖 9-39 所示。

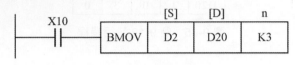

圖 9-39　BMOV 指令階梯圖格式

【例 9-14】區塊傳送例題

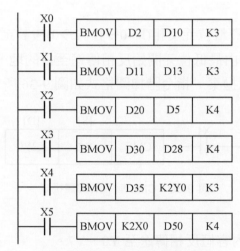

圖 9-40　BMOV 範例階梯圖

【動作說明】

1. 當來源與目的地之元件相同時，若來源元件編號小於目的地元件編號，如階梯圖內分支 1 與 2，傳送順序為由來源元件編號最大者先傳送至目的地元件編號最大者，依次至帶頭編號，如圖 9-41 所示。

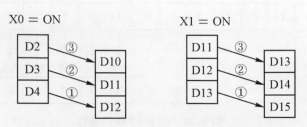

圖 9-41　例 9-14 X0=ON 及 X1＝ON 執行過程

2.　當來源與目的地之元件相同，若來源元件編號大於目的地元件編號，如階梯圖內分支 3 與 4，傳送順序爲首先由來源元件帶頭編號傳送至目的地元件帶頭編號，依次至編號最大者，如圖 9-42 所示。

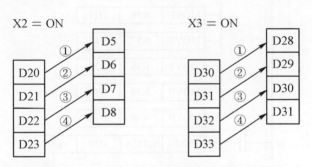

圖 9-42　例 9-14　X2=0 及 X3=ON 執行過程

3.　若來源與目的地元件有編號重疊，如圖 9-40 階梯圖內分支 2，來源元件 D13，目的地元件亦使用 D13，依動作說明(1)內圖 9-41 右圖之動作順序，可知編號重疊者內之資料先行由來源移出至目的地，以免發生錯誤；相同狀況也出現於圖 9-42，階梯圖內分支 4，D30、D31 同時作爲來源與目的地元件，因此，D30、D31 內之資料必須先行由來源移出至目的地，如動作說明之(2)內圖 9-42 之右圖所示。

4.

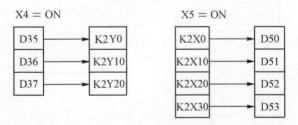

圖 9-43　例 9-14　X4=ON 及 X5=ON 執行過程

※ 註：若使用檔案暫存器則須由程式設計者先行設定，否則不存在。

7.　FNC 16_單一數值多點傳送

　　FNC 16：DFMOVP (Fill Move)_單一數值多點傳送

【指令功能解說】

　　FMOV 指令，將單一來源[S]元件內資料，複製至指定長度(n)之目的地[D]，傳送後目的地內原數值將被覆蓋掉，指令階梯圖格式如圖 9-44 所示。

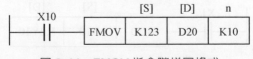

圖 9-44　FMOV 指令階梯圖格式

【例 9-15】單一數值多點傳送例。

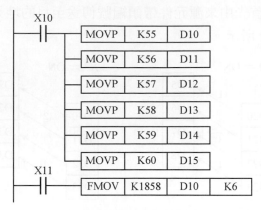

圖 9-45　例 9-15 階梯圖

【動作說明】

1.　X10 = ON，將數值 55、56～60 分別傳送至 D10、D11～D15。

2.　當 X11 = ON，將數值 K1858 複製至 D10 開始之六個暫存器內，即 D10～D15，並覆蓋原值，如圖 9-46 所示：

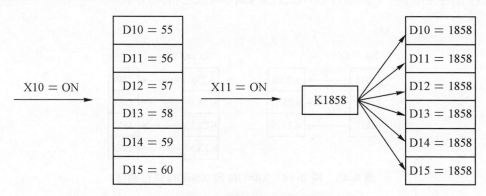

圖 9-46　例 9-15 執行過程

8.　FNC 18_BIN 轉 BCD

FNC 18：DBCDP (Binary Coded Decimal) _BIN 轉 BCD

【指令功能解說】

BCD 指令，將來源[S]資料之二進制碼，轉換成 BCD 碼傳送至目的地[D]，指令階梯圖格式如圖 9-47 所示。

圖 9-47　BCD 指令階梯圖格式

【例 9-16】MOV 與 BCD 指令特性例。

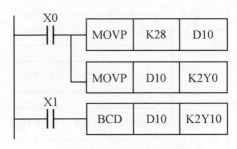

圖 9-48　例 9-16 階梯圖

【動作說明】

1.　X0 = ON，將數值 28 傳送至暫存器 D10。

2.　X1 = ON，執行 MOV 指令時，將暫存器 D10 內容值 28 以二進制型態傳送至 K2Y0、
執行 BCD 指令時，將暫存器 D10 內容值 28 以 BCD 碼型態傳送至 K2Y10。

　　結果如表 9-7 所示：

表 9-7　例 9-16 執行結果

Y7	Y6	Y5	Y4	Y3	Y2	Y1	Y0
0	0	0	1	1	1	0	0

◄── 28 之二進制碼

Y17	Y16	Y15	Y14	Y13	Y12	Y11	Y10
0	0	1	0	1	0	0	0

◄── 28 之 BCD 碼

9.　FNC 19_BCD 轉 BIN

　　FNC 19：D̲BINP̲ (Binary) _BCD 轉 BIN

【指令功能解說】

　　BIN 指令，將來源[S]資料之 BCD 碼轉換成二進制碼傳送至目的地[D]，指令階梯圖格
式如圖 9-49 所示。

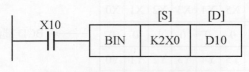

圖 9-49　例 BIN 指令階梯圖格式

【例 9-17】BIN、MOV 與 BCD 指令特性例。

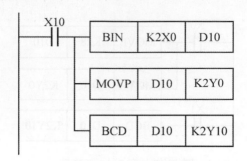

圖 9-50　例 9-17 階梯圖

【動作說明】

(1) X10 = ON，執行 BIN 指令時，將 K2X0 之 BCD 碼型態轉成二進碼型態存於暫存器 D10 中。

(2) 若此時，K2X0 中，僅 X5 = ON 及 X3 = ON，則其 BCD 碼 00101000_{BCD} 為數值 28，其二進制碼為 00011100_2，傳送至暫存器 D10 中。

(3) 執行 MOV 及 BCD 指令時，結論與上一例題同，結果如表 9-8 所示：

表 9-8　例 9-17 執行結果之一

X7	X6	X5	X4	X3	X2	X1	X0	
0	0	1	0	1	0	0	0	⟶ BCD 碼為 28
Y7	Y6	Y5	Y4	Y3	Y2	Y1	Y0	
0	0	0	1	1	1	0	0	⟵ 28 之二進制碼
Y17	Y16	Y15	Y14	Y13	Y12	Y11	Y10	
0	0	1	0	1	0	0	0	⟵ 28 之 BCD 碼

(4) 若此時，K2X0 中，僅 X7 = ON 及 X2 = ON，則結果如表 9-9 所示：

表 9-9　例 9-17 執行結果之二

X7	X6	X5	X4	X3	X2	X1	X0	
1	0	0	0	0	1	0	0	⟶ BCD 碼為 84
Y7	Y6	Y5	Y4	Y3	Y2	Y1	Y0	
0	1	0	1	0	1	0	0	⟵ 84 之二進制碼
Y17	Y16	Y15	Y14	Y13	Y12	Y11	Y10	
1	0	0	0	0	1	0	0	⟵ 84 之 BCD 碼

9-2-2 Arithmetic and Logical Operation_算術(+−×÷)及邏輯運算：FNC20～29

FX3U	Arithmetic and Logical Operation	FX5U	中 文	指令解說
20	ADD	ADD, +	整數型加算	√
21	SUB	SUB, −	整數型減算	√
22	MUL	MUL, *	整數型乘算	√
23	DIV	DIV, /	整數型除算	√
24	INC	√	加一	√
25	DEC	√	減一	√
26	WAND	√	邏輯字元 AND	√
27	WOR	√	邏輯字元 OR	√
28	WXOR	√	邏輯字元互斥或	√
29	NEG	√	補數	隨書光碟附錄 C

1. FNC 20_整數型加算

FNC 20：$\boxed{\text{D}}$ADD$\boxed{\text{P}}$ (Addition)_整數型加算

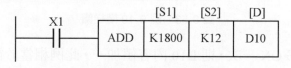

圖 9-51　ADD 指令階梯圖格式

ADD 指令階梯圖格式如圖 9-51 所示。

【指令功能解說】

1. ADD 指令是將兩個來源[S1]、[S2]數值以算術運算相加後，將和存放至目的地[D]。

2. 當運算結果為零時，零旗標信號_特殊輔助電驛 M8020 = ON。

3. 當 16 位元運算結果超過+32,767，或 32 位元運算結果+2,147,483,647，則進位旗標 (Carry flag)信號 M8022 = ON。

4. 當 16 位元運算結果超過 −32,768，或 32 位元運算結果 −2,147,483,648，則借位旗標 (Borrow flag)信號 M8021 = ON。(運算結果為負數時，M8021 = ON)

5. 若目的地所能存放和的位數有限,則運算結果只能部分表現於目的地,如和為 18,轉成二進制為 0001 0010$_2$,若指定的目的地為 K1Y0,僅為四位元,因此只能顯示一位數 0010$_2$,轉換成十進制為 2,造成錯誤,因此無法將兩位數 18 完整顯示於四位元的 K1Y0 中。

6. 32 位元暫存器係由兩個相鄰編號之 16 位元暫存器組合而成,為避免重複使用暫存器導致混淆,建議帶頭編號之暫存器選擇偶數編號。

【例 9-18】數值相加例。

圖 9-52　例 9-18 階梯圖

解:

X1 = ON ➔ D10 = 1812

【例 9-19】字元元件與數值相加例。

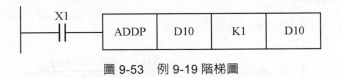

圖 9-53　例 9-19 階梯圖

X1 每由 OFF➔ON 一次,則 D10 內容值加一,此例相當於後面即將敘述到的 INC 指令,如圖 9-54 所示:

圖 9-54　INC 指令範例

2.　FNC 21_整數型減算

FNC 21:DSUBP (Subtract)_整數型減算

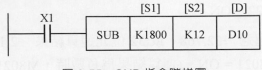

圖 9-55　SUB 指令階梯圖

SUB 指令階梯圖格式如圖 9-55 所示。

【指令功能解說】

　　SUB 指令將兩個來源[S1]、[S2]數值以算術運算相減後，將和存放至目的地[D]。

　　減算指令運算結果導致之各旗標信號、目的地容量問題及 32 位元暫存器編號指定要領，均與前述之加算指令相同。

【例 9-20】數值相減例。

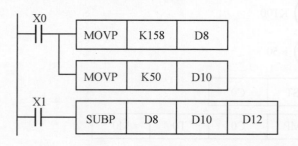

X0 = ON → (D8) = 158
→ (D10) = 50
X1 = ON → (D12) = 158 − 50 = 108

圖 9-56　數值相減例階梯圖及運算結果

【例 9-21】字元元件與數值相減例。

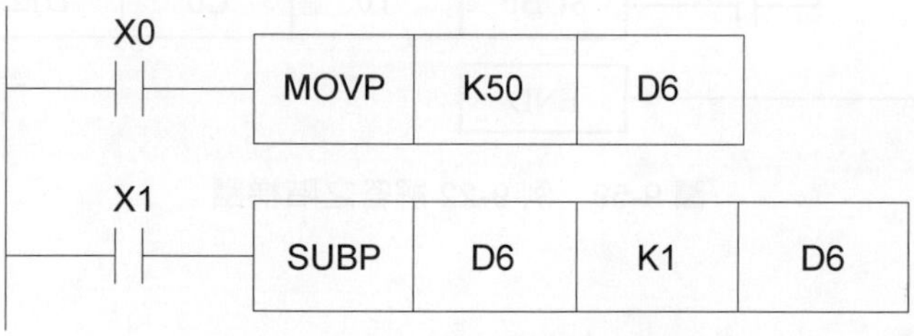

圖 9-57　例 9-23 階梯圖

【動作說明】

　　X1 每由 OFF→ON 一次，D6 內容值減一，此例相當於後面即將敘述到的 DEC 指令，如圖 9-58 所示。

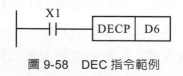

圖 9-58　DEC 指令範例

【例 9-22】設計一程式取計時器 T0 與計數器 C0 現在值之差的絕對值。

解：

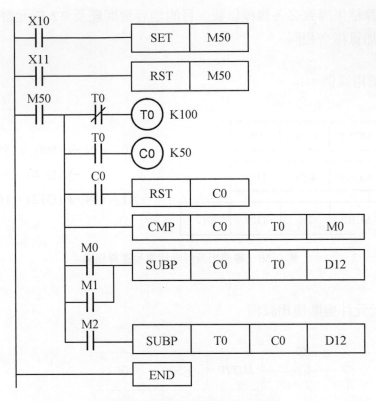

圖 9-59 例 9-22 解答之階梯圖

【動作說明】

1. X10 = ON，M50 = ON，T0 開始計時 10 秒並復歸後重新計時 10 秒⋯。

2. 每復歸一次，C0 計數一次，俟 C0 計數至設定值 50 時，C0 之 a 接點 ON，促使 C0 復歸，C0 復歸後重新計數。

3. T0 計時中及 C0 計數中，即時比較 T0 及 C0 之現在值，若

   (1) T0 之現在值小於 C0 現在值，則輔助電驛 M0 = ON。

   (2) 兩者之現在值相等，則輔助電驛 M1 = ON。

   (3) T0 之現在值大於 C0 現在值，則輔助電驛 M2 = ON。

4. T0 及 C0 現在值之差的絕對值：

   (1) 若 T0 之現在值小於或等於 C0 現在值，T0 及 C0 現在值之差，以 C0–T0，並將差存於 D12，如圖 9-59 階梯圖倒數第 3 行。

(2) 若 T0 之現在值大於 C0 現在值，T0 及 C0 現在值之差，以 T0–C0，並將差存於 D12，如圖 9-59 階梯圖倒數第 2 行。

(3) 因此，T0 及 C0 現在值之差，始終以正值的形態存於 D12 中。

3. FNC 22_整數型乘算

FNC 22：$\boxed{D}$MUL$\boxed{P}$ (Multiplication)_整數型乘算

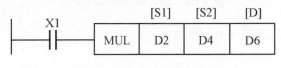

註：[D] 32bit 不可使用 Z

圖 9-60　MUL 指令階梯圖格式

MUL 指令階梯圖格式如圖 9-60 所示。

【指令功能解說】

1. MUL 指令，將兩個來源[S1]、[S2]數值以算術運算相乘後，將乘積存放至目的地[D]。

2. 乘算指令運算特性如下：

(1) 兩個 16 位元之來源的被乘數及乘數相乘，乘積可能擴大至 32 位元，因此兩個 16 位元之來源的相乘，乘積存放於預留的 32 位元目的地，如圖 9-61 所示：

6(D2) × 9(D4) = 54，積 54 存放於 32 位元的(D7,D6)。

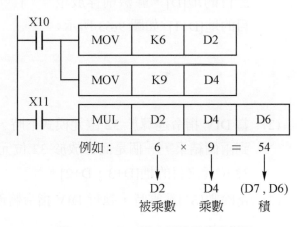

圖 9-61　MUL 指令運算示意階梯圖

(2) 兩個 32 位元之被乘數及乘數相乘，乘積可能擴大至 64 位元，因此兩個 32 位元之被乘數及乘數相乘，乘積存放於預留的 64 位元目的地。

(3) 若目的地之指定元件容量不足，則乘積只能部分存於目的地指定元件中，此時會出現一個錯誤的結果：

如乘積為 54，若目的地指定元件為位元暫存器 K1Y3，僅為四位元，因此只能存一位數，而 $54_{10} = 0011\ 0110_2$，僅 Y5 及 Y4 被驅動為 ON，而 0110_2 轉換成十進制為 6，因而會產生錯誤的結果，設計程式時宜特別注意之。

4. FNC 23_整數型除算

FNC 23：D DIV P (Division)_整數型除算

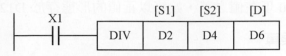

註：[D]32bit 不可使用間接指定暫存器 Z

圖 9-62　DIV 指令階梯圖格式

DIV 指令階梯圖格式如圖 9-62 所示。

【指令功能解說】

1. DIV 為整數型除算指令，將來源一[S1]除以來源二[S2]，將除算結果之商存於目的地[D]。

2. 除算指令運算特性如下：

   (1) 當 DIV 指令運算於 16 位元模式時，兩個 16 位元之來源[S1]、[S2]相除，得到 16 位元之商及餘數兩個結果，商存放於目的地[D]，餘數則存放至目的地[D+1]，如圖 9-63 所示：

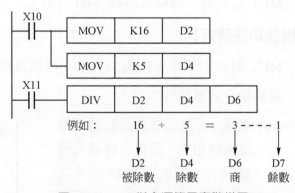

圖 9-63　DIV 指令運算示意階梯圖

   (2) 當 DIV 指令運算於 32 位元模式下時，兩個 32 位元之來源[S1]、[S2]相除，亦得到兩個結果，一個是商存放於 32 位元之目的地[D+1，D]，另一個為餘數存放至 32 位元之目的地[D+3，D+2]。

   (3) 當除數[S2]為零時，執行 DIV 指令將產生錯誤，且 DIV 指令不被執行。

【例 9-23】單向紅綠燈倒數計時控制

設計一單向紅綠燈倒數計時控制電路，動作要求如下：

1. 押下起動按鈕 X0 時，十字路口紅綠燈依表 9-10 所示動作時序，執行單一或連續運轉控制。

2. 開關 X1 控制單向紅綠燈控制電路為單一或連續運轉模式，X1/OFF 時為單一運轉模式，X1/ON 時為連續運轉模式。

3. 紅綠燈倒數計時秒數，分別顯示於資料暫存器 D100～D103 中。

4. 紅綠燈倒數計時控制 SFC 程式如圖 9-64(a)所示，人機介面圖形監控如圖 9-64(b)所示。

表 9-10　紅綠燈倒數計時控制動作時序圖

S0	S10	S11	S12
	T10	T11	T12
	Y0	Y1	Y2
燈號	綠燈	黃燈	紅燈
亮燈秒數	10s	5s	15s
剩餘秒數	D100	D101	D102

解：

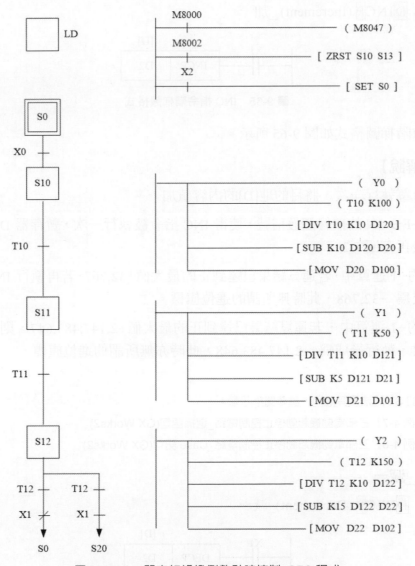

圖 9-64(a)　單向紅綠燈倒數計時控制_SFC 程式

圖 9-64(b)　單向紅綠燈倒數計時控制_人機介面圖形監控

5.　**FNC 24_加一**

FNC 24：D INC P (Increment) _加一

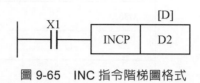

圖 9-65　INC 指令階梯圖格式

INC 指令階梯圖格式如圖 9-65 所示。

【指令功能解說】

1.　INC 指令每執行一次,將目的地[D]的內容值加一。

2.　X1 由 OFF→ON 的前緣觸發信號,使得 INC 指令被執行一次,暫存器 D2 的內容值被加一之後再存回 D2。

3.　16 位元的+1 運算中,若運算結果已達到正的最大值+32,767,若再執行 INC 指令一次,執行後成為 −32,768,此時無所謂的進位旗標。

4.　32 位元的+1 運算中,若運算結果已達到正的最大值+2,147,483,647,則再執行 DINC 指令一次,執行後成為 −2,147,483,648,此時亦無所謂的進位旗標。

＊注意:

1.　INC 的 ST 語法及其應用,請參閱第四章:

(1)【例 4-7】三部電動機起動停止控制電路_選擇語句(GX Works2)

(2)【例 4-8】三部電動機起動停止控制電路_Case 語句(GX Works2)

6.　**FNC 25_減一**

FNC 25：D DEC P (Decrement)_減一

圖 9-66　DEC 指令階梯圖格式

DEC 指令階梯圖格式如圖 9-66 所示。

【指令功能解說】

1. DEC 指令每執行一次，將目的地[D]的內容值減一。

2. X1 由 OFF→ON 的前緣觸發信號，使得 DEC 指令被執行一次，暫存器 D2 的內容值被減一之後再存回 D2。

3. 16 位元的−1 運算中，若運算結果已達到負的最小值−32,768，若再執行 DEC 指令執行一次，執行後成為+32,767，此時無所謂的借位旗標。

4. 32 位元的−1 運算中，若運算結果已達到負的最小值−2,147,483,648，則再執行 DDEC 指令一次，執行後成為+2,147,483,647，此時無所謂的借位旗標。

【例 9-24】四則運算指令綜合應用。

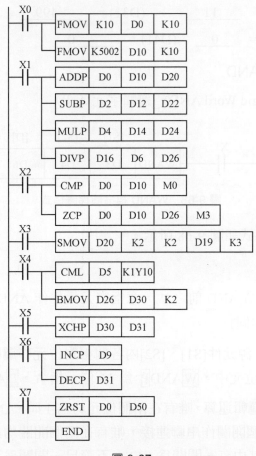

圖 9-67

(1)　X0 ON　(D8) = ___10___　(D12) = ___5002___

(2)　X1 ON　(D20)　= 5012　(D22) = −4992

　　　(D25, D24) = 50020　(D26) = 500　,(D27) = 2

(3) X2 ON，M0 至 M5 之狀態如下表所示，(0 表 OFF、1 表 ON，以下表示均同)

	M0	M1	M2	M3	M4	M5
0 / 1	0	0	1	0	1	0

(4) X3 ON　(D19) = <u>　5122　</u>

(5) X4 ON　(D5) = <u>　10　</u>

　Y10 至 Y13 之狀態，如下表所示：

	Y13	Y12	Y11	Y10
0 / 1	0	1	0	1

　　(D30) = <u>　500　</u>　　　(D31) = <u>　2　</u>

(6) X5 ON　(D30) = <u>　2　</u>　　　(D31) = <u>　500　</u>

(7) X6 ON　(D9) = <u>　11　</u>　　　(D31) = <u>　499　</u>

(8) X7 ON　(D40) = <u>　0　</u>　　　(D41) = <u>　0　</u>

7.　FNC 26_邏輯字元 AND

FNC 26：WAND (Logic Word AND) _邏輯字元 AND

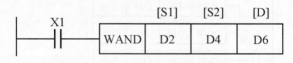

圖 9-68　WAND 指令階梯圖格式

WAND 指令階梯圖格式如圖 9-68 所示。

【指令功能解說】

1. 階梯圖內邏輯運算指令 AND 前之 W，意指字元元件作 AND 指令運算(下面即將述及之 OR 及 XOR 指令亦同)。

2. WAND 指令將兩個來源元件[S1]、[S2]內各個相對位元作邏輯 AND 運算後，存放在目的地元件[D] 相對位元中，WANDP 為 16 位元指令，DANDP為 32 位元指令。

3. 兩個位元作 AND 之邏輯運算，唯有在兩個位元均為 1 時，AND 邏輯運算結果才為 1，否則均為 0。如同兩個開關作串聯連接，唯有在兩個開關均為 ON 時，其串聯等效電路才為 ON，否則若其中有一開關為 OFF，不管另一開關為 ON 或 OFF，其串聯等效電路均為 OFF。

4. AND 邏輯運算規則及真值表如表 9-11 所示。

表 9-11　AND 運算表

AND 邏輯運算規則如下：	AND 邏輯運算之眞值表爲：		
0 AND 0=0	A	B	A∧B
0 AND 1=0	0	0	0
1 AND 0=0	0	1	0
1 AND 1=1	1	0	0
	1	1	1

由 AND 邏輯運算規則或眞值表可發現，位元 0 可用以覆蓋不用的位元，位元 1 可用以保存須用到的位元。

【例 9-25】WAND 邏輯運算例。

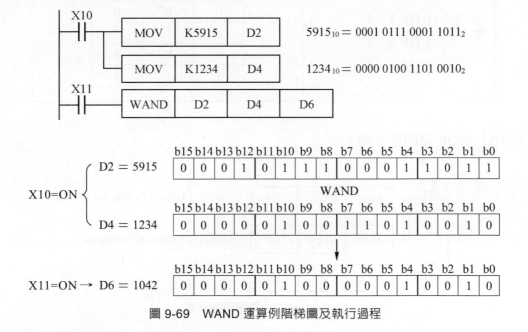

圖 9-69　WAND 運算例階梯圖及執行過程

8.　FNC 27_邏輯字元 OR

FNC 27：WOR (Logic Word OR) _邏輯字元 OR

【指令功能解說】

1. WOR 指令階梯圖格式如圖 9-70 所示，將兩個來源元件[S1]、[S2]內各個相對位元作邏輯 OR 運算後，存放在目的地元件[D]相對位元中，WORP 爲 16 位元指令，DORP 則爲 32 位元指令。

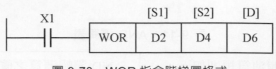

圖 9-70　WOR 指令階梯圖格式

2.　兩個位元作 OR 邏輯運算，唯有在兩個位元均爲 0 時，OR 邏輯運算結果才爲 0，否則均爲 1，如同兩個開關作並聯連接，唯有在兩個開關均爲 OFF，其並聯等效電路才爲 OFF，否則若其中有一開關爲 ON，不管另一開關爲 ON 或 OFF，其並聯等效電路均爲 ON。

3.　OR 邏輯運算規則及眞值表如表 9-12 所示。

表 9-12　OR 運算表

OR 邏輯運算規則如下：	OR 邏輯運算之眞值表爲：		
0 OR 0 = 0	A	B	A∨B
0 OR 1 = 1	0	0	0
1 OR 0 = 1	0	1	1
1 OR 1 = 1	1	0	1
	1	1	1

【例 9-26】WOR 邏輯運算例。

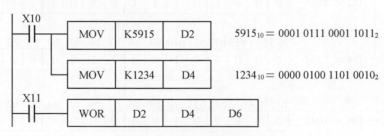

圖 9-71　WOR 運算例階梯圖

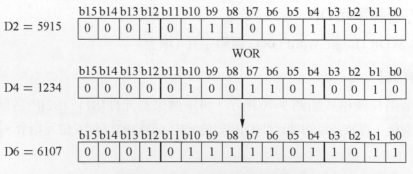

圖 9-72　WOR 運算例執行過程

9.　FNC 28_邏輯字元 XOR

FNC 28：WXOR (Logic Exclusive OR) _邏輯字元 XOR

【指令功能解說】

1.　WXOR 指令階梯圖格式如圖 9-73 所示，將兩個來源元件[S1]、[S2]內各個相對位元作邏輯 OR 運算後，存放在目的地元件[D]相對位元中，WXORP 為 16 位元指令，DXORP 為 32 位元指令。

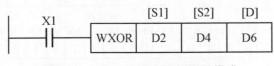

圖 9-73　WXOR 指令階梯圖及格式

2.　兩個位元作 XOR 邏輯運算，唯有在兩個位元一個為 0，另一個為 1 時，XOR 邏輯運算結果才為 1，否則兩個位元均為 1 或均為 0 時，XOR 邏輯運算結果為 0。

3.　XOR 邏輯運算規則及真值表如表 9-13 所示：

表 9-13　XOR 運算表

XOR 邏輯運算規則如下：	XOR 邏輯運算之真值表為：		
0 XOR 0 = 0	A	B	A∀B
0 XOR 1 = 1	0	0	0
1 XOR 0 = 1	0	1	1
1 XOR 1 = 0	1	0	1
	1	1	0

4.　一個數值與同一個常數做兩次 WXOR 運算之後，會恢復原值。將數值與某一常數(密碼)做 1 次 WXOR 運算，稱為加密。將加密後的數值，與相同的常數再做一次 WXOR 運算，則可恢復原數值，稱為解密。

【例 9-27】WXOR 邏輯運算例。

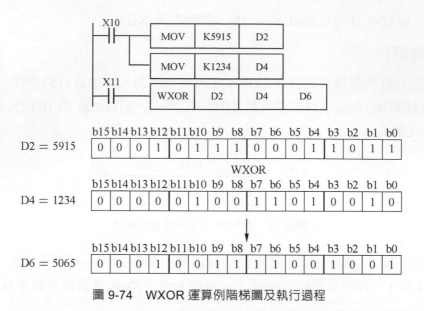

	b15	b14	b13	b12	b11	b10	b9	b8	b7	b6	b5	b4	b3	b2	b1	b0
D2 = 5915	0	0	0	1	0	1	1	1	0	0	0	1	1	0	1	1

WXOR

	b15	b14	b13	b12	b11	b10	b9	b8	b7	b6	b5	b4	b3	b2	b1	b0
D4 = 1234	0	0	0	0	0	1	0	0	1	1	0	1	0	0	1	0

↓

	b15	b14	b13	b12	b11	b10	b9	b8	b7	b6	b5	b4	b3	b2	b1	b0
D6 = 5065	0	0	0	1	0	0	1	1	1	1	0	0	1	0	0	1

圖 9-74　WXOR 運算例階梯圖及執行過程

9-2-3　Rotation and Shift_旋轉及移位：FNC30～39

FX3U	Rotation and Shift	FX5U	中　文	指令解說
30	ROR	√	右旋轉	隨書光碟附錄 C
31	ROL	√	左旋轉	√
32	RCR	√	附進位旗標右旋轉	隨書光碟附錄 C
33	RCL	√	附進位旗標左旋轉	隨書光碟附錄 C
34	SFTR	√	位元右移	隨書光碟附錄 C
35	SFTL	√	位元左移	√
36	WSFR	√	字元右移	隨書光碟附錄 C
37	WSFL	√	字元左移	√
38	SFWR	√	位移暫存器寫入	√
39	SFRD	√	位移暫存器讀出	√

1.　FNC 31_左旋轉

FNC 31：$\boxed{\text{D}}$ROL$\boxed{\text{P}}$ (Rotation Left)_左旋轉

圖 9-75　ROL 指令階梯圖格式

ROL 指令階梯圖格式如圖 9-75 所示。

【指令功能解說】

ROL 指令每執行一次，將目的地[D]資料向左作 n 位元旋轉，最左端之最高位元(MSB)則旋轉移位至目的地[D]資料的最右端成爲最低位元(LSB)，同時該位元資料亦被複製至進位旗標 M8022。旋轉移位位元長度可由 n 來指定，如下例 n = K4，每執行一次 ROL 指令，則 D2 資料依序向左旋轉 4 位元。

【例 9-28】左旋轉移位例，如圖 9-76，左旋轉移位之詳細過程則如圖 9-77 所示：

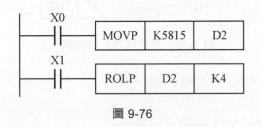

圖 9-76

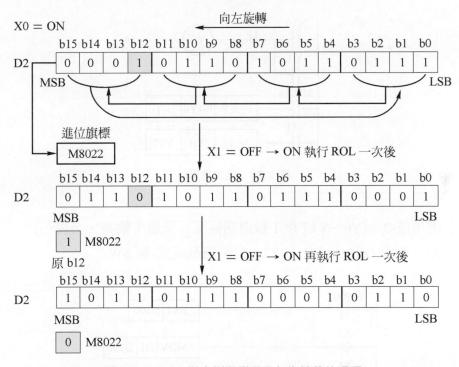

圖 9-77 ROL 指令例階梯圖及左旋轉移位過程

【例 9-29】以進位旗標 M8022 控制 Y0。

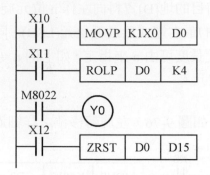

圖 9-78 左旋轉進位旗標範例

若進位旗標 M8022 = ON，則 Y0 = ON。

【例 9-30】跑馬燈-1 (Y0～Y17 輪流亮 1 秒熄)。

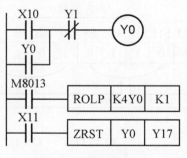

圖 9-79 跑馬燈例-1

【例 9-31】跑馬燈-2　(Y0～Y17 以 1 秒週期輪亮、全熄、輪亮、全熄…)。
　　　　　　X1：手動控制-接 PB　　X2：自動控制模式-接 SW

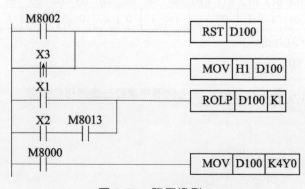

圖 9-80 跑馬燈例-2

【例 9-32】霹靂燈。

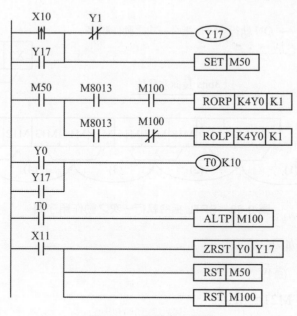

圖 9-81 霹靂燈階梯圖

(1) X10 = ON → Y17、Y16、…、Y10、Y7、Y6、…、Y1、Y0、Y1、…、Y6、Y7、
Y10、…、Y16、Y17、Y16、…、Y10、… 循環輪亮。

(2) X11 = ON → 停止動作。

2. FNC 35_位元左移

FNC 35：SFTLP (Bit Shift Left)_位元左移

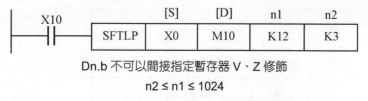

Dn.b 不可以間接指定暫存器 V、Z 修飾

n2 ≤ n1 ≤ 1024

圖 9-82 SFTL 指令階梯圖格式

SFTL 指令階梯圖格式如圖 9-82 所示。

【指令功能解說】

1. SFTL 指令每執行一次，複製 n2 位元長度之來源元件的內容至目的地元件(n1 位元長)，由最右端之最低位元(LSB)起算的 n2 位元長，同時將原先目的地元件內各位元資料由 LSB 開始，以 n2 位元長向左移位，任何移出目的地元件的位元資料均為溢位(overflow)拋棄之，示意圖如圖 9-83 所示。

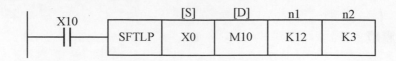

X10 由 OFF → ON 執行 SFTL 指令一次之動作順序

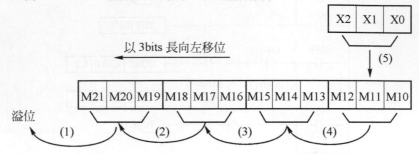

圖 9-83 SFTL 指令執行一次之動作順序圖

位元左移順序過程如下:

(1) M21～M19 → 溢位

(2) M18～M16 → M21～M19

(3) M15～M13 → M18～M16

(4) M12～M10 → M15～M13

(5) X2 ～X0   → M12～M10

2. FX2/FX3U 之 SFT 指令與一般 PLC 之位移指令不同,其中最主要之差異在於:
SFT 指令中之資料位元(Data)、位移脈波(CK)、歸零(CLR)等輸入信號,彼此獨立形成
個別迴路。

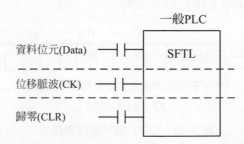

3. SFT 指令可設定欲執行位移之資料長度和每次位移之位元個數。

【例 9-33】位移基本電路_手動單燈移位或單一輸出

1. 階梯圖

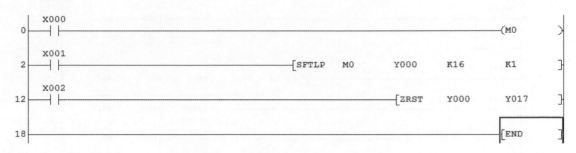

圖 9-84　手動單燈移位或單一輸出階梯圖

2. (1) X0 外接 SW，X1 外接 PB、X2 外接 PB。

　(2) X0_SW 閉合(Close)，X1_PB 押按 1 次，Y0_ON。

　(3) X0_SW 打開(Open)，X1_PB 每押按 1 次，Y1~Y17 依序單燈點亮或單一輸出。

　(4) 手動單燈移位或單一輸出之動作時序如圖 9-85 所示：

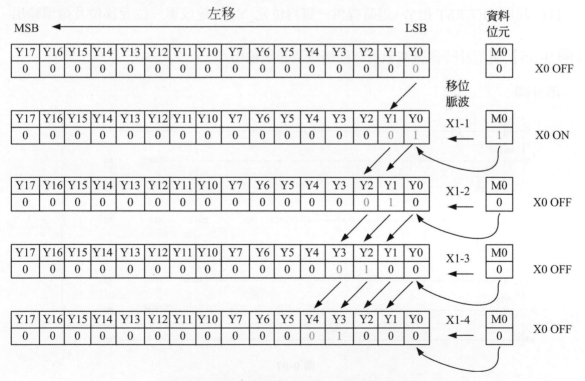

圖 9-85　手動單燈移位或單一輸出之動作時序

【例 9-34】手動單一位元移位及循環輸出

1. 階梯圖

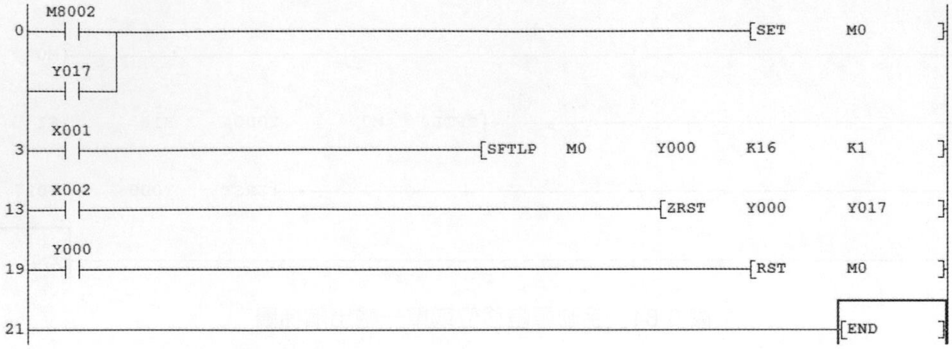

```
      M8002
  0 ──┤ ├──┬─────────────────────────────[SET    M0      ]
      Y017 │
     ──┤ ├──┘

      X001
  3 ──┤ ├────────────────────[SFTLP  M0    Y000   K16    K1   ]

      X002
 13 ──┤ ├──────────────────────────────[ZRST   Y000   Y017   ]

      Y000
 19 ──┤ ├──────────────────────────────────[RST    M0      ]

 21 ─────────────────────────────────────────────────[END   ]
```

圖 9-86

2.

(1) X1 外接 PB、X2 外接 PB。

(2) 利用 M8002，在 PLC 由 STOP→RUN 時，提供一資料位元_M0。

(3) 利用 SET/RST 指令，適時提供一資料位元_Y17，達成單一位元移位及循環輸出。

【例 9-35】使用計時器脈波執行自動移位及循環輸出

1. 階梯圖

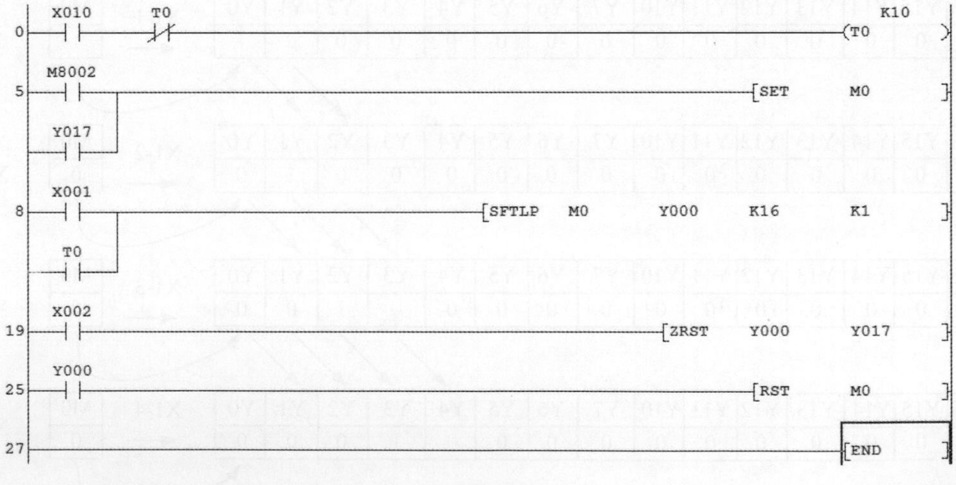

```
      X010    T0                                          K10
  0 ──┤ ├───┤/├─────────────────────────────────────────( T0 )

      M8002
  5 ──┤ ├──┬─────────────────────────────[SET    M0      ]
      Y017 │
     ──┤ ├──┘

      X001
  8 ──┤ ├──┬───────────────[SFTLP  M0    Y000   K16    K1   ]
      T0   │
     ──┤ ├──┘

      X002
 19 ──┤ ├──────────────────────────────[ZRST   Y000   Y017   ]

      Y000
 25 ──┤ ├──────────────────────────────────[RST    M0      ]

 27 ─────────────────────────────────────────────────[END   ]
```

圖 9-87

2.

　(1)　X10 外接 SW，X1 外接 PB、X2 外接 PB。

　(2)　利用 M8002，在 PLC 由 STOP→RUN 時，提供一資料位元 M0。

　(3)　X1 為手動單燈移位。

　(4)　X10 為自動移位，利用 T0 每隔 1s 自動產生移位脈波，達成單一位元移位及循環輸出。

【例 9-36】跑馬燈。

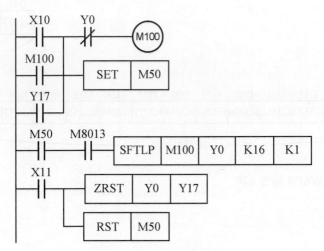

圖 9-88　跑馬燈階梯圖

【動作說明】

　(1)　X10 = ON → Y0、Y1、…、Y7、Y10、Y11、…、Y17、Y0、Y1、…輪亮。

　(2)　X11 = ON → 停止動作。

3.　FNC 37_字元左移

FNC 37：WSFLP (Word Shift Left)_字元左移

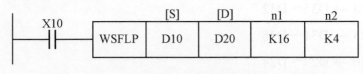

n2 ≤ n1 ≤ 512

圖 9-89　WSFL 指令階梯圖格式

WSFR 指令階梯圖格式如圖 9-89。

【指令功能解說】

WSFL 指令每執行一次，首先將 n1 指定之字元長度的目的地元件[D]內最左端的 n2 指定字元長度的目的地元件溢位出去，同時由右至左以 n2 字元長度向左移位，最後由複製 n2 字元長度之來源元件[S]的內容至目的地元件內最左端之 n2 字元長度，詳細示意圖如圖 9-90 所示。

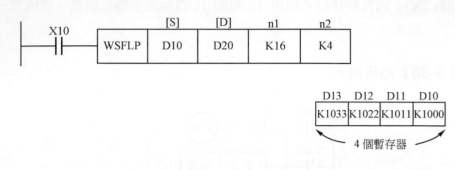

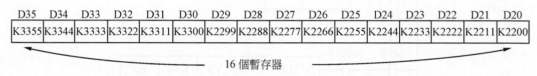

X10 由 OFF → ON 執行 WSFR 指令一次

圖 9-90　WSFL 字元左移過程

字元左移順序過程說明如下：

(1)　D35～D32 → 溢位

(2)　D31～D28 → D35～D32

(3)　D27～D24 → D31～D28

(4)　D23～D20 → D27～D24

(5)　D13～D10 → D23～D20

4. FNC 38_位移暫存器寫入

FNC 38：SFWR[P] (Shift Register Write)_位移暫存器寫入

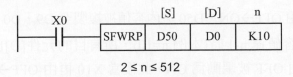

2 ≤ n ≤ 512

圖 9-91 SFWR 指令階梯圖格式

SFWR 指令階梯圖格式如圖 9-91 所示。

【指令功能解說】

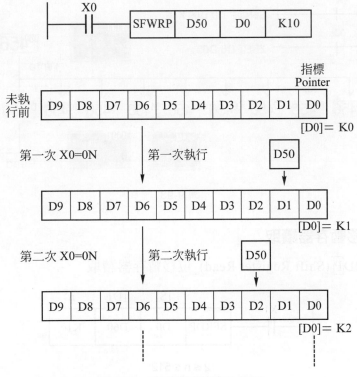

圖 9-92 位移暫存器寫入過程

【動作說明】

(1) 當 X0 第一次由 OFF→ON，來源暫存器 D50 之內容值被複製至目的地 D1，指標暫存器(Pointer，Pr)D0 內容值由 0 被加 1 變成 1。

(2) 當 X0 第二次由 OFF→ON，D50 之內容值被複製至 D2，D0 內容值由 1 變成 2。

(3) 當 X0 第三次由 OFF→ON，D50 之內容值被複製至 D3，D0 內容值由 2 變成 3。

(4) 當 X0 第四次由 OFF→ON，D50 之內容值被複製至 D4，D0 內容值由 3 變成 4。

(5) 當 X0 第五次由 OFF→ON，D50 之內容值被複製至 D5，D0 內容值由 4 變成 5。

(6) 當 X0 第六次由 OFF→ON，D50 之內容值被複製至 D6，D0 內容值由 5 變成 6。

(7) 當 X0 第七次由 OFF→ON，D50 之內容值被複製至 D7，D0 內容值由 6 變成 7。

(8) 當 X0 第八次由 OFF→ON，D50 之內容值被複製至 D8，D0 內容值由 7 變成 8。

(9) 當 X0 第九次由 OFF→ON，D50 之內容值被複製至 D9，D0 內容值由 8 變成 9。

(10) 當指標 D0 內容值達 n-1 時(本例 n=10)，所有目的元件[D]已被寫入完畢，因此，旗標 M8022 由 OFF 被驅動為 ON，此後當 X10 再由 OFF→ON，來源暫存器 D50 之內容值將不會再被複製至目的地。

SFWR 及 SFRD 之人機介面圖形監控，如圖 9-93 所示：

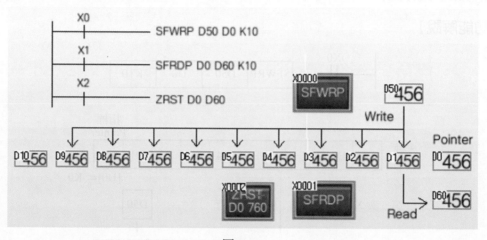

圖 9-93

5. FNC 39_位移暫存器讀取

FNC 39：SFRDP (Shift Register Read)_位移暫存器讀取

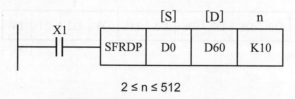

2 ≤ n ≤ 512

圖 9-94　SFRD 指令階梯圖格式

SFRD 指令階梯圖格式如圖 9-94 所示。

【指令功能解說】

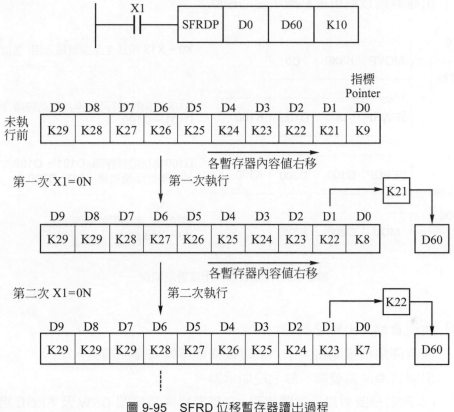

圖 9-95　SFRD 位移暫存器讀出過程

1.　X1 每由 OFF → ON 一次，D1 之內容值被複製至目的元件[D]內(本例為 D60)，來源元件[S]的帶頭編號元件視為指標暫存器(本例為 D0)，內容值由 n−1(本例為 n=10)減 1，同時其餘之來源元件 D9～D2 之內容值整體向右移一個暫存器之位置，移位時左方之來源元件內容值保持不變，指標暫存器 D0 內容值變成 0 時，本指令就不再被執行，同時零旗標信號 M8020 = ON。

2.　SFRD 之人機介面圖形監控，請參閱[FNC38_位移暫存器寫入]章節中之「SFWR&SFRD 之人機介面圖形監控」畫面。

3.　SFWR 及 SFRD 指令搭配，可作先入先出資料控制(First-In First-Out, FIFO)，SFWR 指令作先入先出資料寫入控制，SFRD 指令作先入先出資料讀出控制。

【例 9-37】物流倉儲入出庫管制，入庫直接使用輸入接點輸入產品編號。
出庫直接以輸出接點顯示產品編號。

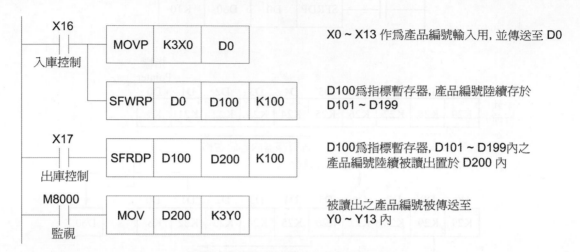

X16 入庫控制 —— MOVP K3X0 D0 ｜ X0 ~ X13 作為產品編號輸入用, 並傳送至 D0
—— SFWRP D0 D100 K100 ｜ D100為指標暫存器, 產品編號陸續存於 D101 ~ D199
X17 出庫控制 —— SFRDP D100 D200 K100 ｜ D100為指標暫存器, D101 ~ D199 內之產品編號陸續被讀出置於 D200 內
M8000 監視 —— MOV D200 K3Y0 ｜ 被讀出之產品編號被傳送至 Y0 ~ Y13 內

圖 9-96　物流倉儲入出庫管制範例一

【例 9-38】物流倉儲入出庫管制
入庫使用指撥開關、十六按鍵或掃瞄器輸入產品編號。
出庫將產品編號顯示於七段顯示器。
(本例階梯圖暫以示意圖出現，完整階梯圖請參閱 DSW 及 SEGL 指令之例題)

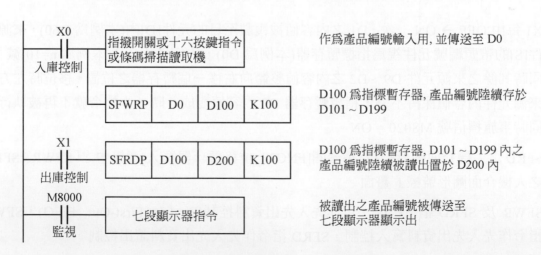

X0 入庫控制 —— 指撥開關或十六按鍵指令或條碼掃描讀取機 ｜ 作為產品編號輸入用, 並傳送至 D0
—— SFWRP D0 D100 K100 ｜ D100 為指標暫存器, 產品編號陸續存於 D101 ~ D199
X1 出庫控制 —— SFRDP D100 D200 K100 ｜ D100 為指標暫存器, D101 ~ D199 內之產品編號陸續被讀出置於 D200 內
M8000 監視 —— 七段顯示器指令 ｜ 被讀出之產品編號被傳送至七段顯示器顯示出

圖 9-97　物流倉儲入出庫管制範例二

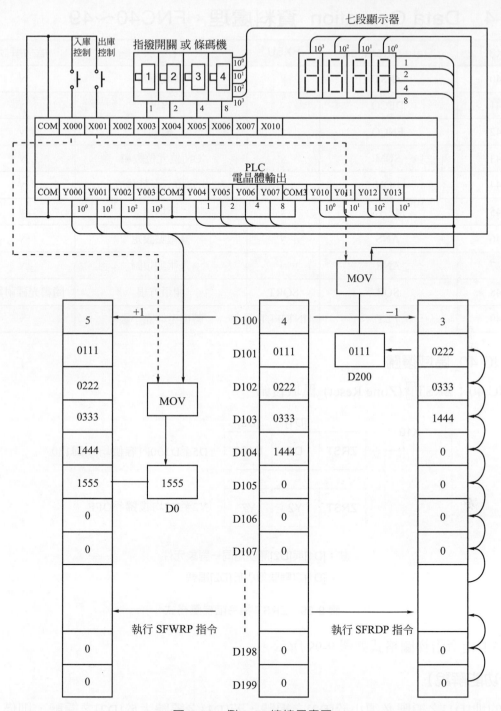

圖 9-98　例 9-38 接線示意圖

9-2-4 Data Operation_資料處理：FNC40～49

FX3U	Data Operation	FX5U	中 文	指令解說
40	ZRST	√	區域復歸	√
41	DECO	√	解碼	√
42	ENCO	√	編碼	√
43	SUM	√	ON 位元位數和	√
44	BON	√	指定位元狀態檢查	√
45	MEAN	√	平均值	√
46	ANS	√	警報點設定	√
47	ANR	√	警報點復歸	√
48	SQR	SQRT	開平方根	隨書光碟附錄 C
49	FLT	INT2FLT	轉換至浮點小數	√

1. FNC 40_區域復歸

FNC 40：ZRSTP (Zone Reset)_區域復歸

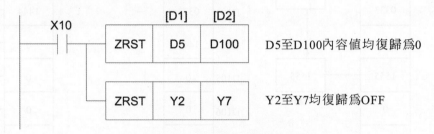

註：[D1]與[D2]需使用同一對象元件

[D1]之編號須小於[D2]編號

圖 9-99 ZRST 指令階梯圖格式

ZRST 指令階梯圖格式如圖 9-99 所示。

【指令功能解說】

1. 目的地[D1]之編號必須小於[D2]之編號，若[D1]之編號大於[D2]之編號，則僅目的地元件[D1]被復歸。

2. 目的地[D1]與[D2]必須為相同性質元件，如目的地元件[D1]為 T2，[D2]為 C51，是不被允許的。

3. ZRST 指令一般用於 16 位元模式，32 位元之計數器亦可使用本指令作區域復歸，但對計數器而言，一般計數器與高速計數器須分別使用本指令，若目的地元件同時存有 16 位元及 32 位元模式，則 16 位元及 32 位元之目的地元件不可同時使用同一 ZRST 指令，如[D1]為 16 位元 C5，[D2]為 32 位元 C250，這是不被允許的如圖 9-100 所示：

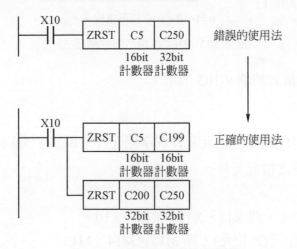

圖 9-100　ZRST 使用法對照圖

註：Q 系列 PLC 的應用指令中沒有 ZRST，若要執行資料暫存器(D)的區域復歸，必須使用 FMOV：單一數值多點傳送指令。

4. 相關之指令

　　(1) RST 指令僅能復歸單一元件

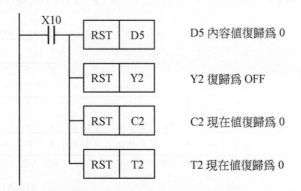

圖 9-101　RST 復歸單一元件範例

　　(2) FMOV (FNC 16)

圖 9-102　FMOV 指令復歸 D1～D50

2. FNC 41_解碼

FNC 41：DECO$\boxed{P}$ (Decode)_解碼(將二進制的輸入轉換為十進制的輸出)

n=1~8，n=0 時不處理

圖 9-103　DECO 指令階梯圖格式

DECO 指令階梯圖格式如圖 9-103 所示。

【指令功能解說】

茲分別以目的元件[D]歸屬於位元元件或字元元件之區別，分別闡述如下：

(1) [D]為帶頭編號之位元元件

① n = 4

[S]為 4 位元，即 X13、X12、X11、X10。

[D]為 16 位元(2^n位元)，即 M15、M14、M13、‧‧‧、M1、M0。

② 以圖 9-103 階梯圖為例，其指令功能說明如圖 9-104 詳細說明如下所述，若 X13 = ON、X12 = OFF、X11 = OFF、X10 = ON，轉成十進制數值為：$2^3 + 2^0 = 9$。

則目的地[D]位元元件由帶頭編號起算第 10 (編號由 0 起算)個位元為 1，其餘的 15 個位元均為 0，亦即，M9=ON，其餘均 OFF。

③ 同理，若 X13、X12 及 X10 為 ON，X11 為 OFF，則目的元件 M13=ON。

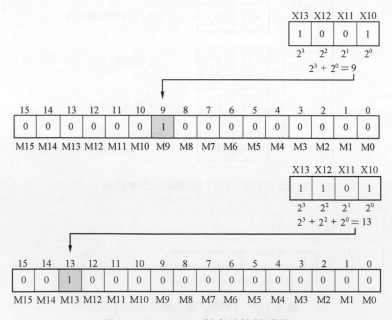

圖 9-104　DECO 指令功能說明圖

(2) [D]為帶頭編號字元元件

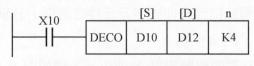

圖 9-105　[D]為字元元件說明

① 圖 9-105 階梯圖為例，若[S]亦為字元元件如本例為 D10，當 n=K4 時，D10 中僅有最低的 n 個位元(亦即 D10 中的最低 4 個位元 b0、b1、b2、b3，其餘較高位元均予以忽略不理)被解碼至目的元件[D]中的資料暫存器 D12 內之 2^n 位元，當 n ≤ 3 時，目的元件[D]中較高的$(16-2^n)$位元均為 0，例如圖 9-106 假設當 n = K3 時，D12 的上 8 位元$(16-2^3 = 8$ 位元) 均為 0。

② 若 D10 最低的 4 位元為 1011，如圖 9-106 所示，1011 轉成十進制數值為：$2^3 + 2^1 + 2^0 = 11$。當 X10 = ON，則目的地 D12 位元元件由帶頭編號起算第 12 個位元(即 b11)為 1，其餘 15 個位元均為 0。

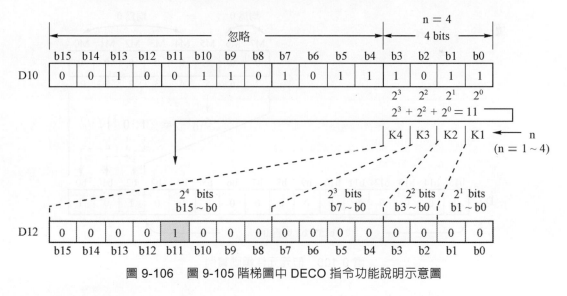

圖 9-106　圖 9-105 階梯圖中 DECO 指令功能說明示意圖

3. FNC 42_編碼

FNC 42：ENCOP (Encode)_編碼(將十進制的輸入轉換為二進制的輸出)

n=1～8，n=0 時不處理

圖 9-107　ENCO 指令階梯圖格式

ENCO 指令階梯圖格式如圖 9-107 所示。

【指令功能解說】

茲以來源元件[S]，歸屬於位元元件或字元元件之區別，分別闡述如下：

(1) [S]為位元元件時，$1 \leq n \leq 8$：

① [S]有效範圍為帶頭編號起算 2^n 個位元，例如圖 9-107 之階梯圖，[S]之有效範圍為 M7、…、M1、M0。

② [D]為字元元件，因此有效範圍為該元件之最低 n 個位元，本例為 D0 內之 b0、b1、b2。

③ 若[S]之有效範圍 M0～M7 內僅 M5 = ON，其餘均為 OFF，此時，當 X10 = ON 時，執行 ENCO 指令，將 5(M5 為[S]帶頭編號起算第 6 個位元元件，6–1 = 5) 編碼至 D0，執行結果如圖 9-108 所示。

④ [S]中若有兩個以上之位元為 ON，取最大編號之位元為有效位元，其餘較小編號之位元雖為 ON，但予以忽略。

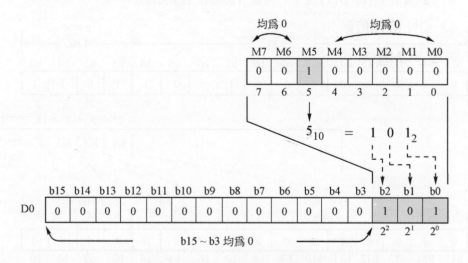

圖 9-108 位元元件編碼實例

(2) [S]為字元元件時，$1 \leq n \leq 4$：

直接以圖 9-109 為例，作指令功能說明。

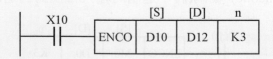

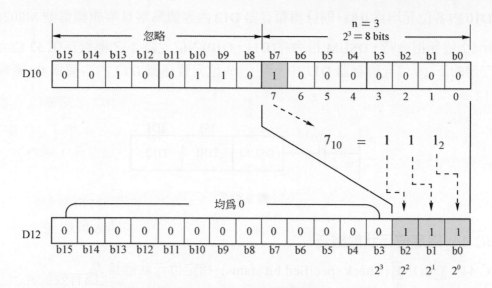

圖 9-109　字元元件編碼實例

4. FNC 43_ON 位元位數和

FNC 43：$\boxed{\text{D}}$SUM$\boxed{\text{P}}$ (Sum of active bits)_ON 位元位數和

圖 9-110　SUM 指令階梯圖格式

SUM 指令階梯圖格式如圖 9-110 所示。

【指令功能解說】

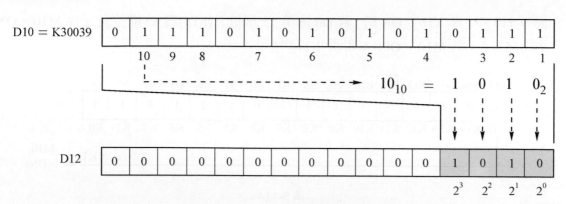

圖 9-111　SUM 指令數值實例

1. 圖 9-110 階梯圖中，若來源元件[D10]內，有 10 個位元為 1，如圖 9-111 所示，當 X10 = ON，執行 SUM 指令將 D10 內位元為 1 之個數 10 視為十進制 10，轉換成二進制 1010 存於 D12 中，如圖 9-111 所示。

CH 9

2. 若 D10 內各位元均為 0 時，則目標暫存器 D12 內容值為零且零旗標信號 M8020 = ON。

3. 執行 32 位元指令時，DSUM 指令將(D11，D10)內位元為 1 之總數存在 32 位元之目標
暫存器的下 16 位元暫存器 D12 中，而上 16 位元暫存器 D13 內容值為 0，階梯圖如圖
9-112。

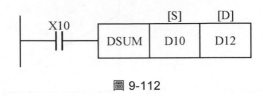

圖 9-112

5. FNC 44_指定位元狀態檢查

FNC 44：$\boxed{D}$BON$\boxed{P}$ (Check specified bit status)_指定位元狀態檢查

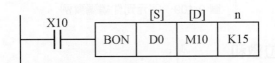

[D]: 不可以間接指定暫存器 V、Z 修飾
n: 16-bit：n=0〜15，32-bit：n=0〜31

圖 9-113   BON 指令階梯圖格式

BON 指令階梯圖格式如圖 9-113 所示。

【指令功能解說】

1. BON 指令，判定來源(S)元件指定的第 n 個位元是否為 1，若為 1，則目的地之位元元
件[D]被驅動為 ON。

2. 圖 9-113 中，當 X10 = ON 時，若 D0 內第 15 個位元(b15)為 1，則位元元件 M10 = ON，
若 b15 = 0，則 M10 = OFF，如圖 9-114 所示：

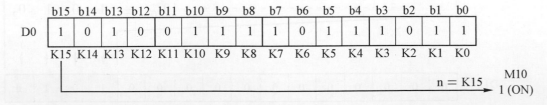

圖 9-114

【例 9-39】BON 指令不同運算元 n，目的地[D]之位元元件 ON/OFF 狀態實例。

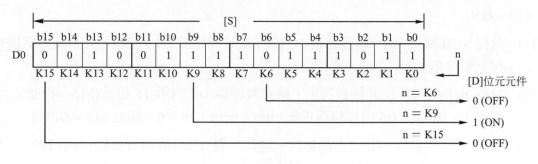

圖 9-115

【例 9-40】設計出一取 D2 與 D4 之差的絕對值。

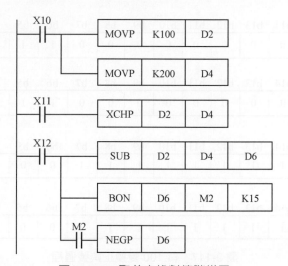

圖 9-116　取差之絕對值階梯圖

【動作說明】

1. X10 = ON，將數值 100 傳送至暫存器 D2，數值 200 傳送至暫存器 D4。

2. X12 = ON

   (1) 執行 SUB 減算指令，將暫存器 D2 內容值減暫存器 D4 內容值，並將減算結果 −100 存至暫存器 D6。

   (2) 執行 BON→ON 位元檢查判定，檢查暫存器 D6 內第 15 位元(b15—符號位元)是否為 1，因目前 D6 內容值為負值−100，所以 b15 = 1，因此 M2 = ON。

   (3) M2 = ON，執行一次最後一分支的補數指令 NEG(FNC 29：補數，請參閱隨書光碟附錄 C)，將暫存器 D6 內各位元反相：0→1、1→0，最後再加上 1，因此暫存器 D6 內容值變為+100。

CH 9

3. X11 = ON，執行一次交換指令 XCH(FNC 17：資料交換，請參閱隨書光碟附錄 C)，將暫存器 D2 內容值與暫存器 D4 內容值交換，所以[D2] = 200，[D4] = 100。

4. X12 = ON

 (1) 執行 SUB 減算指令，將暫存器 D2 內容值減暫存器 D4 內容值，並將減算結果+100 存至暫存器 D6。

 (2) 執行 BON→ON 位元檢查判定，檢查暫存器 D6 內第 15 位元(b15—符號位元)是否爲 1，因目前 D6 內容值爲正值+100，所以 b15 = 0，因此 M2 = OFF。

 (3) M2 = OFF，最後一分支不被執行，因此，暫存器 D6 內容值維持爲+100。

5. 暫存器 D6 內容值由–100→+100→–100 之變化過程如圖 9-117 所示：

	b15	b14	b13	b12	b11	b10	b9	b8	b7	b6	b5	b4	b3	b2	b1	b0
[D6]=－100	1	1	1	1	1	1	1	1	1	0	0	1	1	1	0	0
↓ D6 反相	0	0	0	0	0	0	0	0	0	1	1	0	0	0	1	1
↓ [D6]＋1＝＋100	0	0	0	0	0	0	0	0	0	1	1	0	0	1	0	0
↓ D6 反相	1	1	1	1	1	1	1	1	1	0	0	1	1	0	1	1
↓ [D6]＋1＝－100	1	1	1	1	1	1	1	1	1	0	0	1	1	1	0	0

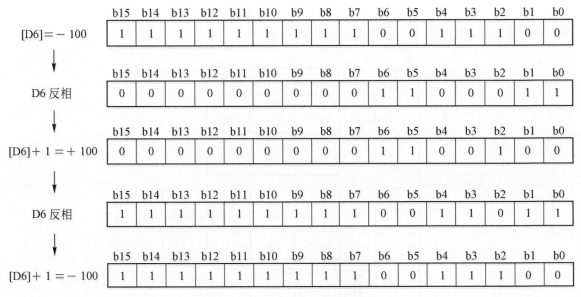

圖 9-117 負 100 變換正負號過程

6. FNC 45_平均值

FNC 45：DMEANP (Mean)_平均值

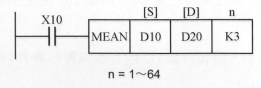

n = 1～64

圖 9-118 MEAN 指令階梯圖格式

MEAN 指令階梯圖格式如圖 9-118 所示。

【指令功能解說】

1. 16 bit 運算

　　X10=ON 時，執行 MEAN 指令，來源指定帶頭編號之暫存器 D10 起算 n 個(本例 n =3)暫存器之內容值總和除以 n，求出平均值，存放於目標暫存器 D20，若有餘數則予以捨棄，如下所示：

$$\frac{(D10)+(D11)+(D12)}{3} \rightarrow (D20) \cdots 餘數捨去$$

2. 32bit 運算

　　32 bit 運算功能同 16 bit 運算，如圖 9-126 所示：

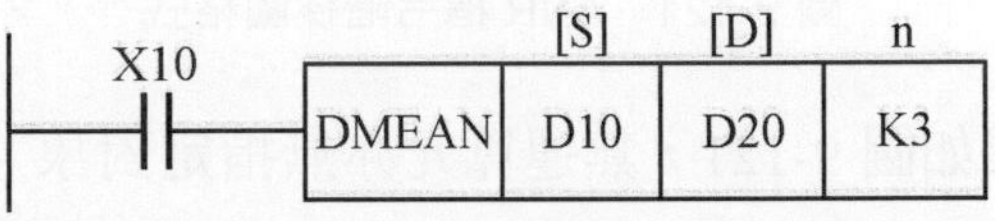

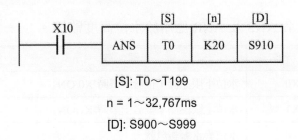

$$\frac{(D15,D14)+(D13,D12)+(D11,D10)}{3} \rightarrow (D21,D20) \cdots 餘數捨去$$

圖 9-119　MEAN 32 位元運算功能

7. FNC 46_警報點設定

FNC 46：ANS (Annunciator Set)_警報點設定

```
      X10        [S]     [n]     [D]
   ─┤├─   ANS    T0      K20    S910
```

[S]: T0～T199

n = 1～32,767ms

[D]: S900～S999

圖 9-120　ANS 指令階梯圖格式

ANS 指令階梯圖格式如圖 9-120 所示。

【指令功能解說】

1. 來源[S]指定之計時器，僅可指定 T0～T199(0.1 秒/計時單位)其中之一的計時器。

2. n 為[S]所指定計時器之計時單位，設定範圍為 1～32,767。

3. 目的地[D]為警報用步進點 S900～S999。

4. 圖 9-120 中，條件接點 X10 = ON 達設定的 2 秒(設定於 n 中)，警報用步進點 S910 = ON 並自保。

5. 條件接點 X10 =OFF，計時器 T0 立即復歸。

6. 當特殊輔助繼電器 M8049 = ON，且 S900～S999 中有一點為 ON 時，M8048 = ON，表是有警報步進點動作中。

7. 特殊暫存器 D8049 在 M8049 = ON 時，才可存放 S900～S999 動作中的最小編號警報用步進點。

8. FNC 47_警報點復歸

FNC 47：ANR P (Annunciator Reset)_警報點復歸

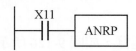

圖 9-121　ANR 指令階梯圖格式

ANR 指令階梯圖格式如圖 9-121，無運算元亦無指定對象。

【指令功能解說】

1. 圖 9-121 中，條件接點 X11=ON，動作中的警報步進點復歸。

2. 若有多個警報步進點同時動作中，則條件接點每導通一次，僅最小編號的警報點被復歸。

3. 每一個警報點就是一個警示信號，警報處理程式一般就是將警報點作為外部輸出燈號，也可以對應到人機介面的[元件]\[指示燈]，作為設備異常的警示燈號。

【例 9-41】警報點指令 ANS 及 ANR 應用於水位高度監控。

I/O 元件	備　註
X0	水位下限感測，位於下限時 X0/ON
X1	水位上限感測，位於上限時 X1/ON
Y0	水位異常警報燈號
Y1	進水閥門開啟

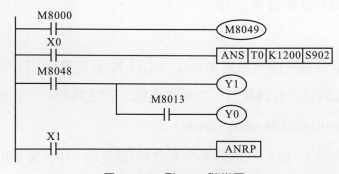

圖 9-122　例 9-41 階梯圖

【例 9-42】警報點指令 ANS 及 ANR 應用於機械手臂。

*注意：若未外接左極限及右極限等元件，可將程式中之 X10/a、X11/a、X12/a、X13/a 全部改為 b 接點，以利實習。

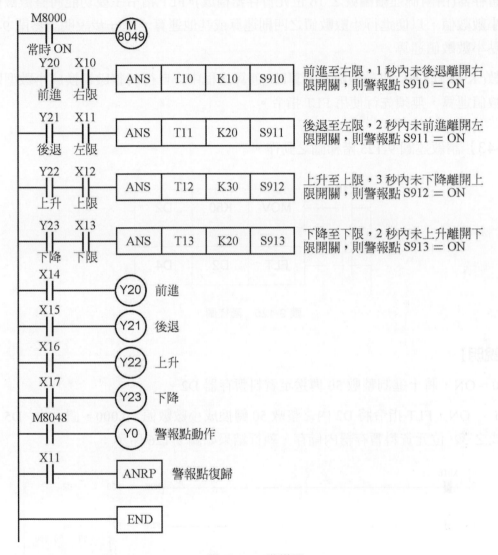

前進至右限，1 秒內未後退離開右限開關，則警報點 S910 = ON

後退至左限，2 秒內未前進離開左限開關，則警報點 S911 = ON

上升至上限，3 秒內未下降離開上限開關，則警報點 S912 = ON

下降至下限，2 秒內未上升離開下限開關，則警報點 S913 = ON

圖 9-123　階梯圖

9. FNC 49_轉換至浮點小數

FNC 49：D FLTP (Coversion to Floating Point)_ 轉換至浮點小數

圖 9-124　FLT 指令階梯圖格式

FLT 指令階梯圖格式如圖 9-124 所示。

【指令功能解說】

1. FLT 指令將整數數值轉換成浮點小數型數值(實數)(以下簡稱小數型)，置入另一 32 位元暫存器(由兩個連續編號之 16 位元暫存器構成)，FLT 指令主要功能將整數數值轉換成小數數值，以便進行小數數值之四則運算或其他運算，進一步說明請參閱 9-2-8 節浮點小數數值運算。

2. 常數(K 或 H)進行小數型數值運算時，運算過程中會自行將整數轉換成小數型數值以進數值運算，無須先行使用 FLT 指令。

【例 9-43】請敘述圖 9-125 階梯圖之動作。

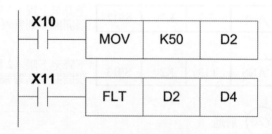

圖 9-125　階梯圖

【動作說明】

1. X10 = ON，將十進制整數 50 傳送至資料暫存器 D2。

2. X11 = ON，FLT 指令將 D2 內之整數 50 轉換成小數數值 50.000，置入由(D5，D4)構成之 32 位元資料暫存器內儲存，執行結果如圖 9-126 所示：

圖 9-126　階梯圖

9-2-5　High Speed Processing_高速資料處理：FNC50～59

FX3U	High Speed Processing	FX5U	中　　文	指令解說
50	REF	√	I/O 信號再生	√
51	REFF		輸入接點響應時間調整	√
52	MTR	√	矩陣輸入	
53	HSCS		高速計數器設定	√
54	HSCR		高速計數器復歸	√
55	HSZ		高速計數器區域比較	√
56	SPD	√	速度檢測	√
57	PLSY	√	Y 接點脈波輸出	√
58	PWM	√	脈波寬度調制	√
59	PLSR	√	加減速脈波輸出	√

1.　FNC 50_I/O 信號再生

FNC 50：REFP (Refresh)_I/O 信號再生

[D]: X0、X10、X20……編號最後一碼必須為 0

　　Y0、Y10、Y20……編號最後一碼必須為 0

n: K、H 常數必須設為 8 的倍數

圖 9-127　PEF 指令階梯圖格式

REF 指令階梯圖格式如圖 9-127 所示。

【指令功能解說】

1.　[D]為輸入/輸出接點再生之帶頭編號，但該編號必須為 10 的倍數，亦即個位數必須為 0，例如輸入接點：X0、X10、X20、X30 …，輸出接點：Y0、Y10、Y20、Y30 … 等等。

2.　n 為再生接點數目，必須為 8 的倍數，例如 K8(H8)、K16(H10)、K24(H18)、K32(H20) … 等等，至最大值 K256(H100) 為止。

3. PLC 由 STOP→RUN 時會先讀取所有輸入接點之 ON/OFF 狀態，然後再由位址 0 開始執行程式至 END 指令，最後將各輸出接點之 ON/OFF 狀態一次送出至各輸出接點，完成一次掃瞄週期，因此在程式執行過程中，無法取得各輸入接點即時更新的狀態，同樣狀況，各輸出接點之 ON/OFF 狀態亦無法即時送出至各輸出接點。REF 再生指令即用以改善此狀況，程式執行過程中可即時取得各輸入接點即時 ON/OFF 更新的狀態，同時，輸出接點之 ON/OFF 狀態亦可即時送出至各輸出接點。

4. 由於輸入接點使用 RC 濾波器(RC Filter)過濾雜訊，大約有 10ms 的時間延遲，因此 CPU 無法即時抓到變化低於 10ms 的輸入訊號，這個 10ms 即稱為輸入接點反應時間。

【例 9-44】輸入接點之再生。

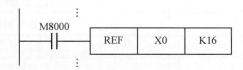

圖 9-128　REF 指令使用例，輸入接點再生

【動作說明】

程式執行到 REF 指令時，X0～X7 及 X10～X17 共 16 點的 ON/OFF 狀態被重新讀入 CPU，達到即時更新這 16 點的輸入狀態。

【例 9-45】輸出接點之再生。

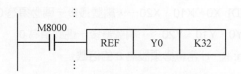

圖 9-129　REF 指令使用例，輸出接點再生

【動作說明】

程式執行到 REF 指令時，將輸出接點 Y0～Y7、Y10～Y17、Y20～Y27 及 Y30～Y37 共 32 點的 ON/OFF 狀態，即時送出更新。

2. FNC 51_輸入接點響應時間調整

FNC 51：REFFP (Refresh and Filter Adjust)_輸入接點響應時間調整

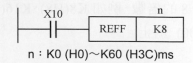

n：K0 (H0)～K60 (H3C)ms

圖 9-130　REFF 指令階梯圖格式

REFF 指令階梯圖格式如圖 9-130 所示。

【指令功能解說】

1. 本指令僅可調整主機之輸入接點 X0～X7、X10～X17 之接點響應時間(低於 FX2N 之機型，僅可調整 X0～X7 之接點響應時間)。

2. 上方階梯圖當 X10 = ON，REFF 指令被執行，將輸入接點響應時間調整為 8 ms，X10 = OFF 時，REFF 指令不被執行，輸入接點響應時間回復成出廠時之設定值 10 ms。

3. n 的設定值範圍介於 0～60 ms，n = K0 輸入接點反應時間如表 9-14 所示：

表 9-14

輸入接點	n = K0 時，輸入接點響應時間
X0～X5	5μs[*1]
X6～X7	50μs
X10～X17[*2]	200μs

*1：外部接線必須在 5 m 以內，且輸入端子須接 1.5kΩ(1 W 以上)之漏電阻，負載側開集極電晶體負載電流需 20mA 以上。

*2：FX3U(C)-16M□機型之 X10～X17，輸入接點響應時間固定為 10ms。

3. FNC 53_高速計數器設定

FNC 53：D HSCS (High Speed Counter Set)_高速計數器設定

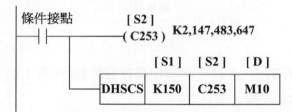

[D]: 不可以間接指定暫存器 V、Z 修飾，若[D]使用指標 "P" 則用於計數器中斷功能

圖 9-131　HSCS 指令階梯圖格式

HSCS 指令階梯圖格式如圖 9-131 所示。

【指令功能解說】

1. [S1]為設定值，用以與[S2]內之高速計數器現在值比較。

2. [S2]必須為 32 位元高速加減算計數器 C235～C255 其中之一，因此，本指令前需加 32 位元標記"D"成為 DHSCS。

3. [D]為一可以間接指標資料暫存器 Z 修飾之位元元件，惟若選用 Dn.b 位元元件(如 D10.5 為資料暫存器 D10 之 b5 位元)，則不能以 Z 來修飾資料暫存器之編號 n 或資料暫存器位元之編號 b。

4. 不論高速計數器現在值在上數或下數時，只要[S2]高速計數器現在值到達與[S1]之指定值相等時，指定之目標位元元件則 Set On and Keep On，亦即，當[S1]=[S2]➔[D]= ON 且保持住 ON 的狀態。

5. 由於[S2]必須為 32 位元高速加減算計數器，因此，HSCS 指令僅適用於 32 位元，使用時指令前需加 32 位元指令代號 D。

【例 9-46】HSCS 指令使用範例

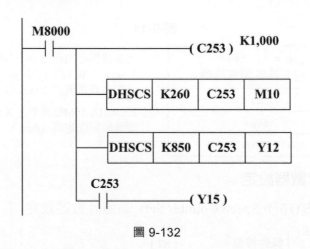

圖 9-132

說明：

1. C253 為一 2 相 2 計數之 32 位元高速加減算計數器(見表 2-8)，A 相輸入端為 X3，B 相輸入端為 X4，Reset 輸入端為 X5。

2. C253 計數過程中，不論上數或下數，只要 C253 現在值等於設定值 260 時(上數由 259 至 260 或下數由 261 至 260)，M10 = ON 且維持 ON 狀態。

3. 同理，上數由 849 至 850 或下數 851 至 850 時，Y12 = ON 且維持 ON 狀態。

4. 上數時，C253 現在值到達其設定值 1000，Y15 = ON 且維持 ON 狀態至下數時，C253 現在值越過其設定值 1000 時，Y15 = OFF，如圖 9-133 之時序圖所示。

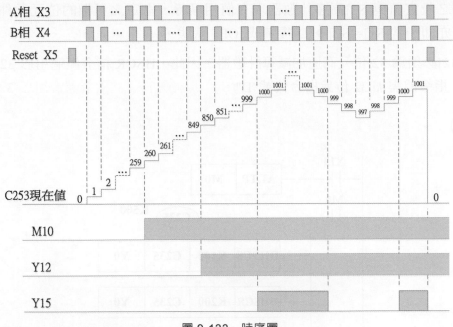

圖 9-133 時序圖

4. FNC 54_高速計數器復歸

FNC 54：D HSCR(High Speed Counter Reset)_高速計數器復歸

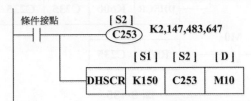

[D]: 不可以間接指定暫存器 V、Z 修飾，可使用與[S2]相同編碼之計數器

圖 9-134 HSCR 指令階梯圖格式

HSCR 指令階梯圖格式如圖 9-134 所示。

【指令功能解說】

1. [S1]設定值，用以與[S2]內之高速計數器現在值比較。

2. [S2]必須為 32 位元高速加減算計數器 C235～255 其中之一，因此，本指令前需加 32 位元標記"D"成為 DHSCR。

3. [D]若指定為位元元件，除 Dn.b 位元元件外，其他可以用間接指標資料暫存器 Z 修飾該位元元件之編號，惟若選用 Dn.b 位元元件(如 D108.12 為資料暫存器 D108 之 b12 位元)，則不能以 Z 來修飾資料暫存器之編號 n 或資料暫存器位元之編號 b。

4. [D]若指定為字元元件，僅可指定與[S2]相同編號之高速計數器，如圖 9-134 中第 7 分點。

5. 當[S1]之設定值與[S2]高速計數器現在值相等時，指定之目標的位元元件則復歸成 OFF，亦即，當[S1]=[S2]➔[D]復歸成 OFF 狀態。

6. 由於[S2]必須為 32 位元高速加減算計數器，因此，HSCR 指令僅適用於 32 位元，使用時，指令前需加 32 位元指令代號"D"。

【例 9-47】

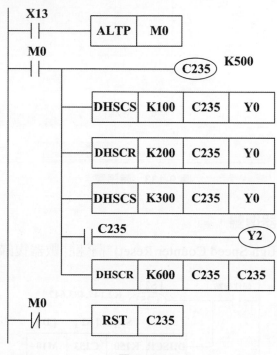

圖 9-135

說明：

1. 當 C235 開始計數至 100 時，Y0 = ON 並保持住 ON。

2. 當 C235 計數至 200 時，Y0 = OFF。

3. 當 C235 計數至 300 時，Y0 = ON 並保持住 ON。

4. 當 C235 計數至 500 時達計數設定值，因此，該計數器本身之 a 接點由 OFF ➔ON、b 接點由 ON➔OFF，Y2 = ON。

5. 當 C235 繼續往上計數至 600 時，DHSCR 輸出目的地為計數器本身 C235，因此，將 C235 復歸，Y2 隨之由 ON➔OFF。

6. 時序圖如圖 9-136 所示。

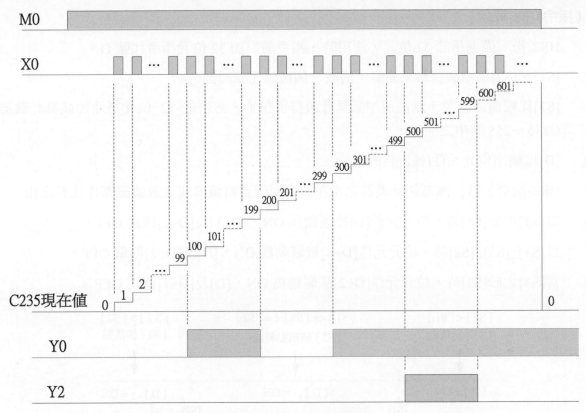

圖 9-136　例 9-47 時序圖

5.　FNC 55_高速計數器區域比較

FNC 55：D HSZ(High Speed Counter Zone Compare)_高速計數器區域比較

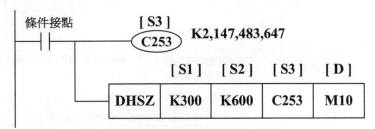

[D]: 不可以間接指定暫存器 V、Z 修飾

圖 9-137　HSZ 指令階梯圖格式

HSZ 指令階梯圖格式如圖 9-137 所示。

【指令功能解說】

1. HSZ 指令僅適用於 32 位元，使用時，指令前需加 32 位元指令代號 D。

2. [S1]、[S2]為兩個資料來源值，構成一個數值比較範圍。

3. [S3]比較值之來源，為高速加減算計數器現在值，必須是 32 位元高速加減算計數器 C235～255 其中之一。

4. [D]為輸出位元元件(輸出目的地)。

5. HSZ 指令，將一個高速計數器之現在值與兩個資料值構成之數值範圍作比較之用。

6. 當[S3]小於[S1]時，位元元件[D]被驅動為 ON，[D+1]及[D+2]則為 OFF。

7. 當[S1]≤[S3]≤[S2]時，位元元件[D+1]被驅動為 ON，[D]及[D+2]則為 OFF。

8. 當[S3]大於[S2]時，位元元件[D+2]被驅動為 ON，[D]及[D+1]則為 OFF。

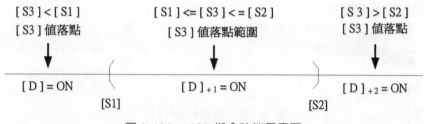

圖 9-138 HSZ 指令功能示意圖

9. 當高速加減算計數器現在值趨近或越過比較值臨界點時，輸出位元元件[D]之變換狀態，如表 9-15 所示。

表 9-15

[S3] 值落點範圍	高速計數器現在值 [S3] 與臨界點	輸出位元元件 [D] 之變換狀態		
		[D]	[D]+1	[D]+2
[S3] < [S1]	[S3] 值 < [S1] 值	ON	OFF	OFF
	[S1] 值 - 1 ➡ [S1] 值	ON➡OFF	OFF➡ON	OFF
	[S1] 值 - 1 ⬅ [S1] 值	OFF➡ON	ON➡OFF	OFF
[S1] ≦ [S3] ≦ [S2]	[S1] 值 - 1 ➡ [S1] 值	ON➡OFF	OFF➡ON	OFF
	[S1] 值 - 1 ⬅ [S1] 值	OFF➡ON	ON➡OFF	OFF
	[S1] <= [S3] <= [S2]	OFF	ON	OFF
	[S2] 值 ➡ [S2] 值 + 1	OFF	ON➡OFF	OFF➡ON
	[S2] 值 ⬅ [S2] 值 + 1	OFF	OFF➡ON	ON➡OFF
[S 3] > [S2]	[S2] 值 ➡ [S2] 值 + 1	OFF	ON➡OFF	OFF➡ON
	[S2] 值 ⬅ [S2] 值 + 1	OFF	OFF➡ON	ON➡OFF
	[S 3] 值 > [S2] 值	OFF	OFF	ON

【例 9-48】高速計數器區域比較範例,階例圖如圖 9-139。

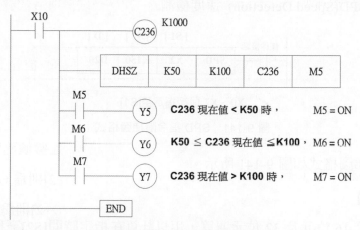

圖 9-139 例 9-48 階梯圖

動作功能時序圖如圖 9-140 所示:

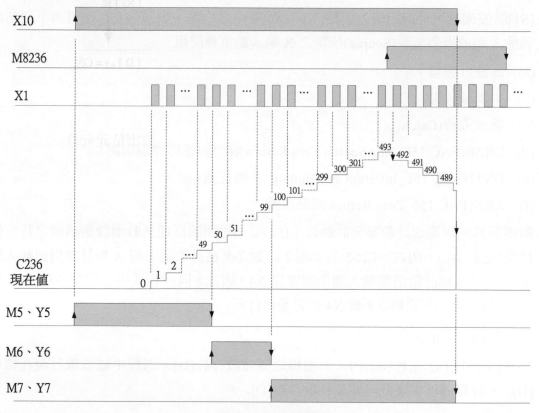

圖 9-140 時序圖

6. FNC 56_速度檢測

FNC 56：$\boxed{\text{D}}$ SPD(Speed Detection)_速度檢測

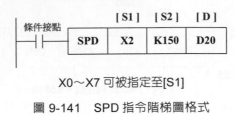

X0～X7 可被指定至[S1]

圖 9-141　SPD 指令階梯圖格式

SPD 指令階梯圖格式如圖 9-141 所示。

【指令功能解說】

1. 本指令適用於 16 位元及 32 位元運算，用以計算在指定時間[S2]毫秒(ms)內，輸入至來源[S1]之脈波數目，計算結果存於[D]、計算過程中脈波數目現在值存於[D]+1 及計算過程中殘餘時間毫秒數則存於[D]+2。

2. [S1]脈波來源，可指定輸入接點 X0～X7 其中之一點，唯須注意，不可與下列功能所需輸入點或指令來源(Source)所需之 X 輸入點重疊使用：

    (a) 高速計數器

    (b) 中斷輸入點

    (c) 脈波取得(Catch)

    (d) DSZR(FNC 150_Dog Search Zero Return 看門狗搜尋原點復歸)

    (e) DVIT(FNC 151_Interrupt Positioning 中斷位置)

    (f) ZRN(FNC 156_Zero Return 原點復歸)

    舉例而言，以高速計數器來計數目，[S1]必須避開該高速計數器計數信號之特定輸入接點(見表 2-8)，例如，C255 為 2 相 2 計數之高速計數器，其 A 相計數信號輸入端固定為 X3，B 相計數信號輸入端則固定為 X4，因此，同一程式中若同時使用 SPD 指令及 C255，則不可再將 X3 或 X4 指定至[S1]。

3. [S2]測量時間(ms)。

4. [D]指定時間[S2]毫秒(ms)內，所獲得之脈波數存於[D]，過程中脈波數目現在值存於[D]+1，計算過程中殘餘時間毫秒數存於[D]+2。

【例 9-49】速度檢測範例

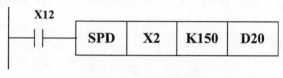

圖 9-142　SPD 階梯圖

時序圖如圖 9-143：

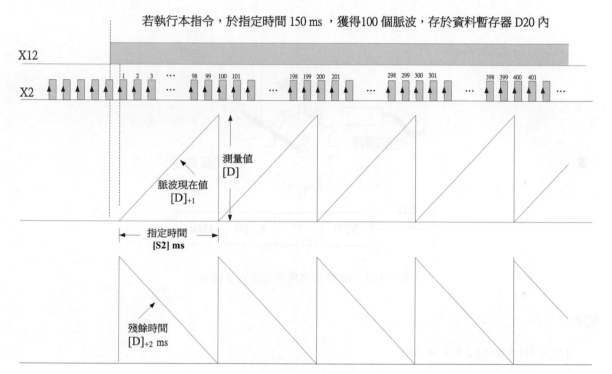

圖 9-143　時序圖

本指令配合下列公式，可求得旋轉機械設備每分鐘之轉速 N (rpm)。

$$N = \frac{[D] \times 1000 \times 60}{n \times T}$$

N　：旋轉機械設備每分鐘之轉速測量時間 N (rpm)。

[D]　：本指令於[S2]內所指定之測量時間期間，存於目的元件[D]內之脈波數。

n　：旋轉機械設備每轉一圈所產生之脈波數。

T　：[S2]內值(ms)，本指令指定之測量時間。

公式推導：

$$N = \frac{D(pulse)}{n(\frac{pulse}{rev}) \times T(ms)} = \frac{D(rev)}{n \times T(ms)} = \frac{D \times 1000(rev)}{n \times T \times 1000(ms)} = \frac{D \times 1000(rev) \times 60}{n \times T(s) \times 60}$$

$$= \frac{D \times 1000 \times 60}{n \times T} rpm$$

【例 9-50】一伺服馬達驅動一個 12 齒齒輪，透過近接開關或光電開關接至 X2，每旋轉一圈可取得 12 個脈波數，若在 100ms 內[D20]= 30，求其轉速。

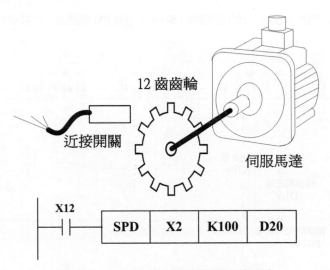

圖 9-144　SPD 指令檢測伺服馬達轉速

解：

[D]= 30，n = 12，T = 100

伺服馬達之轉速：

$$N = \frac{[D] \times 1000 \times 60}{n \times T} = \frac{30 \times 1000 \times 60}{12 \times 100} = 1,500 rpm$$

7. FNC 57_Y 接點脈波輸出

FNC 57：$\boxed{D}$PLSY (Pulse Y Output) _Y 接點脈波輸出

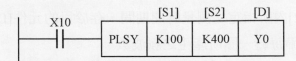

[D]：主機上指定使用電晶體輸出 Y0, Y1 兩點

*：特殊高速輸出模組不適用於 FX3UC 型 PLC

圖 9-145　PLSY 指令階梯圖格式

PLSY 指令階梯圖格式如圖 9-145 所示，脈波輸出示意如圖 9-146 及圖 9-147 所示。

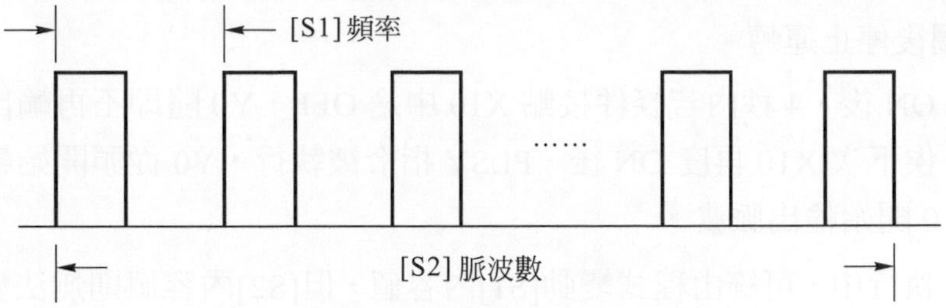

圖 9-146　16 位元 PLSY

圖 9-147　32 位元 PLSY

【指令功能解說】

1. PLSY 指令被執行，[S2]指定之脈波數(PLS)以 [S1] 所指定之頻率，由[D]指定之接點輸出。

2. [S1]及[S2]之指定範圍如表 9-16 所示：

表 9-16

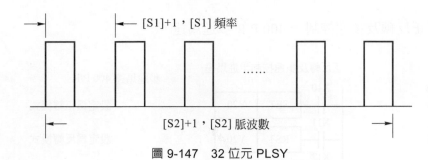

PLC 型號	位元	[S1]	[S2]
FX1S/FX1N	16	1～32,767 Hz	1～32,767 PLS
	32	1～100 KHz	
FX2N/FX2NC	16	2～20 KHz	
	32		1～2,147,483,647 PLS
FX3G/FX3GC/FX3U/FX3UC	16	1～32,767 Hz	1～32,767 PLS
	32	1～200 KHz	1～2,147,483,647 PLS

3. 當[S2]指定之脈波數完全輸出時，完成旗標信號 M8029 = ON。

4. 若[S2]指定之脈波數為 0 時，脈波將會持續無限制輸出。

5. 脈波責任週期為 50%(每一脈波週期內 50% ON、50% OFF)。

6. PLSY 指令執行中條件接點突然 OFF，目的元件[D]內指定之輸出位元元件將隨之 OFF。如圖 9-145 之階梯圖，若步進馬達轉一圈須 400 個脈波(400 P/R)：

(1) X10 = ON 時，Y0 以每秒 100 脈波數之速度輸出脈波，歷經 4 秒(400 / 100 = 4 秒)，將[S2]指定之 400 個脈波完全輸出，完成時旗標信號 M8029 = ON，步進馬達旋轉一圈後停止運轉。

(2) X10 = ON 後，4 秒內若條件接點 X10 中途 OFF，Y0 隨即不再輸出脈波，而變為 OFF。俟下次 X10 再度 ON 後，PLSY 指令被執行，Y0 從頭開始輸出脈波，亦即 Y0 由 0 開始輸出脈波。

7. PLSY 指令執行中，可經由程式變動[S1]內容值，但[S2]內容值則無法變更，即使經由程式變動[S2]內容值，亦屬無效。

【例 9-51】正反轉及多速控制一 400 P/R 步進馬達。

1. 階梯圖

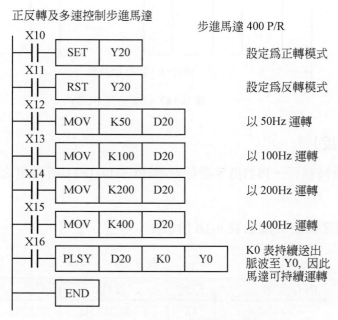

圖 9-148 步進馬達控制階梯圖

2. 接線圖

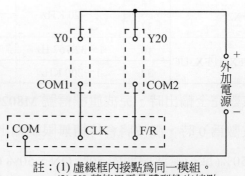

註：(1) 虛線框內接點為同一模組。
(2) Y0 請使用電晶體型輸出接點。
(3) Y20 請使用繼電器型輸出接點。

圖 9-149 步進馬達接線圖

【例 9-52】一 400 P/R 步進馬達，動作要求如下：

1.　起動按鈕 X0 = ON，慢速運轉一圈，停 2 秒後，再快速運轉 20 圈，運轉中按 X2 可加速，按 X3 可減速。

2.　正轉 20 圈後，改為反轉模式，同時停 2 秒，速率維持上一步驟之速率，反轉 2 圈後停止，回到動作 1 之狀態。

3.　馬達運轉中按下停止按鈕 X1= ON，立即停止運轉，回到動作 1 之狀態。

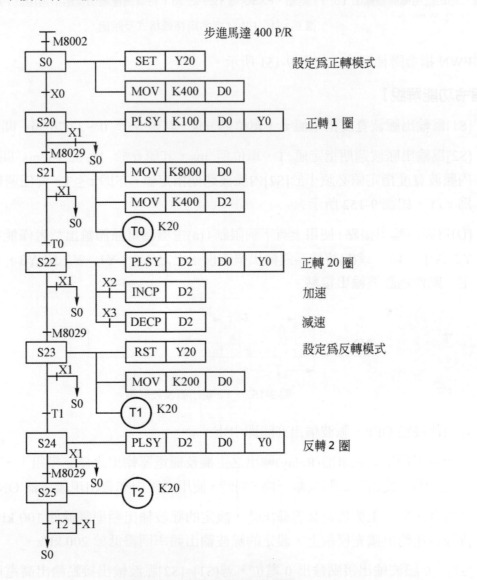

圖 9-150　步進馬達控制階梯圖

8. FNC 58_脈波寬度調制

FNC 58：PWM(Pulse Width Modulation)_ 脈波寬度調制

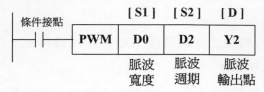

主機上指定使用電晶體輸出 Y0, Y1 兩點，FX3U 增 Y2 共三點，特殊高速輸出模組不適用於 FX3UC 型 PLC。

圖 9-151　PWM 指令階梯圖格式及說明

PWN 指令階梯圖格式如圖 9-151 所示。

【指令功能解說】

1. [S1]為輸出脈波寬度指定值 τ，單位為 ms，其值介於 0～32,767ms 間。

2. [S2]為輸出脈波週期指定值 T，單位為 ms，其值介於 1～32,767ms 間，同時，[S1]內脈波寬度指定值必須小於[S2]內脈波週期指定值，亦即 $\tau \leq T$，責任週期(Duty cycle)為 τ / T，如圖 9-152 所示。

3. [D]為脈波輸出接點，使用上有下列限制：(a)主機為電晶體輸出型者僅能指定 Y0、Y1、Y2 其中一點，或(b)特殊高速輸出擴充模組上之 Y0、Y1、Y2 或 Y3，其中亦僅能指定一點作為脈波輸出接點。

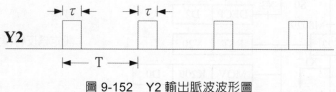

圖 9-152　Y2 輸出脈波波形圖

4. 若條件接點 OFF，脈波輸出亦隨即中止。

5. 本指令不適用於繼電器(Relay)輸出之主機及繼電器輸出之擴充模組上，否則，繼電器輸出接點之使用壽命將大幅下降，同時，使用過程中亦會出現繼電器 ON、OFF 噪音。

6. 本指令使用於主機為電晶體輸出時，設定的脈波輸出頻率需低於 100 kHz，若使用於特殊高速輸出擴充模組上，設定的脈波輸出頻率則需低於 200 kHz。

7. [S1]= 0 脈波輸出接點輸出 0 電位，若[S1]=[S2]脈波輸出接點輸出高電位，這兩種狀況均非脈波，因此，若[S2]內置最低值 1，由於[S1]必須小於或等於[S2]內置值，因此，對 16-bit 運算[S1]內置值只能是 0 或 1，由[D]取得之輸出均非脈波，所以，為獲得脈波輸出，[S2]內置值最小值為 2，此種狀況下示出使用本指令脈波輸出最高頻率為 2ms 之倒數，亦即 500Hz。

8. Y0～Y3 被指定為脈波輸出接點時,各接點之監視旗標分別如下表 9-17 所示:

表 9-17

[D]指定之脈波輸出接點	監視旗標
Y0	M8340
Y1	M8350
Y2	M8360
Y3	M8370

PWM 指令不僅可透過脈波寬度 τ 值改變其波形寬度,且可透過脈波週期 T 值改變其波形頻率,因此,PWM 可作多種控制使用,諸如電動機速率控制、燈光控制、液體流量控制、…等等。

【例 9-53】試以 PWM 指令設計一階梯圖,控制一可接受 PWM 波形控制之直流電磁閥作四段(25%、50%、75%、100%)開度調整,進行液體流量控制。

解:階梯圖如圖 9-153 所示。

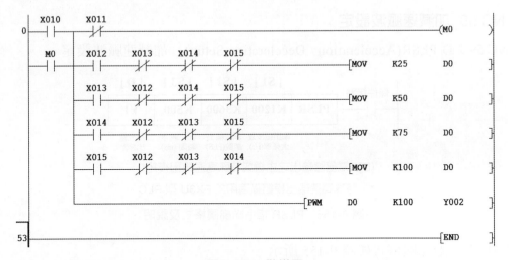

圖 9-153　階梯圖

【說明】:

1. 按一下按鈕開關 X10,系統啟動待命。

2. 按一下按鈕開關 X12,Y2 輸出責任週期為 25% 之 PWM 脈波,電磁閥開度 25%。

3. 按一下按鈕開關 X13,Y2 輸出責任週期為 50% 之 PWM 脈波,電磁閥開度 50%。

4. 按一下按鈕開關 X14,Y2 輸出責任週期為 75% 之 PWM 脈波,電磁閥開度 75%。

5. 按一下按鈕開關 X15，Y2 輸出責任週期為 100% 之 PWM 脈波，電磁閥開度 100%。

6. 按一下按鈕開關 X11，M0 = OFF，Y2 = OFF，中止 PWM 脈波輸出，系統停止運轉。

7. 時序圖如圖 9-154 所示：

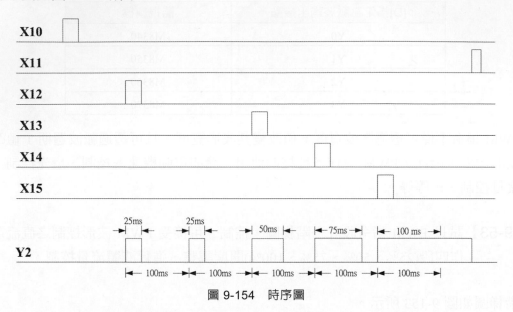

圖 9-154　時序圖

9.　FNC 59_加減速脈波設定

FNC 59：D PLSR(Acceleration / Deceleration Setup)_ 加減速脈波設定

[D]: 電晶體輸出之主機或特殊高速輸出模組*

＊：特殊高速輸出模組僅適用於 FX3U 型 PLC。

圖 9-155　PLSR 指令階梯圖格式及說明

PLSR 指令階梯圖格式如圖 9-155 所示。

【指令功能解說】

1.　本指令爲具有加減速功能之脈波輸出指令，脈波輸出過程如圖 9-156 所示：

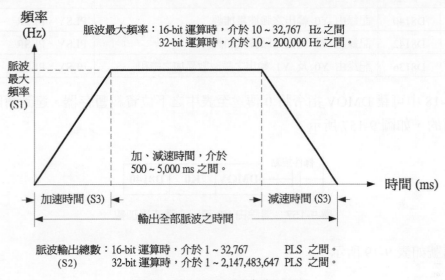

圖 9-156　PLSR 脈波輸出過程

2.　[S1]輸出脈波最大頻率 (Hz)，設定範圍：16-bit 運算時，介於 10～32,767 Hz 之間，32-bit 運算時，介於 10～200,000 Hz 之間，若指定電晶體輸出型主機之輸出接點作爲脈波輸出，設定的脈波最大頻率需小於 100 kHz，否則脈波輸出接點有可能毀損。

3.　[S2]脈波輸出總數 (PLS)，設定範圍：16-bit 運算時，介於 1～32,767 PLS 之間，32-bit 運算時，介於 1～2,147,483,647 PLS 之間。

4.　[S3]加、減速時間(ms)，設定範圍介於 500～5,000 ms 之間。

5.　[D]爲脈波輸出接點，允許使用之接點爲電晶體輸出型之 Y0 或 Y1，其中一點作爲脈波輸出接點，脈波責任週期爲 50% (50% ON、50% OFF)。

6.　當條件接點 OFF，脈波輸出亦隨即中止。

7.　PLSR 指令執行中，如脈波由 Y0 輸出，當特殊輔助電驛 M8349 被 Set ON，則脈波立即停止由 Y0 輸出；假如脈波由 Y1 輸出，當特殊輔助電驛 M8359 被 Set ON，則脈波立即中止由 Y1 輸出。

8.　脈波輸出過程中，脈波輸出累加數將依脈波輸出接點編號之不同而存於不同的特殊資料暫存器，如表 9-18 所示：

表 9-18

資料暫存器		功能	適用指令
上位	下位		
D8141	D8140	記錄由 Y0 輸出之脈波累加數	PLSY、PLSR
D8143	D8142	記錄由 Y1 輸出之脈波累加數	PLSY、PLSR
D8137	D8136	記錄由 Y0 及 Y1 輸出之脈波數累加之總和	PLSY、PLSR

上表 9-18 中可藉 DMOV 指令將 0 傳送至表中之下位資料暫存器，達到清除脈波累加數之目的，如圖 9-157 所示：

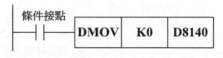

圖 9-157 清除由 Y0 輸出之脈波累加數

9. 旗標信號如表 9-19 所示：

表 9-19 旗標信號

脈波輸出接點		特殊輔助電驛
Y0	Y1	ON 之時機
M8029		指令執行完畢
M8329		指令執行中異常中止
M8340	M8350	脈波輸出監視
M8349	M8359	立即中止脈波輸出

【例 9-54】圖 9-158 為一輸送帶藉由解析度為 5,000 P/R 之伺服馬達驅動，伺服馬達旋轉 15.5 圈將待鑽孔之加工物件輸送至定點進行鑽孔作業，其鑽孔作業方式設定為：下鑽 10 秒，拉上退屑 5 秒，共 5 次始達預定深度，加工完成擠出機動作，將成品推入下一加工行程，試設計一程式達成上述控制動作。

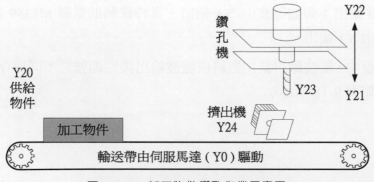

圖 9-158 加工物件鑽孔作業示意圖

解：

分析：

1. 伺服馬達解析度為 5,000 P/R 驅動，因此伺服馬達旋轉 15.5 圈需 5,000×15.5=77,500 PLS。

2. 因伺服馬達驅動之負載較大，因此須緩啟動與緩停止，以降低負載慣性所引起之損害，緩啟動與緩停止之時間均設定為 2 秒。

3. 輸送帶由靜止至定位點，歷經緩啟動、正常運轉與緩停止三階段，分別說明如下：脈波輸出最大頻率設定為 5,000 Hz，

   (a) 啟動時，速率由靜止在 2 秒內緩緩上升至最高速率(最大頻率)，在這 2 秒內，伺服馬達旋轉一圈，脈波輸出累計 5,000PLS 存於 (D8141, D8140) 內，此後，伺服馬達以正常速率運轉。

   (b) 正常速率運轉期間，伺服馬達以最大頻率旋轉 13.5 圈，輸出脈波 5,000×13.5 = 67,500 PLS，累計存入(D8141, D8140)內。

   (d) 緩停止期間，伺服馬達由最高速率在 2 秒內緩緩下降至靜止，抵定位點，在這 2 秒內，伺服馬達旋轉一圈，脈波輸出 5,000PLS 累計存於(D8141, D8140)內。

4. 77,500 PLS 輸出完畢，完成旗標信號 M8029 = ON，同時，加工物件已抵預設地點，隨即進行鑽孔作業，依動作要求，可以閃爍電路控制鑽孔機。

5. 鑽孔作業完成，擠出機動作 2 秒後縮回。

6. 依上述分析，階梯圖設計如圖 9-159。

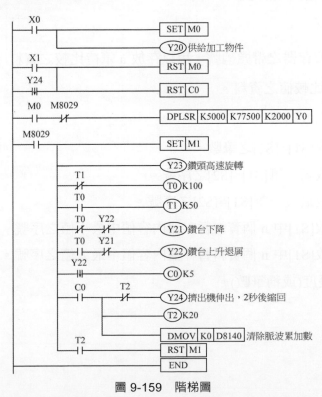

圖 9-159　階梯圖

9-2-6 Handy Instruction_便利指令：FNC60~69

FX3U	便利指令	FX5U	中 文	指令解說
60	IST	√	SFC 手動/自動運轉模式設定	
61	SER	SERMM	資料表搜尋比較	√
62	ABSD	√	絕對式凸輪順序控制	√
63	INCD	√	相對式凸輪順序控制	√
64	TTMR	√	教導式計時器	√
65	STMR	√	特殊計時器	√
66	ALT	ALT, FF	交互式 ON/OFF	√
67	RAMP	RAMPF	斜坡變量值	√
68	ROTC	√	圓盤控制	
69	SORT	SORTTBL	資料表資料排序	√

1. FNC 61_資料表搜尋比較

FNC 61：SER (Search a Data Stack)_資料表搜尋比較

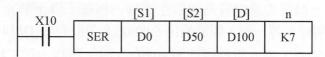

16-bit：n = 1~256；32-bit：n = 1~128

圖 9-160　SER 指令階梯圖格式

SER 指令階梯圖格式如圖 9-160 所示。

【指令功能解說】

1. [S1]：n 個資料暫存器之帶頭編號，用以存放 n 筆待比較之資料。

2. [S2]：存放 1 筆比較值之資料。

3. [D]：存放 5 筆比較結果：

    (1) [D]+0：存放[S1]=[S2]之筆數。

    (2) [D]+1：存放第一筆[S1]=[S2]之序號。

    (3) [D]+2：存放最後一筆[S1]=[S2]之序號。

    (4) [D]+3：存放[S1]中 n 個資料暫存器內容值中最小值之序號。

    (5) [D]+4：存放[S1]中 n 個資料暫存器內容值中最大值之序號。

4. n：指定[S1]之長度(或稱筆數)。

【例 9-55】資料表搜尋比較指令應用例。

範例階梯圖如圖 9-161，X10=ON，各運算元內容及目測比較結果如表 9-20 所示，X11=ON；執行 SER 指令，資料表搜尋比較結果如表 9-21 所示。

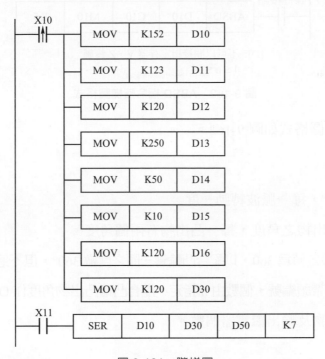

圖 9-161　階梯圖

表 9-20

[S1] 序號	[S1]內容值 被比較數值	[S2]內容值 比較數值	比較結果
0	(D10) = K152		
1	(D11) = K123		
2	(D12) = K120		相等
3	(D13) = K250	(D30) = K120	最大值
4	(D14) = K50		
5	(D15) = K10		最小值
6	(D16) = K120		相等

表 9-21

[D]	[S1]與[S2]比較結果	
D50	相等值筆數	2
D51	第一筆相等值之序數	2
D52	最後一筆相等值之序數	6
D53	最小值之序數	5
D54	最大值之序數	3

2. FNC 62_絕對式凸輪順序控制

FNC 62：ABSD (Absolute Drum Sequencer)_絕對式凸輪順序控制

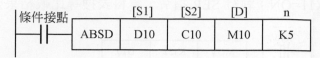

[D]: 不可以間接指定存器 V、Z 修飾

$1 \leq n \leq 64$

圖 9-162　ABSD 指令階梯圖格式

ABSD 指令階梯圖格式如圖 9-162。

【指令功能解說】

1. 凸輪轉一圈 360°，每一脈波轉動一度。

2. [S1]存放凸輪凸出物之角度，每一凸出物有兩個角度。

3. [S2]為計數器，設定值為 360，以配合凸輪轉一圈之度數 360°，但不適用於高速計數器。

4. [D]為輸出繼電器帶頭編號，個數由 n 指定，配合凸輪凸出物角度作 ON/OFF 輸出動作。

5. n 指定凸輪凸出物及輸出繼電器個數。

【例 9-56】一凸輪有 5 個凸出物，每一凸出物之角度如表 9-22 所示：若圖 9-162 內[D] 改為 Y10 則輸出元件為 Y10～Y14，其階梯圖範例及時序圖如圖 9-163(a)及(b) 所示。

表 9-22　5 個凸輪參數表

指定輸出	下限_ON		上限_OFF	
	暫存器	內容值	暫存器	內容值
Y10	D10	20	D11	80
Y11	D12	30	D13	100
Y12	D14	90	D15	200
Y13	D16	210	D17	70
Y14	D18	250	D19	330

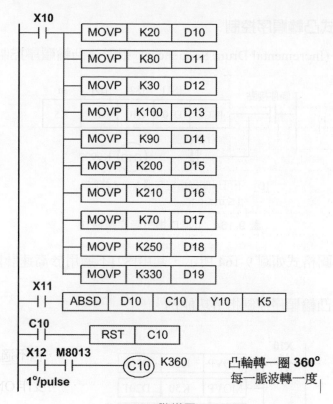

(a)階梯圖

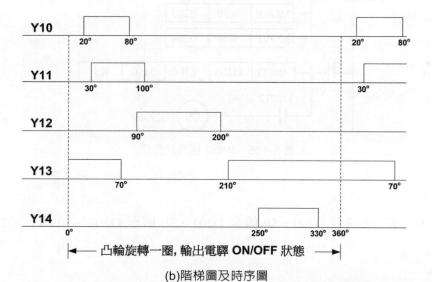

(b)階梯圖及時序圖

圖 9-163

3. FNC 63_相對式凸輪順序控制

FNC 63：INCD (Incremental Drum Sequencer)_相對式凸輪順序控制

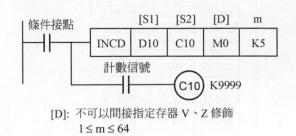

圖 9-164　INCD 指令階梯圖格式

INCD 指令階梯圖格式如圖 9-164 所示，其中[S2]不適用於高速計數器。

【例 9-57】相對式凸輪順序控制指令功能例。

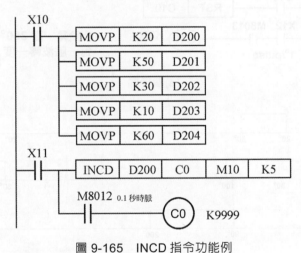

圖 9-165　INCD 指令功能例

【動作說明】

1. X10 = ON，將 20 傳至 D200、50 傳至 D201、30 傳至 D202、10 傳至 D203、60 傳至 D204。

2. 按 X11，執行 INCD 指令，帶頭編號之內部繼電器 M10 隨即 ON，M8012 每隔 0.1sec
   產生一時序脈波，因此計數器 C0 每隔 0.1sec 計數一次，當 C0 之現在值達到一般暫
   存器 D200 之設定值時，C0 之現在值自動被復歸(Reset)為 0，同時計數器 C1 之現在
   值加 1，而對應之內部繼電器 M11 = ON，前一編號之內部繼電器 M10 = OFF。此後
   C0 之現在值則依次與後續暫存器 D201～D204 之設定值進行比較，比較結果則分別
   驅動相對應的內部繼電器，並復歸前一編號之內部繼電器。當 C0 之現在值達到暫存
   器 D204 之設定值時，C1 之現在值自動被復歸為 0，一個週期完成後，完成旗標信號
   M8029 = ON，同時下一個週期接續執行，每完成一個週期 M8029　ON 一個掃瞄週
   期。一個週期之時序圖，如圖 9-166 所示：

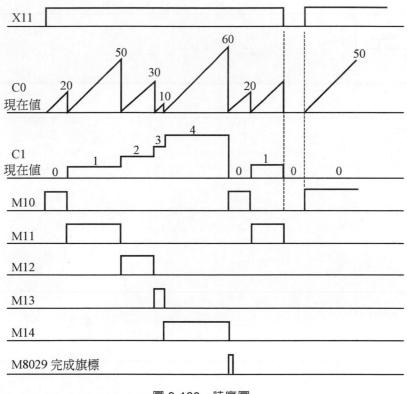

圖 9-166　時序圖

3. 當條件接點 X11 = OFF，C0 及 C1、M10～M14 全被復歸。

【例 9-58】紅綠燈控制。

1. 階梯圖

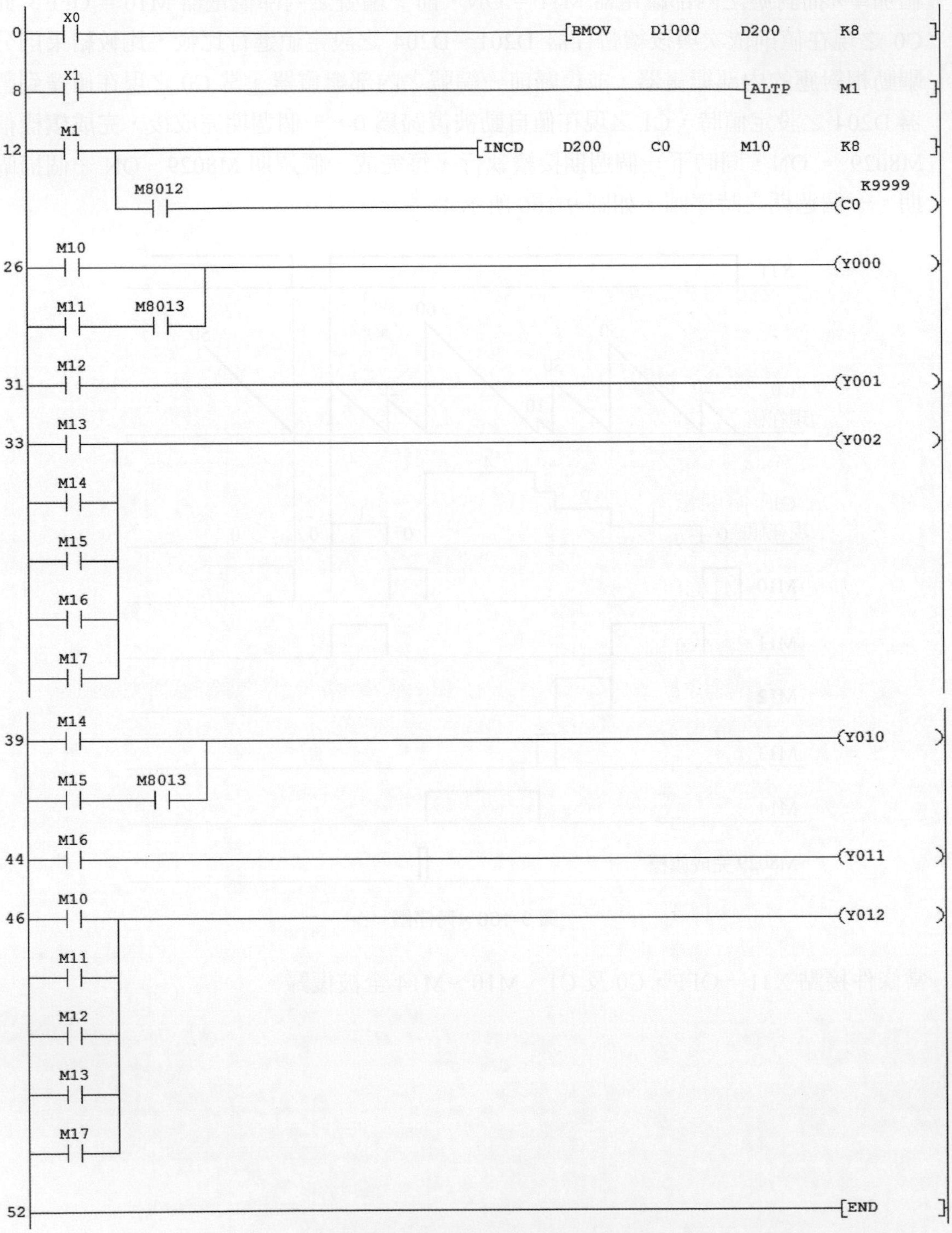

```
 0   ─┤X0├─────────────────────────────────[BMOV    D1000    D200     K8  ]

 8   ─┤X1├──────────────────────────────────────────────[ALTP           M1  ]

12   ─┤M1├──────────────────────────────[INCD    D200     C0      M10     K8  ]
     ─┤M8012├──────────────────────────────────────────────(C0           )
                                                                    K9999

26   ─┤M10├───────────────────┬──────────────────────────────────(Y000  )
     ─┤M11├──┤M8013├───────────┘

31   ─┤M12├───────────────────────────────────────────────────────(Y001  )

33   ─┤M13├───────────┬───────────────────────────────────────────(Y002  )
     ─┤M14├───────────┤
     ─┤M15├───────────┤
     ─┤M16├───────────┤
     ─┤M17├───────────┘

39   ─┤M14├───────────────────┬──────────────────────────────────(Y010  )
     ─┤M15├──┤M8013├───────────┘

44   ─┤M16├───────────────────────────────────────────────────────(Y011  )

46   ─┤M10├───────────┬───────────────────────────────────────────(Y012  )
     ─┤M11├───────────┤
     ─┤M12├───────────┤
     ─┤M13├───────────┤
     ─┤M17├───────────┘

52   ─────────────────────────────────────────────────────────────[END  ]
```

圖 9-167　紅綠燈階梯圖

2. I/O 及資料暫存器

表 9-23　I/O 及資料暫存器規劃

X10：起動按鈕	時間存於		時間存於	D200～D207：一般暫存器
Y0：東西向綠燈	D1000	Y10：南北向綠燈	D1004	D1000～D1007：檔案暫存器
Y0：綠燈閃爍	D1001	Y10：綠燈閃爍	D1005	
Y1：黃燈	D1002	Y11：黃燈	D1006	
Y2：紅燈	D1003	Y12：紅燈	D1007	

3. 程式解說

(1) X0/ON，將連續 8 個檔案暫存器 D1000～D1007(※註)之資料一對一傳送至一般暫存器 D200～D207。

(2) X1/ON，M1/ON，M8012 每隔 0.1sec 產生一時序脈波，因此導致相對式電子凸輪，亦即為計數器 C0，每隔 0.1sec 即計數一次，當 C0 之現在值達到一般暫存器 D200 之設定值時，C0 之現在值自動被復歸為 0，而對應之內部繼電器 M11/ON。此後 C0 之現在值則依次與後續暫存器 D201～D207 之設定值進行比較，比較結果則驅動與之對應的外部輸出元件，亦即為東西向以及南北向之紅綠燈等交通號誌。

(3) X10/OFF，M1/OFF，將終止紅綠燈交通號誌控制電路之執行。

※ 註：如何開啟一個檔案暫存器(File Register)

　　檔案暫存器與一般暫存器之資料傳送，必須透過 BMOV(FNC_15)指令才能讀取或寫入，因此我們必須先開啟一個檔案暫存器。一個檔案暫存器將佔用 500Steps，就 FX3U_PLC 而言其記憶體容量為 16K Steps，故 User 在撰寫程式時，所能使用的記憶體空間將只剩下 15500 Steps。

1. 在 Navigation 視窗中點取[Parameter]\[PLC Parameter]，FX Parameter 設定視窗中在 File Register Capacity 下側數字方塊內鍵入 1，表示擬開啟 1 個檔案暫存器，如圖 9-168 所示，確定無誤之後按 End 鈕。1 個檔案暫存器佔用了 500 Steps，故 User 撰寫程式時所能使用的記憶體只剩下 15500 Steps。

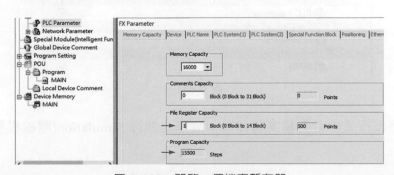

圖 9-168　開啟一個檔案暫存器

2. 在 Navigation 視窗中點取[Device memory]，滑鼠左鍵雙擊[Device memory]下方之 Main 選項，即可在主程式中開啟一個 Device memory，如圖 9-169 所示。

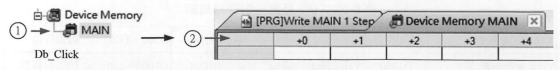

圖 9-169　主程式中開啟一個 Device memory

3. 在圖 9-169 中②→所示位置按下滑鼠右鍵，之後點選 Input Device，在 Input Device 視窗中 Device 點選 D，Range 點取⊙Address，之後點取 OK 鈕。在對應之檔案暫存器位址編號中鍵入所需數值，如圖 9-170 所示。

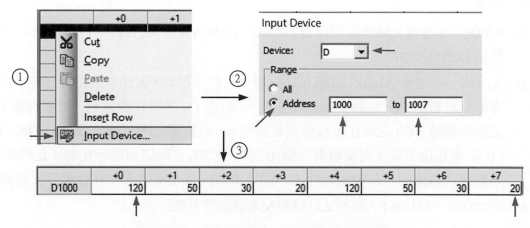

圖 9-170　檔案暫存器位址編號設定及數值輸入

4. 編輯所須之階梯圖，並執行[Convert]\[Convert(F4)]及存檔。

5. 在功能提示列中點取[Online]\[Write to PLC]，在 Write to PLC 設定視窗中，勾選下列選項，如圖 9-171 所示，之後按 Execute 鈕，執行參數、程式及檔案暫存器寫入。

Module Name/Data Name	Title	Target
(Untitled Project)		
PLC Data		
Program(Program File)		☑
MAIN		☑
Parameter		☑
PLC Parameter		☑
Global Device Comment		☐
COMMENT		☐
Device Memory		☑ ←
MAIN		☑ ←

圖 9-171

6. 本實習範例因程式中含有檔案暫存器，故無法執行 Simulation(離線模擬)

4. FNC 64_教導式計時器

FNC 64：TTMR (Teachering Timer)_教導式計時器

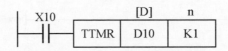

圖 9-172　TTMR 指令階梯圖格式

TTMR 指令階梯圖格式如圖 9-172 所示，其中 $K0(H0) \leq n \leq K2(H2)$。

【指令功能解說】

1. 圖 9-172 中，條件接點 X10 = ON 的時間 τ 被儲存至[D]+1 中(即 D11)。

2. n 用以指定 τ 的 10^n 倍數，如表 9-24 所示。

表 9-24

n	[D]
K0	$10^0\tau$
K1	$10^1\tau$
K2	$10^2\tau$

註：τ 為條件接點 ON 的時間

3. 時序圖如圖 9-173 所示：

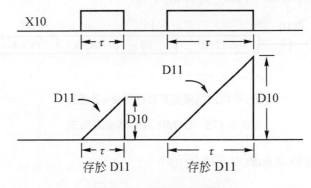

圖 9-173　TTMR 時序圖

【例 9-59】教導式計時器指令功能例。

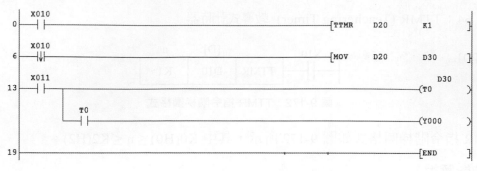

圖 9-174　TTMR 指令功能範例階梯圖

【動作說明】

1. X10 被按住的時間 D21，乘以 10^1 (n=K1)後存於 D20 中。

2. X10 被釋放時，產生一下緣觸發信號，將 D20 內容值傳送至 D30；同時 D21 內容值被清除為 0，D20 內容值則維持不變。

3. D20 內容值作為計時器 T0 的設定值。

4. 由教導按鈕 X10 按住的時間長短，可改變計時器 T0 的計時設定值。實作時可用手錶同步計時，以驗證教導式計時器定時的精準度。

5.　FNC 65_特殊計時器

FNC 65：STMR (Special Timer)_特殊計時器

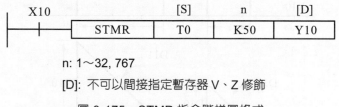

n: 1～32, 767

[D]: 不可以間接指定暫存器 V、Z 修飾

圖 9-175　STMR 指令階梯圖格式

STMR 指令階梯圖格式如圖 9-175 所示。

【指令功能解說】

1. [S]指定之計時器，僅可指定 T0～T199 (0.1 秒/計時單位)其中之一。

2. n 為[S]所指定計時器之設定計時單位，指定範圍為 1～32,767。

3. [D]為[S]所指定計時器 4 個輸出元件中之帶頭編號元件，各輸出元件之動作說明如下述，時序圖如圖 9-176 所示。

(1) [D]$_{+0}$：作為斷電延遲繼電器(OFF Delay Relay)之用，亦即條件接點 X10 由 OFF→ON 時，輸出元件[D]$_{+0}$即 ON，直至條件接點 X10 由 ON→OFF 時，延遲(繼續維持 ON)至指定計時器之計時時間到(上圖之例為 5 秒)方才 OFF。

(2) [D]$_{+1}$：當條件接點 X10 由 ON→OFF 時，[D]$_{+1}$作一次觸發(One Shot)輸出，ON 的時間(方波波寬)為[S]所指定計時器之計時時間。(圖 9-175，n=K50 即 5 秒)。

(3) [D]$_{+2}$：當條件接點 X10 由 OFF→ON 時，[D]$_{+2}$作一次觸發輸出，ON 的時間為[S]所指定計時器之計時時間，若在計時時間內，條件接點 X10 由 ON→OFF 則[D]$_{+2}$一次觸發輸出隨即終止變為 OFF。

(4) [D]$_{+3}$：[D]$_{+2}$一次觸發輸出一旦終止，輸出元件[D]$_{+3}$立即 ON，直至條件接點 X10 由 ON→OFF 時，延遲(繼續維持 ON)至指定計時器之計時時間到達後方才 OFF。

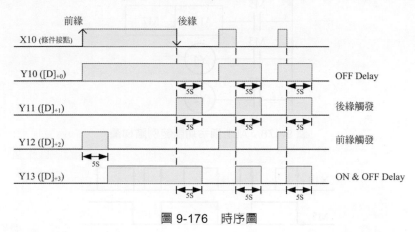

圖 9-176　時序圖

【例 9-60】 以 STMR 設計閃爍電驛

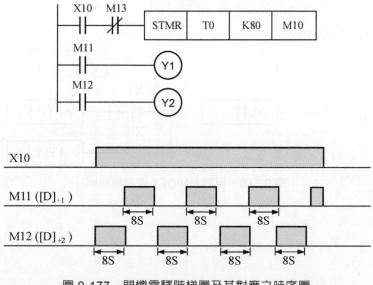

圖 9-177　閃爍電驛階梯圖及其對應之時序圖

6.　FNC 66_交互式 ON/OFF

FX3U	FX5U
ALTP(Alternate State)	ALTP 或 FF

【指令功能解說】

條件接點每 ON 一次，目的地位元元件即改變其 ON/OFF 狀態一次，如下例所示。

【例 9-61】交互式 ON/OFF 指令功能例。

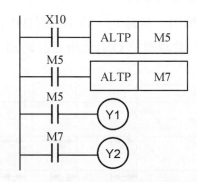

圖 9-178　ALT 指令功能範例階梯圖

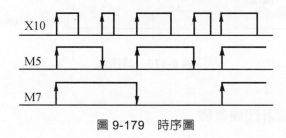

圖 9-179　時序圖

【例 9-62】單鍵起動停止控制。

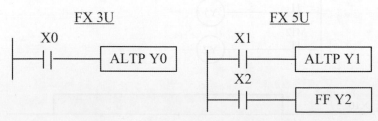

圖 9-180　單鍵 ON/OFF 控制階梯圖

【例 9-63】閃爍控制回路。

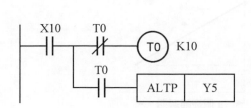

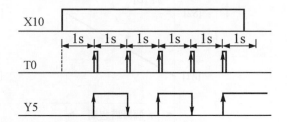

圖 9-181　閃爍回路階梯圖及時序圖

7.　FNC 67_斜坡變量值

FNC 67：RAMP(Ramp Variable Value)_ 斜坡變量值

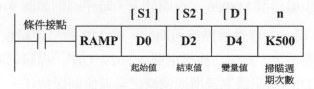

圖 9-182　RAMP 指令階梯圖格式及說明

RAMP 指令階梯圖格式如圖 9-182 所示。

【指令功能解說】

1.　[S1]斜坡起始值。

2.　[S2]斜坡結束值。

3.　[D]記錄指令執行中，斜坡由起始值至結束值變量值(如指令功能解說 5)之遞增或遞減累進值。

4.　n 掃瞄週期次數，在指定的掃瞄週期次數內由 0 遞增至 n，所經過的時間(斜坡由起始值開始遞增或遞減至結束值所歷經的時間)記錄於目的元件[D]內，至於，由 0 至 n 的變化值則記錄於[D]$_{+1}$ 中，條件接點由接通變至斷開時[D]$_{+1}$ 中之值隨即歸零；此外，掃描時間存於特殊資料暫存器 D8039 中，若將掃描時間固定，即可將 n 乘以掃描時間，求得本指令執行完成一週期所需時間，完成一次變量值掃描時，完成旗標信號 M8039=ON，詳見功能解說 7 及圖 9-184 時序圖。

5.　本指令執行中，當條件接點由接通變至斷開，[D]所記錄之值保持至下次條件接點再度接通時之上緣觸發信號來臨，始恢復記錄由[S1]至[S2]的變量值累進值。

6.　當 RAMP 指令被執行，[D]記錄斜坡由起始值至結束值變量值，變量值$= \dfrac{([S2]-[S1])}{n}$，其中[S1]<[S2]為正變量，[S1]>[S2]則為負變量，RAMP 指令執行狀況如圖 9-183 所示。

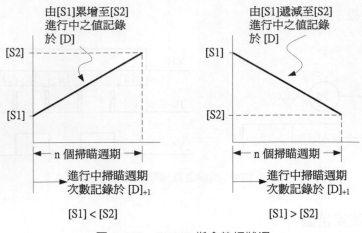

由[S1]累增至[S2]
進行中之值記錄
於 [D]

[S2]

[S1]

← n 個掃瞄週期 →

進行中掃瞄週期
次數記錄於 [D]+1

[S1] < [S2]

由[S1]遞減至[S2]
進行中之值記錄
於 [D]

[S1]

[S2]

← n 個掃瞄週期 →

進行中掃瞄週期
次數記錄於 [D]+1

[S1] > [S2]

圖 9-183　RAMP 指令執行狀況

7. RAMP 指令模態旗標信號 M8026 之說明於下，時序圖則如圖 9-184 所示。

(1) M8026=OFF 時，在條件接點接通期間，RAMP 指令連續重複被執行，指令執行期間，每完成一次，完成之旗標信號 M8029=ON 一掃瞄週期，條件接點 OFF 期間，目的地[D]內所記錄之遞增或遞減之累進值則保持住。

(2) 若 M8026=ON，在條件接點接通期間，RAMP 指令執行完成一次後，M8029 = ON，並將結束值[S2]保持在目的地[D]內，直至條件接點斷開，M8029=OFF，但結束值[S2]還是保持在目的地[D]內。

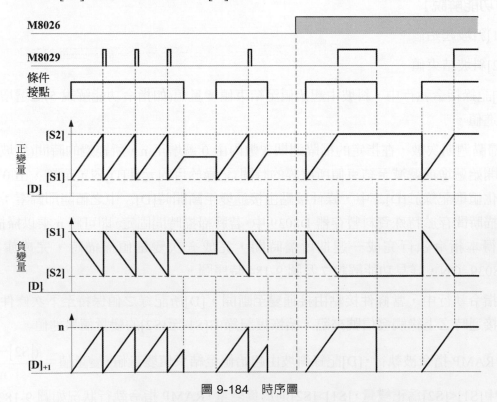

圖 9-184　時序圖

【例 9-64】X0 = ON，D10 內容值在 20 秒內，由 0 上升至 2000，此後，D20 內容值維持
　　　　　為 2000，直至 X1 = ON，D10 內容值在 10 秒內，由 2000 下降至 500，使用
　　　　　RAMP 指令設計出階梯圖，並指定之掃描週期次數上升時為 1000、下降時為
　　　　　500，掃描自訂，求出斜坡上升及下降時每一掃描週期之增減之變量值，及上
　　　　　升及下降至指定值時，所需之時間。

【說明】

斜坡上升時：

掃描週期次數為 1000 次，每一掃描週期之增加之變量值為(2000 − 0)/1000=2，若掃瞄週期固定為 20ms (K20 傳入 D8039)，完成指令需時 20ms × 1000=20 s。

斜坡下降時：

掃描週期次數為 500 次，每一掃描週期之增加之變量值為(500 − 2000)/500=3，完成指令需時 20ms × 500=10s。

將以上描述，寫入程式由 PLC 運算求出，如下列階梯圖所示：

斜坡上升時：每一掃描週期之增加之變量值 D18，完成指令需時 D14。

斜坡下降時：每一掃描週期之增加之變量值為 D26，完成指令需時 D22，階梯圖如圖 9-185。

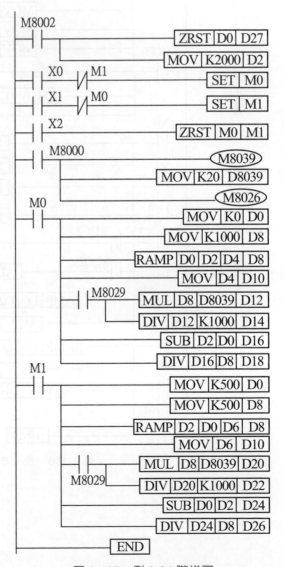

圖 9-185　例 9-64 階梯圖

【例 9-65】以 RAMP 指令配合 PLSY 指令控制步進馬達作緩啓動、緩停止功能，動作要求如下：

1. 按一下 X0，步進馬達在 10 秒內，由靜止緩啓動至正常轉速 500Hz。

2. 按一下 X1，步進馬達在 10 秒內，由正常轉速緩停止至靜止。

3. 每按 X2 一次，步進馬達緩停止至靜止，待按啓動按鈕 X0，回步驟 1。

解：階梯圖如圖 9-186 所示。

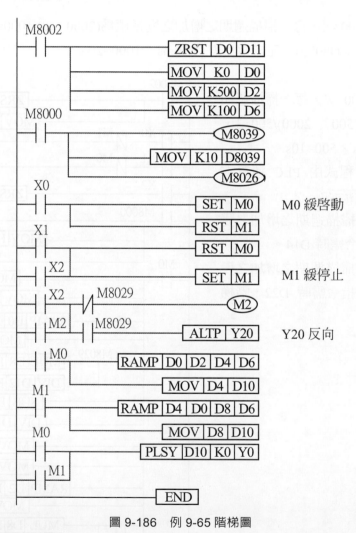

圖 9-186　例 9-65 階梯圖

8. FNC 69_資料表資料排序

FNC 69：SORT(Sort Tabulated Data)_ 資料表資料排序

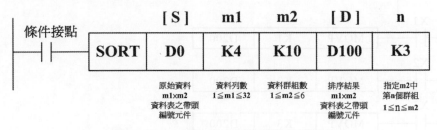

圖 9-187　SORT 指令階梯圖格式及說明

SORT 指令階梯圖格式如圖 9-187 所示。

【指令功能解說】

1. 本指令為 16-bit 運算連續執行指令。

2. [S]帶頭編號資料暫存器，用以儲存 m1(列)×m2(行)構成之資料表。

3. m1 資料表列數(Lines)，設定範圍為 $1 \leq m1 \leq 32$ 之整數。

4. m2 資料表行數(Columns)，設定範圍為 $1 \leq m1 \leq 6$ 之整數。

5. [D]帶頭編號資料暫存器，已完成排序運算之結果，由數值小至大儲存於 m1×m2 構成之資料表。

6. n 指定資料表第 n 欄位為關鍵欄位，針對該行欄位內的資料進行排序運算，$1 \leq n \leq m2$。

【例 9-66】市場調查四大品牌 LED TV 美元售價如下表，以 SORT 指令設計一程式，將各尺寸 LED 電視機售價由最便宜至最貴，依序存入各對應之資料暫存器內，如表 9-25 所示。

表 9-25

品牌 ＼ 尺寸	42"	50"	55"	60"	65"
A	599	979	1049	1329	1799
B	609	959	1099	1325	1859
C	589	999	1069	1358	1839
D	606	972	1029	1409	1809

階梯圖概略如圖 9-188：

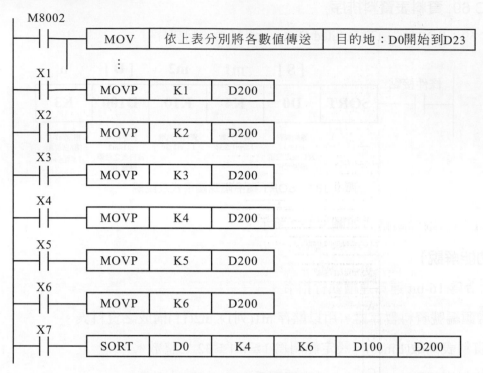

圖 9-188 概略階梯圖

PLC 由 STOP ➔ RUN，結果如表 9-26 所示。先後按下按鈕開關 X3 及 X7 ON 一下，結果如表 9-27 所示，或按下按鈕開關使 X6 及 X7 ON 一下，其結果如表 9-28 所示。資料表執行排序結果，將各尺寸 LED 電視機售價由最便宜至最貴，依序存入各對應之資料暫存器內，分別如表 9-27、表 9-28 所示。其餘排序執行結果依此類推，留作習題。

表 9-26

未排序之資料表，各尺寸TV售價一下表以
MOV傳送至，[S]帶頭編號之暫器 (D0-D23)

品牌 \ 列數 m1=4 \ 組數 m2=6		1	2	3	4	5	6
		序號	42"	50"	55"	60"	65"
A	1	D0	D4	D8	D12	D16	D20
		1	599	979	1049	1329	1799
B	2	D1	D5	D9	D13	D17	D21
		2	609	959	1099	1325	1859
C	3	D2	D6	D10	D14	D18	D22
		3	589	999	1069	1359	1839
D	4	D3	D7	D11	D15	D19	D23
		4	606	972	1029	1409	1809

表 9-27

當a=K3指令執行排序結果，50"TV最便宜為B牌

品牌 \ 列數 m1=4 / 組數 m2=6	1 序號	2 42"	3 50"	4 55"	5 60"	6 65"
B　1	D100	D104	D108	D112	D116	D120
	2	609	959	1099	1325	1859
D　2	D101	D105	D109	D113	D117	D121
	4	606	972	1029	1409	1809
A　3	D102	D106	D110	D114	D118	D122
	1	599	979	1049	1329	1799
C　4	D103	D107	D111	D115	D119	D123
	3	589	999	1069	1359	1839

表 9-28

當a=K6指令執行排序結果，65"TV最便宜為A牌

品牌 \ 列數 m1=4 / 組數 m2=6	1 序號	2 42"	3 50"	4 55"	5 60"	6 65"
A　1	D100	D104	D108	D112	D116	D120
	1	599	979	1049	1329	1799
D　2	D101	D105	D109	D113	D117	D121
	4	606	972	1029	1409	1809
C　3	D102	D106	D110	D114	D118	D122
	3	589	999	1069	1359	1839
B　4	D103	D107	D111	D115	D119	D123
	2	609	959	1099	1325	1859

SORT 之人機介面圖形監控，如圖 9-189 所示：

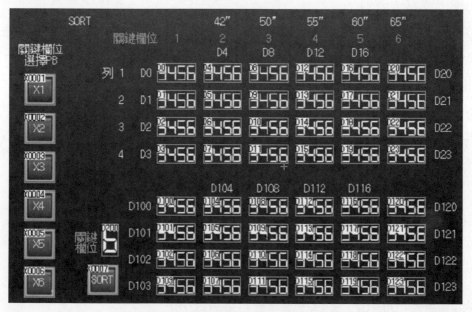

圖 9-189

9-2-7 External I/O Devices_外部元件設定及顯示：FNC70～79

FX3U	External I/O Devices	FX5U	中　文	指令解說
70	TKY		十按鍵輸入	
71	HKY		十六按鍵輸入	隨書光碟附錄 C
72	DSW	√	數位式指撥開關	隨書光碟附錄 C
73	SEGD	√	七段顯示器	
74	SEGL	√	栓鎖式七段顯示器	隨書光碟附錄 C
75	ARWS		箭頭面板	
76	ASC	ASCI	ASCII 碼變換	
77	PR		ASCII 碼輸出	
78	FROM	√	特殊功能模組 BFM 資料讀出	√
79	TO	√	特殊功能模組 BFM 資料寫入	√

註：FNC70～74 指令，其中搭配之按鍵、指撥開關或七段顯示器等，目前一般很少使用，大多結合人機介面並以圖控軟體所提供之數值輸入或數值顯示等元件取而代之。FNC70～74 指令說明，請參閱書末所附光碟-附錄 C_應用指令補充資料。

　　特殊功能模組(Special Function Block)內建有緩衝記憶體(Buffer Memory，BFM)，執行類比(Analog)與數位(Digital)資料間轉換時，各種參數設定及變換後的數值均存放於 BFM 中。FX2N 主機使用 FROM/TO 指令讀出或寫入資料到特殊功能模組 BFM 內；FX3U 主機除了使用 FROM/TO 指令之外，亦可使用 MOV 指令搭配特殊功能模組編號(U)及緩衝記憶體編號(G)讀出或寫入資料。

　　特殊功能模組序號由接至主機右側的位置算起，依序由 K0～K7。外接特殊功能模組會占用 PLC 的 I/O 點數(一般占用 8 點)，可以使用的 I/O 點數 = 原 I/O 總點數－特殊功能模組占用的點數。

1. FNC 78 特殊功能模組 BFM 資料讀出

FNC 78：DFROMP (Read From A Special Function Block)_特殊功能模組 BFM 資料讀出

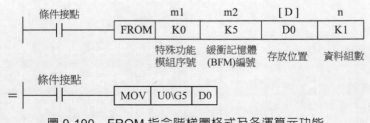

圖 9-190　FROM 指令階梯圖格式及各運算元功能

※ 註：特殊模組編號：U0～U7、緩衝記憶體編號：G0～G32767

FROM 指令階梯圖格式如圖 9-190。

【指令功能解說】

1. 當外接特殊功能模組時，FROM 指令作為 BFM 資料讀出，亦即本指令執行特殊功能模組 BFM 資料之讀出。

2. m1：特殊功能模組序號，依模組接至主機右側位置起，依序由 K0～K7。

3. m2：BFM 編號。

4. [D]：目的元件。

5. n：資料組數。

2.　FNC 79 特殊功能模組 BFM 資料寫入

FNC 79：DTOP (Write To A Special Function Block)_特殊功能模組 BFM 資料寫入

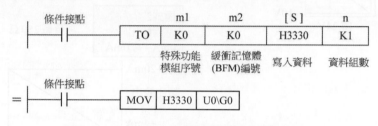

圖 9-191　TO 指令階梯圖格式及各運算元功能

※ 註：特殊模組編號：U0～U7、緩衝記憶體編號：G0～G32767

TO 指令階梯圖格式如圖 9-191 所示。

【指令功能解說】

1. 當外接特殊功能模組時，TO 指令作為 BFM 資料的寫入，亦即本指令執行特殊功能模組 BFM 資料之寫入。

2. m1：特殊功能模組序號，依模組接至主機右側位置起，依序由 K0～K7。

3. m2：BFM 編號。

4. [S]：來源，亦即寫入之資料來源。

5. n：資料組數。

一、數位轉類比模組或類比輸出模組 FX2N-4DA

FX2N-4DA 可以接受 4 點(Channel，頻道)12 位元(bits)信號的數位值，並將其轉換為對應的類比電壓或電流輸出信號。

1. D/A 輸出模式的選擇

(1) Mode 0：−10V～＋10V 電壓輸出

(2) Mode 1：4mA～＋20mA 電流輸出

(3) Mode 2：0mA～＋20mA 電流輸出

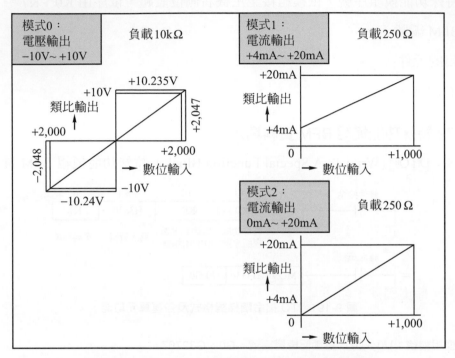

圖 9-192　FX2N-4DA 轉換模式及輸入/輸出特性曲線

2. 緩衝記憶體(Buffer Memory，BFM)

以下僅列出主要的緩衝記憶體(BFM)，其餘的 BFM 請參閱使用手冊『FX2N-4DA SPECIAL FUNCTION BLOCK USER's GUIDE』。

表 9-29　FX2N-4DA 之 BFM 編號及其內容

BFM	內容	備註
#0	輸出模式的選擇	出廠值 H0000
#1	CH1 輸出數值(帶 +/− 號 16bits binary，有效位數 11 位)	
#2	CH2 輸出數值(帶 +/− 號 16bits binary，有效位數 11 位)	
#3	CH3 輸出數值(帶 +/− 號 16bits binary，有效位數 11 位)	
#4	CH4 輸出數值(帶 +/− 號 16bits binary，有效位數 11 位)	
#5	輸出保持的解除	
#6, #7	不使用	

3. BFM #0：輸出模式的選擇

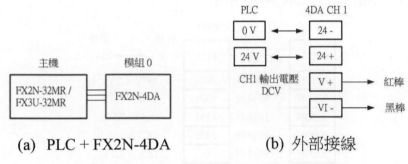

H ◯ ◯ ◯ ◯　　0：-10 V～+10 V 電壓輸出
　─── ─── ─── ───　1：4 mA～+20 mA 電流輸出
　CH4 CH3 CH2 CH1　2：0 mA～+20 mA 電流輸出

【例 9-67】類比輸出模組以 FX2N-4DA 為例。

1. FX2N-4DA 類比輸出架構及外部接線如圖 9-193 所示。

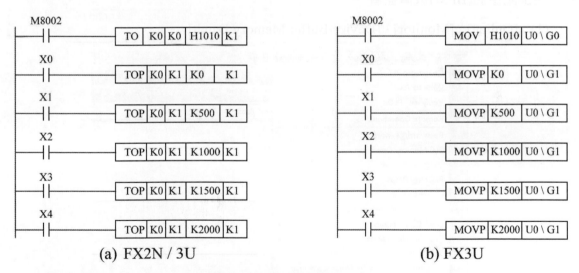

(a) PLC + FX2N-4DA　　　　　(b) 外部接線

圖 9-193　FX2N-4DA 類比輸出架構及外部接線

2. 4DA 類比輸出程式，如圖 9-194 所示。

(a) FX2N / 3U　　　　　　　　　(b) FX3U

圖 9-194　4DA 類比輸出程式

3. 程式解說

(1) | TOP | K0 | K1 | K500 | K1 | / | MOV | H1010 | U0/G0 | ：4DA 輸出模式的選擇

　　CH1 Mode 0：－10V～＋10V 電壓輸出

　　CH2 Mode 1：4mA～＋20mA 電流輸出

　　CH3 Mode 0：−10V～＋10V 電壓輸出

　　CH4 Mode 1：4mA～＋20mA 電流輸出

(2) | TO | K0 | K0 | H1010 | K1 | / | MOV | K500 | U0/G1 | ：設定 CH1 的輸出電壓

4. FX2N-4DA 類比輸出結果如圖 9-195 所示。

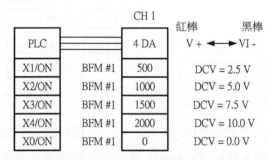

圖 9-195　FX2N-4DA 類比輸出結果

5. 緩衝記憶體(BFM)數值監看

(1) [Online] \ [Monitor] \ [Device/Buffer Memory Batch]

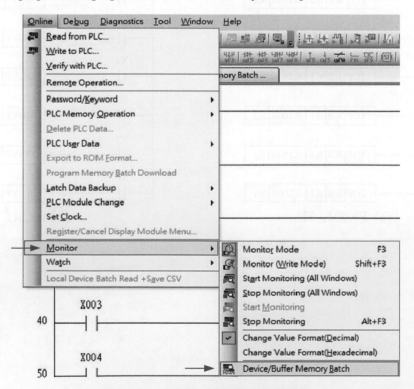

圖 9-196　緩衝記憶體(BFM)數值監看

(2) Device 設定如下

⊙ Buffer Memory：緩衝記憶體

Module Start 0：特殊功能模組序號 U

Address 0：緩衝記憶體編號 G

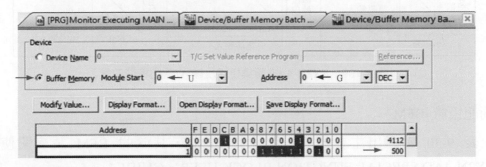

圖 9-197　4DA_BFM 數值監看視窗

(3) Display Format　數值顯示格式設定

Bit/Word，16/32 Integer、Real number……(整數、實數……等)，DEC(10 進制)/HEX(16 進制)……等

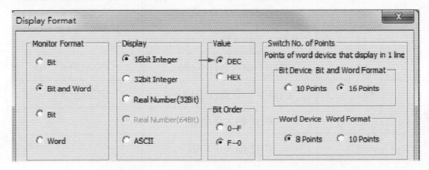

圖 9-198　4DA_BFM 之 Display Format 設定

二、類比轉數位模組或類比輸入模組 FX2N-4AD

FX2N-4AD 可以接受 4 點類比電壓或電流輸入信號，並將其轉為 12 bits 的數位信號。

1. 4AD 輸入模式的選擇

(1) Mode 0：−10V～＋10V 電壓輸入

(2) Mode 1：4mA～＋20mA 電流輸入

(3) Mode 2：−20mA～＋20mA 電流輸入

CH 9

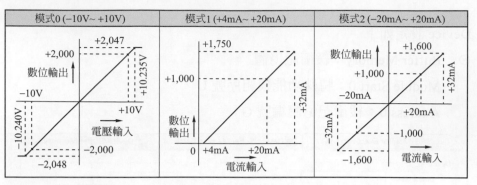

圖 9-199 FX2N-4AD 轉換模式及輸入/輸出特性曲線

2. 緩衝記憶體_BFM

表 9-30 僅列出主要的緩衝記憶體(BFM),其餘的 BFM 請參閱使用手冊『FX2N-4AD SPECIAL FUNCTION BLOCK USER's GUIDE』。

表 9-30 FX2N-4AD 之 BFM 編號及其內容

BFM	內容	備註
#0	輸入模式的選擇	出廠值 H0000
#1	CH1 平均次數(1~4096)	初始值 8
#2	CH2 平均次數(1~4096)	初始值 8
#3	CH3 平均次數(1~4096)	初始值 8
#4	CH4 平均次數(1~4096)	初始值 8
#5	CH1 輸入平均值	
#6	CH2 輸入平均值	
#7	CH3 輸入平均值	
#8	CH4 輸入平均值	
#9	CH1 輸入現在值	
#10	CH2 輸入現在值	
#11	CH3 輸入現在值	
#12	CH4 輸入現在值	
#13、#14	不使用	
#15	高速轉換模式設定	初始值 0
#16	不使用	

3.　BFM #0 輸入模式的選擇

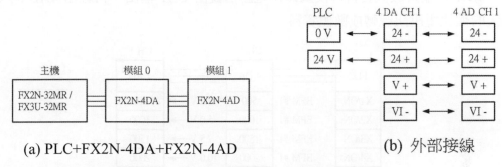

H ○ ○ ○ ○
　CH4 CH3 CH2 CH1

0：-10 V ~ +10 V　電壓輸入
1：　4 mA ~ +20 mA　電流輸入
2：-20 mA ~ +20 mA　電流輸入
3：不使用

【例 9-68】類比輸入模組以 FX2N-4AD 為例。

1.　FX2N-4AD 類比輸入架構及外部接線如圖 9-200 所示。

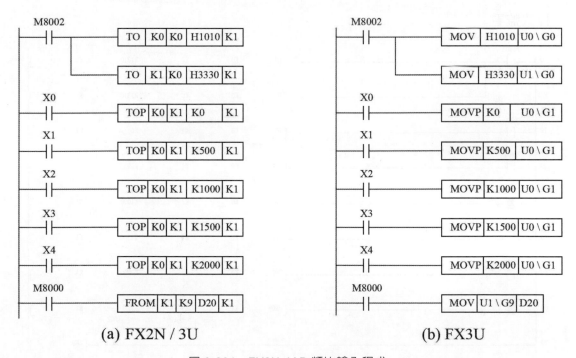

(a) PLC+FX2N-4DA+FX2N-4AD　　　　　　(b) 外部接線

圖 9-200　FX2N-4AD 類比輸入架構及外部接線

2.　FX2N-4AD 類比輸入程式，如圖 9-201 所示。

(a) FX2N / 3U　　　　　　　　　　　(b) FX3U

圖 9-201　FX2N-4AD 類比輸入程式

3. 程式解說

(1) TO K1 K0 H3330 K1/MOV H3330 U1/G0：4AD 輸入模式的選擇

　　CH1 Mode 0：-10V～+10V 電壓輸入

　　CH2～CH4：不使用

(2) FROM K1 K9 D20 K1 / MOV U1/G9 D20_設定 CH1 顯示輸入電壓的現在值

4. FX2N-4DA&4AD 類比輸入實習結果

　　4DA 將輸入數值資料轉換為類比電壓信號由 CH1 輸出，再經由 4AD 的 CH1 將輸入的類比電壓訊號轉成數值資料。

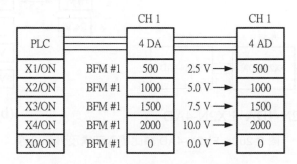

圖 9-202　FX2N-4DA&4AD 實習結果

5. 程式監看

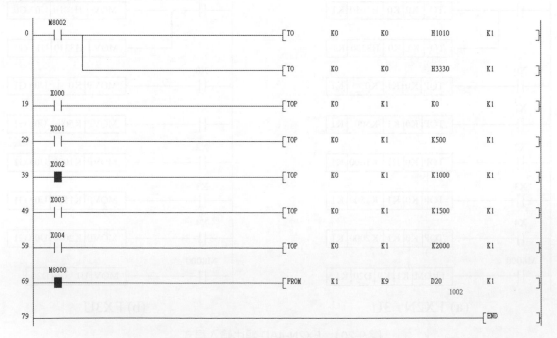

圖 9-203　4AD_程式監看

6. 緩衝記憶體(BFM)數值監看

[Online] \ [Monitor] \ [Device/Buffer Memory Batch]

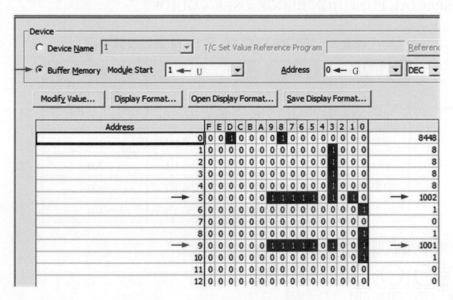

圖 9-204　4AD_BFM 數值監看視窗

三、溫度模組 FX2N-4AD-TC

FX2N-4AD-TC 可以接受 4 點之 K 或 J 型式熱電偶(Thermocouple)輸入信號，並將其轉為 12 bits 的數位值後存入對應緩衝記憶體(BFM)中。

1. 4AD-TC 熱電偶型式選擇

(1) 0：K 型式熱電偶

(2) 1：J 型式熱電偶

(3) 3：不接熱電偶

2. 4AD-TC 轉換特性曲線

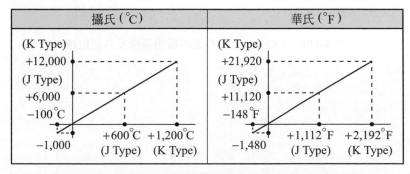

圖 9-205　FX2N-4AD-TC 轉換模式及輸入/輸出特性曲線

3.　緩衝記憶體_BFM

以下僅列出主要的緩衝記憶體(BFM)，其餘的 BFM 請參閱使用手冊『FX2N-4A D-TC SPECIAL FUNCTION BLOCK USER's GUIDE』。

表 9-31　FX2N-4AD-TC 之 BFM 編號及其內容

BFM	內容	備註
#0	K 或 J 型式熱電耦設定	出廠值 H0000
#1～#4	CH1-4 平均次數(1-256)	K8
#5～#8	CH1-4 溫度平均值 單位 0.1°C	K0
#9～#12	CH1-4 溫度現在值 單位 0.1°C	K0
#13～#16	CH1-4 溫度平均值 單位 0.1°F	K0
#17～#20	CH1-4 溫度現在值 單位 0.1°F	K0

4.　BFM #0_熱電偶型式選擇

H ◯ ◯ ◯ ◯　　0：K 型式熱電偶
　CH4 CH3 CH2 CH1　1：J 型式熱電偶
　　　　　　　　　　3：不使用

【例 9-69】溫度模組以 FX2N-4AD-TC 為例。

1.　FX2N-4AD-TC 溫度模組架構及外部接線如圖 9-206 所示。

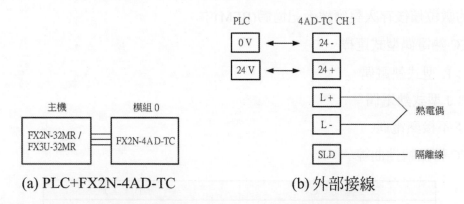

(a) PLC+FX2N-4AD-TC　　　　(b) 外部接線

圖 9-206　FX2N-4AD-TC 溫度模組架構及外部接線

2. 4AD-TC 溫度模組程式，如圖 9-207 所示。

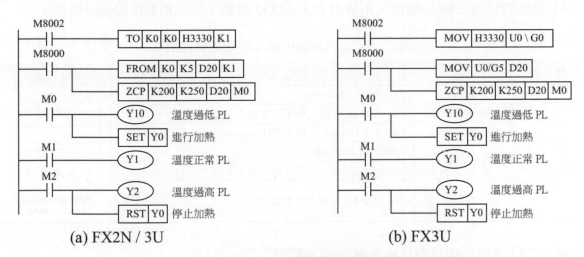

(a) FX2N / 3U　　　　　　　　　(b) FX3U

圖 9-207　PLC 溫度模組程式

3. 程式解說

(1) TO K0 K0 H3330 K1 / MOV H3330 U0/G0：4AD-TC 熱電偶型式選擇

CH1 0：K 型式熱電偶

CH2～CH4：不使用

(2) FROM K0 K5 D20 K1 / MOV U0/G5 D20_將 CH1 的溫度平均值讀出後，存放在 PLC 資料暫存器 D20 內。

(3) 根據 K 型式熱電偶的溫度平均值加以判斷，作為是否需要加熱的依據。

【例 9-70】 溫度模組 FX2N-4AD-TC 進階練習

某溫度控制示意如圖 9-208 所示：特殊功能模組 0 4AD-TC 根據熱電偶的溫度平均值 t°C 加以判斷，經由特殊功能模組 1 4DA 輸出一類比電壓，並更動變頻器(Inverter)的輸出頻率 f，進而改變感應馬達(IM)的轉速，以執行精確的溫度控制。

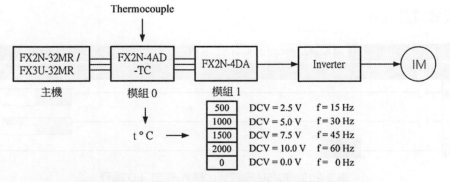

圖 9-208　FX2N-4AD-TC 溫度模組進階練習系統架構

四、FX5U 內建類比輸入及輸出

FX5U 內建類比輸入/輸出，不佔用 PLC 的 I/O 點數，其規格及接線如下所示。

表 9-32　FX5U 內建類比輸入/輸出規格及接線

類　別		規　格	I/O 接線
類比輸入 A/D	點數	2 points (2 Channels)	5 poles
	類比電壓輸入	0 to 10 V DC，最大解析度 2.5mV	
	數位數值輸出	0-4000，12-bit，不帶+/-號(Unsigned binary)二進制數值	
類比輸出 D/A	點數	1points (1 Channel)	V1+ V2+ > > >
	數位數值輸入	0-4000，12-bit，不帶+/-號二進制數值	Analog input　Analog output
	類比電壓輸出	0 to 10 V DC，最大解析度 2.5mV	

【例 9-71】FX5U 內建類比輸入/輸出程式範例

一、實習目的

學習 FX5U 內建類比輸入/輸出模組 I/O 配線、對應的特殊暫存器編號、GX Works3 軟體編程及監控。

二、相關知識

FX5U 內建類比模組所對應的特殊暫存器及其內容，如下表所示：

表 9-33　FX5U 內建類比模組所對應的特殊暫存器及其內容

類比模組	特殊暫存器	內　容
2 A/D	SD6020	CH1 A/D 轉換後的數位輸出值
	SD6024	CH1 A/D 轉換 平均時間/次數/移動 設定
	SD6060	CH2 A/D 轉換後的數位輸出值
	SD6064	CH2 A/D 轉換 平均時間/次數/移動 設定
1 D/A	SD6180	D/A 轉換前的數位輸入值

三、PLC 程式設計及外部接線

1. PLC 程式設計_LD

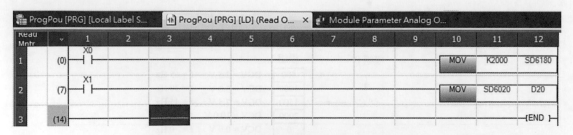

圖 9-209　FX5U 內建類比輸入/輸出_LD 編程

2. 程式解說

(1) X0/ON，將常數 2,000 傳送到 SD6180。由於 DA 規格為數位輸入值 0-4,000，對應於類比輸出電壓 DC 0-10V，故 DA 轉換後的輸出電壓約為 DC 5V。

(2) X1/ON，將 AD 轉換後儲存於 SD6020 的數位輸出值傳送到 D20。由於 AD 規格為類比輸入電壓 DC 0-10V，對應於數位輸出值 0-4,000，故 AD 轉換後的數位輸出值約為 2,000。

3. D/A 及 A/D 模組參數設定

D/A 及 A/D 模組選項，如圖 9-210 所示：

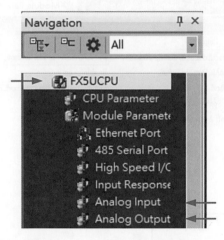

圖 9-210　D/A 及 A/D 模組選項

(1) D/A 模組參數設定

參數設定完成後，記得要按右下方的 Apply 應用(或套用)鍵。

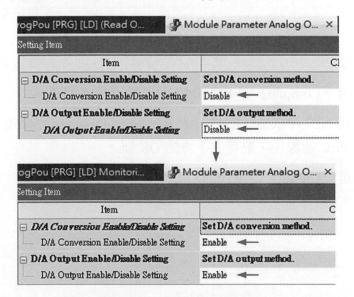

圖 9-211　D/A 模組參數設定

(2) A/D 模組參數設定

參數設定完成後，記得要按右下方的 Apply 應用(或套用)鍵。

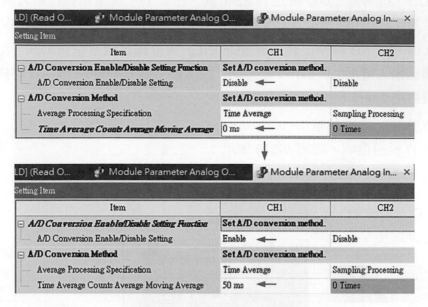

圖 9-212 A/D 模組參數設定

4. PLC 外部接線

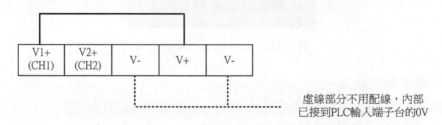

圖 9-213 D/A 及 A/D 模組外部接線

四、PLC 程式寫入

1. 功能表列中點選『Compile』\「Rebuild All」，執行程式編譯。

2. 連接桌電 PC 或 NB↔PLC 之 RJ45 網路線，執行 Ethernet 直接連線測試(Connection Test)，成功與 PLC 連線後，點選右下方的 OK 鈕。

3. 功能表列中點選【Online】\『Write to PLC』，執行程式寫入。

五、連線監控

功能表列中點選【Online】\『Monitor』\『Monitor mode』，進入監視視窗。

1. 初始狀態

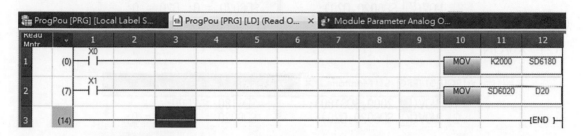

2. X0/ON，D/A 數位輸入 K2000 數值轉換成類比電壓輸出，使用 SANWA-360TRF 三用電表量測 V1+及 V-歐規端子二端電壓，約 5.0V。

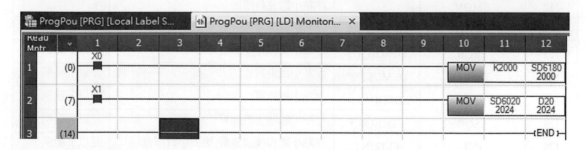

3. X1/ON，D/A 轉換後的類比電壓輸出，作為 A/D 輸入電壓，經 A/D 轉換後傳送到 D20，得出數值為 K2024。

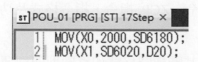

六、ST 編程及監看

1. ST 編程

```
1  MOV(X0,2000,SD6180);
2  MOV(X1,SD6020,D20);
```

圖 9-214　FX5U 內建類比輸入/輸出_ST 編程

2. ST 監看

(1) 初始狀態

```
ST POU_01 [PRG] [ST] Monitorin... ×
1  MOV(X0,2000,SD6180);        SD6180 = 2000;
2  MOV(X1,SD6020,D20);         SD6020 = 0; D20 = 0;
```

(2) X0/ON

```
ST POU_01 [PRG] [ST] Monitorin... ×
1  MOV(X0,2000,SD6180);        SD6180 = 2000;
2  MOV(X1,SD6020,D20);         SD6020 = 0; D20 = 0;
```

(3) X1/ON

```
ST POU_01 [PRG] [ST] Monitorin... ×
1  MOV(X0,2000,SD6180);        SD6180 = 2000;
2  MOV(X1,SD6020,D20);         SD6020 = 2024; D20 = 2024;
```

9-2-8　Floating Point Operation_ 浮點小數數值運算：FNC110～129

FX3U	Floating Point	FX5U	中　文	指令解說
110	ECMP	DECMP	浮點小數數值資料比較	√
111	EZCP	DEZCP	浮點小數數值區域資料比較	√
112	EMOV		浮點小數資料傳送	√
120	EADD	DEADD, E+	浮點小數加算	見以下範例
121	ESUB	DESUB, E−	浮點小數減算	見以下範例
122	EMUL	DEMUL, E*	浮點小數乘算	見以下範例
123	EDIV	DEDIV, E/	浮點小數除算	見以下範例
127	ESQR	DESQR	浮點小數開平方運算	見以下範例
129	INT	FLT2INT	浮點小數轉換成整數(捨去小數部分)	見以下範例

1. 浮點小數數值運算以 32 位元格式進行運算，運算結果仍然置入 32 位元暫存器，因此建議撰寫程式時使用偶數編號暫存器。

2. ECMP、EZCP 與 CMP 指令、ZCP 指令，指令格式及功能相同(請參閱 FNC 10、FNC 11 指令功能)。

3. 浮點小數數值運算指令，其階梯圖格式如整數型四則運算，請見本書第 9-2-2 節。(FNC 20~23)

4. ESQR 與 SQR，指令格式及功能相同(請參閱附錄 C FNC 48 指令功能)。

5. 使用 D EDIV 指令運算時，除數(Divisor)不能等於 0(如下列範例，步序位址 42 第一行中之 D28 內容值不可為 0)，否則 CPU 將認為執行錯誤，運轉中之程式隨即中斷，PLC 面板上錯誤指示燈亮。

【例 9-72】浮點小數數值運算綜合範例階梯圖 X0、X1、X2、X3、X4 依序 ON、OFF 一次，運算結果如圖 9-215 所示：

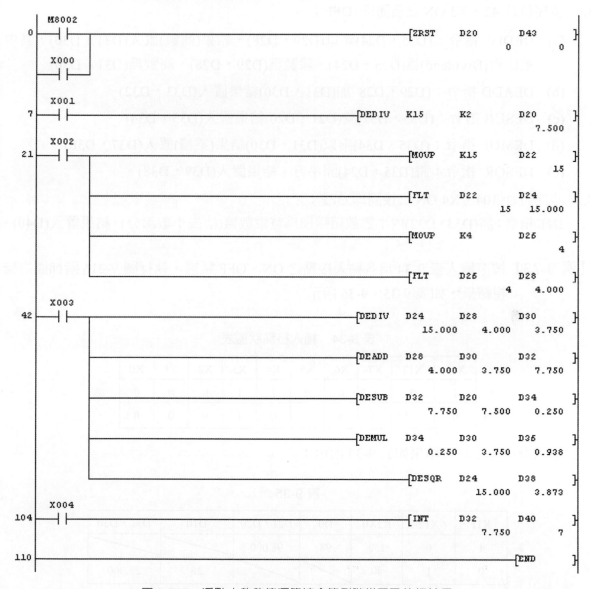

圖 9-215　浮點小數數值運算綜合範例階梯圖及執行結果

程式解說：

1. 步序位址 7，X1 ON 之後隨即 OFF：
    DEDIV 指令：十進制 15 除以 2，將結果 7.500 置入 32 位元暫存器(D21，D20)中。
    其中十進制 15 及 2 在運算過程會自行將整數轉換成小數型數值，以進行數值運算。

2. 步序位址 21，X2 ON 之後隨即 OFF：
    FLT 指令將 D22 內置十進制 15 轉換成小數型數值 15.000 置入 32 位元暫存器(D25，D24)中。

3. 步序位址 42，X3 ON 之後隨即 OFF：

    (a) DEDIV 指令：(D25，D24)除以(D29，D28)，結果(商數)置入(D31，D30)，其中被除數(Dividend)為(D25，D24)、除數為(D29，D28)、商數為(D31，D30)。

    (b) DEADD 指令：(D29，D28 加(D31，D30)結果置入(D33，D32)。

    (c) DESUB 指令：(D33，D32)減(D21，D20)結果置入(D35，D34)。

    (d) DEMUL 指令：(D35，D34)乘以(D31，D30)結果(乘積)置入(D37，D36)。

    (e) DESQR 指令：將(D25，D24)開平方，結果置入(D39，D38)。

4. 步序位址 104，X4 ON 之後隨即 OFF：
    INT 指令：將(D33，D32)內小數數值轉換為整數數值(捨去小數部分)，結果置入(D40)。

【例 9-73】按序輸入表 9-34 為各輸入接點之 ON、OFF 狀態，執行圖 9-216 階梯圖之監視結果，如表 9-35、9-36 所示。

表 9-34　輸入接點狀態表

X11	X12	X7	X6	X5	X4	X3	X2	X1	X0
1	0	1	0	0	1	1	0	0	0
0	1	0	0	1	0	1	0	0	0

執行下列階梯圖之監視結果如表 9-35 所示：

表 9-35

X11	X12	K2X0	D0	D21，D20	D10	D31，D30
1	0	152	98	98.000		
0	1	40			28	28.000

先執行 X13/ON，再執行 X14/ON，則結果如圖 9-216 所示。

表 9-36

D0	D21,D20	D10	D31,D30	D41,D40
98	98.000	28	28.000	126.000

D47,D46	D51,D50	D61,D60	D71,D70	D80
9.899	70.000	2744.000	3.500	3

Y0	Y1	Y2	Y3	Y4	Y5
0	0	1	1	0	0

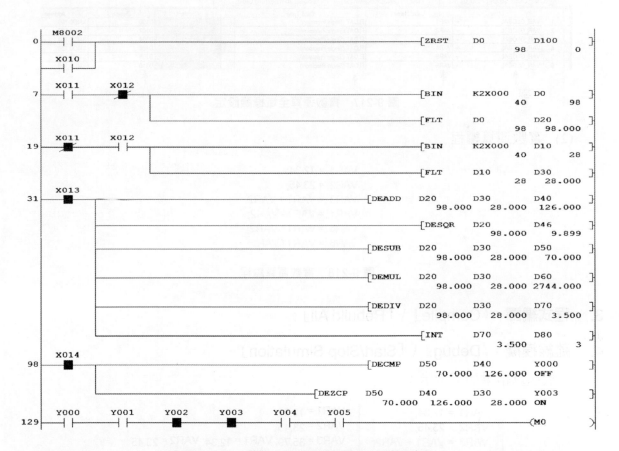

圖 9-216　浮點小數數值運算綜合範例階梯圖

【例 9-74】實數運算_全域標籤

使用全域標籤執行實數運算，實習步驟如下所示：

1. **開新專案**

2. **程式編輯**

 (1) 全域標籤選項及設定

  ①全域標籤選項

  ②全域標籤設定

Local Label Setting POU_01 [P... | POU_01 [PRG] Program [ST] | Global Label Setting Glob...

	Class	Label Name	Data Type		Constant	Device	Address
1	VAR_GLOBAL	VAR1	FLOAT (Single Precision)	...		D100	%MD0.100
2	VAR_GLOBAL	VAR2	FLOAT (Single Precision)	...		D102	%MD0.102
3	VAR_GLOBAL	VAR3	FLOAT (Single Precision)	...		D104	%MD0.104
4	VAR_GLOBAL	VAR4	FLOAT (Single Precision)	...		D106	%MD0.106
5	VAR_GLOBAL	VAR5	FLOAT (Single Precision)	...		D108	%MD0.108
6	VAR_GLOBAL	VAR6	FLOAT (Single Precision)	...		D110	%MD0.110

圖 9-217 實數運算全域標籤設定

 (2) 實數運算編程

```
VAR1 := 12.34;
VAR2 := 23.45;
VAR3 := VAR1 + VAR2;
VAR4 := VAR1 - VAR2;
VAR5 := VAR1 * VAR2;
VAR6 := VAR1 / VAR2;
```

圖 9-218 實數運算編程

3. **程式編譯**：『Compile』\「Rebuild All」。

4. **離線模擬**：『Debug』\「Start/Stop Simulation」。

 實數運算結果如下所示：

```
VAR1 := 12.34;
VAR2 := 23.45;
VAR3 := VAR1 + VAR2;
VAR4 := VAR1 - VAR2;
VAR5 := VAR1 * VAR2;
VAR6 := VAR1 / VAR2;
```

```
VAR1 = 12.34
VAR2 = 23.45
VAR3 = 35.79; VAR1 = 12.34; VAR2 = 23.45
VAR4 = -11.11; VAR1 = 12.34; VAR2 = 23.45
VAR5 = 289.373; VAR1 = 12.34; VAR2 = 23.45
VAR6 = 0.526226; VAR1 = 12.34; VAR2 = 23.45
```

圖 9-219 實數運算結果

【自行練習】

參考【例 9-74】實數運算_全域標籤，使用 GX Works3 軟體編程，並加以離線模擬或連線 FX5U PLC 監看實數運算結果。

9-2-9　Real Time Clock Control_萬年曆時鐘設定及顯示：FNC160～167

FX3U	Real Time Clock Control	FX5U	中　文	指令解說
160	TCMP	√	萬年曆時間比較	√
161	TZCP	√	萬年曆時間區域比較	√
162	TADD	√	萬年曆時間資料加算	√
163	TSUB	√	萬年曆時間資料減算	√
164	HTOS	√	時、分、秒轉換成秒數	√
165	STOH	√	秒數轉換成時、分、秒	√
166	TRD	√	萬年曆時間資料讀出	√
167	TWR	√	萬年曆時間資料寫入	√

項目	FX2N/3U	FX5U	項目	FX2N/3U	FX5U
年	D8018	SD8018/SD210	分	D8014	SD8014SD214
月	D8017	SD8017SD211	秒	D8013	SD8013SD215
日	D8016	SD8016SD212	星期	D8019	SD8019SD216
時	D8015	SD8015SD213			

1.　FNC 160_萬年曆時間比較

FNC 160：TCMPP (Time Compare / RTC Data Compare)_萬年曆時間比較

[D]: 不可以間接指標暫存器 V、Z 修飾

圖 9-220　TCMP 指令階梯圖格式

TCMP 指令階梯圖格式如圖 9-220 所示。

【指令功能解說】

1.　TCMP 指令只能比較 PLC 內建萬年曆(Real Time Clock，RTC)中之時、分、秒，至於年、月、日、星期幾，則不在本指令比較範圍。

2. 運算元

[S1]：指定欲比較的時數(24 小時制)，設定範圍：0～24。

[S2]：指定欲比較的分鐘數，設定範圍：0～59。

[S3]：指定欲比較的秒鐘數，設定範圍：0～59。

[S]$_{+0}$：由萬年曆中讀出之時數(24 小時制)。

[S]$_{+1}$：由萬年曆中讀出之分鐘數。

[S]$_{+2}$：由萬年曆中讀出之秒鐘數。

3. 當萬年曆之時分秒＜[S1]時[S2]分[S3]秒，則[D]$_{+0}$ = ON。

當萬年曆之時分秒＝[S1]時[S2]分[S3]秒，則[D]$_{+1}$ = ON。

當萬年曆之時分秒＞[S1]時[S2]分[S3]秒，則[D]$_{+2}$ = ON。

4. 功能如【例 9-75】所示：

【例 9-75】萬年曆時間讀出與比較例一，階梯圖如圖 9-221，TCMP 功能示意如圖 9-222
所示。

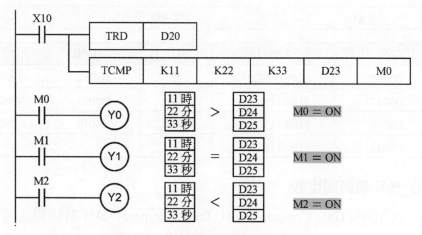

圖 9-221　萬年曆讀出與比較階梯範例

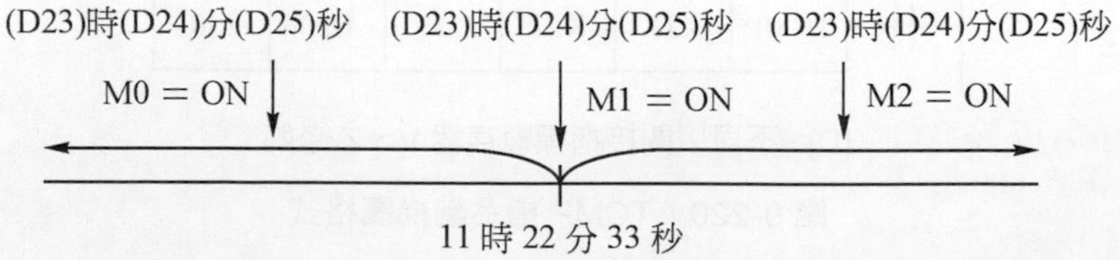

圖 9-222　TCMP 指令功能示意圖

5. PLC 萬年曆之時、分、秒亦可不使用 TRD 指令(稍後將詳述之)，而選擇 MOV 指令將
PLC 萬年曆內存放時、分、秒之特殊資料暫存器 D8015、D8014、D8013(稍後 TRD
指令將詳述之)分別傳送至指定的資料暫存器 D23、D24、D25，如【例 9-76】中圖 9-223
所示：

【例 9-76】萬年曆時間比較例二，TCMP 指令應用階梯圖及說明如圖 9-223 所示。

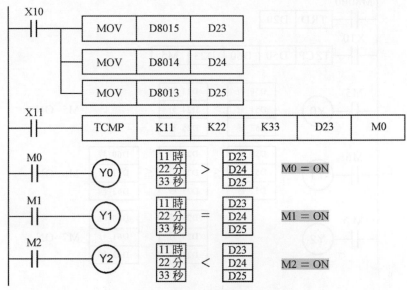

圖 9-223　TCMP 例階梯圖及說明

6. 執行 TCMP 指令 M0～M2 之 ON/OFF 狀態會保持，直到下一次 TCMP 指令執行時方才因比較結果而改變其 ON/OFF 狀態。

2. FNC 161_萬年曆時間區域比較

FNC 161：TZCP P (Time Zone Compare / RTC Data Zone Compare)_萬年曆時間區域比較

※Dn.b 不可以間接指標暫存器 V、Z 修飾

圖 9-224　TZCP 指令階梯圖格式

【指令功能解說】

1. 來源[S1]$_{+0}$、[S1]$_{+1}$、[S1]$_{+2}$ 為設定時、分及秒之字元元件。

2. 來源[S2]$_{+0}$、[S2]$_{+1}$、[S2]$_{+2}$ 為設定時、分及秒之字元元件。

3. [S1]$_{+0}$ 時、[S1]$_{+1}$ 分、[S1]$_{+2}$ 秒必須小於[S2]$_{+0}$ 時、[S2]$_{+1}$ 分、[S2]$_{+2}$ 秒，兩者形成一時間區域。

4. 來源[S]$_{+0}$、[S]$_{+1}$、[S]$_{+2}$ 存放 PLC 萬年曆之時、分及秒的字元元件。

5. 功能如【例 9-77】中圖 9-225 之階梯圖及指令功能示意圖所示：

【例 9-77】萬年曆時間區域比較範例一，指令功能示意圖如圖 9-225 所示。

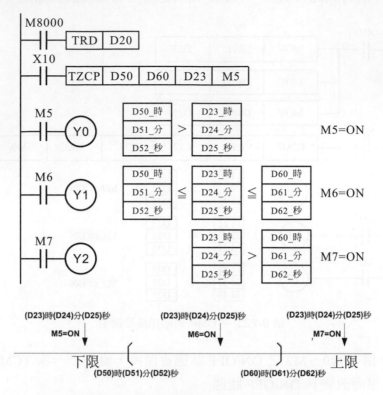

圖 9-225　TZCP 階梯圖及指令功能示意圖

6. 執行 TZCP 指令時，M5～M7 之 ON/OFF 狀態會保持，直到下一次 TZCP 指令再被執行時，才依比較結果而改變其 ON/OFF 狀態。

【例 9-78】萬年曆時間區域比較範例二。

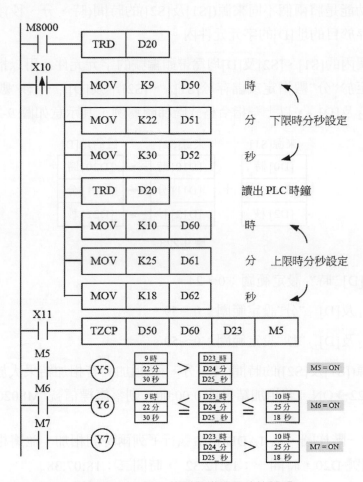

圖 9-226 TZCP 範例階梯圖及功能說明

3. FNC 162_萬年曆時間資料加算

FNC 162：TADDP (Time Addition / RTC Data Addition)_萬年曆時間資料加算

圖 9-227 TADD 指令階梯圖格式及各運算元說明

TADD 指令階梯圖格式如圖 9-227 所示。

【指令功能解說】

1. 本指令主要功能是將兩個不同來源([S1]及[S2])的時間(時、分、秒)相加([S1]+[S2])，時間和則儲存於目的地[D]的字元元件內。

2. 顯示在階梯圖內的[S1]、[S2]及[D]均為帶頭編號的字元元件，用以指定或儲存時間值之"時"數，至於"分"數指定或儲存於[S1]+1、[S2]+1 及[D]+1，"秒"數則指定或儲存於[S1]+2、[S2]+2 及[D]+2，以上一指令格式階梯圖為例，其示意如圖 9-228 所示。

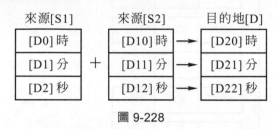

圖 9-228

3. [S1]、[S2]及[D] "時" 設定範圍：0～24。

4. [S1]+1、[S2]+1 及[D]+1 "分"設定範圍：0～59。

5. [S1]+2、[S2]+2 及[D]+2 "秒"設定範圍：0～59。

6. 兩個不同來源([S1]及[S2])的時間(時、分、秒)相加，若相加結果大於 24 小時，則進位旗標 M8022➔ON，若相加結果為 0:00:00，則零旗標信號 M8020➔ON。

【例 9-79】設計一階梯圖，以 TADD 指令執行下列兩時間相加，並將相加結果儲存於帶頭編號 D20，時間一：15:12:32 ，時間二：18:07:38

解：

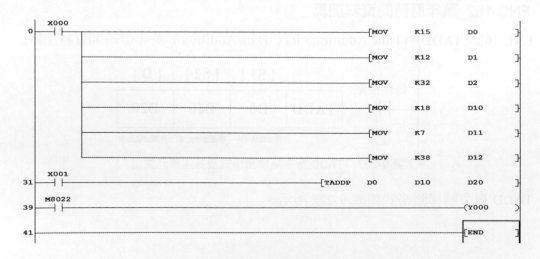

圖 9-229　階梯圖

【說明】

1. X0 = ON，將時間一：15:12:32 分別傳送至 D0：D1：D2；時間二：18:07:38 分別傳送至 D10：D11：D12。

2. X1 = ON，執行 TADD 指令，將時間一與相加時間二，結果置入 D20：D21：D22，過程如下圖 9-230 所示：

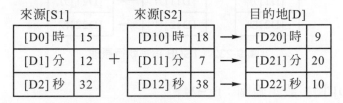

秒：　32+38 = 70 ，大於 60 進位 1 分。

分：　12+　7 = 19，因秒進一位，所以　分：19+1 = 20。

時：　15+18 = 33 ，33-24 = 9，進位旗標 M8022 = ON。

圖 9-230　TADD 指令執行過程

3. 秒數相加為 70，大於 60，因此，實際結果為 70 - 60 = 10，進一位至"分"。

4. 分數相加為 12 + 7 = 19，由於秒數進一位，所以實際分數為 19 + 1 = 20。

5. 時數相加為 33，大於 24，因此，進位旗標 M8022 = ON，實際時數減 24（33 - 24 = 9）。

6. 相加結果 9:20:10，置入 D20：D21：D22。

7. 因進位旗標 M8022 = ON ➜ Y0 = ON。

4. FNC 163_萬年曆時間資料減算

FNC 163：TSUB P (Time Subtraction / RTC Data Subtraction)_萬年曆時間資料減算

圖 9-231　TSUB 指令階梯圖格式及運算元說明

TSUB 指令階梯圖格式如圖 9-231 所示。

【指令功能解說】

1. 本指令主要功能是將兩個不同來源([S1]及[S2])的時間(時、分、秒) 相減([S1] - [S2])，相減結果之時間差儲存於目的地[D]的字元元件內。

2. 顯示在階梯圖內的[S1]、[S2]及[D]均為帶頭編號的字元元件,用以指定或儲存時間值之"時"數,至於"分"數指定或儲存於[S1]+1、[S2]+1 及[D]+1,"秒"數則指定或儲存於[S1]+2、[S2]+2 及[D]+2,以上一指令格式階梯圖為例,其示意圖如下。

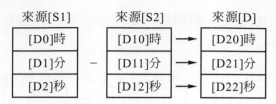

圖 9-232　TSUB 指令執行原理

3. [S1]、[S2]及[D]"時" 設定範圍:0~24。

4. [S1]+1、[S2]+1 及[D]+1 "分" 設定範圍:0~59。

5. [S1]+2、[S2]+2 及[D]+2 "秒" 設定範圍:0~59。

6. 兩個不同來源 ([S1]及[S2])的時間 (時、分、秒)相減,若相減結果小於 0 小時,則借位旗標 M8021➔ON,若相減結果為 0:00:00,零旗標信號 M8020➔ON。

【例 9-80】設計一階梯圖,以 TSUB 指令執行下列兩時間相減,並將相減結果儲存於帶頭編號 D20,時間一:18:07:38 ,時間二:15:12:32

解:階梯圖如圖 9-233 所示。

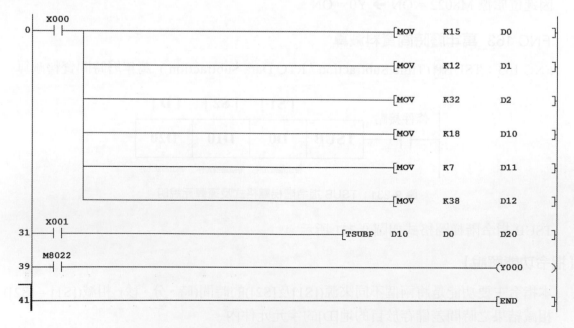

圖 9-233

【說明】

1.　X0 = ON，將時間一：18:07:38 分別傳送至 D10：D11：D12。
　　　　　　　　　 時間二：15:12:32 分別傳送至 D0：D1：D2。

2.　X1 = ON，執行 TSUB 指令，將時間一與時間二相減，結果置入 D20：D21：D22，
　　過程如圖 9-234 所示：

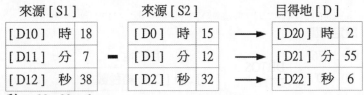

秒：38 - 32 = 6
分：7 - 12 = -5 < 0，向"時"借一位，因此，分鐘數為 -5 + 60 =55
時：18 - 15 = 3，被分借一位，因此，時數為 3 - 1 = 2

圖 9-234　TSUB 指令執行過程說明

3.　相加結果 2:55:6，置入 D20：D21：D22。

5.　FNC 164_時、分、秒轉換成秒數

FNC 164：DHTOSP (Hour to Second Conversion)_時、分、秒轉換成秒數

圖 9-235　HTOS 指令階梯圖格式

HTOS 指令階梯圖格式如圖 9-235 所示。

【指令功能解說】

1.　本指令為 FX3U(C)新增指令。

2.　本指令將來源[S]之時、分、秒轉換成總秒數傳送至目的地[D]儲存。

3.　[S]為一帶頭編號之來源字元元件，使用三個同一性質之字元元件[S]、[S]+1、[S]+2，
　　分別用以指定時、分、秒數，設定範圍分成 16-bit 及 32-bit 兩種運算模式。

4.　[D]為字元元件之目的地，儲存轉換的總秒數。

5.　指令功能及運算模式如圖 9-236 所示：

16-bit

來源	時分秒	設定範圍
[S]	時	0 ~ 9
[S]+1	分	0 ~ 59
[S]+2	秒	0 ~ 59

HTOS →

目的地

| [D] | 總秒數 |

32-bit：

來源	時分秒	設定範圍
[S]	時	0 ~ 32,767
[S]+1	分	0 ~ 59
[S]+2	秒	0 ~ 59

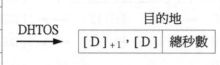

DHTOS →

目的地

| [D]+1，[D] | 總秒數 |

圖 9-236　HTOS 指令功能及運算模式

6.　當指定至來源的時、分、秒之值超出以上之設定範圍，錯誤旗標 M8067➜ON，錯誤碼 K6706 存入特殊資料暫存器 D8067。

【例 9-81】設計一程式，將 7:25:36 轉換成秒數。

解：時數為 7，沒超過 16-bit 時數設定範圍，因此，採 16-bit 指令運算模式，階梯圖設計如圖 9-237。

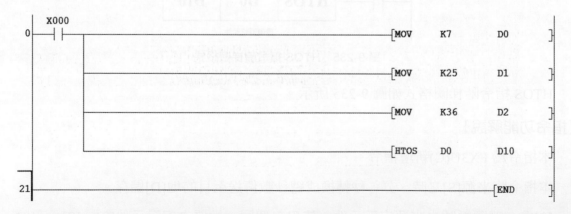

圖 9-237　階梯圖

X0 ➔ON，程式執行結果，如圖 9-238 所示：

圖 9-238　執行結果

【例 9-82】若 PLC 內建萬年曆此刻為 2025/05/20　15:51:23　Tue，32-bit 指令 DHTOS
執行結果示意如下：

【說明】

　　因時數 15 超過 16-bit 時數設定範圍，因此，採 32-bit 指令 DHTOS，本例程式設計移至下兩節"FNC 166_ TRD P (Time Read)_萬年曆時間資料讀出"章節內，現僅就執行過程示意如圖 9-239。

圖 9-239　本例示意圖

6. FNC 165_秒數轉換成時、分、秒

FNC 165：D STOH P (Second to Hour Conversion)_秒數轉換成時、分、秒

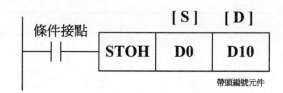

圖 9-240　STOH 指令階梯圖格式

STOH 指令階梯圖格式如圖 9-240 所示。

1. 本指令為 FX3U(C)新增指令。

2. 本指令將來源[S]之秒數轉換成時、分、秒，傳送至目的地[D]儲存。

3. [S]為來源字元元件，用以指定秒數。

4. [D]為一帶頭編號之字元元件，使用三個同一性質之字元元件[D]、[D]+1、[D]+2，分別用以儲存由總秒數轉換後之時、分、秒數,設定範圍分成 16-bit 及 32-bit 兩種運算模式。

5.　指令功能及運算模式如圖 9-241 所示：

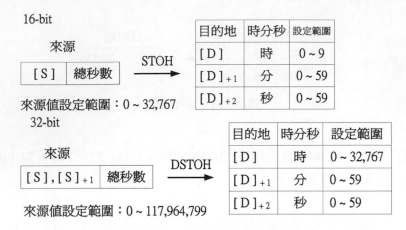

圖 9-241　STOH 指令功能及運算模式

6.　當指定至來源的總秒數超出以上之設定範圍，錯誤旗標 M8067➔ON，錯誤碼 K6706
存入特殊資料暫存器 D8067。

【例 9-83】設計一程式，將 26,736 秒轉換成時：分：秒。

解：

```
   X000
0 ─┤├────────────────────────────────[MOV   K26736   D0 ]
   │
   │                                   [STOH   D0   D10 ]
   │
11 ├────────────────────────────────────────────[END ]
```

圖 9-242　階梯圖

【說明】

1.　26,736 在 16-bit 來源之設定範圍內，因此，採 16-bit 指令 STOH 即可。

2.　X0=ON，將 26,736 移入資料暫存器 D0，同時，執行 STOH 指令，將之轉成時：分：
秒分別儲存在 D10：D11：D12，如圖 9-243 所示。

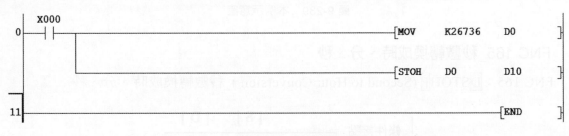

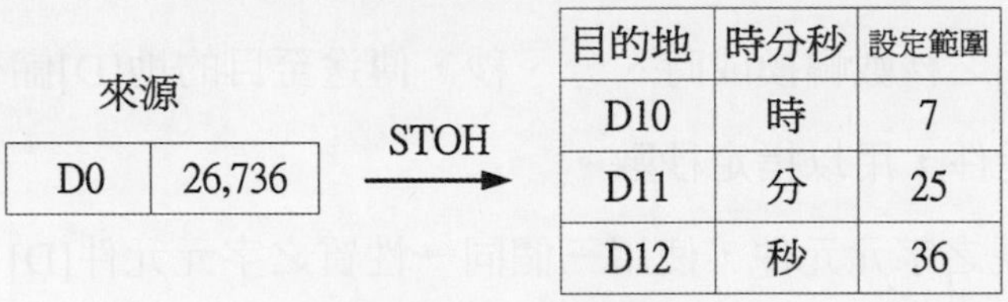

圖 9-243　執行結果

3.　因此，26,736 秒=7 時 25 分 36 秒。

7. FNC 166_萬年曆時間資料讀出

FNC 166：TRD|P| (Time Read)_萬年曆時間資料讀出

TRD 指令階梯圖格式如圖 9-244 所示。

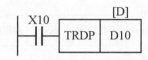

圖 9-244　TRD 指令階梯圖格式

【指令功能解說】

　　FX 系列 PLC 多數已內建萬年曆於 7 個特殊資料暫存器 D8013～D8019，如表 9-37 所示：

表 9-37　萬年曆內建特殊暫存器意義表

FX 2N/3U 特殊暫存器	內容	意義	FX5U 特殊暫存器	
D8018	0-99	西元年	SD8018	SD210
D8017	1～12	月	SD8017	SD211
D8016	1～31	日	SD8016	SD212
D8015	0～23	時	SD8015	SD213
D8014	0～59	分	SD8014	SD214
D8013	0～59	秒	SD8013	SD215
D8019	0 (日)～6 (六)	星期	SD8019	SD216

註：D8018 之 2 位數內容值表西元年之最右 2 位數

　　TRD 指令用以將 PLC 內建萬年曆之年、月、日、時、分、秒、星期幾，由對應之 D8018～D8013、D8019 這 7 個特殊資料暫存器內讀出，並分別依序傳送至指定的目的地[D]+0、[D]+1、[D]+2、[D]+3、[D]+4、[D]+5、[D]+6 中。

　　D8018 內存西元年之最右 2 位數，若欲讀取 4 位數之西元年，則程式起始時需先將 K2000 傳送至 D8018。

【例 9-84】將 PLC 內建萬年曆之年、月、日、時、分、秒、星期幾，傳送至 D10、D11、
　　　　　D12、D13、D14、D15、D16。

解：階梯圖如圖 9-245 所示。

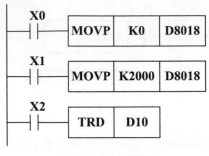

圖 9-245　階梯圖

【動作說明】

若內建萬年曆此刻為 2021/05/26 14:32:16 Wed，如表 9-38(a)所示。

| 表 9-38(a) | | | | 表 9-38(b) | | | 表 9-38(c) | |
| 2021/05/26 14:32:16 Wed | | | | (1) | | | (2) | |
特殊暫存器	意義	內容		Dn	內容		Dn	內容
D8018	西元年	21		D10	21		D10	2021
D8017	月	5		D11	5		D11	5
D8016	日	26	X0/ON	D12	26	X1/ON	D12	26
D8015	時	14	X2/ON	D13	14	X2/ON	D13	14
D8014	分	32		D14	32	或	D14	32
D8013	秒	16		D15	16		D15	16
D8019	星期	3		D16	3		D16	3

1. 先將 X0/ON 之後，再執行 X2/ON，則資料暫存器 D10～D16 內容如表 9-38(b)中所示，
   西元年僅讀出最右兩位數。

2. 西元年若要讀出完整的四位數，則須先將 X1/ON，亦即先將 K2000 傳送至 D8018，
   再執行 X2/ON，則西元年之讀出，方才由最右兩位數切換成完整的四位數，如表 9-38(c)
   所示。

【例 9-85】使用 GX Works2 或 GX Works3，執行萬年曆時間資料之讀出及寫入步驟如下：

1. 點選【Online】\【Set Clock】，出現一 Set Clock 視窗。

2. 視窗中央的時鐘圖示會顯示出 PLC 內建萬年曆之時間，點選①【Get time from PC】，可以讀取 PC 的時間。

    ※ 注意：三菱 PLC 為日本機種，故初次執行 TRD 指令時，讀出的是日本標準時間，它比台灣標準時間快 1 個小時。

3. 在左下方月曆中點選正確的年/月/日、在右方欄位點選正確的時間，之後點選②【Execute】鈕，即可完成時間資料之寫入，如圖 9-246 所示。

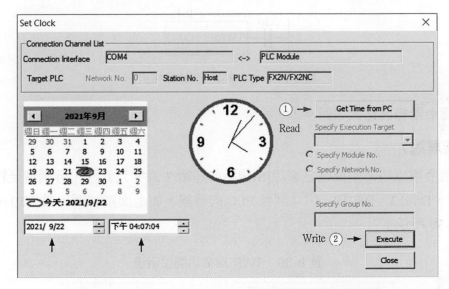

圖 9-246　在 GX Works2 軟體中讀出或修改萬年曆時間

【例 9-86】設計一程式隨時顯示 PLC 內部萬年曆時間時、分、秒之總秒數存於 D51、D50 兩資料暫存器內。

解：階梯圖如 9-247 所示。

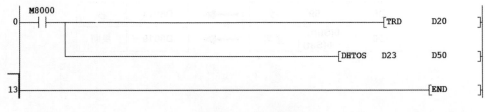

圖 9-247　階梯圖

若現在時間為 2022/03/16　15:51:23　Fri，此刻執行結果如圖 9-248 所示：

圖 9-248　執行結果

8.　FNC 167_萬年曆時間資料寫入

FNC 167：TWRP (Time Write)_萬年曆時間資料寫入

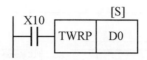

圖 9-249　TWR 指令階梯圖格式

TWR 指令階梯圖格式如圖 9-249 所示。

【指令功能解說】

　TWR 指令用以將帶頭編號之來源[S]開始的連續 7 個字元元件，分別傳至特殊資料暫存器 D8018～D8013、D8019，用以調整 PLC 的時鐘，如上面階梯圖，當 X10=ON 時，其結果如表 9-39 所示：

表 9-39　TWR 指令功能說明表

資料暫存器	內容	意義		特殊暫存器	意義
D0	00 ~ 99	西元年	➜	D8018	西元年
D1	1 ~ 12	月	➜	D8017	月
D2	1 ~ 31	日	➜	D8016	日
D3	0 ~ 23	時	➜	D8015	時
D4	0 ~ 59	分	➜	D8014	分
D5	0 ~ 59	秒	➜	D8013	秒
D6	0(Sun) ~ 6(Sat)	星期	➜	D8019	星期

【例 9-87】將 PLC 的時鐘調整爲 2023/03/16 14:15:37 星期四。

解：階梯圖如圖 9-250 所示。

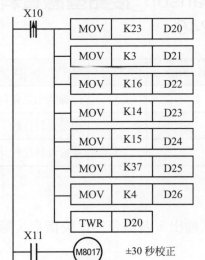

將 PLC 的時鐘調整爲 2023/03/16 14:15:37 Thu

圖 9-250　階梯圖

表 9-40　本例執行結果

資料暫存器	內容		資料暫存器	內容	意義
D20	23	➡	D8018	23	西元年
D21	3	➡	D8017	3	月
D22	16	➡	D8016	16	日
D23	14	➡	D8015	14	時
D24	15	➡	D8014	15	分
D25	37	➡	D8012	37	秒
D26	4	➡	D8019	4	星期

【動作說明】

1. 西元年僅寫入最右邊兩位數，雖然在程式起始已將 K2000 傳送至 D8018，切換成四位數顯示的模式，但欲變更年份仍然只可寫入兩位數，範圍介於 00～99，四位數顯示的模式範圍介於 1980～2079，其中 00～79 別對應西元 2000 年～2079 年、80～99 分別爲西元 1980 年～1999 年。

2. 特殊輔助繼電器 M8017 = ON，執行正負 30 秒的校正動作，亦即當時鐘的秒數在 0～29 時，按下 X11 則僅秒數復歸成 0 秒，若當時鐘的秒數在 30～59 時，則按下 X11 時秒數復歸成 0 秒，同時分鐘數增加一分鐘。

9-2-10 Data Comparison_接點型態資料比較：FNC224～246

FX3U	Data Comparison	FX5U	中　文	指令解說
224～230	LoaD Compare	√	母線開始之資料比較	√
232～238	AND Compare	√	串接資料比較	√
240～246	OR Compare	√	並接資料比較	√

【指令功能解說】

　　資料比較結果，以接點形式輸出，各項資料比較指令，階梯圖格式及功能分別敘述於下：

(1) FNC 224～230：LD□ (Load Compare)_母線開始之資料比較

表 9-41　接點型態資料比較指令、階梯圖格式及功能表

FNC	指令	階梯圖格式	功　能	
			ON 條件	OFF 條件
224	LD=	⊢ LD= | S1 | S2 ─◯ =	S1 = S2	S1 ≠ S2
225	LD>	⊢ LD> | S1 | S2 ─◯ >	S1 > S2	S1 <= S2
226	LD<	⊢ LD< | S1 | S2 ─◯ <	S1 < S2	S1 >= S2
228	LD< >	⊢ LD< > | S1 | S2 ─◯ < >	S1 < > S2	S1 = S2
229	LD<=	⊢ LD< = | S1 | S2 ─◯ <=	S1 <= S2	S1 > S2
230	LD>=	⊢ LD> = | S1 | S2 ─◯ >=	S1 >= S2	S1 < S2

(2)　FNC 232～238：AND□ (AND Compare)_串接資料比較

表 9-42　串指資料比較指令、階梯圖格式及功能表

FNC	指令	階梯圖格式	功　　能	
			ON 條件	OFF 條件
232	AND=	AND= S1 S2 =	S1 = S2	S1 ≠ S2
233	AND>	AND> S1 S2 >	S1 > S2	S1 < = S2
234	AND<	AND< S1 S2 <	S1 < S2	S1 > = S2
236	AND<>	AND<> S1 S2 <>	S1 < > S2	S1 = S2
237	AND<=	AND<= S1 S2 <=	S1 < = S2	S1 > S2
238	AND>=	AND>= S1 S2 >=	S1 > = S2	S1 < S2

(3)　FNC 240～246：OR□ (OR Compare)_並接資料比較

表 9-43　並接資料比較指令、階梯圖格式及功能表

FNC	指令	階梯圖格式	功　　能	
			ON 條件	OFF 條件
240	OR=	OR= S1 S2 =	S1 = S2	S1 ≠ S2
241	OR>	OR> S1 S2 >	S1 > S2	S1 < = S2
242	OR<	OR< S1 S2 <	S1 < S2	S1 > = S2
244	OR<>	OR<> S1 S2 <>	S1 < > S2	S1 = S2
245	OR<=	OR<= S1 S2 <=	S1 < = S2	S1 > S2
246	OR>=	OR>= S1 S2 >=	S1 > = S2	S1 < S2

CH 9

【例 9-88】試設計一個單向紅綠燈控制電路，X0 為啟動按鈕，X1 為停止按鈕，動作時序如下圖所示。

GL	YL	RL
Y0	Y1	Y2
5 S	5 S	5S

※註：以下之階梯圖，每一迴路所顯示的接點個數，已變更為 11 Contacts。

變更顯示接點個數的操作步驟如下：功能選項[View] \子選項[Set the contact] \ ‧ 11 Contacts。

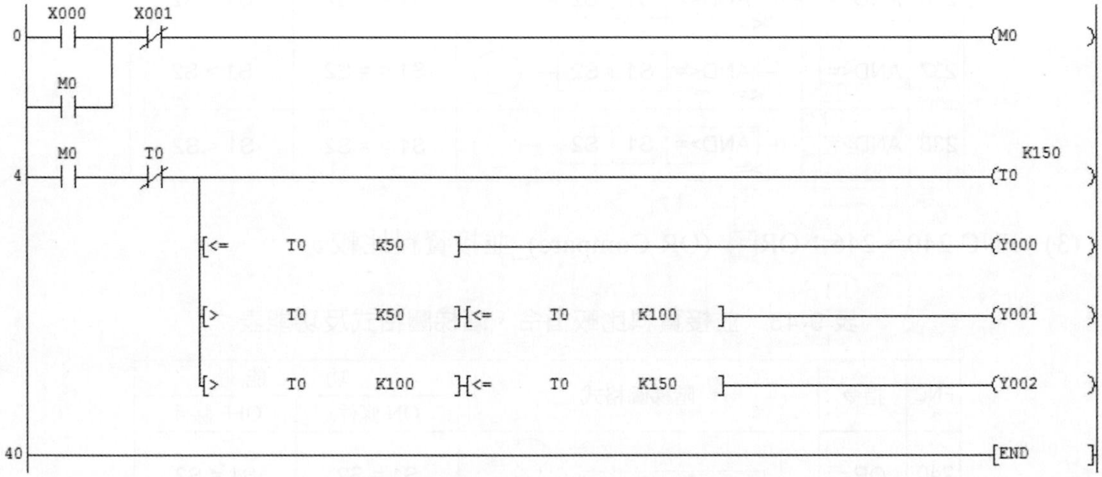

圖 9-251　單向紅綠燈控制電路階梯圖

【自行練習】

1. 嘗試使用 Data Comparison_接點型態資料比較指令，重新設計 CH5【5-7-7 週期性循環動作控制】學習範例程式。

2. 嘗試使用 Data Comparison_接點型態資料比較指令，重新設計 CH5【5-7-8 紅綠燈控制】學習範例程式。

【例 9-89】星期一至星期五，每天開機時段如下：

08:10～12:00；12:50～17:40；18:20～21:50

開機時段內：

(1) 第一組七段顯示器顯示：月月_日日。

(2) 第二組七段顯示器顯示：時時_分分。

試設計出 PLC 階梯圖，(1)(2)可由人機介面中兩組數值顯示元件分別讀出圖 9-252 中之 D31 及 D30 以取代七段顯示器，因此階梯圖中倒數 2、3、4 行可略去。

解：階梯圖如圖 9-252 所示。

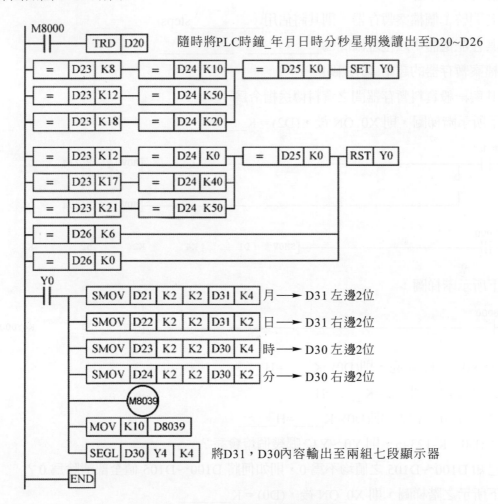

圖 9-252　例 9-89 階梯圖及說明

習 題

1. PLC 的應用指令可分為哪幾類？

2. 為何在程式中要儘可能使用執行一次或脈波(P)指令？

3. K3X0 = X～X 等位元元件；K3M0 = M～M 等位元元件。

4. 比較指令有哪幾種，試簡述之。

5. 試寫出下列應用指令之中文名稱。

   (1)PLSY，(2)SFTR，(3)SFWR，(4)STMR，(5)TWR，(6)SEGL

6. 何謂檔案暫存器？

7. (1)若開啟 1 個檔案暫存器，則其將佔用_____steps

   (2)其在記憶體中之位址區間為_____～_____

   (3)檔案暫存器的起始(編)號碼為_____

   (4)其與一般資料暫存器間之資料傳送指令為_____

8. 如下所示階梯圖，則 X0_ON 後, (D2) = K_____

```
      M8002
   0  ─┤├──┬──────────────────────────────[MOV    H1234    D1    ]
          │
          └──────────────────────────────[MOV    K1234    D2    ]

      X000
  11  ─┤↑├────────────[SMOV   D1    K4    K2    D2    K3    ]
```

9. 如下所示階梯圖：

```
      M8000
   0  ─┤├────────────────────────────────[MOV    D0      K4Y000 ]
```

   (1)若 Y0～Y17 全亮，則(D0)=K____=H____

   (2)僅亮 Y17，則(D0)=K____=H____

   (3)僅亮 Y10～Y17，則(D0)=K____=H____

   (4)若(D0)=K-12345，則 Y0～Y17 哪幾個燈會亮？

10. 若已知 D100～D105 之值均不為 0，則如何將 D100～D105 值全部清除為 0？

11. 如下所示之階梯圖，則 X0_ON 後, (D0) = K_____

```
      M8002
   0  ─┤├────────────────────────────────[MOV    K1234    D0   ]

      X000
   6  ─┤├──────────────────────────────────────[SWAP   D0   ]
```

12. 如下所示階梯圖，則 X0_ON 後，(D1) = K_____

```
      M8002
0 ├──┤├──────────────────────────────────[MOV    K-12345   D0  ]

      X000
6 ├──┤↑├──────────────────────────────────[SUM    D0        D1  ]
```

13. 如下所示階梯圖，(1)X0_ON 後，Y0～Y17 那幾個燈會亮？(2)X1_ON 後，Y0～Y17 哪幾個燈會亮？

```
      M8002
0 ├──┤├──────────────────────────────────[MOV    K123    D0  ]
     │
     ├───────────────────────────────────[MOV    K456    D1  ]
     │
     ├───────────────────────────────────[MOV    H123    D2  ]
     │
     └───────────────────────────────────[MOV    H456    D3  ]

      X000
21├──┤├──────────────────────────────[ADDP   D0    D3    K4Y000 ]

      X001
29├──┤├──────────────────────────────[SUBP   D1    D2    K4Y000 ]
```

14. 如下所示階梯圖，

(1)若(D0)=K32767，則 X0_ON 後，(D0)=K_____

　　若(D0)=K32767，則 X1_ON 後，(D0)=K_____

(2)若(D0)=K-32768，則 X2_ON 後，(D0)=K_____

　　若(D0)=K-32768，則 X3_ON 後，(D0)=K_____

```
      X000
0 ├──┤├──────────────────────────[ADDP   D0    K1    D0  ]

      X001
8 ├──┤├──────────────────────────────────[INCP   D0  ]

      X002
12├──┤├──────────────────────────[SUBP   D0    K1    D0  ]

      X003
20├──┤├──────────────────────────────────[DECP   D0  ]
```

15. 試以解碼指令(DECO)設計一應用程式，動作要求如下：

(1)早上 8:30 開門(Y0ON)，晚上 8:30 關門(Y1ON)。

(2)X0：鐵捲門上限檢測開關，X1：鐵捲門上限檢測開關。

CH 9

16. 試說明下列二個程式之用途。

```
    M8000
0 ──┤ ├──────────────────────────[FROM  K0    K4    D0    K1  ]

    M8000                                         U0\
0 ──┤ ├────────────────────────────────[MOV    G4    D0  ]
```

17. 試說明下列二個程式之用途。

```
    M8002
0 ──┤ ├──────────────────────[T0    K0    K10   K10   K1  ]

    M8002                                        U0\
0 ──┤ ├──────────────────────────────[MOV    K10   G10 ]
```

18. 一十字路口紅綠燈交通號誌控制電路，X0 為啟動按鈕，X1 為停止按鈕，動作時序如下圖所示，試分別以下列應用指令來設計程式：(1)CMP，(2)ZCP，(3)ABSD，(4)INCD，(5)接點型態資料比較，(6)7-11 機械碼程式設計。

Y0-綠燈	Y1-黃燈	Y2-紅燈
5S	5S	5S

19. 一十字路口紅綠燈交通號誌控制電路，X0 為啟動按鈕，X1 為停止按鈕，動作時序如下圖所示，試分別以下列應用指令來設計程式：(1)CMP，(2)ZCP，(3)ABSD，(4)INCD，(5)接點型態資料比較，(6)7-11 機械碼程式設計。

Y0-綠燈	Y0-綠燈閃爍	Y1-黃燈	Y2-紅燈
5S	5S	3S	2S

20. 一十字路口紅綠燈交通號誌控制電路，X0 為啟動按鈕，X1 為停止按鈕，動作時序如下圖所示，試分別以下列應用指令來設計程式：(1)CMP，(2)ZCP，(3)ABSD，(4)INCD，(5)接點型態資料比較，(6)7-11 機械碼程式設計。

東西向	綠燈	綠燈閃爍	黃燈	紅燈	紅燈
	Y0	Y0 閃爍	Y1	Y2	Y2
	12S	5S	3S	2S	22S

東西向	紅燈	綠燈	綠燈閃爍	黃燈	紅燈
	Y12	Y10	Y10 閃爍	Y11	Y12
	22S	12S	5S	3S	2S

21. 使用 CALL、FEND、SRET 指令，設計一階梯圖完成下列動作：

　　(a)PLC 由 STOP→RUN

　　(b)Y0 亮，Y1 閃爍。

　　(c)按 X10Y0、Y1 狀態不變。

　　(d)按 X11Y2～Y4 輪亮，全熄，Y2～Y4 輪亮，全熄…。

22. 設計一霹靂燈階梯圖，動作要求如下：

　　按 X10→Y0～Y17→Y16～Y0、Y1、…依序輪流亮熄。

23. 若(D0)內值小於(D10)內值設計並畫出(D0)減(D10)等於(D20)之絕對值完整階梯圖。

24. 如下所示階梯圖，請在下列空格填入正確的浮點數值。

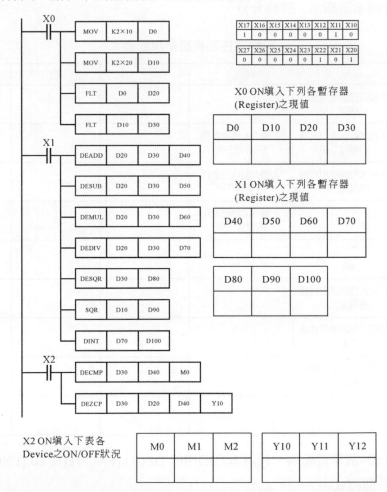

X17 X16 X15 X14 X13 X12 X11 X10
X17	X16	X15	X14	X13	X12	X11	X10
1	0	0	0	0	0	1	0

X27	X26	X25	X24	X23	X22	X21	X20
0	0	0	0	0	1	0	1

X0 ON填入下列各暫存器(Register)之現值

D0	D10	D20	D30

X1 ON填入下列各暫存器(Register)之現值

D40	D50	D60	D70

D80	D90	D100

X2 ON填入下表各Device之ON/OFF狀況

M0	M1	M2

Y10	Y11	Y12

25. 以接點形態比較指令完成下列階梯圖。

　　(a)當 X0=ON 時，C10 的現在值又等於 K100 時 Y10=ON

　　　當 X1=OFF 而暫存器 D0 的內容又不等於–10 則 Y11=ON 並保持。

　　(b)當 X2=ON 且暫存器 D11、D10 的內容又小於 K678902 時，或 32 位元暫存器 D101、　D100 的內容大於或等於 K123456 時，M5=ON。

CH 9

26. FX2N 主機內建萬年曆，年月日時分秒存於 D8018～D8013，星期幾存於 D8019，請設計一階梯圖將該主機現在時間調整爲：

2004 年 11 月 6 日 13 時 12 分 5 秒星期六

27. 依下列 PLC 實驗室課程表設計一程式以 PLC 之 Y1 控制冷氣機。

(a)冷氣機僅在每次上課前 5 分鐘送電，下課後 3 分鐘斷電，但連續上課節間不斷電，上下午間依上述規則。

每年 1 月 21 日至 2 月 17 日、7 月 5 日至 9 月 17 日寒暑假期間斷電。

使用兩組四位數七段顯示器顯示器於開機時段內顯示即時之年、月、時、分。

(b)第一組七段顯示器顯示：年年月月。

(c)第二組七段顯示器顯示：時時分分。

可程式控制實驗室課程表

節次＼星期	一	二	三	四	五
1 08：10～09：00	可程式控制應用實務 四機電二甲				可程式控制應用實務 四機電二乙
2 09：10～10：00	可程式控制應用實務 四機電二甲	人機介面應用實務 四電資三甲			可程式控制應用實務 四機電二乙
3 10：10～11：00	可程式控制應用實務 四機電二甲	人機介面應用實務 四電資三甲			可程式控制應用實務 四機電二乙
4 11：10～12：00		人機介面應用實務 四電資三甲			
5 12：50～13：40					人機介面應用實務 四機電三甲
6 13：50～14：40	可程式控制應用實務 四機電二甲				人機介面應用實務 四機電三甲
7 14：50～15：40	可程式控制應用實務 四機電二甲				人機介面應用實務 四機電三甲
8 15：50～16：40	可程式控制應用實務 四機電二甲				
9 16：50～17：40					

28. 試將 CH8 的 10 個學習範例，利用本章節中的 DECO [FNC 41]及 CJ [FNC 0]應用指令，將其整合在一個程式中。

Integrated FA Software

GX Works 2&3
Programming and Maintenance tool

10 章

PLC 應用實務及程式設計範例

【例 10-1】二部電動機自動交替運轉控制『丙級室內配線第四題』_GX2

一、動作說明

1. 電源通電時，按下按鈕開關 PB1，MC1 激磁，第一部電動機 M1 先起動運轉，X 電力電驛激磁自保。

2. 經 TR1 設定一段時間後，MC2 激磁，第二部電動機 M2 起動運轉，MC1 因失磁，故 M1 停止運轉。

3. 再經 TR2 設定一段時間後，MC2 失磁，M2 停止運轉，而 MC1 激磁，M1 開始起動運轉，依此交替運轉。

4. 當按下按鈕開關 PB2 時，運轉中之電動機 M1 或 M2 均可停止運轉。

5. 電源正常時，綠燈 GL 亮，紅燈熄；任何一部電動機運轉時，紅燈 RL 亮，綠燈熄。當過載時積熱電驛 TH-RY 動作，運轉中之電動機均應跳脫，而蜂鳴器 BZ 發出警報。

二、電工圖

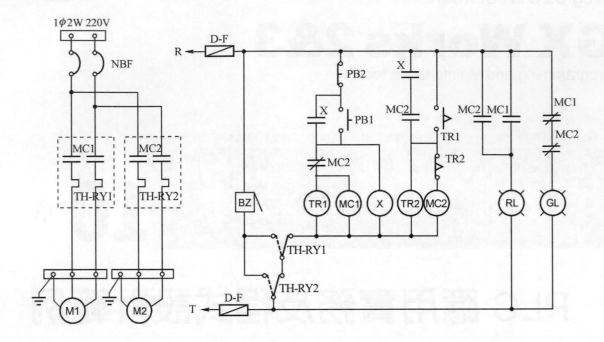

三、I/O 編碼

輸　入		輸　出	
PB1(a)	X1	BZ	Y0
PB2(b)	X2	MC1	Y1
TH-RY1	X5	MC2	Y2
TH-RY2	X6	GL	Y5
		RL	Y6

四、PLC 外部接線圖

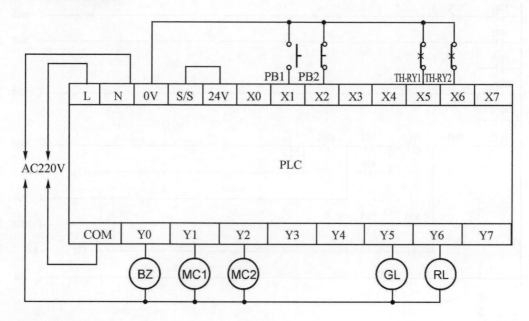

五、PLC 階梯圖

1. 將電工圖中控制電路直接轉成對應階梯圖

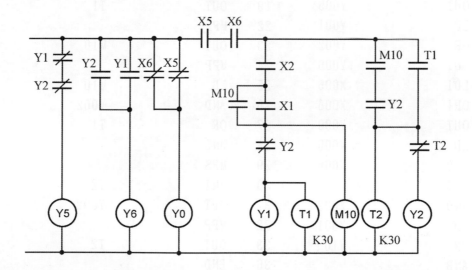

2. PLC 階梯圖

六、指令

0	LDI	Y001	17	ANI	Y002	
1	ANI	Y002	18	OUT	Y001	
2	OUT	Y005	19	OUT	T1	K30
3	LD	Y001	22	MPP		
4	OR	Y002	23	OUT	M10	
5	OUT	Y006	24	MPP		
6	LDI	X005	25	LD	M10	
7	ORI	X006	26	AND	Y002	
8	OUT	Y000	27	OR	T1	
9	LD	X005	28	ANB		
10	AND	X006	29	MPS		
11	MPS		30	ANI	T2	
12	AND	X002	31	OUT	Y002	
13	LD	X001	32	MPP		
14	OR	M10	33	OUT	T2	K30
15	ANB		36	END		
16	MPS		37	NOP		

【例 10-2】單相感應電動機瞬間停電再啓動控制『丙級室內配線第九題』_GX2

一、動作說明

(一) 電源正常時，僅綠燈 GL 亮，電動機不動作。

(二) 按下按鈕開關 PB1 時，電磁接觸器 MC 動作，電動機立即運轉，綠燈 GL 熄，紅燈 RL 亮。

(三) 按下按鈕開關 PB2 之時間，如低於限時電驛 TR 設定之時間秒數時再復歸，則電動機會再自行起動運轉；或遇電源瞬間停電之時間在限時電驛 TR 之設定時間內，再次恢復供電時，則電動機會自行再起動運轉。

(四) 按鈕開關 PB2 壓按時間，或電源瞬間停電後再復電之時間，如超過限時電驛 TR 所設定之時間秒數時，則電動機停止運轉。

(五) 按下按鈕開關 PB3 時，運轉中之電動機停止運轉，綠燈 GL 亮，紅燈 RL 熄。

(六) 電動機運轉中，若因過載致使積熱電驛 TH-RY 跳脫，則電動機停止運轉，綠燈 GL 亮，紅燈 RL 熄。

(七) 故障排除後，按下積熱電驛 TH-RY 復歸桿，可重新再起動電動機。

二、電工圖

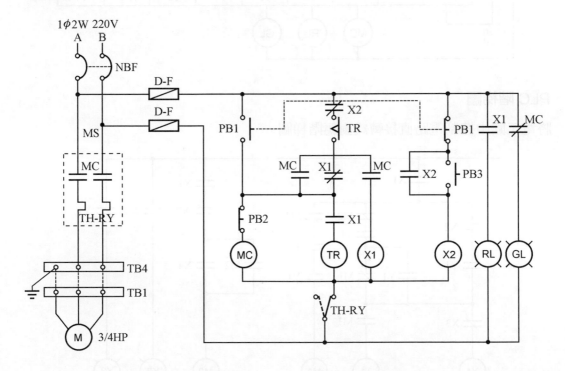

三、I/O 編碼

輸 入		輸 出	
TH-RY	X1	MC	Y1
PB1(b)	X2	RL	Y2
PB2(b)	X3	GL	Y3
PB3(a)	X4		

四、PLC 外部接線圖

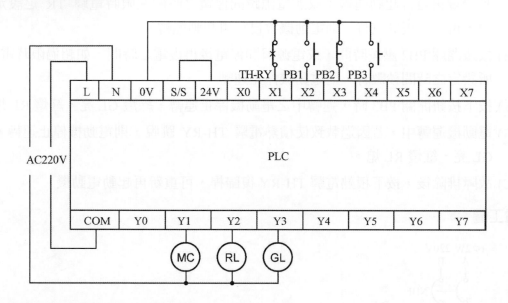

五、PLC 階梯圖

1. 將電工圖中控制電路直接轉成對應階梯圖

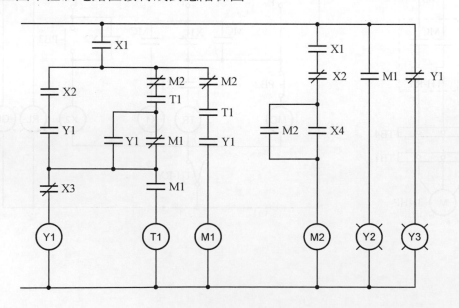

2. PLC 階梯圖

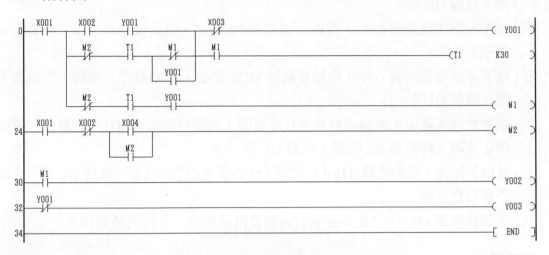

六、指令

0	LD	X001		19	MPP	
1	MPS			20	ANI	M2
2	LD	X002		21	AND	T1
3	AND	Y001		22	AND	Y001
4	LDI	M2		23	OUT	M1
5	AND	T1		24	LD	X001
6	LDI	M1		25	ANI	X002
7	OR	Y001		26	LD	X004
8	ANB			27	OR	M2
9	ORB			28	ANB	
10	ANB			29	OUT	M2
11	MPS			30	LD	M1
12	ANI	X003		31	OUT	Y002
13	OUT	Y001		32	LDI	Y001
14	MPP			33	OUT	Y003
15	AND	M1		34	END	
16	OUT	T1	K30	35	NOP	

【例 10-3】單相感應電動機正逆轉控制『丙級室內配線第二題』_GX3

一、動作說明

(一) 無熔絲開關 NFB ON，僅綠燈 GL 亮，電動機不動作。

(二) 按下正轉按鈕開關 FWD，電磁接觸器 MCF 激磁，電動機正轉，指示燈 RL1 亮，綠燈 GL 熄。

(三) 按下停止按鈕開關 OFF，電磁接觸器 MCF 失磁，電動機停止運轉，指示燈 RL1 熄，綠燈 GL 亮。

(四) 按下反轉按鈕開關 REV，電磁接觸器 MCR 激磁，電動機逆轉，指示燈 RL2 亮，綠燈 GL 熄。

(五) 按下停止按鈕開關 OFF，電磁接觸器 MCR 失磁，電動機停止運轉，指示燈 RL2 熄，綠燈 GL 亮。

(六) 電動機在運轉中，因過載或其他故障原因，致使積熱電驛 TH-RY 動作，電動機停止運轉，蜂鳴器 BZ 鳴響，綠燈 GL 亮。

(七) 故障排除後，積熱電驛 TH-RY 復歸，蜂鳴器 BZ 停止鳴響，綠燈 GL 亮，電動機不會自行啟動。

(八) 電磁接觸器 MCF 與 MCR 必須有電氣及機械連鎖，不得同時動作。

二、電工圖

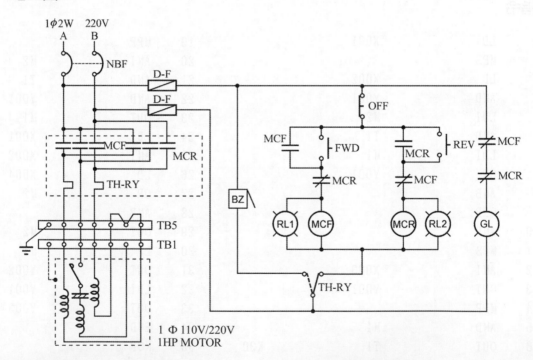

三、I/O 編碼

輸	入	輸	出
FWD	X0	MCF	Y0
REV	X1	MCR	Y1
OFF	X2	RL1	Y2
TH-RY	X3	RL2	Y3
		GL	Y4
		BZ	Y5

四、PLC 外部接線圖

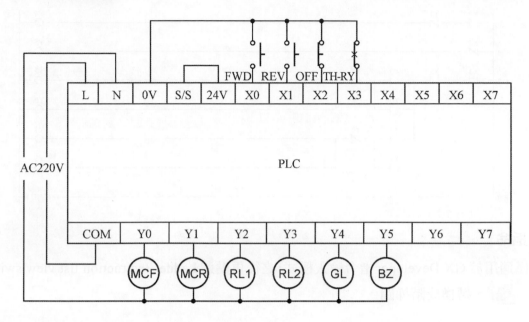

五、PLC 階梯圖

1. 將電工圖中控制電路直接轉成對應階梯圖

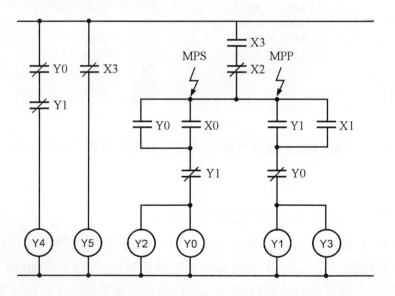

2. PLC 階梯圖

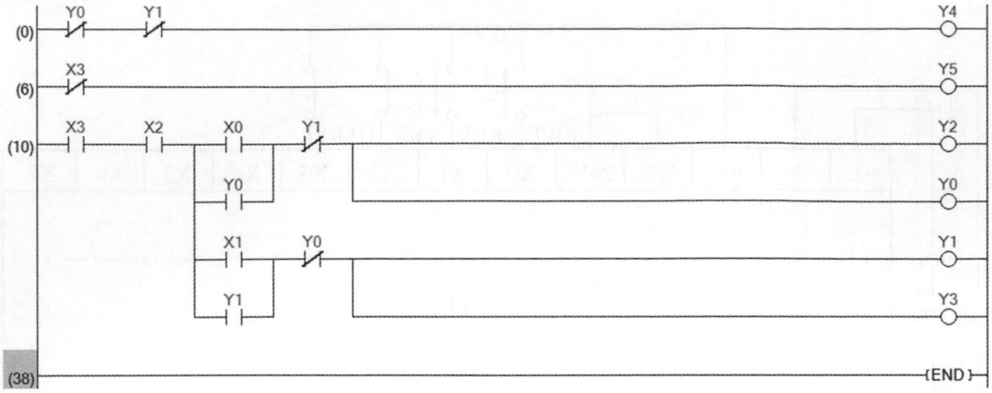

六、指令

僅適用於 GX Developer 指令輸入模式，之後再點選 Ladder/Instruction list view switches 圖示  ，轉換成階梯圖。

LDI	Y000	ANI	Y001
ANI	Y001	OUT	Y002
OUT	Y004	OUT	Y000
LDI	X003	MPP	
OUT	Y005	LD	X001
LD	X003	OR	Y001
AND	X002	ANB	
MPS		ANI	Y000
LD	X000	OUT	Y001
OR	Y000	OUT	Y003
ANB		END	

【例 10-4】沖床機自動計數直流煞車控制『乙級室內配線第二站第五題』_GX3

一、動作說明

(一) NFB ON 時電源接通，M1 電動機不動作。

(二) 按下 ON 按鈕開關，電磁開關 MC 激磁，RL 紅燈亮，沖床機自動運轉，每碰觸 LS 極限開關時，Counter 計數器內部數值即累加一次(正緣動作)，當 Counter 計數器累加至設定值時，計數器之 a 接點閉合，使電驛 X2 激磁，電磁開關 MC 失磁；TR2 開始計時，沖床機做直流煞車停止，TR2 計時到後自動將計數器復歸。

(三) 直流煞車動作情形如下：

當電磁開關 MC 激磁時，X1 激磁自保，電磁開關 MCB 未激磁。當電磁開關 MC 失磁，電磁開關 MCB 激磁，TR1 開始計時，使直流電源加於電動機中，M1 電動機做直流煞車停止，經 TR1 設定時間後，電磁開關 MCB 失磁，將直流電源切斷。

(四) 電動機正常運轉中，若過載則 TH-RY 積熱電驛動作跳脫，BZ 蜂鳴器響；M1 電動機做直流煞車，待 TH-RY 積熱電驛復歸後，方可重新啓動電動機。

(五) 當電磁開關 MC 激磁中，按下 OFF 按鈕開關，能使電磁開關 MC 失磁，並做直流煞車停止。

二、電工圖

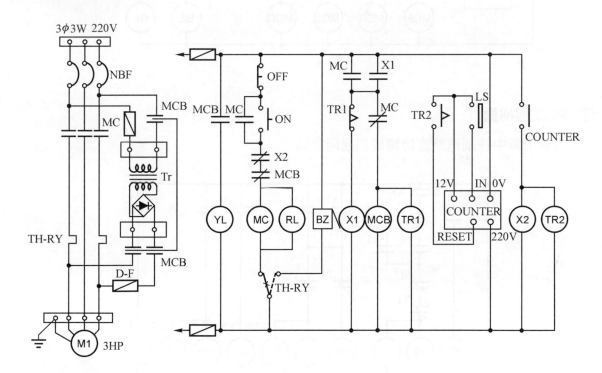

三、I/O編碼

輸　　入		輸　　出	
ON(a)	X1	MC	Y0
OFF(b)	X2	MCB	Y1
TH-RY(b)	X3	BZ	Y2
LS(a)	X4	RL	Y3
		YL	Y4

四、PLC 外部接線圖

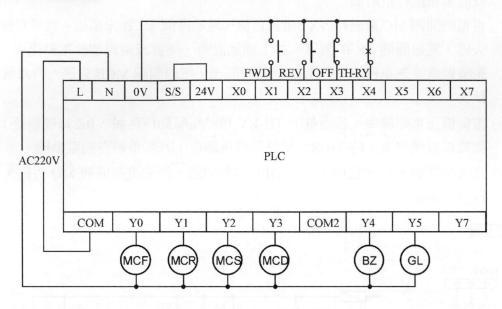

五、PLC 階梯圖

1. 將電工圖中控制電路直接轉成對應階梯圖

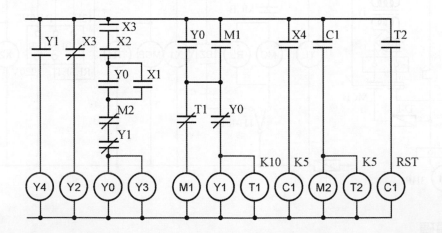

2. PLC 階梯圖

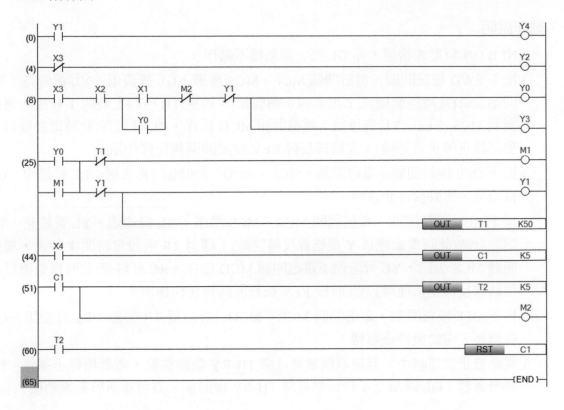

六、指令

僅適用於 GX Developer 指令輸入模式，之後再點選 Ladder/Instruction list view switches 圖示，轉換成階梯圖。

LD	Y001		MPS		
OUT	Y004		ANI	T1	
LDI	X003		OUT	M1	
OUT	Y002		MPP		
LD	X003		ANI	Y001	
AND	X002		OUT	Y001	
LD	X001Y		OUT	T1	K50
OR	000		LD	X004	
ANB			OUT	C1	K5
ANI	M2		LD	C1	
ANI	Y001		OUT	T2	K5
OUT	Y000		OUT	M2	
OUT	Y003		LD	T2	
LD	Y000		RST	C1	
OR	M1		END		

【例 10-5】三相感應電動機正反轉兼 Y-△啓動控制-1『乙級室內配線第二站第一題』_GX3

一、動作說明

(一) NFB ON 時電源接通，僅 GL 亮，電動機不動作。

(二) 按下 FWD 按鈕開關，電磁開關 MCF、MCS 激磁；GL 綠燈熄，YL 黃燈亮，TR 開始計時(此時電動機以 Y 型結線正轉啓動)。經過 TR 所設定時間 T 秒後，電磁 開關 MCS 失磁，YL 黃燈熄；電磁開關 MCD 動作，RL 紅燈亮(此時電動機以△ 型結線正轉正常運轉)，此時按反轉 REV 按鈕開關無任何作用。

(三) 按下 OFF 按鈕開關，電磁開關，MCF、MCD、計時器 TR 失磁；RL 紅燈熄、GL 綠燈亮，電動機停止運轉。

(四) 按下 REV 按鈕開關，電磁開關 MCR、MCS 激磁；GL 綠燈熄，YL 黃燈亮，TR 開始計時(此時電動機以 Y 型結線反轉啓動)。經過 TR 所設定時間 T 秒後，電磁 開關 MCS 失磁，YL 黃燈熄；電磁開關 MCD 動作，RL 紅燈亮(此時電動機以△ 型結線反轉正常運轉)，此時按 REV 按鈕開關無任何作用。

(五) 按下 OFF 按鈕開關，電磁開關 MCR、MCD、計時器 TR 失磁；RL 紅燈熄、GL 綠燈亮，電動機停止運轉。

(六) 電動機正常運轉中，若過載則積熱電驛 TH-RY 動作跳脫，電動機停止運轉。BZ 蜂鳴器響，GL 綠燈亮；待積熱電驛 TH-RY 復歸後，方可重新啓動電動機。

二、電工圖

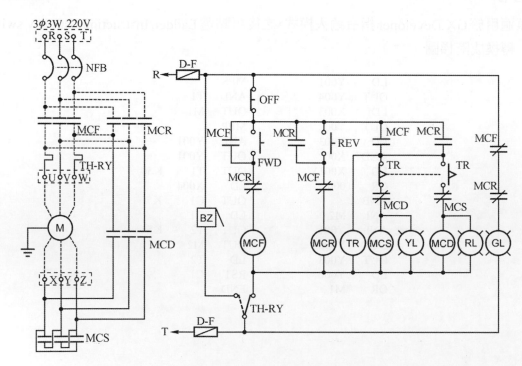

三、I/O 編碼

輸	入	輸	出
FWD(a)	X1	MCF	Y0
REV(a)	X2	MCR	Y1
OFF(b)	X3	MCS	Y2
TH-RY(b)	X4	MCD	Y3
		BZ	Y4
		GL	Y5

四、PLC 外部接線圖

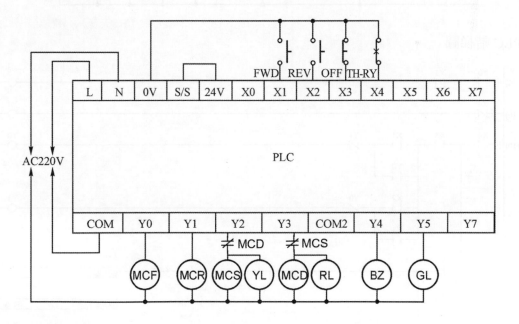

五、PLC 階梯圖

1. 將電工圖中控制電路直接轉成對應階梯圖

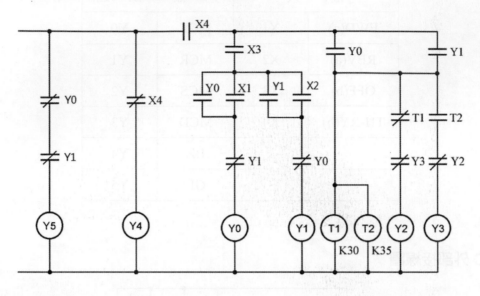

2. PLC 階梯圖

六、指令

僅適用於 GX Developer 指令輸入模式，之後再點選 Ladder/Instruction list view switches 圖示，轉換成階梯圖。

0	LDI	Y000	18	ANI	Y000	
1	ANI	Y001	19	OUT	Y001	
2	OUT	Y005	20	MPP		
3	LDI	X004	21	LD	Y000	
4	OUT	Y004	22	OR	Y001	
5	LD	X004	23	ANB		
6	MPS		24	OUT	T1	K30
7	AND	X003	27	OUT	T2	K35
8	MPS		30	MPS		
9	LD	X001	31	ANI	T1	
10	OR	Y000	32	ANI	Y003	
11	ANB		33	OUT	Y002	
12	ANI	Y001	34	MPP		
13	OUT	Y000	35	AND	T2	
14	MPP		36	ANI	Y002	
15	LD	X002	37	OUT	Y003	
16	OR	Y001	38	END		
17	ANB		39			

【例 10-6】三相感應電動機定時正逆轉 Y-△啓動控制-2_GX2

一、動作要求

(一) 手動操作部分 (COS 切於 1 位置)

1. 停車指示燈 PL5 亮。

2. 按 PB2，電動機正轉 Y 型啓動『MC1、MC3、PL1、PL3 閃亮(ON/0.5 秒，OFF/0.5 秒)』。10 秒後，轉成△運轉『MC1、MC4、PL1、PL4』，此時按 PB3 無作用。

3. 正轉啓動或運轉中，按 PB1 全部復歸，電動機停止動作，PL5 亮。

4. 按 PB3，電動機逆轉 Y 型啓動『MC2、MC3、PL2、PL3 閃亮(ON/0.5 秒，OFF/0.5 秒)』。10 秒後，轉成△型運轉『MC2、MC4、PL2、PL4』，此時按 PB2 無作用。

5. 逆轉啓動或運轉中，按 PB1 全部復歸，電動機停止動作，PL5 亮。

(二) 自動操作部分 (COS 切於 2 位置)

1. 停車指示燈 PL5 閃亮(ON/0.5 秒，OFF/0.5 秒)。

2. 按 PB2，先以正轉 Y 型啟動『MC1、MC3、PL1、PL3 閃亮(ON/0.5 秒 OFF/0.5 秒)』→(10 秒)→△運轉『MC1、MC4、PL1、PL4 閃亮(ON/0.5 秒 OFF/0.5 秒)』→(15 秒)→停車『PL5 閃亮(ON/0.5 秒，OFF/0.5 秒)』→(10 秒)→逆轉 Y 型啟動『MC2、MC3、PL2、PL3 閃亮』→(10 秒)→△型運轉『MC2、MC4、PL2、PL4 閃亮』→(15 秒)→停車『PL5 閃亮』→(10 秒)→正轉 Y 型啟動『MC1、MC3、PL1、PL3 閃亮』→・・・此後循環不斷，直至按下 PB1 後，立即停止動作『PL5 閃亮』。

3. 按 PB3，先以逆轉 Y 型啟動『MC2、MC3、PL2、PL3 閃亮(ON/0.5 秒，OFF/0.5 秒)』→(10 秒)→△運轉『MC2、MC4、PL2、PL4 閃亮(ON/0.5 秒 OFF/0.5 秒)』→(15 秒)→停車『PL5 閃亮(ON/0.5 秒 OFF/0.5 秒)』→(10 秒)→正轉 Y 型啟動『MC1、MC3、PL1、PL3 閃亮』→(10 秒)→△型運轉『MC1、MC4、PL1、PL4 閃亮』→(15 秒)→停車『PL5 閃亮』→(10 秒)→逆轉 Y 型啟動『MC2、MC3、PL2、PL3 閃亮』→・・・此後循環不斷，直至按下 PB1 後，立即停止動作『PL5 閃亮』。

4. COS 切回 1 位置，應能立即換回手動操作狀態，PL5 停閃。

(三) 過載及警報部分：

1. 積熱電驛 TH-RY 動作，運轉停止，BZ 響，按 PB4，BZ 停響。

2. 積熱電驛復歸，恢復正常操作狀態。

(四) 其他規定(PLC 控制附加動作要求)

1. PL1、PL2、PL3、PL4 作為啟動或運轉指示時，不能以 PLC 輸出接點直接控制。

2. MC1 與 MC2，MC3 與 MC4 須做外部連鎖。

3. Y 型接線轉△型接線時，須有 0.5 秒的切換時間。

4. PLC 須作輸出確認判斷及處理電磁接觸器線圈，因故未能與其相對應之 PLC 輸出信號同步動作時：

(1) PLC 有輸出，電磁接觸器線圈未動作，

(2) PLC 未輸出，電磁接觸器線圈動作；

所有負載、指示燈及警報均無作用；故障排除後，電源開關 ON，重新啟動 PLC，則恢復正常操作時之初始狀態。

二、電工圖

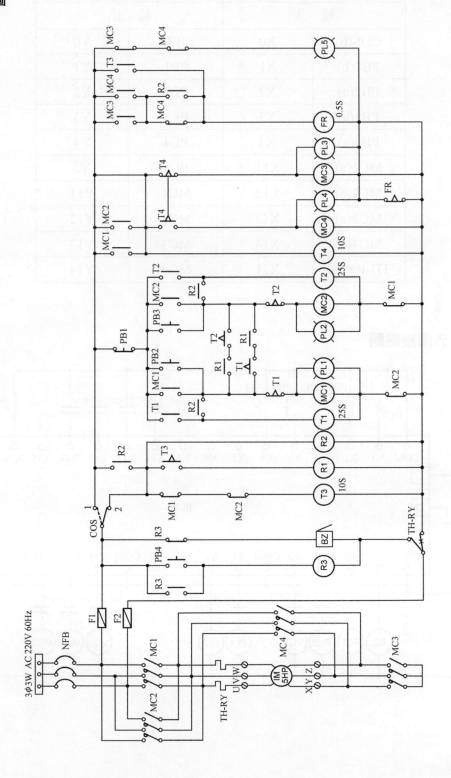

三、I/O 編碼

輸 入		輸 出	
COS(b)	X0	BZ	Y0
PB1(b)	X1	PL1	Y1
PB2(a)	X2	PL2	Y2
PB3(a)	X3	PL3	Y3
PB4(a)	X4	PL4	Y4
MC1(a)	X11	PL5	Y5
MC2(a)	X12	MC1	Y11
MC3(a)	X13	MC2	Y12
MC4(a)	X14	MC3	Y13
TH-RY(b)	X21	MC4	Y14

四、PLC 外部接線圖

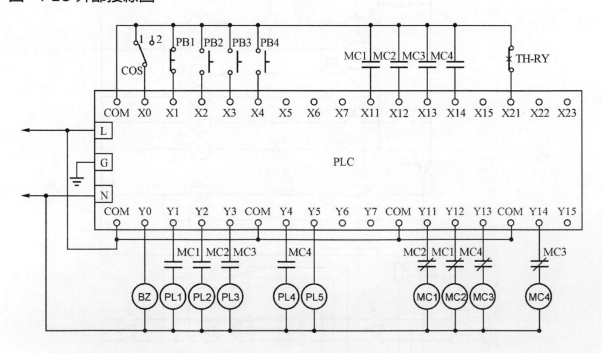

五、PLC 階梯圖

1.　SFC

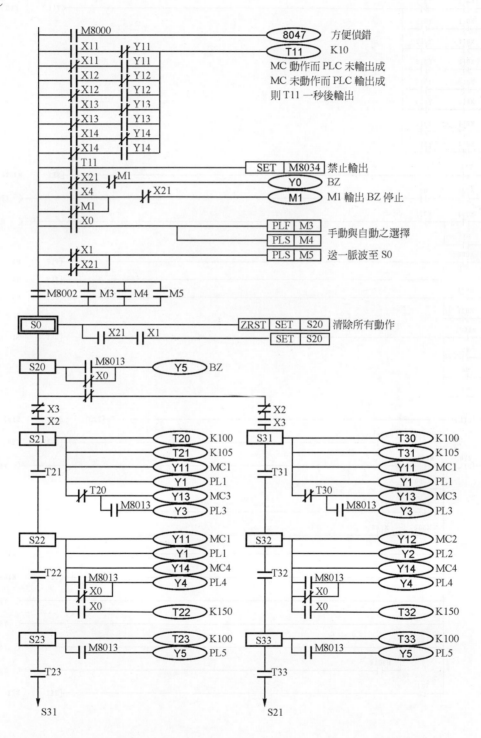

2. 步進階梯圖

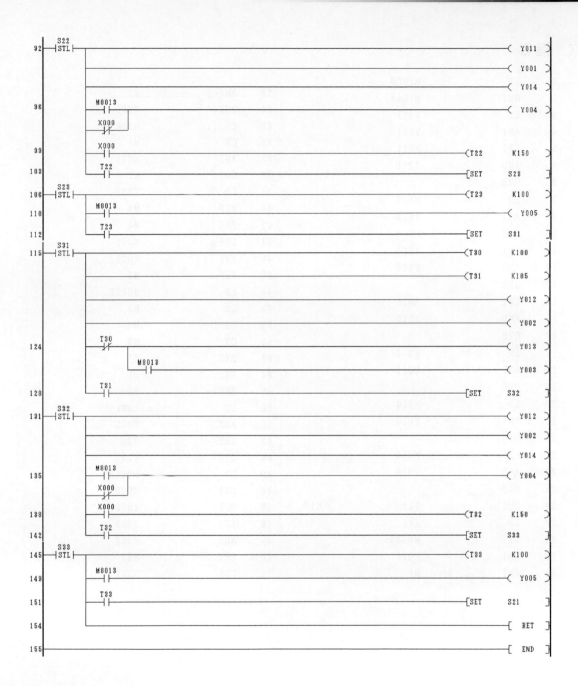

六、指令

0	LD	M8000						
1	OUT	M8047		33	ANI	M1		
3	LD	X011		34	OUT	Y000		
4	ANI	Y011		35	LD	X004		
5	LDI	X011		36	OR	M1		
6	AND	Y011		37	ANI	X021		
7	ORB			38	OUT	M1		
8	LD	X012		39	LD	X000		
9	ANI	Y012		40	PLF	M3		
10	ORB			42	PLS	M4		
11	LDI	X012		44	LDI	X001		
12	AND	Y012		45	ORI	X021		
13	ORB			46	PLS	M5		
14	LDI	X013		48	LD	M8002		
15	AND	Y013		49	OR	M3		
16	ORB			50	OR	M4		
17	LD	X013		51	OR	M5		
18	ANI	Y013		52	SET	S1		
19	ORB			54	STL	S1		
20	LD	X014		55	ZRST	S20		S199
21	ANI	Y014		60	LD	X021		
22	ORB			61	AND	X001		
23	LDI	X014		62	SET	S20		
24	AND	Y014		64	STL	S20		
25	ORB			65	LD	M8013		
26	OUT	T11	K10	66	ORI	X000		
29	LD	T11		67	OUT	Y005		
30	SET	M8034		68	LDI	X003		
32	LDI	X021		69	AND	X002		
33	ANI	M1		70	SET	S21		
				72	LDI	X002		

73	AND	X003			115	STL	S31	
74	SET	S31			116	OUT	T30	K100
76	STL	S21			119	OUT	T31	K105
77	OUT	T20	K100		122	OUT	Y012	
80	OUT	T21	K105		123	OUT	Y002	
83	OUT	Y011			124	LDI	T30	
84	OUT	Y001			125	OUT	Y013	
85	LDI	T20			126	AND	M8013	
86	OUT	Y013			127	OUT	Y003	
87	AND	M8013			128	LD	T31	
88	OUT	Y003			129	SET	S32	
89	LD	T21			131	STL	S32	
90	SET	S22			132	OUT	Y012	
92	STL	S22			133	OUT	Y002	
93	OUT	Y011			134	OUT	Y014	
94	OUT	Y001			135	LD	M8013	
95	OUT	Y014			136	ORI	X000	
96	LD	M8013			137	OUT	Y004	
97	ORI	X000			138	LD	X000	
98	OUT	Y004			139	OUT	T32	K150
99	LD	X000			142	LD	T32	
100	OUT	T22	K150		143	SET	S33	
103	LD	T22			145	STL	S33	
104	SET	S23			146	OUT	T33	K100
106	STL	S23			149	LD	M8013	
107	OUT	T23	K100		150	OUT	Y005	
110	LD	M8013			151	LD	T33	
111	OUT	Y005			152	SET	S21	
112	LD	T23			154	RET		
113	SET	S31			155	END		

【例 10-7】自動啟閉控制_GX2

一、動作要求

　(一) 受電部份

　　1.　NFB ON，電源指示燈 PL1 亮。

　　2.　切換 VS，可正確量測三相電壓。

　　3.　操作 COS 可做 BZ 性能測試：

　　　　(1) COS 切於 2 位置，BZ 響。

　　　　(2) COS 切回 1 位置，BZ 停響。

(二) 正常操作部份

1.　按 PB2，M1 電動機運轉 [MC1、PL2]。

2.　經 5 秒 [PL1 閃亮 5 次] 後，M2 電動機運轉 [MC2、PL3]。

3.　經 10 秒 [PL1 閃亮 10 次] 後，M3 電動機運轉 [MC3、PL4]。

4.　經 20 秒 [PL1 閃亮 20 次] 後，M1 電動機停止運轉。

5.　經 10 秒 [PL1 閃亮 10 次] 後，M2 電動機停止運轉。

6.　經 5 秒 [PL1 閃亮 5 次] 後，M3 電動機停止運轉，PL1 亮(停閃)。

7.　電路運轉中，按 PB1，所有電動機立即停止運轉，PL1 亮(停閃)。

(三) 過載及警報部份

任一積熱電驛 TH-RY 動作時，各對應之電動機立即停止運轉，且：

1.　較該機早先已運轉之電動機，同時停止運轉。

2.　較該機遲後已運轉之電動機及其接續未運轉的電動機，繼續完成動作流程後停止運轉。

(1) M1、M2、M3 電動機均運轉時：TH-RY1 動作，M1 電動機立即停止運轉→(10 秒)→M2 電動機停止運轉→(5 秒)→M3 電動機停止運轉。

(2) M1、M2、M3 電動機均運轉時：TH-RY2 動作，M1、M2 電動機立即停止運轉→(5 秒)→M3 電動機停止運轉。

(3) M1、M2 電動機運轉時：TH-RY1 動作，M1 電動機立即停止運轉，M2 電動機繼續運轉→(10 秒)→M3 電動機運轉、M2 電動機同時停止運轉→(5 秒)→M3 電動機停止運轉。

3.　BZ 響，PL5 亮；COS 切於 2，BZ 停響。

積熱電驛復歸，BZ 響，PL5 熄；COS 切回 1 位置，BZ 停響，恢復正常操作狀態。

(四) 其它規定 (PLC 控制附加動作要求)

1.　PL2、PL3、PL4 作為運轉指示時，不能以 PLC 輸出接點直接控制。

2.　PB1 控制接線脫落或斷線時，所有電動機必須立即停止運轉，指示燈全熄。

3.　PLC 須做輸出確認及處理：

電磁接觸器線圈，因故未能與其相對應之 PLC 輸出信號同步動作時：

(1) PLC 有輸出，電磁接觸器線圈未動作，

(2) PLC 未輸出，電磁接觸器線圈動作，

所有負載、指示燈及警報均無作用。故障排除後，電源開關 ON，重新啟動 PLC，則恢復正常操作時之初始狀態。

二、電工圖

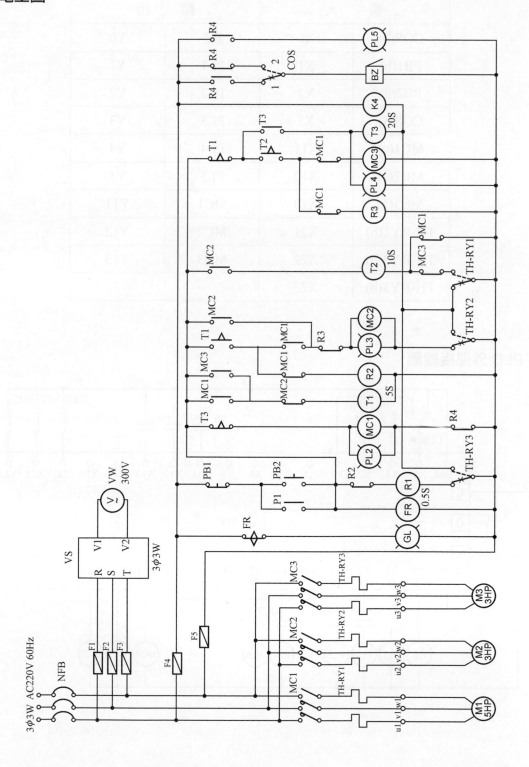

三、I/O 編碼

輸 入		輸 出	
COS(b)	X0	BZ	Y0
PB1(b)	X1	PL1	Y1
PB2(a)	X2	PL2	Y2
COS(a)	X3	PL3	Y3
MC1(a)	X11	PL4	Y4
MC2(a)	X12	PL5	Y5
MC3(a)	X13	MC1	Y11
TH-RY1(b)	X21	MC2	Y12
TH-RY2(b)	X22	MC3	Y13
TH-RY3(b)	X23		

四、PLC 外部接線圖

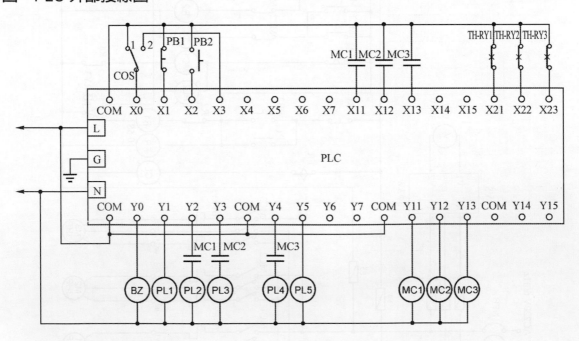

五、PLC 階梯圖

(1) SFC

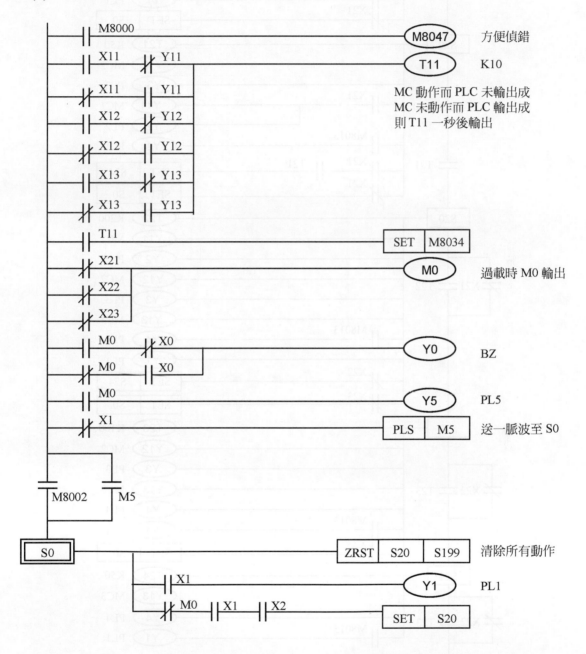

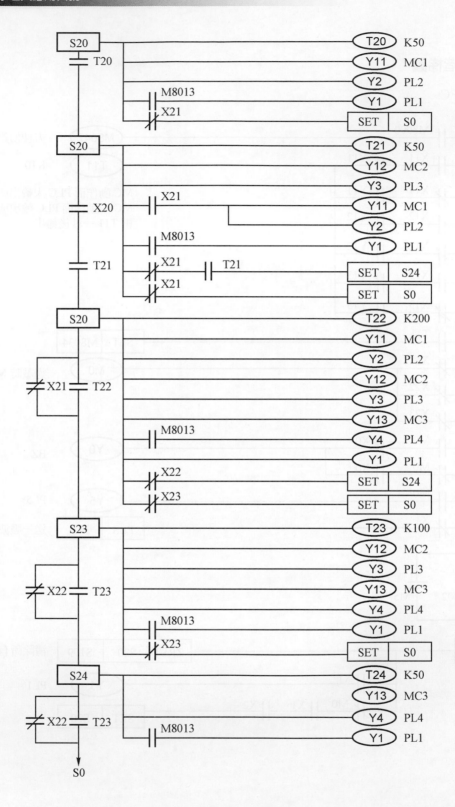

(2) 步進階梯圖

94	S22 STL	(T22	K200)
		(Y011	)
		(Y002	)
		(Y012	)
		(Y013	)
		(Y003	)
		(Y004	)
104	M8013 ─┤├─	(Y001	)
106	X022 ─┤/├─	[SET	S24]
109	X023 ─┤/├─	[SET	S0]
112	T22 / X021	[SET	S23]
116	S23 STL	(T23	K100)
		(Y012	)
		(Y003	)
		(Y013	)
		(Y004	)
124	M8013 ─┤├─	(Y001	)
126	X022 ─┤/├─	[SET	S24]
129	X023 ─┤/├─	[SET	S0]
132	T22 / X021	[SET	S23]
136	S23 STL	(T23	K100)
		(Y012	)
		(Y003	)
		(Y013	)
		(Y004	)
144	M8013 ─┤├─	(Y001	)
146	X023 ─┤/├─	[SET	S0]
149	T23 / X022	[SET	S24]

六、指令

0	LD	M8000		34	ORB		
1	OUT	M8047		35	OUT	Y000	
3	LD	X011		36	LD	M0	
4	ANI	Y011		37	OUT	Y005	
5	LDI	X011		38	LDI	X001	
6	AND	Y011		39	PLS	M4	
7	ORB			41	LD	M8002	
8	LD	X012		42	OR	M5	
9	ANI	Y012		43	SET	S0	
10	ORB			45	STL	S0	
11	LDI	X012		46	ZRST	S20	S199
12	AND	Y012		51	LD	X001	
13	ORB			52	OUT	Y001	
14	LDI	X013		53	LDI	M0	
15	AND	Y013		54	AND	X001	
16	ORB			55	AND	X002	
17	LD	X013		56	SET	S20	
18	ANI	Y013		58	STL	S20	
19	ORB			59	OUT	T20	K50
20	OUT	T11	K10	62	OUT	Y011	
23	LD	T11		63	OUT	Y002	
24	SET	M8034		64	LD	M8013	
26	LDI	X021		65	OUT	Y001	
27	ORI	X022		66	LD	X021	
28	ORI	X023		67	SET	S0	
29	OUT	M0		69	LD	T20	
30	LD	M0		70	SET	S21	
31	ANI	X000		72	STL	S21	
32	LDI	M0		73	OUT	T21	K100
33	AND	X000		76	OUT	Y012	

77	OUT	Y003		122	OUT	Y013	
78	LD	X021		123	OUT	Y004	
79	OUT	Y011		124	LD	M8013	
80	OUT	Y002		125	OUT	Y001	
81	LD	M8013		126	LDI	X022	
82	OUT	Y001		127	SET	S24	
83	LDI	X021		129	LDI	X023	
84	AND	T21		130	SET	S0	
85	SET	S24		132	LD	T22	
87	LDI	X022		133	ORI	X021	
88	SET	S0		134	SET	S23	
90	LD	X021		136	STL	S23	
91	AND	T21		137	OUT	T23	K100
92	SET	S22		140	OUT	Y012	
94	STL	S22		141	OUT	Y003	
95	OUT	T22	K200	142	OUT	Y013	
98	OUT	Y011		143	OUT	Y004	
99	OUT	Y002		144	LD	M8013	
100	OUT	Y012		145	OUT	Y001	
101	OUT	Y013		146	LDI	X023	
102	OUT	Y003		147	SET	S0	
103	OUT	Y004		149	LD	T23	
104	LD	M8013		150	ORI	X022	
105	OUT	Y001		151	SET	S24	
106	LDI	X022		153	STL	S24	
107	SET	S24		154	OUT	T23	K50
109	LDI	X023		157	OUT	Y013	
110	SET	S0		158	OUT	Y004	
112	LD	T22		159	LD	M8013	
113	ORI	X021		160	OUT	Y001	
114	SET	S23		161	LD	T24	
116	STL	S23		162	ORI	X023	
117	OUT	T23	K100	163	SET	S0	
120	OUT	Y012		165	RET		
121	OUT	Y003		166	END		

習 題

1. 【例 10-1】二部電動機自動交替運轉控制，在一、動作說明中修改條件如下：

   電源正常時，綠燈 GL 亮，紅燈熄；任何一部電動機運轉時，紅燈 RL 亮，綠燈熄。當過載時，運轉中之電動機均應跳脫，蜂鳴器 BZ 發出警報，同時過載指示燈(WL)閃亮(0.5 秒 ON / 0.5 秒 OFF)；若按 PB3，則 BZ 停響，WL 亮；若 OL 復歸，則 WL 熄，綠燈 GL 亮，恢復正常動作。

2. 試參照【例 5-6-4 由傳統電工圖轉換成 PLC 階梯圖_以電動機故障警報控制電路為例】，嘗試將【例 10-1 二部電動機自動交替運轉控制】電工圖轉換為 PLC 階梯圖。

3. 試參照【例 5-6-4 由傳統電工圖轉換成 PLC 階梯圖_以電動機故障警報控制電路為例】，嘗試將【例 10-2 單相感應電動機瞬間停電再啟動控制】電工圖轉換為 PLC 階梯圖。

4. 試參照【例 5-6-4 由傳統電工圖轉換成 PLC 階梯圖_以電動機故障警報控制電路為例】，嘗試將【例 10-3 單相感應電動機正反轉控制】電工圖轉換為 PLC 階梯圖。

5. 試參照【例 5-6-4 由傳統電工圖轉換成 PLC 階梯圖_以電動機故障警報控制電路為例】，嘗試將【例 10-4 沖床機自動計數直流煞車控制】電工圖轉換為 PLC 階梯圖。

6. 試參照【例 5-6-4 由傳統電工圖轉換成 PLC 階梯圖_以電動機故障警報控制電路為例】，嘗試將【例 10-5 三相感應電動機正反轉兼 Y-△啟動控制-1】電工圖轉換為 PLC 階梯圖。

Integrated FA Software

GX Works 2&3

Programming and Maintenance tool

參考文獻

1. GX-Works2 操作手冊(結構化工程篇)，Mitsubishi Electric Cooperation。

2. GX-Works2 入門指南(結構化工程篇)，Mitsubishi Electric Cooperation。

3. MELSEC iQ-R 結構化文本(ST)程式指南，Mitsubishi Electric Cooperation。

4. MELSEC iQ-F，FX5UC 用户手冊(硬件篇)，Mitsubishi Electric Cooperation。

5. GX Works3 Operating Manual，Mitsubishi Electric Cooperation。

6. GX Works3 操作手冊，Mitsubishi Electric Cooperation。

7. Training Introduction to GX Works3 and FX5，Mitsubishi Electric Factory Automation。

8. MELSEC iQ-F FX5 编程手冊(程序设计篇)，Mitsubishi Electric Cooperation。

9. MELSEC FX3U/FX3UC 系列替换为 MELSEC iQ-F 系列的相关说明，Mitsubishi Electric Cooperation。

10. MELSEC iQ-F FX5 编程手冊(指令/通用 FUN/FB 篇)，Mitsubishi Electric Cooperation。

11. e-learning course，Mitsubishi Electric Cooperation。
https://www.mitsubishielectric.com/fa/assist/e-learning/eng.html

12. 惠麗普電氣股份有限公司_三菱 PLC 檔案下載：
http://www.phelipu.com.tw/homeweb/catalog_detail.php?infoscatid=21&ifid=40。

13. 惠麗普電氣股份有限公司_三菱 GOT 檔案下載：
http://www.phelipu.com.tw/homeweb/catalog_detail.php?infoscatid=30&ifid=50。

14. GT Designer3 GOT2000 畫面設計手冊，Mitsubishi Electric Cooperation。

15. GT Designer3 Version1 畫面設計手冊(公共篇)，Mitsubishi Electric Cooperation。

16. GT Designer3 Version1 畫面設計手冊(繪圖篇)，Mitsubishi Electric Cooperation。

17. 能麒企業股份有限公司__三菱電機檔案下載：
https://www.fapro.com.tw/download2_2_0_0_0_0.htm

18. 雙象貿易公司_雙象叢書&資料下載
http://www.two-way.com.tw/

19. 雙象貿易，三菱可程式控制器 FX5U 中文使用手冊，文笙書局。

20. 雙象貿易，三菱人機介面 GOT 入門手冊，文笙書局。

國家圖書館出版品預行編目資料

PLC 原理與應用實務 / 宓哲民, 王文義, 陳文耀,
陳文軒編著. -- 十四版. -- 新北市：全華圖書
股份有限公司, 2024.04
　　面；　公分
ISBN 978-626-328-898-0(平裝)

1.CST: 自動控制

448.9　　　　　　　　　　　　113004145

PLC 原理與應用實務

作者 / 宓哲民、王文義、陳文耀、陳文軒
發行人 / 陳本源
執行編輯 / 張峻銘
出版者 / 全華圖書股份有限公司
郵政帳號 / 0100836-1 號
印刷者 / 宏懋打字印刷股份有限公司
圖書編號 / 059240F7
十四版一刷 / 2024 年 5 月
定價 / 新台幣 650 元
ISBN / 978-626-328-898-0(平裝)
全華圖書 / www.chwa.com.tw
全華網路書店 Open Tech / www.opentech.com.tw
若您對本書有任何問題，歡迎來信指導 book@chwa.com.tw

臺北總公司(北區營業處)
地址：23671 新北市土城區忠義路 21 號
電話：(02) 2262-5666
傳真：(02) 6637-3695、6637-3696

南區營業處
地址：80769 高雄市三民區應安街 12 號
電話：(07) 381-1377
傳真：(07) 862-5562

中區營業處
地址：40256 臺中市南區樹義一巷 26 號
電話：(04) 2261-8485
傳真：(04) 3600-9806(高中職)
　　　(04) 3601-8600(大專)

PLC原理與應用實務

ISBN 978-626-328-898-0

2024.04

11300?143

444.3